U0319811

国家出版基金资助项目
Projects Supported by
the National Publishing Fund

国家出版基金项目
NATIONAL PUBLICATION FOUNDATION

"十四五"国家重点
出版物出版规划项目

数字钢铁关键技术丛书 | 主编　王国栋

钢材组织性能演变的
数字解析与工艺智能优化

Modelling Evolutions of Microstructure and Properties
for Hot Rolled Steels Based on Data Science
and the Process Optimization by Artificial Intelligence

刘振宇　　周晓光　　吴思炜　　曹光明　著

（彩图资源）

北　京
冶 金 工 业 出 版 社
2024

内 容 提 要

本书主要介绍跨系统、跨工序钢铁工艺质量大数据平台构建，利用工业大数据驱动，融合物理冶金学原理和智能优化策略实现钢材生产全流程组织-性能演变的数字解析，高效多目标优化算法等。

本书可供从事钢铁生产工作的工程技术人员、科研人员阅读，也可供高等学校材料类、机械类、计算机等相关专业师生参考。

图书在版编目(CIP)数据

钢材组织性能演变的数字解析与工艺智能优化/刘振宇等著. --北京：冶金工业出版社，2024. 12.
(数字钢铁关键技术丛书). --ISBN 978-7-5240-0017-4

Ⅰ. TG142. 1

中国国家版本馆 CIP 数据核字第 2024QW6599 号

钢材组织性能演变的数字解析与工艺智能优化

出版发行 冶金工业出版社		**电　话** (010)64027926	
地　址 北京市东城区嵩祝院北巷 39 号		**邮　编** 100009	
网　址 www.mip1953.com		**电子信箱** service@ mip1953.com	

策　划　卢　敏　责任编辑　姜恺宁　李泓璇　卢　敏　美术编辑　吕欣童
版式设计　郑小利　责任校对　郑　娟　责任印制　窦　唯
北京捷迅佳彩印刷有限公司印刷
2024 年 12 月第 1 版，2024 年 12 月第 1 次印刷
787mm×1092mm 1/16；19.75 印张；476 千字；301 页
定价 148. 00 元

投稿电话 (010)64027932　投稿信箱 tougao@cnmip.com.cn
营销中心电话 (010)64044283
冶金工业出版社天猫旗舰店 yjgycbs.tmall.com
(本书如有印装质量问题，本社营销中心负责退换)

"数字钢铁关键技术丛书"
总　序

　　钢铁是支撑国家发展的最重要的基础原材料，对国家建设、国防安全、人民生活等具有重要的战略意义。人类社会进入数字时代，数据成为关键生产要素，数据分析成为解决不确定性问题的最有效新方法。党的十八大以来，以习近平同志为核心的党中央高瞻远瞩，抓住全球数字化发展与数字化转型的重大历史机遇，系统谋划、统筹推进数字中国建设。党的十九大报告明确提出建设"网络强国、数字中国、智慧社会"，数字中国首次写入党和国家纲领性文件，数字经济上升为国家战略，强调利用大数据和数字化技术赋能传统产业转型升级。国家和行业"十四五"规划都将钢铁行业的数字化转型作为工作的重点方向，推进生产数据贯通化、制造柔性化、产品个性化。

　　钢铁作为大型复杂的现代流程工业，虽然具有先进的数据采集系统、自动化控制系统和研发设施等先天优势，但全流程各工序具有多变量、强耦合、非线性和大滞后等特点，实时信息的极度缺乏、生产单元的孤岛控制、界面精准衔接的管理窠臼等问题交织构成工艺-生产"黑箱"，形成了钢铁生产的"不确定性"。这种"不确定性"严重制约钢铁生产的效率、质量和价值创造，直接影响企业产品竞争力、盈利水平和原材料供应链安全。

　　钢铁行业置身于这个世界百年未有之大变局之中，也必然经历其有史以来的最广泛、最深刻、最重大的一场变革。通过这场大变革，钢铁行业的管理与控制将由主要解决确定性问题的自动控制系统，转型为解决不确定性问题见长的信息物理系统（CPS）；钢铁行业发展的驱动力，将由工业时代的机理驱动，转型为"抢先利用数据"的数据驱动；钢铁行业解决问题的分析方法，将由机理解析演绎推理，转型为以数据/机器学习为特征的数据分析；钢铁过程主流程的控制建模，将由理论模型或经验模型转型为数字孪生建模；钢铁行业全流程的过程控制，必然由常规的自动化控制系统转型为可以自适应、自学习、自组织、高度自治的信息物理系统。

这一深刻的变革是钢铁行业有史以来最大转型的关键战略，它必将大规模采用最新的数字化技术架构，建设钢铁创新基础设施，充分发挥钢铁行业丰富应用场景优势，最大限度地利用企业丰富的数据、诀窍和先进技术等长期积累的资源，依靠数据分析、数据科学的强大数据处理能力和放大、倍增、叠加作用，加快建设"数字钢铁"，提升企业的核心竞争力，赋能钢铁行业转型升级。

将数字技术/数字经济与实体经济结合，加快材料研究创新，已经成为国际竞争的焦点。美国政府提出"材料基因组计划"，将数据和计算工具提升到与实验工具同等重要的地位，目的就是更加倚重数据科学和新兴计算工具，加快材料发现与创新。近年来，日本 JFE、韩国 POSCO 等国外先进钢铁企业，已相继开展信息物理系统研发工作，融合钢铁生产数据和领域经验知识，优化生产工艺、提升产品质量。

从消化吸收国外先进自动化、信息化技术，到自主研发冶炼、轧制等控制系统，并进一步推动大型主力钢铁生产装备国产化。近年来，我们研发数字化控制技术，有组织承担智能制造国家重大任务，在国际上率先提出了"数字钢铁"的整体架构。

在此过程中，我们组成产学研密切合作的研究队伍"数字钢铁创新团队"，选择典型生产线，开展"选矿-炼铁-炼钢-连铸-热轧-冷轧-热处理"全流程数字化转型关键共性技术研究，提出了具有我国特色的钢铁行业数字化转型的目标、技术路线、系统架构和实施路线，围绕各工序关键共性技术集中攻关。在企业的生产线上，结合我国钢铁工业的实际情况，提出了低成本、高效率、安全稳妥的实现企业数字化转型的实施方案。

通过研究工作，我们研发的钢铁生产过程的数字孪生系统，已经在钢铁企业的重要工序取得突破性进展和国际领先的研究成果，实现了生产过程"黑箱"透明化，其他一些工序也取得重要进展，逐步构建了各层级、各工序与全流程 CPS。这些工作突破了复杂工况条件下关键参数无法检测和有效控制的难题，实现了工序内精准协调、工序间全局协同的动态实时优化，提升了产品质量和产线运行水平，引领了钢铁行业数字化转型，对其他流程工业的数字化转型升级也将起到良好的示范作用。

总结、分析几年来在钢铁行业数字化转型方面的工作和体会，我们深刻认识到，钢铁行业必须与数字经济、数字技术相融合，发挥钢铁行业应用场景和数据资源的优势，以工业互联网为载体、以底层生产线的数据感知和精准执行为基础、以边缘过程设定模型的数字孪生化和边缘–产线的 CPS 化为核心、以数字驱动的云平台为支撑，建设数字驱动的钢铁企业数字化创新基础设施，加速建设数字钢铁。这一成果，已经代表钢铁行业在乌镇召开的"2022 全球工业互联网大会暨工业行业数字化转型年会"等重要会议上交流，引起各方面的广泛重视。

截至目前，系统论述钢铁工业数字化转型的技术丛书尚属空白。钢铁行业同仁对原创技术的期盼，激励我们把数字化创新的成果整理出来、推广出去，让它们成为广大钢铁企业技术人员手中攻坚克难、夺取新胜利的锐利武器。冶金工业出版社的领导和编辑同志特地来到学校，热心指导，提出建议，商量出版等具体事宜。我们相信，通过产学研各方和出版社同志的共同努力，我们会向钢铁界的同仁、正在成长的学生们奉献出一套有里、有表、有分量、有影响的系列丛书。

期望这套丛书的出版，能够完善我国钢铁工业数字化转型理论体系，推广钢铁工业数字化关键共性技术，加速我国钢铁工业与数字技术深度融合，提高我国钢铁行业的国际竞争力，引领国际钢铁工业的数字化转型和高质量发展。

中国工程院院士 王国栋

2023 年 5 月

前　　言

我国钢产量世界第一。钢铁行业是国民经济建设的支柱性产业。目前，我国钢铁工业正面临制造业转型升级带来的前所未有挑战，用户对钢材质量的要求已不可同日而语。产品性能波动大、稳定性差等质量问题，一直是困扰我国钢铁工业的主要难题。钢铁材料的内在显微组织结构对生产工艺极为敏感。由于这种敏感性，同一钢种的显微组织会因工艺参数变化而改变，从而使性能发生大幅度变化，即："热轧工艺→显微组织→产品性能"。但当前钢材生产以"工艺-性能"控制为主，生产过程中的组织演变处于"黑箱"状态，导致生产控制目标模糊，成为当前钢铁生产急需解决的核心问题。因此，作者所在的东北大学轧制技术及连轧自动化国家重点实验室近年来把热轧过程中钢材组织性能演变的模拟、预测和控制作为主要的研究方向，并结合教学和科研的实践在这方面进行了多年的资料积累。本书的编写，既是对这些年来在此研究方向上进行的多项工作的系统总结和提升，也是对今后研究工作的促进。希望本书的出版能够对我国轧制理论与轧制技术的进步起到推进作用，为提高我国钢材质量，实现从钢铁生产大国向钢铁技术强国的跨越作出贡献。

本书所介绍的研究工作，是在国家自然科学基金、"863"国家高技术研究发展计划、"十五"国家科技攻关计划、"十三五"国家重点研发计划及企业系列技术攻关项目的持续资助下进行的。针对钢铁生产过程复杂性，构建跨系统、跨工序的钢铁工艺质量大数据平台，充分利用工业大数据驱动，融合物理冶金学原理和智能优化策略实现钢材生产全流程组织-性能演变的数字解析，从而统筹全流程关键工艺质量参数；同时开发高效的多目标优化算法，针对用户个性化需求，形成生产全局工艺快速设计，通过多工序协调匹配来提高钢铁产品质量的稳定性和生产效率。

本书在对钢材组织性能演变研究的现状和发展进行综合评述的基础上，介绍了进行钢材全流程组织性能模拟和预报所需要的冶金热力学、动力学基本理论，目前进行组织性能预报经常采用的方法、具体做法及应用效果。特别是对轧制技术及连轧自动化国家重点实验室（东北大学）近年来在这一领域内研究工作所取得的最新成果及实际应用经验作了较系统的阐述。本书的第 1 章介绍了钢材组织性能演变的数字解析与工艺智能优化的研究背景、发展历程和机器学习技术。总结了热轧钢材组织演变模型存在的问题。提出了解析钢材生产过程中"组织-氧化-力能"强耦合"黑箱"的难点。第 2 章介绍了建立钢材组织演变数学模型的常用实验方法。第 3 章介绍了钢材加热过程中奥氏体晶粒长大及晶粒尺寸分布模型。通过机器学习算法建立了钢材高温变形过程中的动态再结晶模型、应变诱导析出模型和静态软化动力学数学模型。第 4 章介绍了钢材热轧过程"组织-氧化-力能"集成机器学习模型，为热轧钢材"形-性-面"的控制奠定了理论基础。第 5 章介绍了钢材冷却过程中"形核-长大"机制下的变温相变动力学可加性法则及机器学习求解方法。第 6 章详细介绍了针对工业数据信噪比低和数据分布不均衡等问题的工业数据挖掘方法，并给出了如何利用工业大数据建模实例。第 7 章给出了用人工智能方法在组织-性能演变建模过程的应用。第 8 章介绍了组织-性能预测与工艺智能优化系统的开发及实际生产中的应用。

　　本书中的大部分内容，是作者及所在科研团队在长期科研工作的基础上所取得的成果。一批曾在和正在东北大学轧制技术及连轧自动化国家重点实验室就读的博士研究生、硕士研究生参加了与本书所介绍科研成果有关的一系列研究工作。本书所介绍的一些创新成果就是他们刻苦钻研与辛勤劳动的结晶。本书第 1 章、第 4 章、第 8 章由刘振宇撰写，第 2 章、第 3 章由周晓光撰写，第 5 章、第 6 章、第 7 章由曹光明和吴思炜撰写。全书由刘振宇进行统稿、修改和审定。在成书过程中得到了东北大学李鑫、崔春圆、刘建军、高志伟、曹阳、姜淇铭、张成德等多位研究生的协助，在此表示诚挚谢意。衷心感谢国家出版基金对本书出版的资助。

　　由于水平所限，书中不足之处，敬请读者批评指正。

作　者
2024 年 4 月

目　录

1 概　述

1.1　钢材组织性能演变的数字解析与工艺智能优化的研究背景

中国作为钢铁大国，年产钢量超过世界钢铁产量二分之一。钢材是国家建设的基础原材料，其中95%以上需经热轧工序生产。因此，热轧钢材质量标志着钢铁工业整体技术发展水平。

目前，我国钢铁工业正面临制造业转型升级带来的诸多挑战。与十年前相比，用户对钢材质量的要求已不可同日而语。产品个性化成为主流趋势。为此，急需解决以下问题。首先，实验试错方式开发新产品、新工艺，工作量巨大，成本高昂且钢材性能难以达到最优，无法满足制造业快速发展对新型钢铁材料的需求。其次，产品内部质量无法在线感知，导致成品性能波动大。以国内热连轧带钢生产为例，性能波动大造成平均订单兑现率不到95%，使我国钢铁行业每年直接产生经济损失 3 亿元以上，给"中国制造"带来的品牌损失更是金钱无法衡量。反观日本，其订单兑现率超过 99.5%，比我国高出 4.5% 以上。最后，针对市场大量存在的"性能+α"特殊要求产品，仍采用合金成分控制性能的传统生产模式被采用，导致在炼钢与连铸环节产生过多混浇坯，每吨降价 160 元以上。一个千万吨级企业因此每年直接产生经济损失 5 千万元左右。上述问题已成为阻碍我国钢铁工业发展的瓶颈。

新一代信息与人工智能技术给制造业带来了新的前景。信息物理系统（CPS）将计算过程和物理过程相集成，从而实现两个过程相互影响，实现快速优化、在线感知和敏捷制造，是解决钢铁行业当前困境的主要抓手[1]。热轧工序是钢材成型成性的决定性环节，是突破发展瓶颈的关键。解决热轧钢材组织性能控制 CPS 平台的关键理论和技术问题，广泛用于热轧钢材质量的智能化控制，对我国钢材升级换代具有重大现实意义。

钢铁材料的内在显微组织结构对生产工艺极为敏感。正是由于这种敏感性，同一钢种的性能因组织结构变化而大幅改变，典型情况如图 1-1 所示。热轧生产中钢材显微组织发生连续、动态且复杂的变化后，最终决定产品性能，即"热轧工艺→显微组织→产品性能"。因此，精准控制显微组织演变对钢材性能而言具有决定性作用。现阶段，浦项、普锐特开发了在线组织监测与优化系统，实现了一材多品种生产和在线工艺调优；东北大学项目团队则采用人工智能预测了材料组织性能演变，开发了力学性能高精度预测、氧化铁皮控制、工艺逆向优化和钢种归并技术，在产品质量的稳定性控制方面效果显著。

国家已出台"中国制造 2025""钢铁工业调整升级规划（2016~2020 年）"等多项政策措施，加快推进钢铁制造信息化、数字化与制造技术的深度融合发展，支持流程型智能制造、大规模个性化定制等有关的产业发展与技术研究。工信部在《产业关键共性技术发展指南（2017 年）》中明确强调，要加强钢铁流程大数据时空追踪同步和大数据深度挖掘

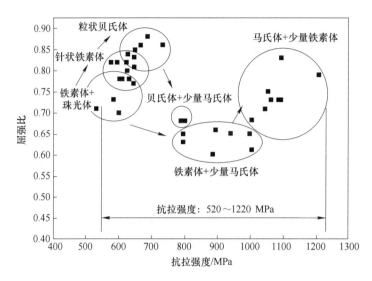

图 1-1 同一钢种（Q345）显微组织随工艺变化后对抗拉强度的影响

分析，以实现钢铁材料智能化设计、产品定制化制造、钢材组织性能预测、钢种归并和钢铁全流程工艺参数协调优化控制等目标。以智能化、协同化、柔性化、集约化、精准化控制技术，实现钢铁行业的智能化热轧工艺快速设计，是实现我国钢铁产品的高质化、稳定生产的关键，不仅能够进一步提高企业产品的质量水平和竞争力，为企业创造巨大的经济和社会价值，而且在两化融合、钢铁智能制造领域起到带头和示范作用。

1.2 钢材组织-性能演变数字孪生系统发展历程

钢材组织-性能演变的数字孪生，能够准确揭示成分、组织和性能间的复杂关系，是实现组织性能精准控制的有效方法。基于物理冶金学原理的组织性能解析预测技术起始于20 世纪 70 年代，英国谢菲尔德大学的 Sellars 教授及合作者首次针对奥氏体不锈钢提出了再结晶的唯象预测模型并扩展至普碳钢生产领域[2]。在此之后，加拿大、日本、韩国、欧洲国家等大学和企业研究院所均投入了大量精力，以物理冶金学原理为基础，通过大量实验，开发出热轧带钢的组织演变和力学性能预测模型[3-5]。然而，因实验条件与工业过程差异巨大，造成此类模型对生产线环境适应性差且精度较低，难以满足工业生产要求。为解决这一问题，研究者开始考虑将人工智能理论应用于组织性能解析与预测。东北大学于 1994 年开发了应用神经网络理论结合工业数据进行性能演变的解析与预测方法[6]，国际上率先实现了 C-Mn 钢的性能预测[7]。日本、韩国、欧洲国家等钢铁企业纷纷开发出应用于实际生产的神经网络模型。这种方法虽然精度明显提高，但难以保证"工艺-性能"的变化规律性，因此多用于性能在线预测而非工艺优化。

我国自 20 世纪 90 年代开始，在热轧钢材组织性能演变模型开发方面投入了大量精力。大量冶金领域高校及研究院所等组建了研发团队并做出了重要贡献[8-10]。东北大学刘振宇等以梅钢 1422 mm 和 1780 mm 热连轧生产线为依托，进行了钢材组织性能预测及集约化生产技术的研究，实现了"一钢多能"柔性化生产；依托于鞍钢 2150 mm 等热轧生产线，采用已建立的热轧显微组织演变与组织性能对应关系模型，通过工业大数据对主要参数进行优化，提高了模型精度并用于设计最优热轧工艺，使热轧焊瓶钢的屈强比波动降低到原来的20%以下[11]。然而，描述微结构演变的模型精度不高，限制了其在高强和超高强钢生产中的应用。

2011 年美国"材料基因组计划（MGI）"提出了高通量集成计算及材料数据库建设等理念以加速新材料、新工艺开发及应用。但是，对于钢铁生产而言，由于复杂的合金体系、长链条的工艺流程、多样性的组织结构以及多目标的性能需求，材料集成计算无法满足工业生产的时效性及宏观性能变化规律。钢铁材料"原子尺度→微观尺度→介观尺度→宏观尺度"层级模型的接口在哪里及如何对接？目前还没有合适的答案。材料信息学结合理论模型、人工智能方法和数据，在解析材料组织复杂演变行为方面体现了巨大优势，是当今材料领域的研究热点[12-14]，也为快速且保真地描述钢材热轧过程组织性能演变行为指明了方向。图 1-2 示出的是热轧钢材组织性能演变数字孪生系统发展历程。当前发展趋势是，以材料信息学为基础，辅之以集成计算为唯象模型提供关键参数，可以精准、快速地描述热轧钢材组织性能的复杂演变行为。该方法是构建组织性能演变高保真数字孪生的最佳方法。

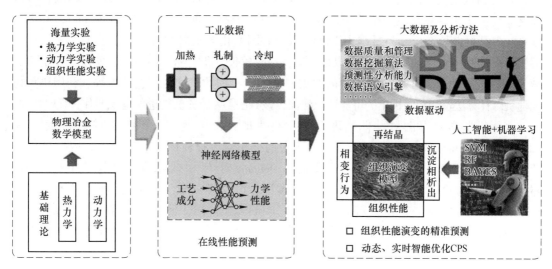

图 1-2　热轧钢材组织性能演变数字孪生系统发展历程

1.3　机器学习应用于材料领域的研究现状

传统物理建模方法具有机制复杂的特点，而机器学习（Machine Learning，ML）方法可以通过对数据的训练掌握其中的规律，并且善于发现数据之间的相关性。由于机器学习方法对高维数据具有较强的分析能力和较高的预测精度，该方法引起了材料领域学者的注意，并在近些年将其广泛应用于包括钢铁在内多种先进材料的组织调控及合金设计，指导新材料开发。

1.3.1　机器学习应用于材料组织演变模拟

在动态再结晶领域，不同研究者采用机器学习算法预测流变应力。Abarghooei 等[15]

使用遗传算法（Genetic Algorithm，GA）根据 API-X70 钢实验流变应力对本构模型的参数进行优化，准确预测了稳态应力。Quan 等[16]则利用人工神经网络模型预测 42CrMo 钢的高温变形行为，其输入参数为应变、应变速率和温度，输出参数为流变应力，发现该神经网络模型能较好地模拟 42CrMo 钢的复杂热变形行为，并在较宽的温度和应变速率范围内准确地跟踪实验数据。Zhou 等[17]使用 GA 优化的反向传播神经网络（Back-Propagation Neural Network，BPNN）对 Ti-6Al-4V-0.1Ru 合金的流变应力进行建模，发现 BPNN 模型能较好地预测 Ti-6Al-4V-0.1Ru 合金的流变应力。Quan 等[18-19]也采用人工神经网络对 Ti-13Nb-13Zr 合金和 Ti-6Al-2Zr-1Mo-1V 合金复杂变形行为进行建模，模型输入参数为应变和温度，输出参数为流变应力，与改进的 Arrhenius 型本构模型预测结果对比表明，神经网络模型在较宽的温度和应变速率范围内能准确地跟踪实验数据。Mirzadeh 等[20]、Liu 等[21]和 Jarugula 等[22]对人工神经网络模型和本构模型的预测结果进行了全面对比，得出前者具有更高准确度的结论。这些研究结果表明，机器学习方法在预测流变应力方面应用广泛，且比本构模型具有更高的精度。然而，这些研究未考虑化学成分对流变应力的影响，缺乏物理冶金学理论的指导，因此当模型外延到不同的成分和变形条件时精度仍有待提高。在静态再结晶领域，Hashemi 等[23]开发了一种描述面心立方（Face-Centered Cubic，FCC）多晶材料静态再结晶过程中微观组织随时间变化的机器学习模型。然而，该机器学习模型需要使用元胞自动机生成模拟数据集，耗时较长，在实际应用中难以实现。在析出领域，Rahnama 等[24]基于 9 篇文献中的数据，根据析出物的尺寸范围、形貌等，利用决策树和随机森林算法预测相间析出的可能性。然而，该方法需要首先获得透射电镜照片，耗时耗力。

采用机器学习算法对其他物理冶金学行为的预测案例如下：由于时间-温度-相变（Time-Temperature-Transformation，TTT）图为钢材相变过程提供了重要参考，因此准确快速地预测不同类型钢的 TTT 图具有重要意义。Huang 等[25]根据 42 张 TTT 图使用不同的机器学习算法构建了不锈钢 TTT 图的预测模型。该模型的输入参数包括奥氏体化温度（Austenitization Temperature，AT）、合金成分和等温时间，使用随机森林、Bagging 和 Random Committee 等六种机器算法预测不锈钢 TTT 图。图 1-3 为针对 S41600 合金的机器学

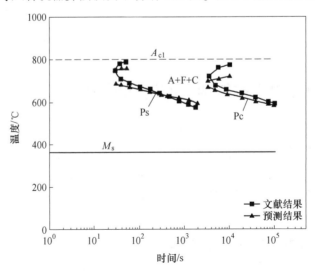

图 1-3 针对 S41600 合金对比机器学习模型预测结果与文献中的结果[25]

习模型预测结果及与文献中实验 TTT 图的对比结果，可以看出，机器学习模型的预测精度较低，尤其是"鼻子"温度的预测。主要是由于该模型仅将化学成分和工艺参数作为模型输入，缺乏相变热力学与动力学等物理冶金学原理的指导。Geng 等[26]基于硼钢的 62 条淬透性曲线/淬透带数据，采用化学成分和末端淬火实验的距离作为机器学习模型的输入参数，以硬度为输出，建立了硼钢的淬透性机器学习预测模型。然而，该模型的预测精度仍有待提高，如图 1-4 所示。

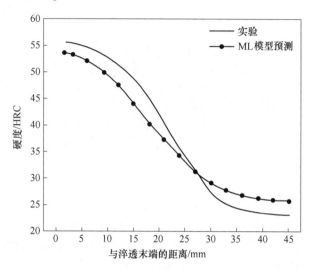

图 1-4　针对 40MnVB 钢 ML 模型预测的淬透性曲线与实验曲线的对比[119]

这些研究结果表明，ML 在材料组织演变调控方面得到广泛应用。然而，目前大多数研究采用化学成分和工艺参数作为模型输入，目标变量作为模型输出，缺乏物理冶金学原理的指导。

1.3.2　机器学习应用于材料合金优化设计

减少合金元素的消耗是材料发展的重要方向之一。为了在保证钢材力学性能的前提下降低合金元素的使用，研究者们建立了模型对合金的化学成分进行优化设计。Shen 等[27]开发了基于物理冶金学（Physical Metallurgy，PM）原理的 SVM 模型（SVM-PM）设计超高强不锈钢。SVM-PM 模型的输出（输入为化学成分和工艺参数，输出为硬度）作为优化算法适应度函数的输入，优化后得到不锈钢的合金元素质量分数更小，如图 1-5 所示。

Wu 等[28]采用神经网络建立了 C-Mn 钢力学性能预测模型，随后采用多目标优化算法，在考虑客户个性化需求和设备约束的情况下，对 Q345B 钢的化学成分进行了减量化设计，发现与原始 Q345B 钢相比，新的 Q345B 钢可减少 Nb 和 Ti 的质量分数分别为 0.017% 和 0.046%，但终轧温度和卷取温度分别从 860 ℃降至 853 ℃，600 ℃降至 549 ℃，而力学性能仍能满足 Q345B 钢的要求。然而，该模型的输入仅包括化学成分和工艺参数，缺少了物理冶金学原理的指导。Zhang 等[29]以沉淀强化铜合金为研究对象，采用相关筛选、递归淘汰和穷举筛选法筛选出影响硬度的 5 种关键合金因素和影响电导率的 6 种关键合金因素，并建立了"硬度-关键合金因素"模型和"电导率-关键合金因素"模型。随后，采用贝叶斯优化和迭代优化实验，成功设计出一种新型 Cu-1.3Ni-1.4Co-0.56Si-

0.03Mg 铜合金。然而，需要指出的是，该模型在优化设计中未考虑工艺条件的影响并且缺乏物理冶金学原理的指导，并不能适用于其他合金体系。

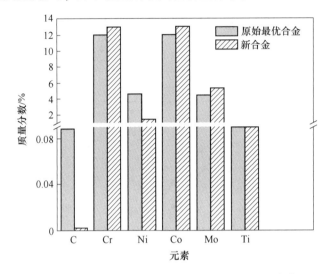

图 1-5 新合金与原始最优合金的质量分数对比[27]

综上所述，机器学习与优化算法相结合为合金的化学成分及工艺条件优化设计提供了新的方法。然而，目前多数方法仅采用化学成分和工艺参数作为机器学习模型的输入，目标变量作为机器学习模型的输出，缺乏物理冶金学原理的指导，因此可能导致机器学习模型预测结果与物理冶金学规律不符的情况发生。

1.3.3 微合金钢物理冶金学行为机器学习存在的问题

如前所述，利用积累的数据，机器学习算法能够有效地建立材料性能、微观组织、相分数等目标量与工艺条件和化学成分之间的关系。目前已成功地应用于预测过共析钢的层间间距和力学性能[30]、不锈钢的 TTT 图、热轧带钢的组织演变和轧制力[31]、识别腐蚀环境条件[32]，以及在材料逆向设计中应用机器学习来研究微观组织[33]。对于微合金钢的物理冶金学行为，虽然已经积累了一定的数据，但是机器学习在其建模中的效果尚不清晰。同时，机器学习的特性决定了其精度依赖于数据集的结构[34]，然而，前人对数据集结构的设计并未给予足够重视。

此外，与互联网大数据不同，钢铁材料中的数据通常规模较小，同时还具有复杂的关系。若直接使用机器学习对数据进行建模，可能会发生过拟合，或产生与物理冶金学原理不一致的结果。因此，需要对小样本和不平衡数据进行处理，以提高机器学习模型的精度，为建立高精度的机器学习模型提供新的思路。

1.4 热轧过程中析出与应变、再结晶间的交互作用

微合金化钢通常采用控轧控冷技术生产。铸锭经过精确加热后，通过电子计算机控制的轧机在高温区（动态再结晶区）和低温区（未再结晶区）对钢材进行控制轧制和在线快速冷却，以得到所需的显微组织。通过在钢中加入微量 Nb、Ti、V 元素，在控制轧制或

轧后中温时效过程中形成弥散的纳米级（1~10 nm）Nb、Ti、V 的碳氮化物沉淀，这些沉淀沿着基体的位错、晶界或亚晶界析出，并对基体起沉淀硬化作用。微合金钢在高温区控制轧制过程中，温度高且应变速率小，奥氏体发生动态再结晶。而在低温区控制轧制过程中，变形速率和变形量大，奥氏体发生加工硬化和微合金元素的应变诱导析出。在热轧过程中，由于显微组织处于连续变化状态且具有明显的遗传性，同时由于析出与变形条件密切相关，析出与再结晶之间存在强烈的交互作用，导致热轧过程中的物理冶金学现象变化复杂。

1.4.1　析出与应变耦合

关于析出与应变之间的交互作用存在较大的争议。一些研究认为随着应变的增加，析出开始时间逐渐减小[35]；而另一些研究则认为应变对析出开始时间的影响存在一个极限[36]。Medina 等[35]采用扭转试验和反向外推法，分别测定了含 V、Nb 和 Ti 的低碳微合金钢在不同温度和应变下的静态再结晶分数并绘制出 PTT 图，发现应变对析出动力学的影响不是独立的，而是与微合金元素含量有关。Siradj 等[36]针对不同 Nb 和 C 质量分数的钢研究了粗轧应变量对析出开始时间的影响，发现增加粗轧的应变量可以使析出开始时间缩短，但超过一定值后，析出开始时间基本保持不变，如图 1-6 所示。

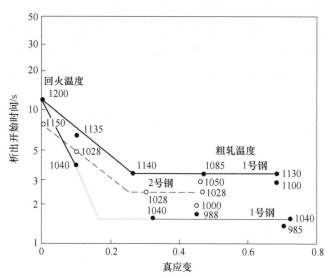

图 1-6　粗轧真应变和粗轧温度对 1 号钢和 2 号钢析出开始时间的影响（名义等效应变）
1 号钢：0.012C-0.45Si-1.30Mn-0.0024N-0.10Nb；
2 号钢：0.013C-0.47Si-1.21Mn-0.0032N-0.09Nb

Nohrer 等[37]利用原子探针断层扫描（Atom-Probe Tomography，APT）和 TEM 研究了 700 ℃时低合金钢中 Nb 析出物随应变（0.7/0.2/0.05）的变化规律，发现随着真应变的增大位错密度逐渐增大，Nb 析出物的体积分数逐渐升高。这主要是由于在位错处形成的析出物的粒子密度随应变的增大而逐渐增大。

综上所述，变形过程中奥氏体区的析出与应变存在强烈的耦合作用，应变的增大会使位错密度增大，从而增加析出相形核点进而促进析出相的形成。同时，析出相会钉扎一部分位错，使析出相的形核位置减少。然而，应变对析出开始时间的影响并不呈线性变化，而是存在一个极限；当超过这个极限时，应变对析出开始时间的影响并不显著。由于析出机制复杂且不同微合金钢的析出极限各不相同，因此，对于不同微合金钢的析出过程，需要进行系统地研究。

1.4.2　析出与静态再结晶耦合

微合金化钢中静态再结晶与析出粒子的交互作用非常复杂，对钢材的显微组织及力学性能具有重要影响。

多年来，研究者们[38-45]对静态再结晶和应变诱导析出的交互作用开展了许多研究，规律可总结如下[46]：（1）应变诱导析出的碳氮化物通过阻止晶界、亚晶界的迁移来抑制再结晶，其抑制效果大小主要取决于碳氮化物的体积分数和平均尺寸。碳氮化物体积分数越大，平均尺寸越小，抑制再结晶的效果越明显。（2）在位错线及亚晶界上析出的细小碳氮化物主要抑制静态再结晶的形核和晶核长大；在晶界上析出的碳氮化物通过抑制再结晶晶核的长大延缓再结晶动力学。（3）如果应变诱导析出先于静态再结晶发生，并且析出粒子的钉扎力不小于再结晶驱动力，就会抑制静态再结晶的发生。（4）应变诱导析出和静态再结晶的优先形核位置均为晶界、亚晶界、变形带等晶体缺陷处。若再结晶先于析出发生，则这些位置的自由能降低；另外，再结晶使位错密度降低，从而延迟析出的发生。Kang 等[47]和 Palmiere 等[48]研究了 Nb 微合金化钢中应变诱导析出对静态再结晶的影响，发现析出的形核、长大与粗化均会影响静态再结晶。在形核阶段，析出粒子不仅抑制静态再结晶的发生，而且还有非常明显的析出强化效果；在长大和粗化阶段，再结晶行为完全受析出和再结晶交互作用的影响。

综上所述，尽管关于静态再结晶与析出交互作用的研究取得了一些进展，但仍存在以下问题需要进一步研究：（1）由于在水淬过程中奥氏体发生相变，不能直接观察奥氏体与析出相的作用情况，因此静态再结晶与析出的交互作用仅限于一般推测，缺乏直接证据。（2）析出的形核、长大和粗化阶段对静态再结晶的影响尚未完全清楚。（3）静态再结晶、应变诱导析出的机制复杂，导致精确描述析出与再结晶的交互作用是一个巨大挑战。

1.4.3　精确描述微合金钢物理冶金学行为存在的问题

目前，微合金钢物理冶金学行为的理论模型虽然已经发展成熟，但其工业应用精度不高。主要原因是现有的实验结果是分布稀疏的小数据集，且物理模型仅适用于特定的化学成分和工艺条件。此外，物理冶金学行为之间还存在复杂的交互作用，进一步增加了建模的难度。因此，目前关于微合金钢物理冶金学行为的建模还处于有理论框架但尚无精准模型阶段。然而，随着机器学习技术的不断发展，其在材料物理冶金学行为调控及合金优化设计方面展示出显著优势，为建立高精度的物理冶金学行为模型提供了全新的方法。

1.5　热轧过程表面质量-组织演变-力能参数耦合关系分析

目前，显微组织调控、氧化铁皮厚度控制与轧制力能预测的研究都是孤立进行的。然而，对于热轧过程而言，轧制力能、显微组织及表面氧化间相互作用、相互影响。一方面，显微组织变化导致的轧件的软化和硬化是影响轧制力的内因，氧化铁皮厚度变化引起的界面摩擦状态变化是影响轧制力的外因；另一方面，塑性变形过程中轧件所受的轧制力决定了氧化铁皮的变形程度及再结晶、析出与相变驱动力的大小。因此，轧制过程中显微组织、表面氧化、力能参数之间是密不可分的强耦合关系，如图 1-7 所示。这种强耦合关系体现在以下两个方面：（1）轧制变形对显微组织及表面氧化的影响。热轧过程中塑性变形可以在轧件内部引入大量的位错，增加材料的变形储能，进而导致材料内部发生包含再结晶、晶粒长大、析出等一系列的组织演变行为。此外，高温下氧化铁皮具有良好的变形能力，变形工艺决定了氧化铁皮的变形程度和变形后的氧化铁皮厚度。（2）显微组织及表面氧化对轧件变形行为的影响。一方面，再结晶是位错湮灭的主要途径，而再结晶与析出行为的交互作用会严重影响再结晶进程。因此，再结晶分数、析出相体积分数、析出相尺寸等显微组织信息是决定位错密度和轧件流变行为的关键因素。另一方面，氧化铁皮厚度决定了轧件与轧辊间的摩擦系数，进而决定了轧辊与轧件接触区内摩擦应力的分布，并最终决定了轧制压力的大小。由此可见，轧制载荷是显微组织与表面氧化等微观物理过程变化的宏观表现。然而，热轧过程中轧件内部显微组织与表面氧化的变化过程完全处于"信息黑洞"状态。截至目前，即使对于信息采集技术成熟的热轧产线而言，仅有化学成分、轧制温度、轧制速度、压下率和轧制力等为数不多与显微组织和表面氧化相关的信息可以被直接检测。因此，深入理解"组织-氧化-力能"的相关性，才能通过轧制工艺参数及轧制力数据破解显微组织与表面氧化的黑箱状态。

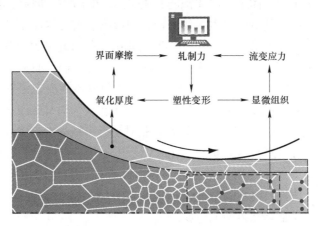

图 1-7　轧制过程"组织-氧化-力能"的耦合状态示意图

1.5.1　显微组织演变与轧制变形的耦合关系分析

轧制变形过程中，轧制力与显微组织演变之间密切相关、相互影响。如图 1-8 所示，增加轧制力 F 可以提高轧件的变形储能 E_{def} 和位错密度 ρ_{dis}，增加再结晶驱动力 F_r 及析出相形核速率 $\dot{N}_p$，从而增加再结晶分数 X_{rex}，促进合金元素碳氮化物析出，降低轧件的流变应力 σ_{MFS}，并最终减小轧制力的增加趋势。反之，轧制力 F 的降低会减小再结晶驱动力 F_r，抑制奥氏体再结晶进程，这会增加轧件的流变应力，减弱轧制力的降低趋势。此外，再结晶与析出的交互作用会影响再结晶及轧件的软化进程，并对轧制力产生影响。由此可见，轧制过程中显微组织演变过程与轧制力的变化相互耦合，以下对此耦合关系进行详细分析。

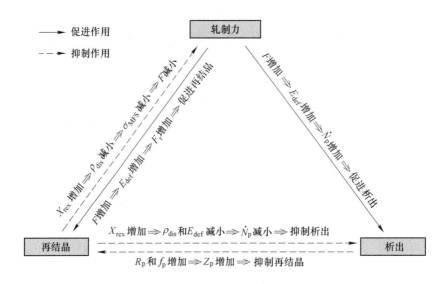

图 1-8　轧制过程显微组织演变与轧制力的耦合关系

1.5.1.1　显微组织演变对轧制力的影响

热轧过程中轧件的平均流变应力是决定轧制力的内因，它反映了位错在奥氏体晶粒中的最小应力，且取决于钢基体中的位错密度及位错运动的阻力。因此，显微组织演变对轧制力影响的本质原因在于其对轧件内部位错密度的影响，主要体现在以下方面。

（1）变形过程中加工硬化与动态再结晶间的相互竞争对轧制力的影响。轧制变形时加工硬化和动态软化同时存在，加工硬化是位错增殖的主要途径，而动态再结晶过程中位错可通过攀移、交滑移和脱钉等形式湮灭，两者相互竞争并最终决定了钢基体的位错密度和轧件的流变应力及轧制力。如图 1-9（a）所示，单道次变形时轧制温度及动态再结晶分数对 AISI 1018 轧制力有明显的影响[49]。高温轧制时动态再结晶占据主导地位，大角晶界扫过原变形组织后会将其恢复至软化状态，此时钢基体内位错密度、轧件流变应力及轧制力较低。低温轧制时加工硬化作用占据主导地位，轧件内位错增殖速率增加、湮灭速率减小，加之残余应力无法被及时消除，因此，该阶段轧制力会处于较高的水平，且轧制力-温度曲线的斜率大于完全动态再结晶阶段。

（2）轧制道次间隙内静态再结晶与析出的交互作用对轧制力的影响。静态再结晶与析出的交互作用影响了轧制道次间隙奥氏体的回复和再结晶等软化过程，并会改变后续道次轧制前位错密度的初始值，因此对位错密度、流变应力及轧制力的影响更为显著。Gómez等研究结果表明依据轧制力-温度曲线的斜率可以将轧制过程划分为完全静态再结晶区和部分静态再结晶区，如图 1-9（b）所示[50]。在完全静态再结晶区内，加工硬化产生的位错可以被全部消除，这会使得变形前奥氏体处于低位错密度状态，此时奥氏体中没有应变累积，轧制力-温度曲线斜率较低。当变形温度低于未再结晶温度 T_{nr} 时，析出相对奥氏体晶界的钉扎作用会阻碍再结晶过程，道次间隙奥氏体中的位错密度不会被再结晶过程完全消除，致使轧制前奥氏体处于高位错密度状态，应变的累积会使轧制力-温度曲线的斜率增加。

（3）奥氏体晶粒尺寸对轧制力的影响。一般而言，晶粒尺寸与应力之间满足 Hall-Petch 关系[51-52]。奥氏体晶界可以阻碍位错的运动，奥氏体晶粒越小，单位体积内晶界面积越大，抑制位错增值与位错运动的障碍越多，变形时轧件的流变应力及变形所需轧制力越大，如图 1-9（c）所示[53]。

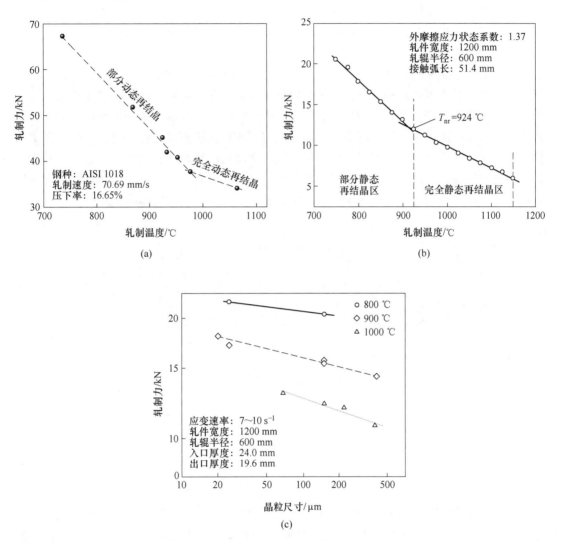

图 1-9　动态再结晶、静态再结晶与晶粒尺寸对轧制力的影响[49,50,53]
（a）动态再结晶对轧制力的影响；（b）静态再结晶对轧制力的影响；（c）晶粒尺寸对轧制力的影响

1.5.1.2　轧制工艺及轧制力对显微组织演变行为的影响

轧制温度、速度及压下率是影响轧制力的决定性因素，由于实际生产过程中轧制速度取决于轧件厚度，因此增加轧制力意味着需要增加道次压下率，或降低轧制温度，这些工艺参数的改变必然会影响轧件的显微组织演变过程，最终影响奥氏体的再结晶行为及晶粒尺寸。增加道次压下率会提高轧件内部的变形储能，促进奥氏体再结晶及微合金元素碳氮化物的析出。轧制温度的降低不仅会减小奥氏体晶界的迁移速率，阻碍奥氏体的再结晶及晶粒生长过程，还会增加奥氏体中微合金元素碳氮化物的过饱和度，促进析出相的形成[54-56]，当变形温度低于 T_{nr} 时，析出相对奥氏体晶界迁移有显著的阻碍作用。图 1-10 所示为单道次压下过程中变形温度及压下率对奥氏体再结晶分数及变形后晶粒尺寸的影响，根据再结晶模式的不同，可以将再结晶区域表面划分为动态再结晶区、静态再结晶区、部分再结晶区及未再结晶区[57]。在不同的区域内，轧制温度与变形量对显微组织演变行为有着不同的影响。

（1）轧件在高温条件下发生较大程度变形时容易导致动态再结晶，此时，奥氏体内位错湮灭速率快，剧烈的动态软化会使轧制力处于较低水平。研究表明，动态再结晶具有显著的晶粒细化效应[58]，由图 1-10 可知，再结晶晶粒尺寸主要取决于变形温度，变形温度越高，变形后奥氏体晶粒尺寸越小。轧制温度在影响奥氏体再结晶的同时，也决定了奥氏体晶粒的长大速率，两者相互竞争，当轧制道次间隙时间较短时，再结晶引起的晶粒细化效应占据主导地位，此时提高轧制温度可以细化奥氏体晶粒尺寸；反之，若轧制道次间隙时间较长，晶粒长大占据主导地位，此时提高轧制温度会粗化奥氏体晶粒尺寸。

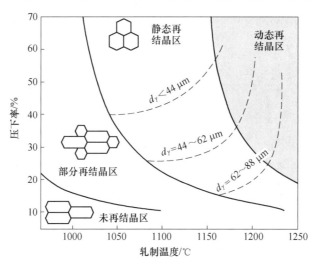

图 1-10 单道次轧制时轧制温度及压下率对再结晶状态及晶粒尺寸的影响[57]

（2）当轧件压下率较高，且轧制温度不足以诱发动态再结晶时，轧制后显微组织演变过程以完全静态再结晶为主，此时，道次间软化会降低后续道次轧制前的位错密度，因此，完全静态再结晶也会使后续道次的轧制力维持在较低的水平。在静态再结晶区内，晶粒尺寸主要受压下率的影响，压下率越大，晶粒尺寸越小。静态再结晶后的晶粒尺寸同样取决于轧制温度与道次间隔时间，道次间隔时间越短，轧制结束后奥氏体晶粒尺寸越细小。

（3）当变形温度低于未再结晶温度 T_{nr} 时，静态再结晶不会完全进行，且 T_{nr} 随压下率的增加而降低。该区域内奥氏体晶界迁移速度较低，且再结晶晶粒无法完全取代变形晶粒，在此区间内轧制，便可得到再结晶晶粒与变形晶粒共存的混合组织，且轧制温度和压下率越低，变形晶粒所占体积分数越高。对于微合金钢而言，析出相是阻碍奥氏体晶界迁移的主要因素之一，析出相的出现会提高完全再结晶所需的临界温度，且微合金元素含量越高，混合组织中再结晶晶粒越细小，体积分数越低。

（4）在未再结晶区域内，奥氏体只会发生回复，而不会发生再结晶。研究表明，该区间内轻微的变形容易在局部区域内诱发晶界移动，使该区域内奥氏体晶粒远大于正常区域，换言之，未再结晶区轧制不仅不会细化奥氏体晶粒，还会使局部区域生成巨大的晶粒，从而增加相变后铁素体组织的不均匀性，恶化产品的力学性能[59]。此外，由于该区间内晶粒的变形程度高，变形能力差，因此增加轧制力及轧件的变形量会使奥氏体发生严重的"碎化"，从而弱化奥氏体晶粒尺寸对轧制力的影响。

对于多道次轧制过程而言，在完全再结晶区间内通过增加道次变形量与总变形量可以将奥氏体晶粒尺寸细化至 20~40 μm，且该区间内道次变形量对晶粒尺寸的影响高于总变形量。在部分再结晶区间内，为了改善混晶现象，可以提高高温区间的轧制力，增加高温阶段的总变形量，从而获得较为细小均匀的奥氏体组织，改善组织的不均匀性。未再结晶区间内变形晶粒的拉长程度与该区间内的总变形量成正比，而与道次变形量的相关性较低，为了避免巨大晶粒的出现，必须合理分配各道次轧制力，给予各道次适当的变形量，以改善变形组织的均匀性[60]。

1.5.2 表面氧化与轧制变形的耦合关系分析

氧化铁皮具有良好的变形能力，轧制后氧化铁皮厚度取决于轧制温度、变形率及轧制力，因此，轧制温度和压下率是决定氧化铁皮变形能力及变形程度的重要因素。由于轧制力的变化主要通过改变轧制温度或者变形率实现，两者的变化都会影响氧化铁皮厚度及氧化层中氧化物的比例，最终影响轧辊与轧件接触面的摩擦系数及后续道次的轧制力。如图1-11 所示，塑性变形过程提高轧制力 F 会增加氧化铁皮变形率 p_{scale}，减小轧制后氧化铁皮厚度 x_{scale}。氧化铁皮减薄会增加界面摩擦系数 μ_F，从而进一步增加轧制力。另外，轧制温度降低会在增加轧制力的同时提升氧化铁皮中 Fe_2O_3 的比例，由于 Fe_2O_3 不易变形且容易破裂，因此，Fe_2O_3 厚度占比的增加会恶化界面的接触状态，增加界面摩擦系数 μ_F，使轧制力进一步增加。由此可见，轧制力与氧化铁皮厚度处于相互作用、相互影响的耦合状态，以下对其进行详细分析。

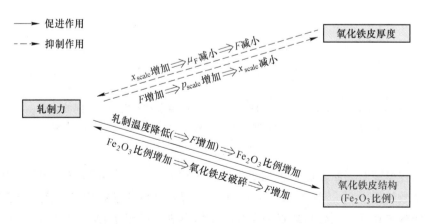

图 1-11 热轧过程中轧制力与氧化铁皮厚度及结构的耦合关系

1.5.2.1　氧化铁皮厚度对界面摩擦系数与轧制力的影响

轧制温度及压下率通过影响轧制后氧化铁皮厚度，对轧辊与轧件接触界面的润滑状态及轧制力产生影响。Suárez 等研究了 950~1150 ℃ 范围内变形温度及变形率对 Ti 微合金 IF 钢表面氧化行为的影响[61]，如图 1-12（a）所示，氧化铁皮在 900 ℃ 以上以塑性良好的 FeO 层为主，且变形率越大，变形后氧化铁皮厚度越薄，在相同的温度下，氧化铁皮变形程度高于钢基体。

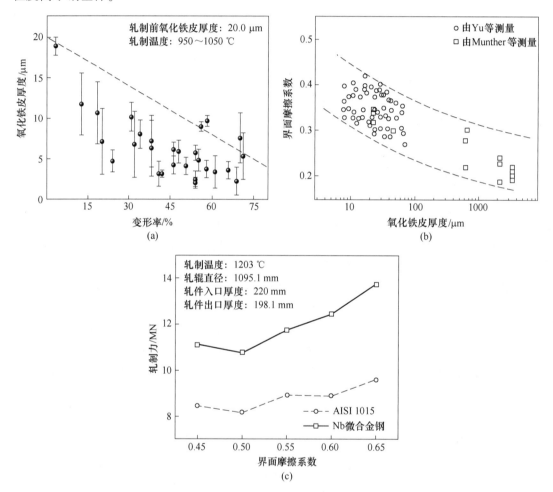

图 1-12　变形率、氧化铁皮厚度、界面摩擦系数及轧制力之间的关系
（a）变形率对氧化铁皮厚度的影响；（b）氧化铁皮厚度对界面摩擦系数的影响；
（c）界面摩擦系数对轧制力的影响

氧化铁皮厚度对界面摩擦的影响最为明显，研究发现氧化层越厚，润滑作用越明显，界面摩擦系数越低[62-63]，如图 1-12（b）所示。界面摩擦状态的变化显著影响了轧制时的外摩擦应力状态系数，因此对轧制力存在明显的影响，如图 1-12（c）所示，研究发现在同等条件下，界面摩擦系数越大，变形所需的轧制力越大[64]。在热轧过程中，氧化铁皮的导热系数远低于钢基体，因此当高温状态的轧件与低温轧辊接触时，氧化层会抑制钢基体与轧辊的传热过程。如图 1-13（a）所示，当氧化铁皮较薄时，氧化铁皮热屏蔽作用有限，因而氧化层整体处于韧脆转变温度以上，其在变形过程因具有良好的延展性而均匀变形。反之，如图 1-13（b）所示，当氧化层较厚时，氧化层温度更接近于轧辊温度，氧化层会在咬入阶段碎裂并与钢基体产生相对滑动，且滑动距离随着氧化铁皮厚度的增加而增加，因此，增加氧化铁皮厚度会降低界面摩擦系数和轧制力。

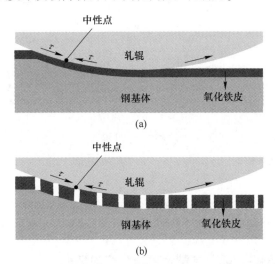

图 1-13　氧化铁皮厚度对界面状态影响的示意图
（a）氧化铁皮较薄时的界面状态；（b）氧化铁皮较厚时的界面状态

1.5.2.2　氧化铁皮结构对界面摩擦系数与轧制力的影响

研究发现，氧化铁皮的变形能力与氧化铁皮结构相关，FeO 和 Fe_3O_4 具有良好的变形能力，而 Fe_2O_3 硬度高，极易在变形过程中断裂[65]，由于氧化铁皮结构与变形温度相关，因此轧制工艺可以通过影响氧化铁皮中氧化物的比例，进而影响氧化铁皮的变形能力，并最终影响界面润滑状态及轧制力。在低温条件下变形时，氧化层以硬度高、塑性差的 Fe_2O_3 为主时，表面氧化会恶化界面状态，使界面摩擦系数增加，此时若进一步提高轧制力，势必进一步恶化界面的摩擦状态；反之，当氧化层以塑性良好的 FeO 和 Fe_3O_4 为主时，氧化物可以作为润滑剂改善界面状态[66]。此外，当钢中 Cr 元素含量较高时，元素间交互氧化会使氧化层中出现塑性差、易断裂的 Fe-Cr 尖晶石层，这不但会导致氧化铁皮的变形率低于钢基体，而且会严重影响氧化铁皮对界面的润滑作用。当 Fe-Cr 尖晶石层较厚时，氧化铁皮易破裂，在变形过程中钢基体会被挤压出氧化皮裂纹，从而增加界面粗糙度与摩擦系数；反之，较薄的 Fe-Cr 尖晶石层在高变形率下破碎后可均匀覆盖在轧辊表面，从而起到润滑剂的作用。

氧化行为对界面摩擦的影响也与变形条件相关。如图 1-14（a）所示，研究发现界面摩擦系数与轧制温度间并非单调的线性关系，界面摩擦系数的峰值出现在 800~900 ℃ 区间内，且和钢种相关[67]；在 100 ℃ 以上，当压下率较高时，变形过程中氧化铁皮会破裂导致轧件与轧辊直接接触，从而抵消了氧化铁皮的润滑作用，因此，摩擦系数随着压下量的增加而增加，如图 1-14（b）所示[68]。研究表明，界面摩擦系数随轧制速度的增加而减小[69]。

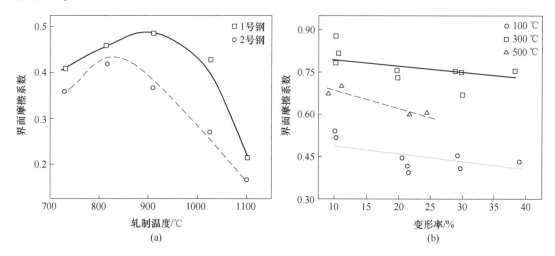

图 1-14　轧制温度及变形率对界面摩擦系数的影响

（a）轧制温度对界面摩擦系数的影响；（b）变形率对界面摩擦系数的影响

1.5.3　破解"组织-氧化-力能"强耦合黑箱状态的难点

通过前面的分析可知，"组织-氧化-力能"的耦合黑箱状态决定了热轧过程中轧件内部的显微组织及表面氧化状态的演变过程，两者的共同作用决定了轧制载荷的变化。此外，轧制变形也决定了显微组织演变行为和氧化铁皮变形行为及其厚度的变化。目前尚无法有效破解"组织-氧化-力能"的耦合黑箱状态，具体难点如下：

（1）轧制力与再结晶、析出等显微组织演变之间的交互影响难以被准确描述。Sellers等开发的经验模型虽然可以描述变形工艺对再结晶及析出行为的影响，然而，该模型体系中含有大量的经验参数，实验室模拟实验确定的经验参数并不适用于轧制工况多变的工业条件。因此在工业条件下，轧制工艺对显微组织演变的影响无法被准确描述。奥氏体再结晶行为是消除位错的主要途径，而位错密度的变化不但影响了微合金元素的析出行为，而且决定了轧件的变形抗力及轧制力，因此，准确描述轧制过程中位错密度的变化是破解显微组织与轧制变形及轧制力耦合关系的关键。因此，可以借助位错密度与流变应力之间的关系[70]，以位错密度和平均流变应力为桥梁，通过描述再结晶、析出及晶粒尺寸等显微组织信息对位错密度和平均流变应力的影响，进而破解显微组织与轧制变形及轧制力的耦合黑箱状态。

（2）表面氧化与轧制变形之间的高维非线性关系无法被准确描述。变形参数决定了氧化铁皮的变形性能及其变形后的完整性，而氧化铁皮厚度及其完整性决定了轧件与轧辊界面的摩擦系数，进而决定了接触区内的应力分布及轧制力大小。虽然 Suárez 和 Schütze 等通过大量的实验确定了不同变形温度下氧化铁皮的韧脆性及变形特性，它们之间的关系尚无法被准确描述[71-72]。在氧化铁皮对界面摩擦状态影响的相关研究中，尽管 Lenard 和 Yu 等通过大量的实验拟合出了界面摩擦系数与变形速率、压下率及轧制温度之间的经验模型[62,73]，但模型的精度及适用范围仍然有待提升，因此，急需采用新方法，建立表面氧化与轧制变形之间的高维非线性关系高保真计算模型。

（3）无法利用宏观变形信息对微观显微组织与表面氧化的黑箱状态进行破解。目前的研究主要集中于变形条件对奥氏体再结晶行为、微合金元素析出行为及氧化铁皮变形行为等微观尺度的研究上。前述分析表明，显微组织演变会影响轧件的流变应力和变形抗力，轧制前氧化铁皮厚度会影响轧辊与轧件接触区内的摩擦状态及应力分布，两者的共同作用决定了轧件变形所需的轧制力。在轧制过程中，只有变形工艺参数是可以被准确测量的，它们提供了破解轧制过程中显微组织和表面氧化的窗口，但是如何描述显微组织及表面氧化对轧制变形的影响尚缺乏研究，因此，截至目前尚无法利用轧制力的变化对微观显微组织与表面氧化的演变信息进行有效破解。

近年来，人工智能技术在材料科学领域得到了广泛的应用，借助大量的实验数据及机器学习方法，材料科学领域很多悬而未决的难题被迎刃而解，机器学习方法与物理机理模型的融合遂成为破解宏观与微观尺度各种黑箱状态的有效方法。此外，机器学习方法可以加速工艺优化及材料成分设计，因此正在成为新材料设计及加工工艺优化的主要方法。在热轧钢材领域，数十年的长期研究已经在显微组织与表面氧化等研究领域积累了丰富的原始数据，物理冶金学及氧化理论也成为定性描述微观物理过程的有效工具。针对以上破解"组织-氧化-力能"强耦合黑箱状态的难点，首先，需要结合实验数据与机器学习算法，建立物理冶金模型与高温氧化动力学模型中具有明确物理意义的模型参数与钢种成分及变形工艺间的关系，反映化学成分及轧制工艺对再结晶、析出与氧化行为的影响；其次，需要结合工业大数据与数据驱动算法，确定物理冶金模型体系中经验参数的数据驱动解，使物理冶金学模型可以适应复杂多变的轧制工况；最后，为了解决机器学习算法物理意义不明的问题，需要利用物理冶金规则作为约束条件，融合物理冶金机理与机器学习算法，对轧件显微组织演变行为、高温氧化行为及轧制力之间的关系进行描述。总之，需要利用机器学习方法，真实反映轧制工艺、显微组织与表面氧化之间的关系，并结合物理冶金学规则及数据驱动算法，利用显微组织及表面氧化信息对轧制力进行预测，方能实现"组织-氧化-力能"的耦合黑箱状态破解。此外，破解"组织-氧化-力能"的耦合黑箱状态后，也可以结合机器学习算法，实现高品质热轧钢材生产工艺设计及轧制工艺参数优化。

1.6 热轧组织性能演变工业软件开发与应用

在钢铁智能制造领域，随着软件定义在工业领域的深化发展，生产智能化水平越来越依赖工业技术软件化水平。热轧钢材性能质量提升同样离不开组织性能控制工业软件。因此，开发热轧过程钢材组织性能演变的解析与控制软件，历来受到世界钢铁强国的高度重视。

在国际上，德国西门子公司、Hoesch Hohenlimburg 钢厂和 Dresden 大学共同开发了抗拉强度 300~850 MPa 钢材的微观组织监控与工艺优化软件[74]。POSCO 开发了在线组织监测与优化软件[75]。TEMIC 公司开发的在线组织性能预测软件，已经随其自动化系统强制性出口到我国热连轧生产线。尽管其模型源自 20 世纪 90 年代，精度不高且软件处于封装状态不可调试，但国内企业别无选择。原武钢曾花巨资引进了加拿大 UBC 开发的热轧钢材组织性能预测软件，但因精度低，经多年再开发后才应用于实际生产。另外，进口软件仅包含组织性能预测功能。虽然日本、韩国和欧洲国家已经开发出以组织性能为目标的工艺逆向优化模块，但没有对我国开放。

在国内，东北大学开发了适用于热轧板带钢的组织性能预测软件，用于在线预测与离线工艺逆向优化[76]；钢铁研究总院开发了适用于 CSP 短流程的热轧组织性能预测软件 Q-CSP，主要用于温度场和奥氏体再结晶行为预测[77]；中国科学院金属所开发出针对热轧 C-Mn 钢板带组织性能模拟软件 ROLLAN[78]。与国外同类软件相比，我国在模型精度和钢种适应性方面占优，但应用数量却远不如前者，主要原因在于存在模型分散、应用鲁棒性差以及存在软件功能缺失等问题，限制了此类软件在热轧生产中的应用。

美国、英国、德国、法国、日本等工业强国均将发展智能制造作为打造本国竞争优势的关键举措。在钢铁工业领域，日本 JFE、韩国 POSCO 等企业在信息物理系统算法和策略研究方面投入了大量精力，并在高炉智能化方面取得了示范性突破[79-80]。各国钢铁行业正在加大热轧领域信息物理系统研发力度，这是世界钢铁技术的发展方向[81]。

然而，因为这种软件既要高保真度呈现组织微妙变化，又要实现实时优化与动态控制，所以其研发难度可想而知。首先，由于没有在线组织监测手段，生产中组织演变过程实际处于"黑箱"状态。目前钢材性能控制不得不基于简单的"工艺-性能"对应关系模型，难以准确透视工序、工艺、设备等关键参数与组织结构的复杂关系，导致在新产品与新工艺研发时，需反复进行高成本、高风险的工业摸索性实验。融合数据驱动和物理冶金学理论，构建全流程组织性能演变的高保真数字孪生软件，不仅是认知生产过程、提高模型精度的需求，也是热轧生产精准控制的重要支撑。其次，热轧生产过程组织调控具有多变量、强耦合、非线性和强遗传等特点。围绕热轧组织性能演变的多工序、多变量、全局性协调优化，是实现工艺最佳配置的必然选择。但目前我国因缺少这方面的工作，生产企业普遍只能对工序内指标进行独立控制。最后，构建热轧组织性能演变的智能管控平台，使其具有"学习及思考"能力，是热轧钢材性能智能控制的终极目标。我国在这方面尚无标准化和通用化工业软件，造成组织性能控制知识结构的碎片化，无法在生产中充分发挥作用。

按智能制造标准的要求，这种信息物理系统不但应实现热轧钢材组织性能演变的高保真数字孪生、在线实时感知和控制，同时也应具备与原系统无缝对接的软件通用性，如图 1-15 所示。这种信息物理系统软件平台是必然发展趋势，到目前为止国际钢铁强国还没有开发成功的报道。

开发并应用以组织性能演变数字孪生为核心的热轧信息物理系统软件平台，可使新产品研发与应用周期较传统方法大大降低，实现敏捷制造以灵活应对用户多样化的需求，并大幅减少力学性能检测量而缩短交货周期，是钢铁生产的关键核心技术。这方面研究目前还处于起步阶段，急需攻克以下关键问题：

（1）如何以人工智能理论为基础，破解高维度工业数据的相关性问题。

（2）如何在破解生产过程组织演变"黑箱"基础上，形成全流程组织-性能演变数字孪生体以准确揭示微结构与性能间的微妙关系。

（3）如何开发出工序间多目标协同快速优化方法，并探索出信息物理系统在线感知和反馈控制的基础架构。

我国热轧主体装备和绝大部分工业软件由德国、意大利和日本进口。如果在组织性能

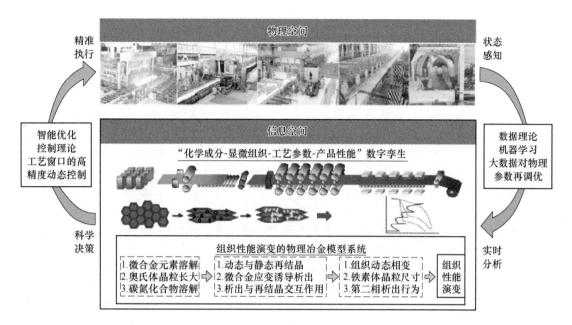

图 1-15　热轧钢材组织性能演变控制信息物理系统工业软件平台

控制这一核心领域，仍盲目依赖科技发达国家，我国钢铁工业自主创新之路将难以摆脱受制于人的窘境。只有立足于自主研发，才能推进热轧技术自主创新和产品升级换代，成为我国钢铁工业"由大转强"的有力引擎。

参 考 文 献

［1］王国栋. 信息物理系统是实现钢铁工业智能化的关键技术［N］. 中国科学报，2018-09-17.

［2］Whillock R T J, Buckley R A, Sellars C M. The influence of thermomechanical processing on recrystallization and precipitation in austenitic alloys with particular reference to the effects of deformation and ageing conditions［J］. Materials Science & Engineering A, 2000, 276（1/2）：124-132.

［3］Zutob H S, Brechet Y, Purdy G. A model for the competition of precipitation and recrystallization in deformed austenite［J］. Acta Materialia, 2001, 49（20）：4183-4190.

［4］Andorfer J, Auzinger D, Buchmayr B, et al. Prediction of the as hot rolled properties of plain carbon steels and HSLA steels［C］//In：THERMEC'97 Proceedings, ed. Chandra T and Sakai T, TMS, Wollongong, Australia, 1997：2069-2075.

［5］Choo W Y, Lee C S, Choo S D. Development of quality prediction and monitoring system for plate production［C］. European Rolling Conference, Vasteras, Sweden, 2000.

［6］Liu Z Y, Wang W D, Gao W. Prediction of the mechanical properties of hot-rolled C-Mn using artificial neural networks［J］. Journal of Materials Processing Technology, 1996, 57（3/4）：332-336.

［7］Bhadeshia H. Neural hetworks in materials science［J］. ISIJ International, 1999, 39（10）：966-979.

［8］干勇，刘正东，王国栋，等. 组织性能预报系统在宝钢 2050 热轧生产线的在线应用［J］. 钢铁，2006（3）：39-43.

［9］刘振宇，许云波，王国栋. 热轧钢材组织性能预测与优化［M］. 沈阳：东北大学出版社，2006.

［10］刘正东，董瀚，干勇. 热连轧过程中组织性能预报系统的应用［J］. 钢铁，2003（2）：68-71.

［11］Wu S W, Cao G M, Zhou X G, et al. High dimensional data-driven optimal design for hot strip rolling of

C-Mn steels [J]. ISIJ International, 2017, 57 (7): 1213-1220.

[12] Rajan K. Materials Informatics [J]. Materials Today, 2005, 8 (10): 38-45.

[13] Rickman J M, Lookman T, Kalinin S V. Materials informatics: From the atomic level to the continuum [J]. Acta Materialia, 2019, 168: 473-510.

[14] Bryce Meredig. Industrial materials informatics: Analyzing large-scale data to solve applied problems in R&D, manufacturing, and supply chain [J]. Current Opinion in Solid State and Materials Science, 2017, 21: 159-166.

[15] Abarghooei H, Arabi H, Seyedein S H, et al. Modeling of steady state hot flow behavior of API-X70 microalloyed steel using genetic algorithm and design of experiments [J]. Applied Soft Computing, 2017, 52: 471-477.

[16] Quan G Z, Liang J T, Lv W Q, et al. A characterization for the constitutive relationships of 42CrMo high strength steel by artificial neural network and its application in isothermal deformation [J]. Materials Research, 2014, 17 (5): 1102-1114.

[17] Zhou Y T, Xia Y F, Jiang L, et al. Modeling of the hot flow behaviors for Ti-6Al-4V-0.1Ru alloy by GA-BPNN model and its application [J]. High Temperature Materials and Processes, 2018, 37 (6): 551-562.

[18] Quan G Z, Lv W Q, Mao Y P, et al. Prediction of flow stress in a wide temperature range involving phase transformation for as-cast Ti-6Al-2Zr-1Mo-1V alloy by artificial neural network [J]. Materials and Design, 2013, 50: 51-61.

[19] Quan G Z, Pu S A, Zhan Z Y, et al. Modelling of the hot flow behaviors for Ti-13Nb-13Zr alloy by BP-ANN model and its application [J]. International Journal of Precision Engineering and Manufacturing, 2015, 16 (10): 2129-2137.

[20] Mirzadeh H. Constitutive modeling and prediction of hot deformation flow stress under dynamic recrystallization conditions [J]. Mechanics of Materials, 2015, 85: 66-79.

[21] Liu Y, Zhu Y K, Geng C, et al. Comparing predictions from constitutive equations and artificial neural network model of compressive behavior in carbon nanotube-alu minum reinforced ZA27 composites [J]. International Journal of Materials Research, 2016, 107 (7): 659-667.

[22] Jarugula R, Aravind U, Meena B S, et al. High temperature deformation behavior and constitutive modeling for flow behavior of alloy 718 [J]. Journal of Materials Engineering and Performance, 2020, 29 (7): 4692-4707.

[23] Hashemi S, Kalidindi S R. A machine learning framework for the temporal evolution of microstructure during static recrystallization of polycrystalline materials simulated by cellular automaton [J]. Computational Materials Science, 2020, 188: 110132.

[24] Rahnama A, Clark S, Sridhar S. Machine learning for predicting occurrence of interphase precipitation in HSLA steels [J]. Computational Materials Science, 2018, 154: 169-177.

[25] Huang X, Wang H, Xue W, et al. Study on time-temperature-transformation diagrams of stainless steel using machine-learning approach [J]. Computational Materials Science, 2020, 171: 109282.

[26] Geng X, Cheng Z, Wang S, et al. A data-driven machine learning approach to predict the hardenability curve of boron steels and assist alloy design [J]. Journal of Materials Science, 2022, 57 (23): 10755-10768.

[27] Shen C, Wang C, Wei X, et al. Physical metallurgy-guided machine learning and artificial intelligent design of ultrahigh-strength stainless steel [J]. Acta Materialia, 2019, 179: 201-214.

[28] Wu S, Zhou X, Ren J, et al. Optimal design of hot rolling process for C-Mn steel by combining industrial data-driven model and multi-objective optimization algorithm [J]. Journal of Iron and Steel Research

International, 2018, 25（7）: 700-705.

［29］ Zhang H, Fu H, Zhu S, et al. Machine learning assisted composition effective design for precipitation strengthened copper alloys［J］. Acta Materialia, 2021, 215: 117118.

［30］ Qiao L, Wang Z, Zhu J. Application of improved GRNN model to predict interlamellar spacing and mechanical properties of hypereutectoid steel［J］. Materials Science and Engineering A, 2020, 792: 139845.

［31］ Cui C, Cao G, Li X, et al. The coupling machine learning for microstructural evolution and rolling force during hot strip rolling of steels［J］. Journal of Materials Processing Technology, 2022, 309: 117736.

［32］ Lee H Y, Gray S, Zhao Y, et al. Machine learning applied to identify corrosive environmental conditions ［J］. Frontiers in Materials, 2022, 9: 830260.

［33］ Pei Z, Rozman K A, Dogan O N, et al. Machine-learning microstructure for inverse material design［J］. Advanced Science, 2021, 8（23）: 2101207.

［34］ 吴思炜, 周晓光, 曹光明, 等. 热轧 C-Mn 钢工业大数据预处理对模型的改进作用［J］. 钢铁, 2016, 51（5）: 88-94.

［35］ Medina S F, Quispe A. Influence of strain on induced precipitation kinetics in microalloyed steels［J］. ISIJ International, 1996, 36: 1295-1300.

［36］ Siradj E S, Sellars C M, Whiteman J A. The influence of roughing strain and temperature on precipitation in niobium microalloyed steels after a finishing deformation at 900 ℃［J］. Materials Science Forum, 1998, 284-286.

［37］ Nohrer M, Mayer W, Primig S, et al. Influence of deformation on the precipitation behavior of Nb（CN）in austenite and ferrite［J］. Metallurgical and Materials Transactions A, 2014, 45（10）: 4210-4219.

［38］ Kwon O, Deardo A J. Interactions between recrystallization and precipitation in hot-deformed microalloyed steels［J］. Acta Metallurgica et Materialia, 1991, 39（4）: 529-538.

［39］ Weiss I, Jonas J J. Interaction between recrystallization and precipitation during the high temperature deformation of HSLA Steels［J］. Metallurgical Transactions A, 1979, 10: 831-840.

［40］ Abdollah-Zedeh A, Dunne D P. Effect of Nb on recrystallization after hot deformation in austenitic Fe-Ni-C ［J］. ISIJ International, 2003, 43（8）: 1213-1218.

［41］ Li G, Maccagno T M, Bai D Q. Effect of initial grain size on the static recrystallization kinetics of Nb microalloyed steels［J］. ISIJ International, 1996, 36（12）: 1479-1485.

［42］ Abad R, Fernández A I, López B, et al. Interaction between recrystallization and precipitation during multipass rolling in a low carbon niobium microalloyed steel［J］. ISIJ International, 2001, 41 （11）: 137482.

［43］ Elwazri A M, Essadiqi E, Yue S. The kinetics of static recrystallization in microalloyed hypereutectoid steels［J］. ISIJ International, 2004, 44（1）: 162-170.

［44］ Medina S F, Quispe A, Gomez M. Strain induced precipitation effect on austenite static recrystallisation in microalloyed steels［J］. Materials Science and Technology, 2003, 19（1）: 99-108.

［45］ Medina S F, Quispe A, Goâmez M. Deter mination of precipitation-time-temperature（PTT）diagrams for Nb, Ti or V micro-alloyed steels［J］. Journal of Materials Science, 1997, 32（6）: 1487-1492.

［46］ 马立强. Nb、Ti 钢宽厚板控制轧制中的再结晶和析出规律［D］. 沈阳: 东北大学, 2007.

［47］ Kang K B, Kwon O, Lee W B, et al. Effect of precipitation on the recrystallization behavior of a Nb containing steel［J］. Scripta Materialia, 1997, 36（11）: 1303-1308.

［48］ Palmiere E J, Garcia C I, Deardo A J. The influence of niobium supersaturation in austenite on the static recrystallization behavior of low carbon microalloyed steels［J］. Metallurgical and Materials Transactions A,

1996, 27（4）: 951-960.

[49] Said A, Lenard J G, Ragab A R, et al. The temperature, roll force and roll torque during hot bar rolling [J]. Journal of Materials Processing Technology, 1999, 88（1）: 147-153.

[50] Gómez M, Rancel L, Medina S F. Assessment of austenite static recrystallization and grain size evolution during multipass hot rolling of a niobium-microalloyed steel [J]. Metals and Materials International, 2009, 15（4）: 689-699.

[51] Figueiredo R B, Kawasaki M, Langdon T G. Seventy years of Hall-Petch, ninety years of superplasticity and a generalized approach to the effect of grain size on flow stress [J]. Progress in Materials Science, 2023, 137: 101131.

[52] Jiang Z, Liu J, Lian J. A new relationship between the flow stress and the microstructural parameters for dual phase steel [J]. Acta Metallurgica et Materialia, 1992, 40（7）: 1587-1597.

[53] Saito Y, Enami T, Tanaka T. The mathematical model of hot deformation resistance with reference to microstructural changes during rolling in plate mill [J]. Transactions of the Iron and Steel Institute of Japan, 1985, 25（11）: 1146-1155.

[54] Klinkenberg C, Hulka K, Bleck W. Niobium carbide precipitation in microalloyed steel [J]. Steel Research International, 2004, 75（11）: 744-752.

[55] Pandit A, Murugaiyan A, Podder A S, et al. Strain induced precipitation of complex carbonitrides in Nb-V and Ti-V microalloyed steels [J]. Scripta Materialia, 2005, 53（11）: 1309-1314.

[56] Abdollah-Zadeh A. The investigation of deformation, recovery, recrystallization and precipitation in austenitic HSLA steel analogue alloys [D]. Northfields Avenue: University of Wollongong, 1996.

[57] Tanaka T. Controlled rolling of steel plate and strip [J]. International Metals Reviews, 1981, 26（1）: 185-212.

[58] Li J, Li R, Liu T, et al. Study of the dynamic recrystallization process of 347H stainless steel at high strain rate [J]. Transactions of the Indian Institute of Metals, 2022, 75（11）: 2913-2921.

[59] 张冬宇. 轧制过程中钢的奥氏体变形与再结晶 [J]. 金属世界, 2007（3）: 39-42.

[60] 王有铭, 李曼云, 韦光. 钢材的控制轧制和控制冷却 [M]. 北京: 冶金工业出版社, 2019.

[61] Suárez L, Houbaert Y, Eynde X V, et al. High temperature deformation of oxide scale [J]. Corrosion Science, 2009, 51（2）: 309-315.

[62] Yu Y, Lenard J G. Estimating the resistance to deformation of the layer of scale during hot rolling of carbon steel strips [J]. Journal of Materials Processing Technology, 2002, 121（1）: 60-68.

[63] Munther P A, Lenard J G. The effect of scaling on interfacial friction in hot rolling of steels [J]. Journal of Materials Processing Technology, 1999, 88（1）: 105-113.

[64] Kumar A, Rath S, Kumar M. Simulation of plate rolling process using finite element method [J]. Materials Today: Proceedings, 2021, 42: 650-659.

[65] Hidaka Y, Anraku T, Otsuka N. Tensile deformation of iron oxides at 600-1250 ℃ [J]. Oxidation of Metals, 2002, 58（5）: 469-485.

[66] Vergne C, Boher C, Gras R, et al. Influence of oxides on friction in hot rolling: Experimental investigations and tribological modelling [J]. Wear, 2006, 260（9/10）: 957-975.

[67] Lenard J G, Kalpakjian S. The effect of temperature on the coefficient of friction in flat rolling [J]. CIRP Annals, 1991, 40（1）: 223-226.

[68] Cheng X, Jiang Z, Wei D, et al. Oxide scale characterization of ferritic stainless steel and its deformation and friction in hot rolling [J]. Tribology International, 2015, 84: 61-70.

[69] Jin W, Piereder D, Lenard J G. A study of the coefficient of friction during hot rolling of a ferritic stainless

steel［J］. Tribology and Lubrication Technology, 2002, 58（11）: 29-37.

［70］Estrin Y, Mecking H. A unified phenomenological description of work hardening and creep based on one-parameter models［J］. Acta Metallurgica, 1984, 32（1）: 57-70.

［71］Schütze M. Deformation and cracking behavior of protective oxide scales on heat-resistant steels under tensile strain［J］. Oxidation of Metals, 1985, 24（3）: 199-232.

［72］Schütze M. Mechanical properties of oxide scales［J］. Oxidation of Metals, 1995, 44（1）: 29-61.

［73］Lenard J G, Barbulovic-Nad L. The coefficient of friction during hot rolling of low carbon steel strips［J］. Journal of Tribology, 2002, 124（4）: 840-845.

［74］Doll R, Loeffler H. Siemens microstructure monitor: commercial application of microstructure modelling in hot strip mills［C］//Recrystallization and Grain Growth Proceedings of the First Joint International Conference. Springer, 2001.

［75］Lee D M, Choi S G. Application of on-line adaptable neural network for the rolling force set-up of a plate mill［J］. Engineering Applications of Artificial Intelligence, 2004, 17（5）: 557-565.

［76］王国栋, 刘振宇, 张殿华. RAL 关于钢材热轧信息物理系统的研究进展［J］. 轧钢, 2021, 1: 1-7

［77］郑坚, 唐广波, 程杰锋, 等. 珠钢 CSP 热轧组织性能预报软件设计［J］. 轧钢, 2003（1）: 15-17.

［78］詹志东, 李殿中, 沙孝春. 热轧带钢微观组织及力学性能的分析与模拟［C］. 中国材料研究学会, 2002: 5.

［79］山口収. CPS を活用した製鉄プロセス革新［J］. 溶接学会誌, 2021, 90（1）: 69-75.

［80］Jeong B J, Bang J Y. Developing strategies and current trend of smart factory［J］. Journal of International Logistics and Trade, 2018, 16（3）: 88-94.

［81］殷瑞钰. 关于智能化钢厂的讨论——从物理系统一侧出发讨论钢厂智能化［J］. 钢铁, 2017, 52（6）: 1-12.

2 钢材组织性能预测的典型实验方法

通过实验室模拟钢材热轧变形和冷却过程中发生的各种显微组织变化的实验，对典型实验结果进行分析和处理，可以为建立钢材热轧过程中组织-性能预测模型提供必要的物理冶金学参数。本章重点介绍了实验室模拟钢材热轧变形和冷却过程中发生的各种显微组织变化的实验方法，其中主要包括：

(1) 研究热变形奥氏体动态再结晶行为和变形抗力的单道次压缩实验。

(2) 研究热轧道次间隔时间内静态再结晶行为的双道次压缩实验。

(3) 研究微合金碳氮化物应变诱导析出行为的应力松弛实验。

(4) 研究热变形奥氏体连续冷却相变行为的热膨胀实验。

对这些实验结果进行分析和处理，可以为建立钢材热轧过程中组织-性能预测模型提供必要的物理冶金学参数。为了详细阐述以上提到的实验方法和分析处理实验数据的思路，本章以不同成分的微合金钢为研究对象，对上述内容作详细说明。

2.1 单道次压缩实验

采用单道次压缩实验研究奥氏体的高温变形行为可以得到变形过程中各工艺条件下的应力—应变曲线。通过对应力—应变曲线的分析可以得到实验钢的动态再结晶数学模型和变形抗力数学模型。

2.1.1 动态再结晶数学模型

2.1.1.1 典型实验方案

在 MMS-200 热模拟机上进行，实验钢的化学成分为 0.06C-0.46Si-1.42Mn-0.38Cr。单道次压缩实验方案如图 2-1 所示，以 20 ℃/s 加热至 1300 ℃保温 420 s，以 10 ℃/s 降温至 1000 ℃、1050 ℃、1100 ℃、1150 ℃保温 10 s 后变形，真应变为 0.8，应变速率为 0.1 s^{-1}、0.05 s^{-1}，然后淬火，记录试样变形过程中的真应力-真应变数据。

2.1.1.2 真应力-真应变曲线

单道次压缩工艺的真应力-真应变曲线如图 2-2 所示。在实验钢变形过程中，加工硬化和动态回复，再结晶相互作用使应力发生变化。从应力-应变曲线中可见峰值应力，这说明实验钢发生了动态再结晶。动态再结晶型曲线的特征是具有三个阶段。首先是随着应变量的增加，加工硬化效应大于动态软化，随着变形的增大，内部的位错密度也在不断提升，位错的增加和缠结导致位错运动阻力变大，此时的应力随应变增大而增大；之后当位错密度达到临界值时，变形量的增大使材料发生了动态再结晶，此时的应力随着应变增大

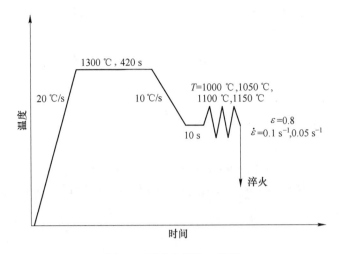

图 2-1　单道次压缩工艺图

而减小，同时内部的位错密度也由于动态再结晶的发生在下降；最后动态软化效果减弱，应力趋于不变。

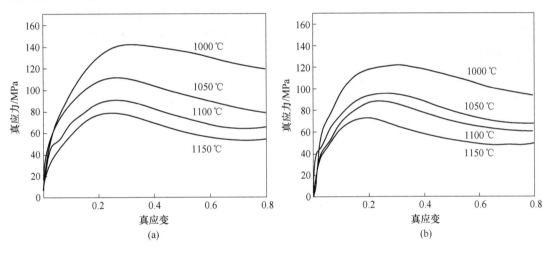

图 2-2　不同条件下的实验钢应力-应变曲线

（a）0.1 s^{-1}应变速率；（b）0.05 s^{-1}应变速率

从图 2-2 中可见，应变速率和温度对应力-应变曲线的变化有着明显的影响，同一变形温度下，应变速率越大，变形抗力越大。同一应变速率条件下，温度越高，变形抗力越小。且在温度相同的情况下，提高应变速率会使峰值应变右移，动态再结晶更难发生。在应变速率相同的情况下，提高温度会使峰值应变左移，动态再结晶更易发生。这是因为温度升高，内部的位错密度更加不易提升，金属原子之间因为处于高温环境变得活跃，更易发生塑性变形，因此变形抗力减小，动态再结晶发生所需的畸变能减小。而变形速率提升会使动态软化不能充分进行，导致变形抗力提高，所需的动态再结晶激活能也因此而增加。

2.1.1.3　动态再结晶激活能和 Z 参数的计算

当金属在高温条件下变形时，能否发生动态再结晶取决于是否达到了动态再结晶激活能。常用 Zener-Hollomon 参数（Z 参数）来表示高温变形条件下的奥氏体的动态再结晶行为，如式（2-1）所示，将式（2-1）进行变换可得式（2-2）。

$$Z = A\left[\sinh(\alpha\sigma_p)\right]^n = \dot{\varepsilon}\exp\left[Q_d/(RT)\right] \tag{2-1}$$

式中 Q_d——再结晶激活能，kJ/mol；

       σ_p——峰值应力，MPa；

       R——气体常数，8.3145 J/(mol·K)；

A，n，α——常数。

$$\dot{\varepsilon} = A\left[\sinh(\alpha\sigma_p)\right]^n\exp\left[-Q_d/(RT)\right] \tag{2-2}$$

为求出式（2-2）中的常数 α，可通过 $\beta = \alpha m$ 计算，使用式（2-3），式（2-4）共同联立求得：

$$\dot{\varepsilon} = B_1\sigma_p^m \tag{2-3}$$

$$\dot{\varepsilon} = B_2\exp(\beta\sigma_p) \tag{2-4}$$

式中 B_1，B_2，m，β——均为常数。

将式（2-3）、式（2-4）两边同时取对数处理后，可知 $\ln\dot{\varepsilon}$ 与 $\ln\sigma_p$ 之间呈线性关系，如图 2-3（a）所示，其斜率为 m，取平均值可得 m 为 4.474。$\ln\dot{\varepsilon}$ 与 σ_p 之间呈线性关系，如图 2-3（b）所示，其斜率为 β，取平均值可得 β 为 0.0379。进而可得 α 的平均值为 0.00847。

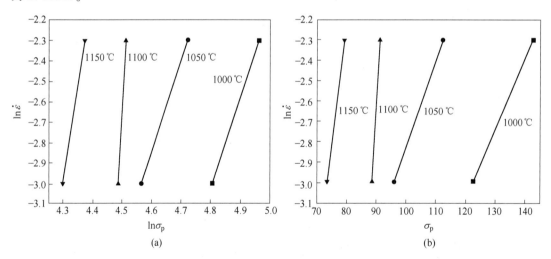

图 2-3 峰值应力和应变速率的关系

(a) $\ln\dot{\varepsilon}$ 与 $\ln\sigma_p$ 的关系；(b) $\ln\dot{\varepsilon}$ 与 σ_p 的关系

对式（2-1）两边取对数后求导可得再结晶激活能 Q_d 的求解关系式如式（2-5）所示。

$$Q_d = R\left\{\partial\ln\dot{\varepsilon}/\partial\ln\left[\sinh(\alpha\sigma_p)\right]\right\}\big|_T \cdot \left\{\partial\ln\left[\sinh(\alpha\sigma_p)\right]/\partial(1/T)\right\}\big|_{\dot{\varepsilon}} = Rnb \tag{2-5}$$

从式（2-5）中可知，$\ln\dot{\varepsilon}$ 与 $\ln\left[\sinh(\alpha\sigma_p)\right]$ 呈线性关系，根据实验获得数据进行拟合处理后如图 2-4（a）所示，其斜率为 n，可取其平均值为 5.29；$\ln\left[\sinh(\alpha\sigma_p)\right]$ 与 $1/T$ 呈线性关系，拟合处理后如图 2-4（b）所示，其斜率为 b，可取其平均值为 8048.63。

可用 $Q_d = Rnb$ 求出再结晶激活能 Q_d 为 354.176 kJ/mol。为求出 Z 参数中的常数，通

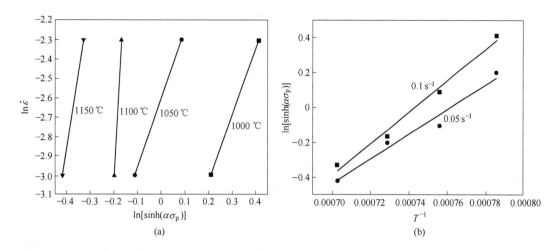

图 2-4 峰值应力与变量的关系式

(a) $\ln\dot{\varepsilon}$ 与 $\ln[\sinh(\alpha\sigma_p)]$ 的关系；(b) $\ln[\sinh(\alpha\sigma_p)]$ 与 $1/T$ 的关系

过单道次压缩实验获得真应力-真应变曲线，结合式（2-1），（2-2）可以将 Z 与 $[\sinh(\alpha\sigma_p)]^n$ 两边取对数处理，通过实验数据获得 $\ln Z$ 与 $\ln[\sinh(\alpha\sigma_p)]$ 之间的关系如图2-5所示。

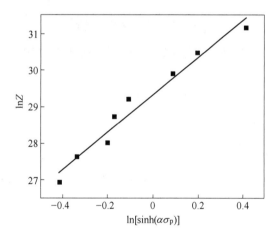

图 2-5 $\ln Z$ 与 $\ln[\sinh(\alpha\sigma_p)]$ 之间的关系

对其进行线性拟合，可以计算得出 A 值为 5.494×10^{12}，通过将 A 值代入式（2-1）可以得出 Z 参数表达式如式（2-6）所示，对式（2-6）进行变换即得热加工方程如式（2-7）所示。

$$Z = 5.494 \times 10^{12} \left[\sinh(0.0085\sigma_p) \right]^{5.29} = \dot{\varepsilon}\exp(42598/T) \tag{2-6}$$

$$\dot{\varepsilon} = 5.494 \times 10^{12} \left[\sinh(0.0085\sigma_p) \right]^{5.29} \exp(-42598/T) \tag{2-7}$$

2.1.1.4 动态再结晶临界应变模型的建立

动态再结晶的发生取决于变形量是否达到临界值，即是否达到临界应变 ε_c，临界应变 ε_c 与峰值应变 ε_p 之间，一般认为呈线性关系，根据同一钢种的相关文献可知临界应变

ε_{c} 与峰值应变 ε_{p} 之间的关系符合式（2-8）；峰值应变 ε_{p} 与 Z 参数的关系符合式（2-9）。

$$\varepsilon_{\mathrm{c}} = 0.61\varepsilon_{\mathrm{p}} \tag{2-8}$$

$$\varepsilon_{\mathrm{p}} = kZ^{m} \tag{2-9}$$

将式（2-9）两边同时取对数，可得 $\ln\varepsilon_{\mathrm{p}}$ 与 $\ln Z$ 的关系如图 2-6 所示。通过斜率和截距求出 m 与 k 的值，m 值为 0.0899，k 值为 0.0179。

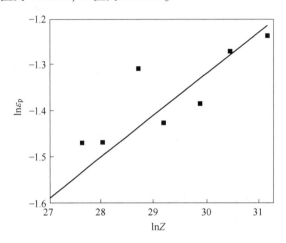

图 2-6　$\ln\varepsilon_{\mathrm{p}}$ 与 $\ln Z$ 之间的关系

将 m 与 k 的值代入式（2-8），式（2-9）可得动态再结晶临界应变模型如式（2-10）所示。

$$\varepsilon_{\mathrm{c}} = 0.011Z^{0.0899} \tag{2-10}$$

2.1.1.5　动态再结晶体积分数模型的建立

动态再结晶体积分数表示实验钢发生动态再结晶的体积百分比。通常使用 JMAK 方程来建立动态再结晶体积分数模型，可用式（2-11）计算动态再结晶体积分数。

$$X_{\mathrm{DRX}} = 1 - \exp\left[-\beta_{\mathrm{d}}\left(\frac{\varepsilon - \varepsilon_{\mathrm{c}}}{\varepsilon_{0.5}}\right)^{k_{\mathrm{d}}}\right] \tag{2-11}$$

式中　X_{DRX}——动态再结晶体积分数；

β_{d}，k_{d}——材料相关的常数；

ε_{c}——临界应变；

$\varepsilon_{0.5}$——发生 50% 动态再结晶时对应的应变。$\varepsilon_{0.5}$ 可由式（2-12）求出。

$$\varepsilon_{0.5} = \alpha_3 d_0^{n}\dot{\varepsilon}^{m}\exp[Q/(RT)] \tag{2-12}$$

式中　α_3，n，m——与实际材料本身性质相关的常数；

Q——热变形激活能，kJ/mol；

d_0——初始奥氏体晶粒尺寸，μm。

一般来说，通过显微组织来确定不同工艺条件下的动态再结晶体积分数是相当困难的，考虑到其需要大量的显微组织测定和分析，且其结果在统计过程中往往有着较大的误差。通常的再结晶体积统计方式对于显微组织照片的选取和拍摄精度要求较高。因此，一种常用的方法是在真应力-真应变曲线上来直接测定动态再结晶体积分数 X_{DRX} ，这种方法兼具简便和准确度高的特点，较为可信。通过实验测定的真应力-真应变曲线来计算的方法如式（2-13）所示。

$$X_{DRX} = \frac{\sigma_p - \sigma}{\sigma_{sat} - \sigma_{ss}} \tag{2-13}$$

式中 σ_{sat} ——饱和应力，MPa；

σ_{ss} ——稳态应力，MPa；

σ_p ——峰值应力，MPa；

σ ——动态再结晶发生后的流动应力，MPa。

σ_{sat} 、 σ_p 和 σ_{ss} 的取值如图 2-7 所示，对动态再结晶型曲线外延得到对应的值。

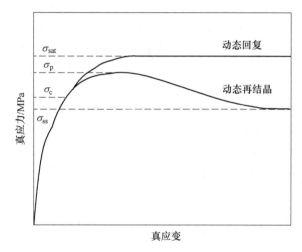

图 2-7 动态再结晶型曲线应力值取点示意图

对式（2-12）两边同时取对数即可求得 $\ln\varepsilon_{0.5}$ 与其他参数之间的关系如式（2-14）所示。

$$\ln\varepsilon_{0.5} = \ln\alpha_3 + n\ln d_0 + m\ln\dot{\varepsilon} + Q/(RT) \tag{2-14}$$

从式（2-14）中可见 $\ln\varepsilon_{0.5}$ 与 $\ln\dot{\varepsilon}$ 呈线性相关如图 2-8（a）所示， $\ln\varepsilon_{0.5}$ 与 $1000/(RT)$ 呈线性相关如图 2-8（b）所示， $\ln\varepsilon_{0.5}$ 与 $\ln d_0$ 呈线性相关如图 2-8（c）所示。通过线性回归求平均值可得 $\alpha_3 = 0.01177$ ， $n = 0.0983$ ， $m = 0.1687$ ， $Q = 39.697$ kJ/mol，代入后式（2-12）变为式（2-15）：

$$\varepsilon_{0.5} = 0.01177 d_0^{0.0983} \dot{\varepsilon}^{0.1687} \exp[39.697/(RT)] \tag{2-15}$$

对式（2-11）两端同时取对数并进行变换形式后可得式（2-16）：

$$\ln[-\ln(1 - X_{DRX})] = \ln\beta_d + k_d\ln\frac{\varepsilon - \varepsilon_c}{\varepsilon_{0.5}} \tag{2-16}$$

代入数据，并进行线性回归后， $\ln[-\ln(1 - X_{DRX})]$ 与 $\ln[(\varepsilon - \varepsilon_c)/\varepsilon_{0.5}]$ 的关系如图 2-9 所示。由图中的斜率和截距，可计算出 β_d 、 k_d 值。 β_d 为 1.6658， k_d 为 2.6516。总结上文后，实验钢的动态再结晶模型如式（2-17）所示。

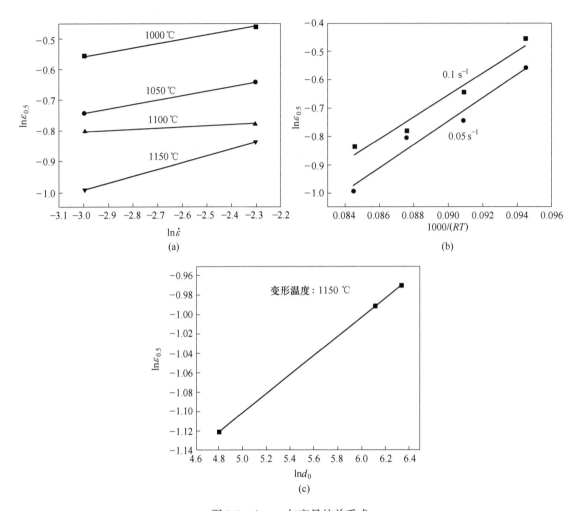

图 2-8 $\ln\varepsilon_{0.5}$ 与变量的关系式

（a）$\ln\varepsilon_{0.5}$ 与 $\ln\dot\varepsilon$ 的关系；（b）$\ln\varepsilon_{0.5}$ 与 $1000/(RT)$ 的关系；（c）$\ln\varepsilon_{0.5}$ 与 $\ln d_0$ 的关系

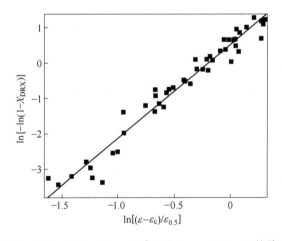

图 2-9 $\ln[-\ln(1-X_{DRX})]$ 与 $\ln[(\varepsilon-\varepsilon_c)/\varepsilon_{0.5}]$ 的关系

$$
\begin{cases}
Q_d = Rnb = 354.18 \ \text{kJ/mol} \\
Z = 5.494 \times 10^{12} \left[\sinh(0.0085\sigma_p) \right]^{5.29} = \dot{\varepsilon} \exp(42598/T) \\
\varepsilon_c = 0.1096 Z^{0.0899} \\
\varepsilon_p = 0.0179 Z^{0.0899} \\
\varepsilon_{0.5} = 0.01177 d_0^{0.0983} \dot{\varepsilon}^{0.1687} \exp\left[39.697/(RT) \right] \\
X_{\text{DRX}} = 1 - \exp\left[-1.6659 \left(\dfrac{\varepsilon - \varepsilon_c}{\varepsilon_{0.5}} \right)^{2.652} \right]
\end{cases}
\tag{2-17}
$$

2.1.2 变形抗力模型

2.1.2.1 典型实验方案

单道次压缩工艺示意图如图 2-10 所示，以 20 ℃/s 加热到 1300 ℃保温 420 s，然后以 10 ℃/s 降温至 900 ℃、850 ℃、800 ℃保温 10 s 后变形，真应变为 0.8，应变速率分别为 1 s^{-1}、5 s^{-1}和 10 s^{-1}，试样变形后直接淬火，记录变形过程中试样的真应力-真应变数据。

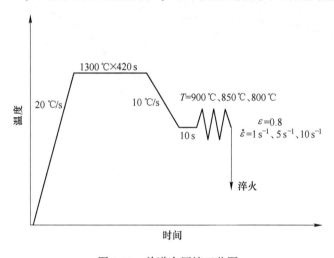

图 2-10 单道次压缩工艺图

2.1.2.2 真应力-真应变曲线

由图 2-10 所示的单道次压缩工艺进行实验得到真应力-真应变曲线如图 2-11 所示。从图 2-11 中可以看出，因为没有峰值应变，实验钢未发生再结晶，属于强化型曲线。变形温度不变时，变形速率越大，变形抗力越大。变形速率不变时，变形温度越高，变形抗力越小。

2.1.2.3 变形抗力模型的建立

在变形抗力模型中，应力 σ、应变速率 $\dot{\varepsilon}$ 和 温度 T 在应力水平不同时有不同的表达式：

$$\dot{\varepsilon} = A_1 \sigma^{n_1} \exp[-Q/(RT)] \quad (\alpha\sigma < 0.8) \tag{2-18}$$

$$\dot{\varepsilon} = A_2 \exp(\beta\sigma) \exp[-Q/(RT)] \quad (\alpha\sigma > 1.2) \tag{2-19}$$

$$\dot{\varepsilon} = A[\sinh(\alpha\sigma)]^n \exp[-Q/(RT)] \tag{2-20}$$

式中　A_1，A_2，A，n_1，n，β——与温度无关的常数；

α——应力因子，MPa^{-1}；

Q——激活能，kJ/mol；

R——气体常数，取 8.314 J/(mol·K)；

T——绝对温度，K；

$\dot{\varepsilon}$——应变速率，s^{-1}；

σ——流变应力，MPa。

式（2-18）~式（2-20）分别为在低应力水平、高应力水平和全应力水平下的应力 σ、

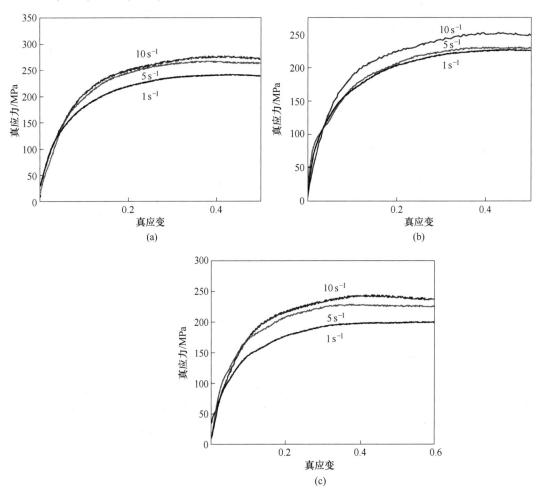

图 2-11　不同条件下的实验钢应力-应变曲线

(a) 800 ℃；(b) 850 ℃；(c) 900 ℃

应变速率 $\dot{\varepsilon}$ 和温度 T 之间的关系式。同时有 α 与 β、n_1 之间的关系如式 (2-21) 所示。

$$\alpha = \beta/n_1 \tag{2-21}$$

材料在高温变形时，常用 Zener-Hollomon 参数来表示应变速率 $\dot{\varepsilon}$ 和温度 T 的关系，一般如式 (2-22) 所示。

$$Z = \dot{\varepsilon}\exp[\,Q/(RT)\,] \tag{2-22}$$

对式 (2-18)、式 (2-19) 两边同时取对数变换可得式 (2-23) 和式 (2-24)。当应变不同时，所对应的流变应力本构模型系数也不同，因此可建立应变与这些系数的多项式方程来修正流变应力本构方程。下述的参数皆是以应变为 0.2 时计算得出。

$$\ln\dot{\varepsilon} = \ln A_1 + n_1\ln\sigma - Q/(RT) \quad (\alpha\sigma < 0.8) \tag{2-23}$$

$$\ln\dot{\varepsilon} = \ln A_2 + \beta\sigma - Q/(RT) \quad (\alpha\sigma > 1.2) \tag{2-24}$$

由上式可知，低应力水平下，由于 $\ln\dot{\varepsilon}$ 与 $\ln\sigma$ 呈线性相关，斜率为 n_1；高应力水平下，$\ln\dot{\varepsilon}$ 与 σ 呈线性相关，斜率为 β。所以可使用图 2-11 中的应力-应变曲线绘制 $\ln\dot{\varepsilon}$ 与 $\ln\sigma$ 的关系，如图 2-12 (a) 所示。使用图 2-11 中的应力-应变曲线绘制 $\ln\dot{\varepsilon}$ 与 σ 的关系，如图 2-12 (b) 所示。计算其平均值作为实验结果。n_1 平均值为 14.877，β 平均值为 0.07016，使用式 (2-21) 可以计算出 α 值，其值为 0.004716。

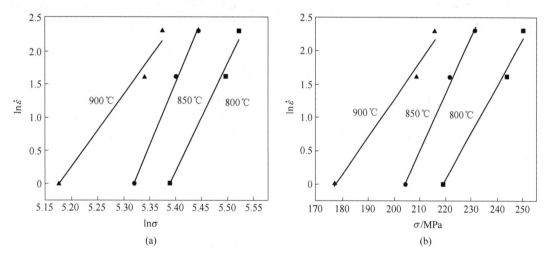

图 2-12 流变应力和应变速率的关系

(a) $\ln\dot{\varepsilon}$ 与 $\ln\sigma$ 的关系；(b) $\ln\dot{\varepsilon}$ 与 σ 的关系

对式 (2-20) 的全应力水平下关系式两边取对数并求偏微分，可得式 (2-25)。

$$Q = R\left\{\partial\ln\dot{\varepsilon}/\,\partial\ln[\,\sinh(\alpha\sigma)\,]\right\}\big|_T \cdot \left\{\partial\ln[\,\sinh(\alpha\sigma)\,]/\,\partial(1/T)\right\}\big|_{\dot{\varepsilon}} \tag{2-25}$$

由上式可知，在全应力水平下，$\ln[\,\sinh(\alpha\sigma)\,]$ 与 $\ln\dot{\varepsilon}$ 具有线性关系，$\ln[\,\sinh(\alpha\sigma)\,]$ 与 $1/T$ 符合线性关系。绘制 $\ln[\,\sinh(\alpha\sigma)\,]$ 与 $\ln\dot{\varepsilon}$ 的关系，如图 2-13 (a) 所示，求出不同变形温度条件下的斜率的倒数，其平均值为 11.758。绘制 $\ln[\,\sinh(\alpha\sigma)\,]$ 与 $1000/T$ 的关系，如图 2-13 (b) 所示。求出斜率的平均值为 2.749。将两个平均值代入式 (2-25) 可得热

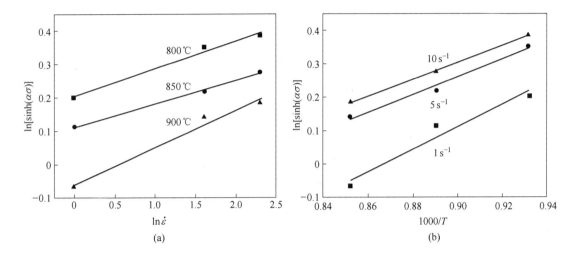

(a) (b)

图 2-13 流变应力和变量的关系

(a) $\ln[\sinh(\alpha\sigma)]$ 与 $\ln\dot{\varepsilon}$ 的关系；(b) $\ln[\sinh(\alpha\sigma)]$ 与 $1000/T$ 的关系

变形激活能 Q 为 268.76 kJ/mol。Q 值求出后，将其代入式（2-22）中可得 Z 参数的表达式为式（2-26）。

$$Z = \dot{\varepsilon}\exp[268.76/(RT)] \tag{2-26}$$

在全应力水平下，可联立式（2-22）与式（2-20）得到式（2-27），两边取对数，可得式（2-28）。

$$Z = \dot{\varepsilon}\exp[Q/(RT)] = A[\sinh(\alpha\sigma)]^n \tag{2-27}$$

$$\ln Z = \ln A + n\ln[\sinh(\alpha\sigma)] \tag{2-28}$$

由上式可知，$\ln Z$ 与 $\ln[\sinh(\alpha\sigma)]$ 之间呈线性关系，其斜率为 n，截距为 $\ln A$，通过实验获得的数据绘制 $\ln Z$ 与 $\ln[\sinh(\alpha\sigma)]$ 的拟合关系如图 2-14 所示。由此得到 n 值为 11.018，$\ln A$ 值为 27.918。由上文的步骤，可以把不同应变时的对应参数组求出，其所对应的流变应力本构方程系数见表 2-1。

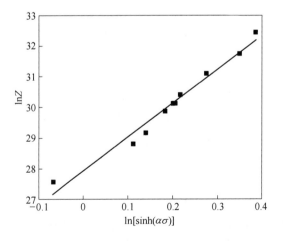

图 2-14 $\ln Z$ 与 $\ln[\sinh(\alpha\sigma)]$ 关系

表 2-1 不同应变条件下的流变应力本构方程系数

真应变	α/MPa^{-1}	β/MPa^{-1}	n	$\ln A$	$Q/J \cdot mol^{-1}$
0.1	0.005737	0.086602	11.081	28.27152	272180.3
0.2	0.004716	0.070158	11.01874	27.91778	268759.8
0.3	0.00438	0.068516	11.62782	28.60585	276071.5
0.4	0.00426	0.06398	11.1778	25.88772	249581.5
0.5	0.004286	0.068674	11.30934	24.26425	234969

对流变应力本构方程进行修正,通过查阅文献和实际误差分析,选取多项式系数为3。多项式系数形式为式(2-29)。计算后得出不同参数的多项式系数见表 2-2。

$$\alpha = \alpha_1 + \alpha_2\varepsilon + \alpha_3\varepsilon^2 + \alpha_4\varepsilon^3 \tag{2-29}$$

表 2-2 不同参数的多项式系数

α/MPa^{-1}	β/MPa^{-1}	$Q/J \cdot mol^{-1}$	n	$\ln A$
0.00759	0.11169	258696.4	10.84816	26.95598
0.02385	-0.3204	169719.2	1.72792	16.47618
0.05686	0.6992	-487224	1.93707	-46.4328
0.04483	-0.4643	95441.53	-7.48167	4.40417

由表 2-2 的计算结果,可得实验钢的变形抗力模型如式(2-30)所示。

$$
\begin{cases}
\sigma = \dfrac{1}{\alpha}\ln\left\{\left(\dfrac{Z}{A}\right)^{1/n} + \left[\left(\dfrac{Z}{A}\right)^{2/n} + 1\right]^{1/2}\right\} \\[2mm]
Z = \dot{\varepsilon}\exp\dfrac{Q}{RT} \\[2mm]
\alpha = 0.0076 + 0.0239\varepsilon + 0.0568\varepsilon^2 + 0.0448\varepsilon^3 \\[2mm]
\beta = 0.11169 - 0.3204 + 0.6992\varepsilon^2 - 0.4643\varepsilon^3 \\[2mm]
n = 10.8482 + 1.7279\varepsilon + 1.9371\varepsilon^2 - 7.4817\varepsilon^3 \\[2mm]
Q = 258696 + 169719\varepsilon - 487224\varepsilon^2 + 95441.5\varepsilon^3 \\[2mm]
\ln A = 26.956 + 16.4762\varepsilon - 46.4328\varepsilon^2 + 4.4042\varepsilon^3
\end{cases} \tag{2-30}
$$

图 2-15 给出了变形抗力预测值与实测值的比较,可以看出,所建立的变形抗力模型精度较高。

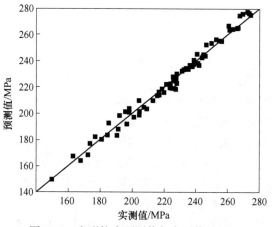

图 2-15 变形抗力预测值与实测值的比较

2.2　双道次压缩实验

进行双道次压缩实验，可以得到两道次压缩的应力-应变曲线，其目的在于研究钢材在热变形道次间隔期内的软化行为，建立实验钢的静态软化动力学模型。

2.2.1　典型实验方案

图 2-16 示出了双道次压缩实验的典型制度，具体参数为加热温度 1200 ℃，保温时间 300 s，随后分别冷却至 900 ℃、875 ℃、850 ℃和 825 ℃作为变形温度，保温 5 s 消除温度梯度后进行变形，两个道次的变形量均为 0.2，应变速率均为 1 s⁻¹，变形道次间隔时间分别为 1 s、5 s、10 s、50 s、200 s、1000 s 和 2000 s，同时记录试样在压缩变形过程中的真应力-真应变数据，变形后以 50 ℃/s 的冷速冷却至室温。

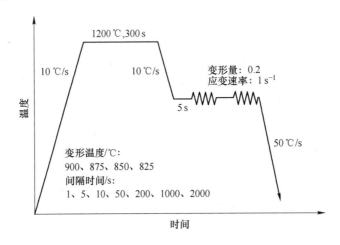

图 2-16　双道次压缩实验工艺制度示意图

2.2.2　实验结果分析

计算静态再结晶软化率的方法主要有补偿法、后插法和面积法等，本书拟采用 2% 补偿法计算实验钢的静态软化率，公式如下：

$$X_s = \frac{\sigma_m - \sigma_r}{\sigma_m - \sigma_0} \tag{2-31}$$

式中　X_s——静态软化率；

　　　σ_m——第一次卸载时对应的应力值，MPa；

　　　σ_0——第一道次压缩时的屈服应力，MPa；

　　　σ_r——第二道次压缩时的屈服应力，MPa。

图 2-17 为实验钢在变形温度为 850 ℃、变形间隔时间为 10 s 条件下利用 2% 补偿法求解静态软化率的示意图。在双道次压缩曲线的真应变上取一点使其真应变值为 0.02，过该点作一条平行于曲线开始弹性变形部分的直线，使二者斜率相同，与第一道次的真应力-真应变曲线的交点即为第一道次变形的屈服点 σ_0。由于本实验中每道次应变均为 0.2，变

形至 0.2 时的卸载应力则记为 σ_m，待变形间隔时间过后在此基础上进行第二道次变形。同理，在第二道次的真应力-真应变曲线上选取真应变为 0.22 的点作一条直线，使之与于第二道次变形开始阶段斜率相同，即得变形的屈服点 σ_r。

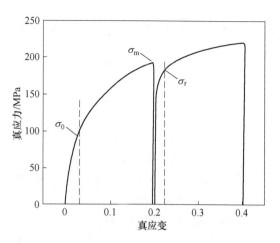

图 2-17 2% 补偿法测定静态软化率

在双道次压缩实验中，变形温度和道次间隔时间是影响奥氏体静态软化率的主要因素。在道次间隔时间内，金属材料会因静态回复和静态再结晶现象导致应力软化，也会因发生应变诱导析出现象导致应力硬化。图 2-18（a）为含 V 实验钢静态再结晶软化率曲线。从图中可以看到，当变形温度为 900 ℃以上时，随着道次间隔时间的增加，静态再结晶过程受热激活影响显著增加。此状态下第二相粒子的析出分数较低，对静态再结晶过程影响较小，再结晶软化率曲线具有完整的"S"形特征。随变形温度的降低，微合金元素在基体中的溶解度不断降低，微合金元素能够以碳氮化物的形式开始析出。这些第二相粒子通过钉扎作用能够阻碍静态再结晶晶粒的长大和迁移，导致静态软化作用受到了暂时的抑制。随着变形后等温时间的延长，第二相粒子逐渐长大并发生粗化，对再结晶的抑制作用逐渐减弱，再结晶继续进行而使软化率继续增加，最终导致静态软化率曲线出现"平台"。"平台"开始和结束的时间分别被定义为第二相粒子在不同温度下的析出开始时间 P_s 和析出结束时间 P_f。根据静态软化率曲线求解的析出-时间-温度（PTT）曲线如图 2-18（b）所示。实验钢 V（C，N）在奥氏体中的 PTT 曲线呈现典型的"C"形，析出开始时间最短的"鼻子"温度为 850 ℃左右。根据计算结果，碳氮化物有效析出区间在 900~825 ℃。

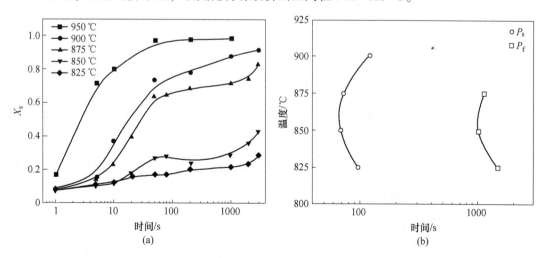

图 2-18 静态软化率求解 PTT 曲线

（a）实验钢静态软化率曲线；（b）实验钢 PTT 曲线

2.2.3　静态再结晶动力学和静态再结晶激活能 Q_{rex} 的确定

通常采用修正的 Avrami 方程来描述再结晶动力学[1-6]，公式如式（2-32）所示。

$$X_{srx} = 1 - \exp\left[-0.693\left(\frac{t}{t_{0.5}}\right)^n\right] \tag{2-32}$$

式中　X_{srx}——静态再结晶体积分数；

　　　　t——静态再结晶时间，s；

　　　　$t_{0.5}$——静态再结晶体积分数达到50%所用的时间，s；

　　　　n——材料常数。

两边分别取两次对数，可得：

$$\ln\left[\ln\left(\frac{1}{1-X_{srx}}\right)\right] = \ln 0.693 + n\ln t - n\ln t_{0.5} \tag{2-33}$$

对于同一材料来说，n 为定值。由式（2-33）可以看出 n 为 $\ln\left[\ln\left(\frac{1}{1-X_{srx}}\right)\right]$ 与 $\ln t$ 之间关系斜率，如图 2-19 所示，求得 n 的值为 0.4819。

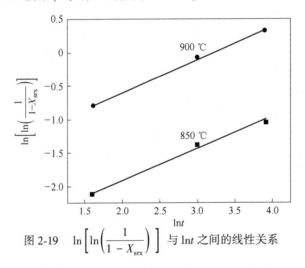

图 2-19　$\ln\left[\ln\left(\frac{1}{1-X_{srx}}\right)\right]$ 与 $\ln t$ 之间的线性关系

第一道次真应变，应变速率，初始晶粒尺寸和变形温度都会对 $t_{0.5}$ 产生影响，因此 $t_{0.5}$ 的表达式为：

$$t_{0.5} = A\varepsilon^p\dot{\varepsilon}^q d_0^s \exp\left(\frac{Q}{RT}\right) \tag{2-34}$$

式中　ε——第一道次真应变；

　　　　$\dot{\varepsilon}$——第一道次应变速率，s^{-1}；

　　　　d_0——初始晶粒尺寸，μm；

　　　　T——绝对温度，K；

　　　　R——气体常数，8.314 J/(mol·K)；

　　　　Q——激活能，kJ/mol；

A，p，q，s——常数。

对式（2-34）两边取对数，可得：

$$\ln t_{0.5} = \ln A + p \ln \varepsilon + q \ln \dot\varepsilon + s \ln d_0 + \frac{Q}{RT} \tag{2-35}$$

从式（2-35）可知，当 $\dot\varepsilon$、d_0、T 一定时，$\ln t_{0.5}$ 与 $\ln \varepsilon$ 呈线性关系，斜率为 p；当 ε、d_0、T 一定时，$\ln t_{0.5}$ 与 $\ln \dot\varepsilon$ 呈线性关系，斜率为 q；当 ε、$\dot\varepsilon$、T 一定时，$\ln t_{0.5}$ 与 $\ln d_0$ 呈线性关系，斜率为 s；当 ε、$\dot\varepsilon$、d_0 一定时，$\ln t_{0.5}$ 与 $1/T$ 呈线性关系，斜率为 Q/R。求得的 p、q、s、Q 的值见表 2-3。

表 2-3　$t_{0.5}$ 公式参数求解

A	p	q	s	$Q/\mathrm{kJ \cdot mol^{-1}}$
5.93×10^{-28}	-1.605	-0.993	0.358	712.8

将参数分别代入式（2-34）和式（2-32），得到静态再结晶动力学方程。为了验证模型的准确性，将静态再结晶体积分数的预测值和实验值进行对比，如图 2-20 所示，由图可以看出预测值和实验值吻合良好，模型具有较高的精度。

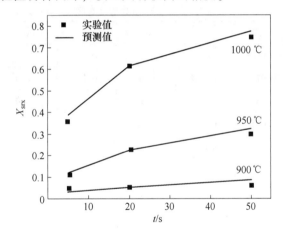

图 2-20　静态再结晶动力学模型验证

2.3　应力松弛实验

研究沉淀相析出行为的常见方法有：电镜法、复型法、高温变形应力曲线法、观察第二相强化减少方法、测量电阻法，以及化学和电化学萃取法，其中最为常用的是电镜法和萃取法。化学和电化学萃取可以很大程度上消除取样误差，因而能够提供较全面的信息，但对于分析初期产生的沉淀析出，这种方法的灵敏度很低。透射电镜法（TEM）的工作量很大，且存在有较大的样品误差。这些方法在研究析出行为时都存在某些不足。采用应力松弛实验测定微合金元素的碳氮化物在奥氏体中的应变诱导析出行为，可以得到不同温度下的等温应力松弛曲线。通过分析松弛曲线，可以得到实验钢的 PTT 曲线，确定析出的开始和结束时间以及析出动力学。

2.3.1 典型实验方法

W J Liu 和 J J Jonas 提出了测定微合金碳氮化物在奥氏体中发生应变诱导析出的应力松弛方法[7]。采用该方法可以得到不同温度下的等温应力松弛曲线，由此可以确定析出的开始和结束时间，得到 PTT 曲线。在他们的工作中，首先研究了含钛高强度低合金钢的沉淀析出行为，同时也对比了普碳钢的应力松弛行为。实验用钢的化学成分在表 2-4 中给出，试样的尺寸为 ϕ7.6 mm×11.5 mm 圆柱形试样。在选择奥氏体化温度时，主要考虑的是在进行应力松弛试验之前，试样中的奥氏体晶粒尺寸基本相同，同时，在奥氏体化过程中，碳氮化物应充分固溶于奥氏体之中。因此，考虑到以上要求，采用的加热温度均高于 1260 ℃。这些温度至少要比 TiC 的溶解温度高出 50 ℃。试样经过固溶奥氏体化处理后，经快速冷却至变形温度，达到变形温度后，在此温度下保温 1 min 以保证试样的温度达到均匀，然后进行 5%的预变形；变形之后开始应力松弛试验，即持续给试样加一恒定的载荷，观察应力的变化情况，在松弛过程中温度的波动范围控制在±1 ℃，恒定加载的时间为 1 h。应力松弛实验工艺规程如图 2-21 所示。

表 2-4 实验用钢的成分

钢种	成分（质量分数）/%							
	Ti	C	N	Mn	Si	Al	S	P
普碳钢	0.00	0.050	0.0012	0.44	0.10	0.006	0.006	0.005
0.05Ti	0.05	0.072	0.0052	1.50	0.24	0.010	0.010	0.005
0.11Ti	0.115	0.060	0.0062	1.67	0.20	0.030	0.010	0.005
0.18Ti	0.18	0.075	0.0084	1.51	0.30	0.020	0.010	0.005
0.25Ti	0.25	0.050	0.0070	1.43	0.27	0.010	0.010	0.005

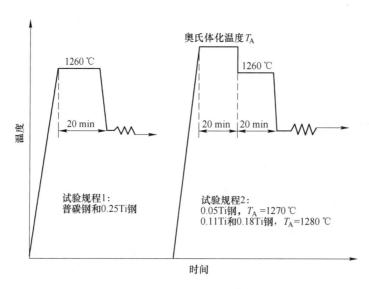

图 2-21 应力松弛实验工艺规程示意图

当试样从奥氏体化温度冷却到变形温度时，与试样具有相同温度的夹具和锤头的长度会发生收缩，这种情况与应力松弛试验的目的发生冲突。因为实验工具在长达1000 s的时间尺寸才能达到稳定，而沉淀析出一般在松弛试验的前几百秒之内即可完成，因此这两种情况会混杂在一起不易分开。解决这一问题的方法有两种，一是沿试样标准长度方向上，放置一个高度灵敏度的高温伸长器，然后通过闭环控制，调整这一调节器来保持长度不变；二是通过补偿一个合适的调节位移来消除工具长度降低的影响，为达到这一效果，必须首先得到长度降低与时间的关系，确定这一关系的过程中，在各测试温度和恒定载荷的条件下，使用与钢试样长度相同的Al_2O_3试样来完成。图2-22给出了不同温度条件下，长度降低与时间的关系，其计算公式为：

$$\Delta l = \Delta l_\infty \left[1 - \exp(-kt^n) \right] \tag{2-36}$$

式中　Δl——工具长度的缩短；

　　　Δl_∞——实验温度下工具可能达到的最大长度缩短量；

　　　k，n——常数。

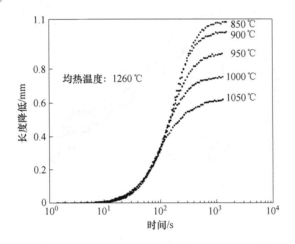

图2-22　不同温度条件下长度降低与时间的对应关系

2.3.2　应力松弛曲线及分析

对于普碳钢的应力松弛曲线，在温度高于850 ℃时，应力和时间的对数曲线为直线。在850 ℃进行应力松弛时，在30 s以后表现出显著的软化，这主要是因为在松弛过程中发生了奥氏体向铁素体的转变。对于含有微合金元素的钢种，30 s后应力和时间的对数曲线偏离原来的方向，出现了应力平台，表明发生了沉淀相的析出而阻止了软化的进行。应力平台的开始和结束点是沉淀相析出的开始和结束点。实验结果表明，随着变形温度的升高和微合金元素（Ti）含量的降低，应力平台变得越来越不明显，如图2-23所示。由应力松弛结果测得的PTT曲线表现出典型的"C"曲线形状。比较几种钢的PTT曲线，随着Ti含量的增加，上部曲线向高温区和短时间移动，这与析出的化学驱动力的不同有关，含析出物形成元素的量较高时，给定温度下产生更高的驱动力，从而加速了沉淀析出的进行，如图2-24所示。

东北大学轧制技术与连轧自动化国家重点实验室在Gleeble-1500热模拟试验机上采用

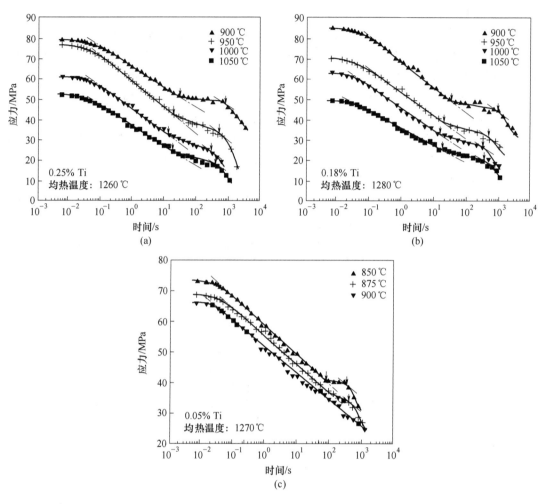

图 2-23 不同含钛量条件下钢的应力松弛曲线

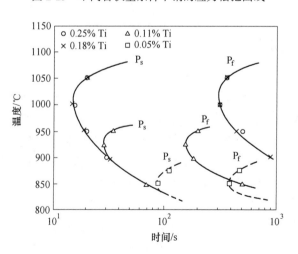

图 2-24 含钛钢 PTT 曲线

应力松弛方法测定了复合添加 Nb、Ti、V 微合金钢的沉淀析出行为[8]。实验的典型工艺制度的参数为：加热温度 1200 ℃，保温时间 10 min，然后以 10 ℃/s 的冷却速度冷却至变形温度（800~1000 ℃），变形程度分别为 5% 和 20%，变形后保持锤头间距不变，进行等温保持，保持时间为 2000 s，记录松弛过程中的时间、应力、应变等过程参数，实验结果如图 2-25 所示。总体而言，复合添加的钢种与单独添加 Ti 或 Nb 的钢种具有类似的应力松弛曲线特征，但由于在复合添加微合金元素的钢中，不同沉淀相析出时间和温度区间有所不同，应力松弛曲线上应该体现出不同的"平台"特征，目前这一方面所做工作甚少，需要进一步开展深入的研究。

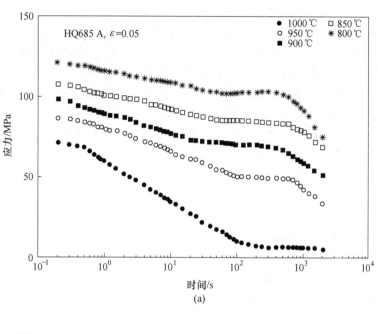

(a)

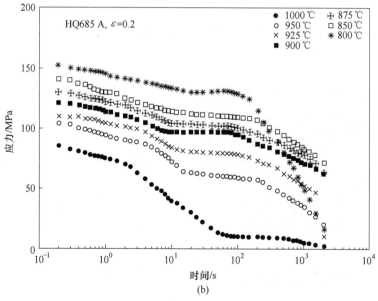

(b)

图 2-25　不同预应变条件下的应力松弛曲线

　　在得到不同条件下的应力松弛曲线后，如何分析曲线得到有用信息是至关重要的。应力曲线中最初的线性部分代表的是变形奥氏体静态再结晶开始之前的回复阶段；随后是应力快速下降阶段，这一阶段被认为是静态再结晶过程；然后是一个线性缓慢下降区间，被认为是已完全软化的奥氏体的松弛阶段。由于微合金元素的沉淀析出的作用，在某些变形条件下，微合金钢的静态再结晶不能够完全进行，这样就产生了另一种应力松弛曲线，即，在再结晶结束阶段和软化奥氏体应力松弛阶段之间存在一直线区间，应力值随对数时间坐标的增加而以固定斜率缓慢降低，该阶段被认为是沉淀相析出阶段。此阶段中应力缓慢降低的开始点可定义为沉淀析出开始点 P_s，应力缓慢降低结束点可定义为沉淀析出结束点 P_f，直线的斜率代表沉淀相对强度的贡献，斜率越大，表明沉淀相对强度的贡献也越大，即沉淀强化作用越大。根据测得的各个等温温度下的应力松弛曲线，可确定出不同保温温度和变形条件下析出的开始和终止时间，绘制出 PTT 图。

　　另一重要的问题是，如何通过应力松弛试验估算沉淀析出的体积分数。在沉淀析出开始发生之时，析出物的分布很弥散，因此被钉扎的位错可以通过 Orowan 机制或产生新位错的机制，脱离钉扎的粒子。对于这两种机制，所需要的应力基本是相同的。因此，由于沉淀相析出而产生的内应力的增加，可以用 Orowan 应力来表示：

$$\Delta\sigma_0 = 0.8M\mu\frac{b}{\lambda} \tag{2-37}$$

式中　　M ——泰勒因子；

　　　　μ ——剪切模量，MPa；

　　　　b ——伯格斯矢量值，nm；

　　　　λ ——平面粒子间距，nm。

　　在这种情况下，应力松弛过程中的塑性应变速率可表述为：

$$\dot{\varepsilon}' = \dot{\varepsilon}\exp\left(-\frac{\Delta\sigma_0 bA}{MkT}\right) \tag{2-38}$$

式中　　$\dot{\varepsilon}'$, $\dot{\varepsilon}$ ——微合金钢和普碳钢的塑性应变速率，s^{-1}；

　　　　A ——位错滑移的激活面积，nm^2；

　　　$\Delta\sigma_0$ ——Orowan 应力，MPa；

　　　　k ——玻耳兹曼常数，J/K；

　　　　T ——绝对温度，K。

　　沉淀相粒子的平面间距可表述为：

$$\lambda = 1.18\left(\pi/6f_v\right)^{\frac{1}{2}}d \tag{2-39}$$

式中　　f_v ——沉淀相在奥氏体中的体积分数；

　　　　d ——沉淀相的平均直径，nm。

　　这样，Orowan 应力便可表述为：

$$\Delta\sigma_0 = 0.94Mf_v^{\frac{1}{2}}\mu\frac{b}{d} \tag{2-40}$$

　　将式（2-40）代入式（2-38），得：

$$f_v = \left[1.06\ln\left(\frac{\dot{\varepsilon}'}{\dot{\varepsilon}}\right)\frac{dKT}{\mu b^2 A}\right]^2 \tag{2-41}$$

当应力松弛的时间足够长时，有：

$$\frac{\dot{\varepsilon}'}{\dot{\varepsilon}} = \frac{\alpha'}{\alpha} \tag{2-42}$$

将式（2-42)代入式（2-41)，得：

$$f_{\mathrm{v}} = \left[1.06\ln\left(\frac{\alpha'}{\alpha}\right)\frac{dkT}{\mu b^2 \mathrm{A}} \right]^2 \tag{2-43}$$

式中　α——沉淀析出发生之前应力-时间对数直线关系的斜率；

　　α'——产生临界沉淀析出量后，应力-时间对数直线关系的斜率。

2.4 连续冷却转变实验

2.4.1 实验材料、设备和实验方案

实验钢的化学成分为 0.06C-1.49Mn-0.041Nb-0.36Ni-0.14Cr。实验设备同样采用 MMS-200 热力模拟实验机，试样尺寸为 ϕ8 mm×15 mm。试样在加热和冷却过程中，会发生体积的膨胀和收缩，因此需要用膨胀仪来实时测量膨胀量的变化情况。

通过实验数据采集，结合实验钢在不同冷速下的金相组织，利用热膨胀法和杠杆定理确定不同冷速下实验钢各组织的相变温度，绘制连续冷却转变（CCT）曲线，为后续控制冷却工艺的制定提供理论依据。

2.4.1.1 静态 CCT 测定实验方案

本实验的目的主要是研究实验钢在奥氏体区未变形条件下的连续冷却相变规律，通过热膨胀法结合金相组织观察，获得实验钢的静态 CCT 曲线，实验工艺如图 2-26 所示。该工艺包括试样的加热、奥氏体化保温、冷却、未再结晶区保温和连续冷却 5 个阶段。

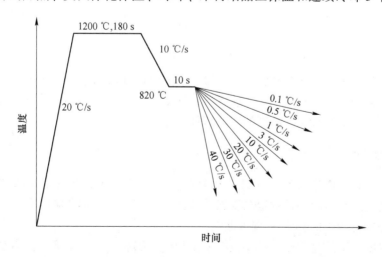

图 2-26　未变形奥氏体连续冷却相变实验工艺图

（1）加热过程中，加热速率为 20 ℃/s，加热温度为 1200 ℃。

（2）奥氏体化保温温度为 1200 ℃，保温时间 180 s。

（3）试样奥氏体化之后，冷却至未再结晶区 820 ℃，冷却速率为 10 ℃/s。

（4）在未再结晶区 820 ℃ 保温 10 s。

（5）连续冷却至室温，冷却速率为 0.1~40 ℃/s。

2.4.1.2 动态 CCT 测定实验方案

本实验的目的主要是研究实验钢在奥氏体区变形条件下的连续冷却相变规律，通过热膨胀法结合金相组织观察，获得实验钢的动态 CCT 曲线，并与未变形条件下的静态 CCT 曲线对比，观察在相同的冷却速率前提下，变形对最终组织的影响，为后续实验工艺的制定提供理论依据。实验工艺如图 2-27 所示。将试样以 20 ℃/s 的加热速度加热至 1200 ℃，并在此温度下保温 180 s；试样奥氏体化之后，冷却至未再结晶区 820 ℃，冷却速率为 10 ℃/s；在未再结晶区 820 ℃ 保温 10 s，之后进行压缩变形，真应变为 0.4，应变速率为 5 s^{-1}，压缩变形之后以不同的冷却速度连续冷却至室温，记录冷却过程中的膨胀量-温度曲线。

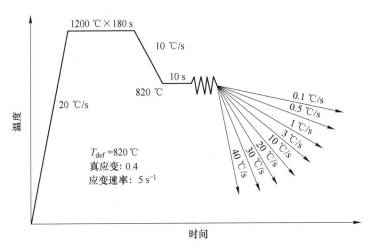

图 2-27　变形奥氏体连续冷却相变实验工艺图

热模拟实验结束后，在奥林巴斯显微镜下对连续冷却后的室温金相组织进行观察，通过热膨胀法结合金相法，确定不同冷速下各相转变温度点，绘制 CCT 曲线。分析连续冷却速度和变形对实验组织和相变温度的影响规律。

2.4.2　实验原理

本章中变形和未变形条件下的组织转变温度点均通过热膨胀仪记录的数据来进行测定。热膨胀法是最常用的一种测定高温奥氏体连续冷却过程中相变温度点的一种方法。图 2-28 为连续冷却过程中的膨胀量-温度曲线。

试样在温度下降的过程中，如果没有发生相变，膨胀量会持续下降；但是在冷却过程中，奥氏体会发生相变，而膨胀量也将发生明显变化，即膨胀曲线会有所回升，转变开始时转变量较少，进行一段时间后转变量快速增加，相变快结束时，相转变量又减少。曲线发生变化，可以归结为两个因素：一是温度下降，使膨胀量减小；二是奥氏体到达相变温度而发生相变，使膨胀量增加。两个因素相互影响，会出现如图 2-28 所示的膨胀量-温度曲线。通常确定相变点的方法有顶点法和切线法两种，但是顶点法确定的温度与实际结果偏差较大。对于相变开始温度而言，顶点法确定的温度比实际值偏低；对于相变结束温度而言，顶点法确定的温度又比实际值偏高。因此顶点法所确定的温度并不是真正的相变温度，而切线法确定的温度相对而言更为准确。本章节实验是利用切线法来确定各相的转变区间，即以偏离直线的点作为相变的开始点和结束点。

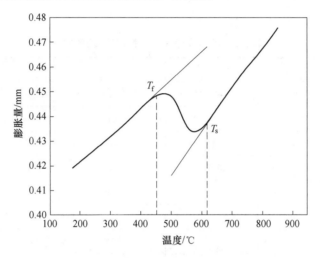

图 2-28 用切线法确定相变点的示意图

T_s—相变开始温度；T_f—相变结束温度

由于各相组织转变时发生的温度不同，转变时会发生体积的收缩或膨胀，所以在膨胀量-温度曲线上会出现拐点，依据拐点可大致推断出发生的相变类型，进一步结合金相组织，确定不同冷速下各组织的相变温度区间。若连续冷却下的室温组织为单相组织，只需要在膨胀量-温度曲线上利用切线法便可确定该单一相变组织的开始温度点和结束温度点，相对而言其相变温度点的确定较为简单。若连续冷却下的室温组织由两相组织或两相以上组成，此时第二相的相变开始温度点不能确定，此时需要确定金相组织中各相组织百分比，利用杠杆定理确定新相的相变开始点，如图 2-29 所示，其中 B 点为新相的相变开始温度点。

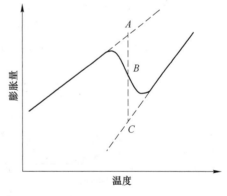

图 2-29 "杠杆定律"计算转变量的方法

2.4.3 连续冷却转变曲线的绘制

采用切线法和杠杆定理，确定了不同冷速下各相变组织的转变开始温度点和转变结束温度点，利用计算机绘图软件，绘制连续冷却转变曲线。具体的绘制方法为：以时间-温度为坐标，把同一组织在不同冷速下的转变开始温度点和转变结束温度点分别连接起来，即为连续冷却转变曲线。本书中的马氏体转变开始温度由经验公式（2-44）计算得到，为 474 ℃。

$$M_s = 561 - 474[C] - 33[Mn] - 17[Cr] - 17w[Ni] - 21[Mo] \quad (2-44)$$

2.4.3.1 静态 CCT 曲线的绘制

根据热模拟实验得到的热膨胀-温度曲线和对应的金相组织，不同冷速下的各相组织转变温度见表 2-5。

表 2-5 不同冷却速度下各相的转变温度

冷却速度/℃·s⁻¹	F_s/℃	F_f/P_s/℃	P_f/B_s/℃	B_f/M_s/℃	M_f/℃
0.1	700	644/644	628/628	588/—	—
0.5	666	625/625	617/617	542/—	—
1	646	614/—	—/614	525/—	—
3	623	603/—	—/603	488/—	—
10	—	—	—/596	474/474	437
20	—	—	—/561	474/474	423
30	—	—	—/518	474/474	388
40	—	—	—	—/474	301

注：F 为铁素体，P 为珠光体，B 为贝氏体，M 为马氏体；下标的 s 代表相变开始，下标的 f 代表相变结束。

根据表 2-5 的数据，绘制未变形条件下的实验钢静态 CCT 曲线，如图 2-30 所示。由图可知，在冷却过程中，依据相变的金相组织可以划分为 4 个转变区域，主要由高温相变区间 A→F 和 A→P，中温转变区间 A→B 和低温转变区间 A→M 组成。其中 A→F 转变温度区间为 700~603 ℃，A→P 转变温度区间为 644~617 ℃，A→B 转变温度区间为 628~488 ℃，A→M 转变温度区间为 474~301 ℃。

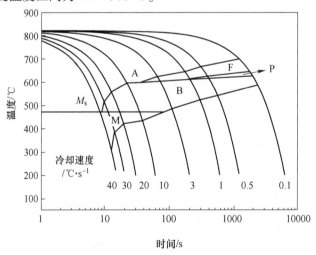

图 2-30 实验钢静态 CCT 曲线

2.4.3.2　动态 CCT 曲线的绘制

依据热膨胀曲线，结合变形条件下的显微组织，得到连续冷却过程中不同冷速下各相组织的转变温度见表 2-6。

表 2-6　在不同冷速下各相的转变温度

冷却速度/℃·s⁻¹	F_s/℃	F_f/P_s/℃	P_f/B_s/℃	B_f/M_s/℃	M_f/℃
0.1	772	698/698	645/—	—	—
0.5	744	649/649	623/623	616/—	—
1	729	632/632	625/625	571/—	—
3	680	614/—	—/614	532/—	—
10	673	651/—	—/651	573/—	—
20	—	—	—/644	534/—	—
30	—	—	—/616	491/—	—
40	—	—	—/645	474/474	405

根据表 2-6 的数据，绘制变形条件下的实验钢动态 CCT 曲线，如图 2-31 所示。从图中可以看出，相变区域主要由高温相变区间 A→F 和 A→P，中温转变区间 A→B 和低温转变区间 A→M 组成。其中 A→F 转变温度区间为 772~614 ℃，A→P 转变温度区间为 698~623 ℃，A→B 转变温度区间为 651~491 ℃，A→M 转变温度区间为 474~405 ℃。

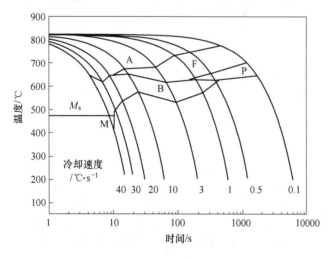

图 2-31　实验钢动态 CCT 曲线

2.4.4　变形对实验钢连续冷却转变曲线的影响

通过变形和未变形条件下连续冷却转变曲线的对比，可以看出在未变形条件下（图 2-30），奥氏体向铁素体转变开始温度在 700~623 ℃范围内，铁素体的临界冷却速率为 3 ℃/s；奥氏体向珠光体转变开始温度在 644~617 ℃范围内，且只发生在 0.1~0.5 ℃/s 的冷却过程中；贝氏体转变开始温度在 628~488 ℃ 范围内，贝氏体的相变区间较为广泛，发生在 0.1~30 ℃/s 的冷却过程中；马氏体转变发生在 10~40 ℃/s 的冷却过程中。而在变形条件下（图 2-31），CCT 曲线发生了较大的变化，变形显著促进了铁素体和珠光体相变，同时抑制了贝氏体和马氏体相变。

这是由于在变形条件下，会产生较多的变形带、位错、空位等，极大地提高了铁素体的形核率；同时，由于形变诱导的作用，奥氏体的晶界以及变形带的局部位置将会有碳氮化物析出，影响了奥氏体在冷却过程中的稳定性，缩短了转变孕育期，促进相变进行。而在未变形的情况下，大部分的 Nb 将会固溶于奥氏体中，甚至偏聚于晶界上，阻碍 C 的扩散，使得以扩散型相变为主的铁素体相变难以进行。

综上所述，试样经过变形后，CCT 曲线整体向左上方移动，同时变形扩大了铁素体和珠光体相变区间，提高了铁素体的临界冷却速率，缩小了贝氏体和马氏体相变区间。

2.4.5 变形对铁素体相变开始温度的影响

从热模拟实验所测得的铁素体相变开始温度来看，在变形和未变形条件下，随着冷却速度的增加，铁素体相变开始温度逐渐降低，如图 2-32 所示。究其原因，是由两方面因素共同影响。首先，从铁素体相变类型来看，铁素体相变为扩散型相变，其相变的速率在很大程度上取决于原子的扩散速度，而冷却速度的增加，使原子的扩散速度减慢，铁素体相变受到抑制；其次，从固态相变热力学方面来说，过冷度增加，相变驱动力增加，使铁素体更容易在较低温度下形成。

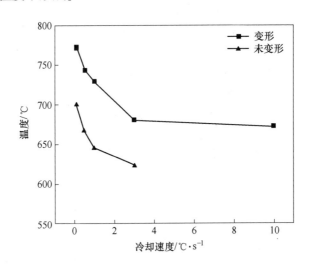

图 2-32 铁素体相变开始温度随冷却速度的变化

由图 2-32 还可以看出，变形后铁素体转变可以在更高的温度下发生。这是由于未再结晶区变形使奥氏体晶粒产生大量的变形带，且增加了奥氏体内的晶体缺陷，原子扩散更加容易，而铁素体相变是以扩散型相变为主，因此转变孕育期缩短，铁素体相变温度提高，促进了铁素体相变的进行，同时也提高了铁素体的临界冷却速率，因此在冷却速度为 10 ℃/s 时，变形后的奥氏体仍有铁素体相变发生。

2.4.6 冷却速度对相变组织的影响

2.4.6.1 未变形条件下冷却速度对相变组织的影响

在奥氏体区未变形条件下,实验用钢经不同冷却速度(0.1~40 ℃/s)连续冷却至室温过程中发生相变。图 2-33 为实验钢在不同冷却速度下的金相组织,这些微观结构主要

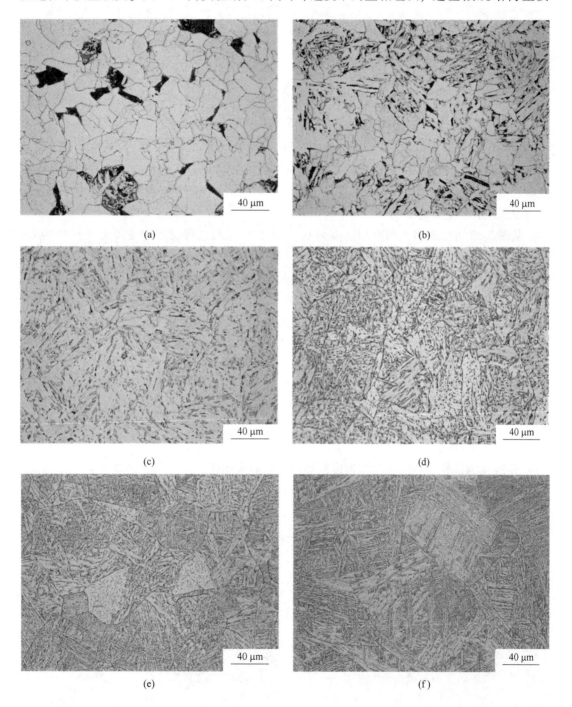

(a)

(b)

(c)

(d)

(e)

(f)

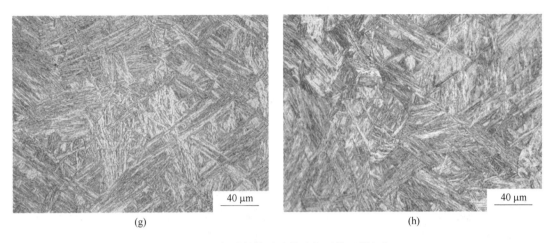

(g)   (h)

图 2-33   未变形条件下连续冷却后的显微组织

(a) 0.1 ℃/s; (b) 0.5 ℃/s; (c) 1 ℃/s; (d) 3 ℃/s; (e) 10 ℃/s; (f) 20 ℃/s; (g) 30 ℃/s; (h) 40 ℃/s

包括高温相变组织铁素体和珠光体，中温相变组织贝氏体以及低温相变组织马氏体。由图 2-33 可以看出，实验钢在不同冷却速度下组织差异较大，说明在连续冷却过程中冷却速度对室温组织有着显著的影响。

从图 2-33 可以看出，当冷却速度为 0.1~0.5 ℃/s 时，转变组织主要是由三相构成，其中铁素体居多，另外还含有部分的珠光体和贝氏体；当冷却速度在 0.5~3 ℃/s 范围内时，显微组织中铁素体含量显著减少，珠光体逐渐消失，粒状贝氏体增多，且组织较为均匀，这是由于随着冷却速度的增加，在冷却过程中铁素体相变只发生了一部分，就已经冷却到更低的温度区间，从而铁素体相变以及珠光体相变被抑制，而中低温相变组织贝氏体逐渐增多；当冷却速度在 3~20 ℃/s 范围内时，组织变化比较明显，随着冷却速度的增大，贝氏体形态由粒状逐渐向板条状变化，且冷却速度越大，贝氏体板条越细；当冷却速度在 10~40 ℃/s 范围内时，马氏体组织出现，且逐渐增多，直至冷却速度达到 40 ℃/s 时，贝氏体组织不再出现，组织为单一的马氏体组织。

2.4.6.2   变形条件下冷却速度对相变组织的影响

图 2-34 为试样以不同的冷却速度冷却至室温的金相组织。

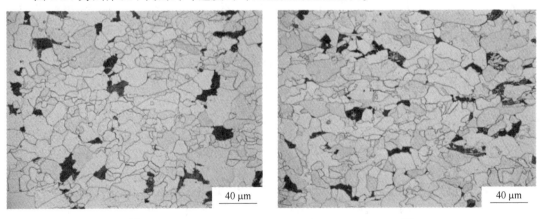

(a)   (b)

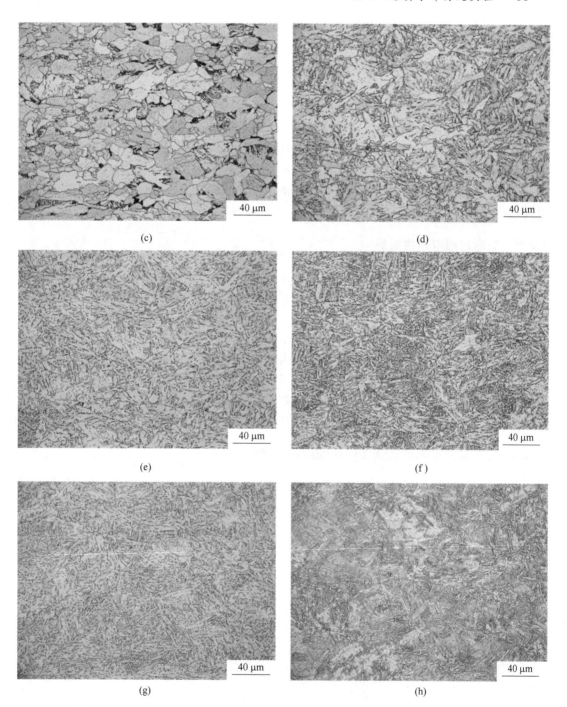

图 2-34 变形条件下连续冷却后的显微组织

(a) 0.1 ℃/s；(b) 0.5 ℃/s；(c) 1 ℃/s；(d) 3 ℃/s；(e) 10 ℃/s；(f) 20 ℃/s；(g) 30 ℃/s；(h) 40 ℃/s

从图 2-34 可以看出，在冷却速度为 0.1 ℃/s 时，组织由两相构成，其中铁素体居多，还含有少量珠光体；当冷却速度为 0.5~1 ℃/s 时，组织变化比较明显，首先部分铁素体晶粒变得更加细小，其次珠光体含量进一步减少；当冷却速度在 3~30 ℃/s 范围内时，组织中铁素体含量进一步减少，而珠光体已经全部消失，说明此冷却速度范围内珠光体不再相变，同时中温相变组织贝氏体含量逐渐增多；观察贝氏体的形态可知，随着冷却速度的增加，其形态逐渐由粒状向板条状变化，且组织较为均匀；在冷却速度为 40 ℃/s 时，马氏体组织出现，组织由贝氏体和马氏体两相构成。

综上所述，冷却速度的增加，在一定程度上抑制了高温相变组织铁素体和珠光体的生成，而中温相变组织贝氏体逐渐增多，甚至当冷却速度进一步增加，低温相变组织马氏体出现；且随着冷却速度的增加，晶粒得到一定程度的细化。这是因为冷却速度的增加，使在冷却过程中经过高温相变区时间较短，只生成部分铁素体就已经进入更低的温度区间，从而抑制了高温相变组织铁素体和珠光体的转变，生成的铁素体晶粒也会因来不及长大而呈现晶粒较为细小的情况。

2.4.7 变形对相变组织的影响

在相同的冷却速度下，室温组织存在明显的差异，主要体现在组织构成和晶粒细化两方面。在冷却速度相对较小（小于 3 ℃/s）时，从组织构成来看，变形条件下铁素体含量要明显高于未变形条件下的铁素体含量；从晶粒细化方面来看，试样变形后晶粒在一定程度上得到细化，这是由于变形使铁素体形核率在很大程度上得到提高，而晶粒长大的空间缩小，晶粒之间相互挤压，铁素体晶粒得以细化。在冷却速度相对较大（大于 10 ℃/s）时，变形条件下组织主要是以贝氏体为主，而未变形条件下组织是以贝氏体和马氏体为主。这是由于变形后的奥氏体淬透性相对较差，低温相变组织马氏体的生成量被抑制，在较大的冷速下，促进了中温转变产物贝氏体的生成。

2.4.8 变形和未变形奥氏体相变组织的硬度对比

为了研究变形对奥氏体连续冷却相变组织的显微硬度值影响，对实验结束的热模拟试样进行显微硬度测试，用 KB3000BVRZ-SA 型万能硬度计测试。记录相关硬度值数据，并绘制出冷却速度-硬度曲线，如图 2-35 所示，实验钢在变形和未变形条件下室温金相组织

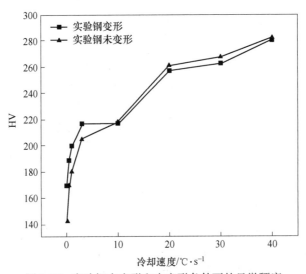

图 2-35　实验钢在变形和未变形条件下的显微硬度

的硬度值均呈现一定的规律，在冷却速度小于 3 ℃/s 时，硬度值几乎呈直线上升；当冷却速度在 3~20 ℃/s 范围内时，硬度值增加的幅度有所减缓；当冷却速度大于 20 ℃/s 时，硬度值增加的幅度进一步减小。

从微观组织上分析，随着冷却速度的增加，软相组织逐渐减少，硬相组织逐渐增多，导致硬度值随着冷速的增加而升高；对比两种条件下实验钢的硬度值，可以发现，在冷却速度小于 10 ℃/s 时，变形条件下的硬度值略高；而当冷却速度大于 10 ℃/s 时，未变形条件下的硬度值略高。这是由于变形会引入大量的位错，使位错密度增加，增加了铁素体相变的形核点，加速了铁素体相变，同时起到了细化晶粒的作用，引起硬度值升高。因此在冷却速度小于 10 ℃/s 时，组织细化起到关键作用，提高了变形条件下组织的硬度值；当冷却速度大于 10 ℃/s 时，未变形条件下的室温组织中，马氏体含量逐渐增多，起到了相变强化的作用，故其硬度值较高。

参 考 文 献

[1] Gibbs R K, Peterson R, Parker B A. Simulation of hot direct rolling and effects on properties and microstructure of Ti microalloyed steels [C] // In: DeArdo A J. Proc. of the International Conference on Processing, Microstructure and Properties of Microalloyed and Other Modern High Strength Low Alloy Steels. Warrendale: Iron & Steel Soc. of AIME, 1992: 201-207.

[2] Laasraoui A, Jonas J J. Recrystallisation of austenite after deformation at high temperatures and strain rates-analysis and modeling [J]. Metallurgical and Materials Transactions A, 1991, 22 (1): 151-160.

[3] Medina S F, Mancilla J E. Deter mination of static recrystallisation critical temperature of austenite in microalloyed steels [J]. ISIJ International, 1993, 33 (12): 1257-1264.

[4] Siwecki T. Grain coarsening behaviour, microstructure development during hot rolling and as rolled strength in Ti-V and Ti-V-Nb micro-alloyed steels [C] // In: Tamura I. Proc. of Conf. on Physical Metallurgy of Thermo-mechanical Processing of Steels and Other Metals (THERMEC-88). Tokyo: Iron and Steel Institute of Japan, 1988: 232-240.

[5] Siwecki T. Modeling of microstructure evolution during recrystallisation controlled rolling [J]. ISIJ International, 1992, 32 (3): 368-376.

[6] Majta J, Lenard J G, Pietrzyk M. Modeling the evolution of the microstructure of an Nb steel [J]. ISIJ International, 1996, 36 (8): 1095-1102.

[7] Liu W J, Jonas J J. Stress relaxation method for following carbonitride precipitation in austenite at hot working temperatures [J]. Metallurgical Transactions A, 1988, 19 (6): 1403-1413

[8] 王昭东, 曲锦波, 刘相华, 等. 松弛法研究微合金钢碳氮化物的应变诱导析出行为 [J]. 金属学报, 2000, 36 (6): 618-621.

3 热轧钢材奥氏体组织演变和析出模型

微合金钢在热轧过程中会经历加热、轧制和冷却过程，其中，加热和轧制过程中奥氏体状态的演变直接决定冷却过程中铁素体的尺寸及分数，进而影响钢材的力学性能。因此，对加热及热轧过程中奥氏体组织演变进行高保真描述具有重要意义。

在加热过程中奥氏体发生晶粒长大，在轧制过程中，奥氏体发生动态再结晶、微合金元素的应变诱导析出、析出与再结晶交互作用影响的静态软化行为。由于传统方法确定的物理冶金学模型适用范围较窄，而机器学习方法能够根据大量数据学习到数据中的规律并对其进行建模，扩展模型的适用范围，因此，本章针对微合金钢的奥氏体晶粒长大行为、动态再结晶行为、应变诱导析出行为和静态软化行为的机器学习建模过程进行介绍。

3.1 高强度钢奥氏体化过程中的奥氏体晶粒长大及其模型

高强度钢广泛应用于石油天然气输送管道、汽车结构钢等领域[1]。然而，在生产过程中仍然存在一些问题，其中奥氏体化是除成分外最重要的工艺之一。奥氏体化工艺直接影响初始奥氏体晶粒尺寸及其分布和微合金元素的析出行为，这会强烈影响钢的强度和韧性[2]。

奥氏体化的主要工艺参数是加热温度和保温时间。首先，较高的加热温度和较长的保温时间会使奥氏体晶粒粗化，从而降低钢的强度和韧性[3]；而较低的加热温度和较短的保温时间容易形成混晶[4]，微合金元素的溶解也不充分，导致微合金元素的析出强化作用也受到限制。文献 [2]、[5]、[6] 研究了奥氏体晶粒的长大行为，但这些研究没有详细讨论未溶解析出物对奥氏体晶粒生长的影响。对于晶粒长大模型，文献 [7] 利用 Sellars 方程建立了 1.6Cu 低碳船用钢板的奥氏体晶粒生长模型。文献 [8] 研究了 X80 钢的平均晶粒尺寸与均热温度和均热时间的关系。此外，其他研究者还分别建立了高强度低合金钢[9]、EH36 和 AH36 高强度钢[10]的奥氏体晶粒生长动力学模型。这些预测模型可以计算加热条件下的平均晶粒尺寸。然而，当初始奥氏体晶粒尺寸相同时，奥氏体晶粒尺寸分布的均匀性对钢的力学性能也有重要影响[2]。因此，预测奥氏体晶粒尺寸分布的均匀性具有重要意义。

在本节中，研究了屈服强度为 700 MPa 的高强度钢在奥氏体化过程中的奥氏体晶粒长大行为。系统研究了加热温度和保温时间对奥氏体晶粒尺寸和分布的影响。此外，还研究了加热温度对第二相粒子的影响。最后，拟合了高精度的晶粒尺寸分布和奥氏体晶粒长大方程。研究结果可以为确定合理的高强度钢加热工艺提供理论依据。

3.1.1 实验方案

本节所用的实验钢含有 0.053% C、0.28% Si、1.86% Mn、0.34% Mo、0.09% Nb、

0.025% Ti、<1.1% Cu+Cr+Ni。采用 MMS-200 热模拟机研究了奥氏体晶粒的生长行为，试样尺寸为 φ8 mm×15 mm。试样在 1150 ℃、1200 ℃和 1250 ℃的加热温度下进行奥氏体化，保温时间分别为 3 min、6 min 和 20 min。在奥氏体化之后，试样用水淬火至室温。在过饱和苦味酸水溶液，少量海鸥牌洗发水，少量氢氟酸和盐酸的溶液中，在 70 ℃下浸蚀，用莱卡 DMIRM 光学显微镜（Optical Microscope，OM）观察其显微结构。采用线性截距法测量奥氏体晶粒尺寸。

采用 Tecnai G2 F20 透射电子显微镜（Transmission Electron Microscope，TEM）在 200 kV 的加速电压下观察样品中的析出物。首先机械减薄试样至 50 μm，随后在-20 ℃、电压约为 32 V 的乙醇：高氯酸=7：1 溶液中通过电解双喷制备 TEM 样品。

3.1.2 奥氏体晶粒长大及其分布结果和讨论

在不同的加热条件下可以观察到一些粗大的奥氏体晶粒，如图 3-1 所示。由于晶界运动的优先性，奥氏体晶粒在加热过程中异常生长。析出物的数量与类型的差异导致析出物固溶时间的差异。当一些析出物开始溶解时，钉扎力减小，相应的晶界将迅速移动。

图 3-1　不同加热条件下的奥氏体晶粒
1150 ℃：（a）3 min；（b）6 min；（c）20 min
1200 ℃：（d）3 min；（e）6 min；（f）20 min
1250 ℃：（g）3 min；（h）6 min；（i）20 min

3.1.2.1　加热温度和保温时间对奥氏体晶粒尺寸的影响

图 3-1（b）（e）（h）示出了在保温时间为 6 min 时不同加热温度下的奥氏体晶粒形态。在图 3-1（b）中，在 1150 ℃的加热温度下，奥氏体晶粒细小。新的奥氏体晶粒在晶界结合处形核并生长[11]，如图 3-1（b）中的圆圈所示。细小的奥氏体晶粒不均匀地分布在较大的奥氏体晶粒周围。此外，大多数奥氏体晶界是弯曲的。随着加热温度的升高，奥氏体晶粒明显长大，晶界夹角逐渐接近 120°，如图 3-1（h）所示。

图 3-2（a）~（c）示出了在保温时间为 6 min 时不同加热温度下的奥氏体晶粒尺寸分布。可以看出，奥氏体晶粒尺寸分布接近典型的对数正态分布。当加热温度为 1150 ℃时，奥氏体晶粒尺寸小于 100 μm，大部分在 10~35 μm 范围内，所占百分比为 69%（图 3-2（a））；当加热温度为 1200 ℃时，奥氏体晶粒尺寸分布更均匀，大多数晶粒在 25~50 μm 范围内，所占百分比为 71.5%（高于图 3-2（a），意味着更均匀），如图 3-2（b）所示。未发现晶粒尺寸小于 10 μm 的奥氏体晶粒，最大晶粒尺寸达到 110 μm。当加热温度升高到 1250 ℃

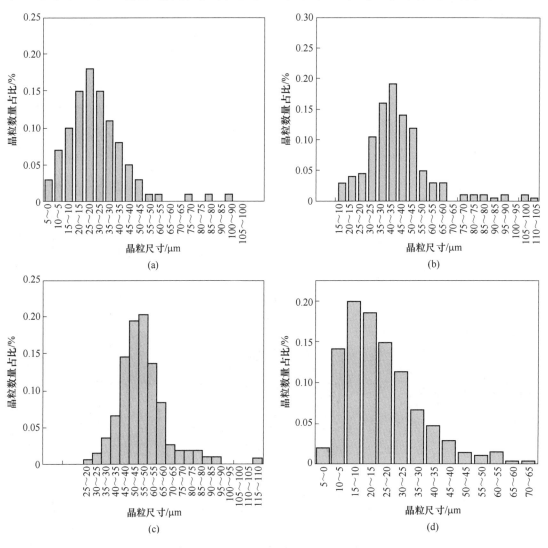

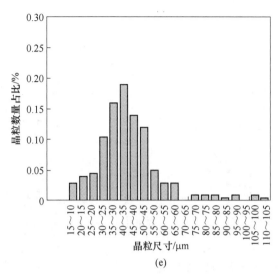 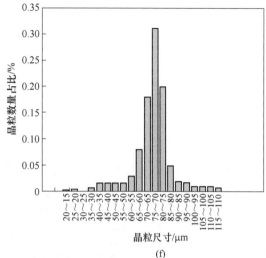

图 3-2　不同保温温度和保温时间下的奥氏体晶粒尺寸分布

（a）1150 ℃，6 min；（b）1200 ℃，6 min；（c）1250 ℃，6 min；

（d）1200 ℃，3 min；（e）1200 ℃，6 min；（f）1200 ℃，20 min

时，奥氏体晶粒尺寸增大，主要在 40~60 μm 范围内，如图 3-2（c）所示。最小的奥氏体晶粒尺寸在 20 μm 以上。奥氏体晶粒尺寸分布不连续，表明奥氏体晶粒生长异常。

图 3-3（a）示出了在保温时间为 6 min 时加热温度对平均奥氏体晶粒尺寸的影响。可以看出，随着加热温度从 1150 ℃ 升高到 1250 ℃，平均奥氏体晶粒尺寸从 25.4 μm 增加到 52.8 μm，即奥氏体晶粒尺寸随温度的增长速率为 0.274 μm/℃。可以解释如下：

（1）晶粒生长是一个热激活过程。当高温引起的能量超过晶界迁移激活能时，奥氏体晶粒发生长大。

（2）随着加热温度的升高，析出物在奥氏体中发生溶解，对奥氏体晶界的钉扎力减小。

（3）原子的扩散能力随着加热温度的升高而增大，这促进了晶界迁移，并导致大晶界向外移动，小晶界向内移动，大晶粒吞并小晶粒。

图 3-1（d）~（f）示出了 1200 ℃ 时不同保温时间下的奥氏体晶粒形态。如图 3-1（d）所示，在保温 3 min 时，奥氏体晶粒细小。未溶解的析出物钉扎奥氏体晶界并阻止奥氏体晶粒生长。当保温时间为 6 min 时，奥氏体晶粒尺寸增大。奥氏体晶粒数量减少，晶界变得更直，如图 3-1（e）所示。当保温时间增加到 20 min，奥氏体晶粒进一步长大。图 3-1（f）中的晶界是直的，晶界之间的角度约为 120°。

图 3-2（d）~（f）示出了在 1200 ℃ 的加热温度下不同保温时间的奥氏体晶粒尺寸分布。当保温时间为 3 min 时，奥氏体晶粒尺寸大部分在 5~30 μm 范围内，最大晶粒尺寸小于 70 μm，如图 3-2（d）所示。当保温时间为 20 min 时，大多数奥氏体晶粒尺寸在 60~75 μm 的范围内，如图 3-2（f）所示。奥氏体晶粒尺寸随保温时间的增加而变得均匀。

平均奥氏体晶粒尺寸随着保温时间的增加而增加，如图 3-3（b）所示。以 1200 ℃ 的加热温度为例，随着保温时间从 3 min 增加到 20 min，平均奥氏体晶粒尺寸从 21.6 μm 长

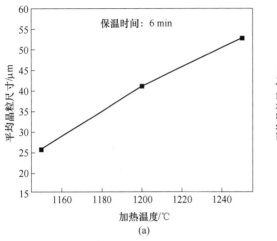
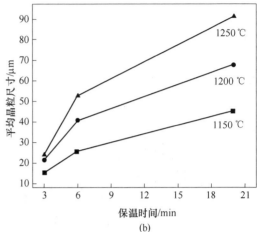

图 3-3　加热条件对平均奥氏体晶粒尺寸的影响

(a) 加热温度；(b) 保温时间

大到 67.3 μm，即奥氏体晶粒尺寸随保温时间的增长率为 0.044 μm/s。保温时间为 3~6 min 时的奥氏体晶粒增长率高于保温时间为 6~20 min 时的晶粒增长率。这可以通过晶粒尺寸的增长率 $\mathrm{d}R/\mathrm{d}t$ 来解释，增长率与平均界面速度 $\overline{v}$ 成比例，如式 (3-1) 所示[12]。

$$\begin{cases} \dfrac{\mathrm{d}R}{\mathrm{d}t} = g\,\overline{v} \\[2mm] \overline{v} = M\,\gamma_{\mathrm{g}}\left(\dfrac{1}{r_1} + \dfrac{1}{r_2}\right) \end{cases} \quad (3\text{-}1)$$

式中　　g——形状因子；

　　　　M——晶界迁移率；

　　　　γ_{g}——界面能；

　　$r_1,\ r_2$——界面的曲率半径。

$\mathrm{d}R/\mathrm{d}t$ 与晶界迁移率和晶粒曲率半径有关。当保温时间为 3~6 min 时，析出物可以迅速溶解，导致 M 迅速增大；另外，晶粒的曲率半径较小，因此晶粒尺寸的增加速率 $\mathrm{d}R/\mathrm{d}t$ 较大。当保温时间为 6~20 min 时，析出物完全溶解，对晶界的钉扎效应趋于稳定且最小，使得 M 在 6~20 min 时的增量小于 3~6 min。

然而，晶粒在 6~20 min 时的曲率半径相对较大，M 和 r 的共同作用使 $\overline{v}$ 减小。因此，随着时间的增加，晶粒尺寸的增长率 $\mathrm{d}R/\mathrm{d}t$ 减小。此外，从图中可以看出，保温时间对奥氏体晶粒生长的影响不如加热温度的影响显著。

3.1.2.2　加热温度对析出物的影响

随着加热温度升高未溶解的析出物可以通过钉扎奥氏体晶界来阻止奥氏体晶粒的生长。析出物的钉扎力可以通过式 (3-2) 来描述[13]。

$$P_P = \beta \frac{f}{r} \tag{3-2}$$

式中　f——析出物的总体积分数；

　　　r——析出物半径；

　　　β——常数。

从式（3-2）中可以看出，钉扎力随着第二相析出物体积分数的增加和析出物尺寸的减小而显著增加。

图 3-4 示出了在保温 6 min 时不同加热温度下的析出物形态和尺寸分布频率。在 1150 ℃的加热温度下，基体中存在大量细小析出物，如图 3-4（a）所示。析出物的尺寸大多在 1~8 nm 的范围内，析出物平均尺寸约为 5.4 nm。当加热温度为 1200 ℃时，未溶解析出物的数量略有减少。析出物的尺寸大多在 2~9 nm，平均析出物尺寸约为 7.2 nm。当加热温度达到 1250 ℃时，未溶解的析出物数量显著减少。析出物尺寸大多在 8~13 nm 范围内，析出物平均尺寸约为 11.2 nm。简单地说，未溶解析出物的数量逐渐减少，析出尺寸随着

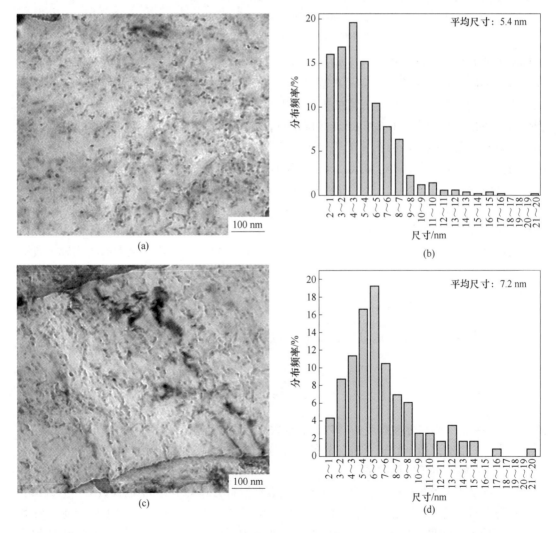

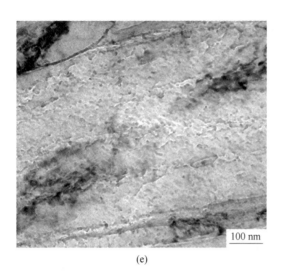

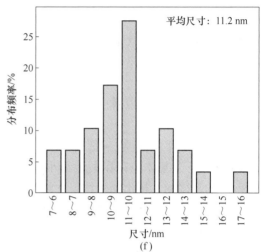

(e)　　　　　　　　　　　　　　　　　(f)

图 3-4　保温时间为 6 min 时不同温度的析出物形态和尺寸分布频率

(a) (b) 1150 ℃；(c) (d) 1200 ℃；(e) (f) 1250 ℃

加热温度的升高而逐渐增加。这主要是由热力学因素决定的，一方面，随着加热温度的升高，可以溶解在基体中的微合金元素增加[14]，这增加了析出物的再溶解速率；另一方面，原子扩散能力增加，残余合金元素的扩散作用使未溶解的析出物生长。钉扎力与析出物体积分数和析出物平均尺寸有关。当加热温度低于 1200 ℃时，大量未溶解的析出物弥散且细小，钉扎力足以抵抗晶粒粗化的驱动力；当加热温度达到 1250 ℃时，析出物将重新溶解，对晶界的钉扎力将减小。因此，在 1250 ℃的加热温度下，奥氏体晶粒明显长大。

当加热温度为 1200 ℃，保温时间为 20 min 时，实验钢中的粗大析出物形态和相应的能量色散 X 射线探测（Energy-Dispersive X-ray，EDX）分析如图 3-5 所示。粒状、矩形和矩形+帽状析出物形态如图 3-5 (a) (c) (e) 所示。直径约 60 nm 的粒状析出物是 TiC，矩形析出物是 (Nb, Ti) C，矩形+帽状析出物是 TiN+Nb (C, N)，粗大的析出物不能钉扎奥氏体晶界。

3.1.2.3　奥氏体晶粒尺寸分布模型

奥氏体晶粒尺寸分布服从对数正态分布函数[15]，可描述如下：

$$f(x) = \frac{1}{w\sqrt{2\pi}\,x}\mathrm{e}^{\frac{-\left(\ln\frac{x}{d}\right)^2}{2w^2}} \tag{3-3}$$

式中　w——表征晶粒分散程度的常数，w 越大（$w_{max}=1$），晶粒越分散，即均匀性越差，相反，当 w 接近 0 时，晶粒尺寸分布更集中并且晶粒尺寸分布更加均匀；

d——平均奥氏体晶粒尺寸。

使用图 3-2 中的奥氏体晶粒尺寸分布频率数据拟合方程（3-3）中的参数 w，可以得到不同保温温度和保温时间的 w 值，详见表 3-1。从表 3-1 发现，w 与加热温度呈近似线性关系，与保温时间呈指数关系。w 与保温温度和保温时间之间的量化关系可以通过拟合

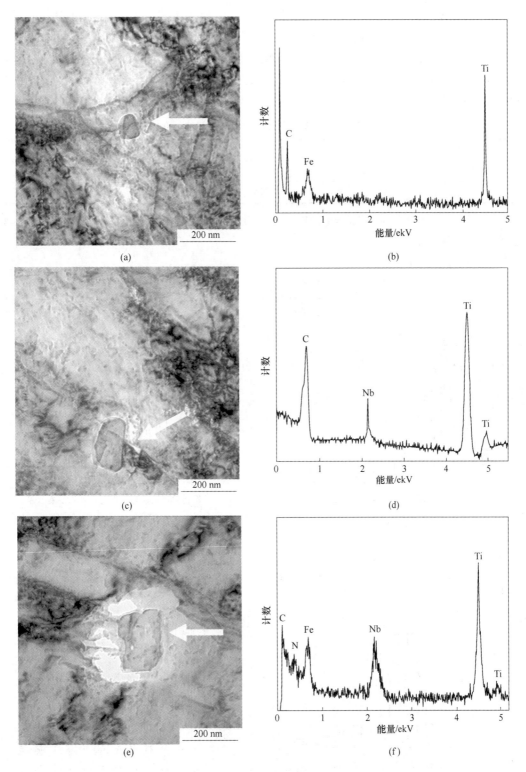

图 3-5 1200 ℃ 保温 20 min 实验钢中粗大析出物的形态及 EDX 分析

（a）（c）（e）析出物形态；（b）（d）（f）EDX 分析结果

表 3-1 中的数据来获得，如式（3-4）所示。图 3-6 示出了由式（3-4）计算的奥氏体晶粒尺寸分布和测量值之间的对比，表明该方程可以准确地模拟不同奥氏体化条件下的晶粒尺寸分布。使用式（3-4）绘制了计算的 w 与保温温度和保温时间之间的对应关系，如图 3-7（a）所示。图 3-7（b）示出了不同奥氏体化工艺条件下 w 的等值线图。可以看出，随着保温温度的升高和保温时间的延长，w 值逐渐减小，表明奥氏体晶粒尺寸分布变得更加均匀。

表 3-1 不同保温温度和保温时间的 w 值

保温温度/℃	1150	1200	1200	1200	1250
保温时间/min	6	3	6	20	6
w	0.4651	0.5893	0.2709	0.0942	0.1768

$$w = (1311.473 - 0.83T)t^{-0.964} \qquad (3\text{-}4)$$

式中 T——保温温度，K；

        t——保温时间，s。

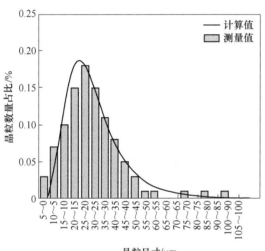

(a)

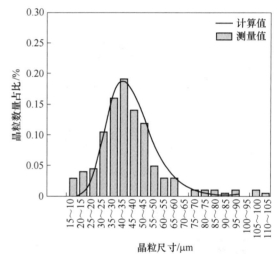

(b)

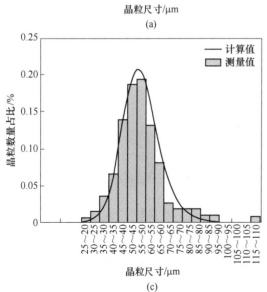

(c)

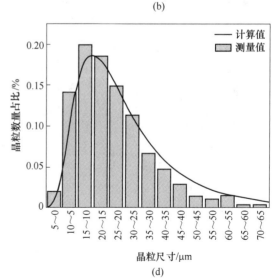

(d)

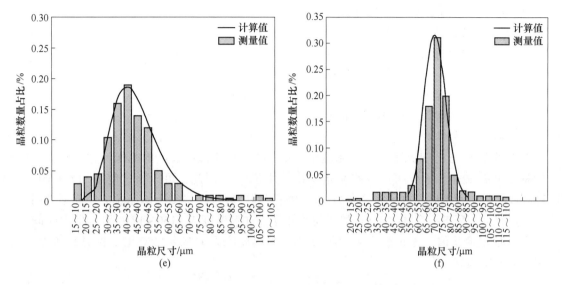

图 3-6 由式（3-4）计算的奥氏体晶粒尺寸分布与测量的奥氏体晶粒尺寸分布之间的对比

（a）1150 ℃，6 min；（b）1200 ℃，6 min；（c）1250 ℃，6 min；

（d）1200 ℃，3 min；（e）1200 ℃，6 min；（f）1200 ℃，20 min

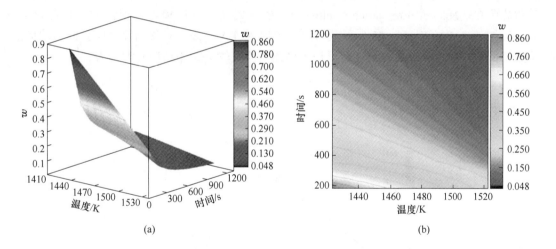

图 3-7 计算的 w 与保温温度和保温时间之间的对应关系

（a）和不同奥氏体化工艺条件下 w 的等值线图（b）

（扫描书前二维码查看彩图）

3.1.2.4 奥氏体晶粒长大模型

为了更好地描述实验钢的奥氏体晶粒生长行为，需要建立奥氏体晶粒生长模型。奥氏体晶粒生长和奥氏体化条件之间的关系已通过热激活原子跳跃过程来解释，该过程通常由 Sellars 模型表示，如式（3-5）所示[16]：

$$d^n = d_0^n + At\exp\left(-\frac{Q}{RT}\right) \tag{3-5}$$

式中　　d——平均奥氏体晶粒尺寸，μm；

　　　　d_0——初始奥氏体晶粒尺寸，μm；

　　　　t——保温时间，s；

　　　　Q——晶粒生长的活化能，J/mol；

　　　　T——加热温度，K；

　　　　R——气体常数，8.314 J/(mol·K)；

　A，n——材料常数[16]。

　　根据式（3-5），d 是平均奥氏体晶粒尺寸。由于与淬火后长大的晶粒尺寸相比，初始晶粒尺寸 d_0 较小，因此可以忽略初始晶粒尺寸 d_0[7]。因此，可以通过使用 MATLAB[17] 将测量的平均奥氏体晶粒尺寸拟合为温度和时间的函数来获得奥氏体晶粒生长模型，如式（3-6）所示。用于拟合式（3-5）的晶粒尺寸 d 是加热温度为 1150～1250 ℃、保温时间为 3～20 min 的测量值。因此，式（3-6）适用于加热温度为 1150～1250 ℃、保温时间为 3～20 min 的实验钢。

$$d^{1.80} = 7.79 \times 10^7 t\exp\left(-\frac{216630}{RT}\right) \tag{3-6}$$

　　式（3-6）预测的奥氏体晶粒尺寸与测量值的对比如图 3-8 所示。可以看出，预测的奥氏体晶粒尺寸与测量值吻合良好，预测奥氏体晶粒尺寸和测量奥氏体晶粒尺寸之间相关系数的平方（Squared Correlation Coefficient，R^2，式（3-7））和均方根误差（Root-Mean-Squared-Error，RMSE，式（3-8））分别为 0.968 和 4.15 μm。对比结果表明，回归的奥氏体晶粒长大方程具有较高的精度，可用于描述实验钢的奥氏体晶粒长大行为。

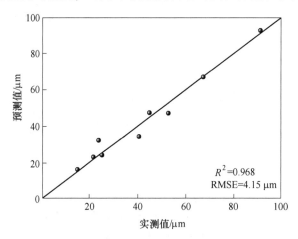

图 3-8　实验钢奥氏体晶粒尺寸预测值和实测值的比较

$$R^2 = \frac{\left(n\sum_{i=1}^{n} f(x_i)y_i - \sum_{i=1}^{n} f(x_i)\sum_{i=1}^{n} y_i\right)^2}{\left(n\sum_{i=1}^{n} f(x_i)^2 - \left(\sum_{i=1}^{n} f(x_i)^2\right) - \left(n\sum_{i=1}^{n} y_i^2 - \left(\sum_{i=1}^{n} y_i\right)^2\right)\right)} \tag{3-7}$$

$$\mathrm{RMSE} = \sqrt{\frac{1}{n}\sum_{i=1}^{n} (f(x_i) - y_i)^2} \tag{3-8}$$

式中 n——晶粒尺寸数量；

$f(x_i)$，y_i——第 i 个晶粒尺寸的预测值和实验值。

图 3-9（a）、（b）分别示出了由式（3-6）计算的不同奥氏体化工艺条件下的平均晶粒尺寸和奥氏体晶粒尺寸的等值线图。平均奥氏体晶粒尺寸随着保温温度的升高和保温时间的延长而逐渐增大。

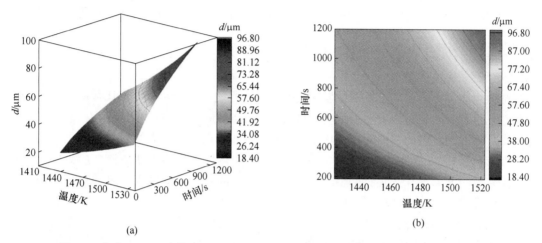

图 3-9 由式（3-6）计算的平均晶粒尺寸与保温温度和保温时间之间的关系（a）和
不同奥氏体化工艺条件下奥氏体晶粒尺寸的等值线图（b）
（扫描书前二维码查看彩图）

3.1.2.5 最佳加热工艺的选择

由于晶粒尺寸及其分布会影响材料的性能[2]，因此有必要控制晶粒尺寸及其分布。根据第 3.1.2.3 节和第 3.1.2.4 节的结果，可以绘制出不同加热条件下 w 和奥氏体晶粒尺寸的等值线图，如图 3-10 所示。

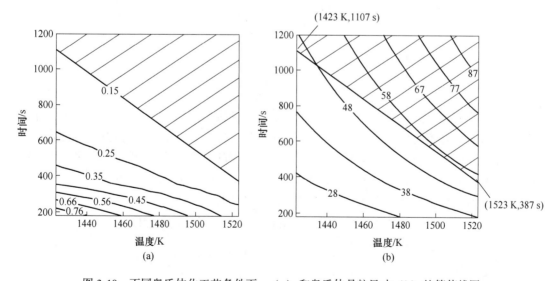

图 3-10 不同奥氏体化工艺条件下 w（a）和奥氏体晶粒尺寸（b）的等值线图

　　根据式 (3-3)，较小的 w 意味着相对均匀的晶粒尺寸分布。因此，在本章中，当 $w <$ 0.15 时，晶粒尺寸分布相对均匀，如图 3-10 (a) 中的蓝色阴影区域所示。在晶粒尺寸分布均匀的前提下，可以控制晶粒尺寸 (图 3-10 (b) 的蓝色阴影区域)。因此，结合图 3-10 (a) 和 (b)，可以根据目标晶粒尺寸获得最佳保温温度和保温时间，为获得均匀细小的初始奥氏体晶粒尺寸提供指导。如果需要将晶粒尺寸控制在 45~48 μm (初始奥氏体晶粒尺寸均匀且细小)，则可以选择 1423 K 的加热温度和 1123~1200 s 的加热时间。

3.2　机器学习微合金钢动态再结晶行为

　　显微组织细化是提高热轧钢材强韧性的重要途径之一。加热后的奥氏体晶粒状态会遗传到热轧过程，热轧过程中发生的动态再结晶 (Dynamic Recrystallization，DRX) 能进一步细化奥氏体晶粒。因此，精确控制热轧过程中奥氏体 DRX 的动力学也至关重要。为了描述热变形奥氏体的 DRX 行为，通常需要通过大量的热压缩实验来建立流变应力的数学模型；Avrami 方程常用于描述钢的 DRX 动力学，其中的系数主要根据实测的动态再结晶分数结合线性拟合法确定。然而，由于物理冶金学模型是基于有限的化学成分和工艺条件拟合得到的，因此当模型应用于其他化学成分或工艺条件时精度较低。另外，模型预测的 DRX 分数需要通过淬火实验和金相观察来验证，而在热轧生产过程中进行淬火实验是非常烦琐的。传统物理冶金学模型的成分和工艺参数范围较窄，泛化能力较差，阻碍了它们在工业生产中的应用。因此，热轧钢材的 DRX 行为调控需要适应性更广泛的流变应力和 DRX 动力学模型。

　　机器学习 (Machine Learning，ML) 能够准确地把握大规模数据的特征，且不受数据维度和复杂性的限制，已成功地应用于物理冶金学领域。为了提高 DRX 模型的准确性和通用性，本章结合本构模型与 ML 算法建立 Nb 微合金钢的 DRX 模型。首先，为了使本构模型与实测流变应力更吻合，采用遗传算法 (Genetic Algorithm，GA) 对流变应力的模型参数进行优化。其次，利用人工神经网络建立化学成分、工艺参数与流变应力曲线特征值间的对应关系，采用 GA 对 DRX 晶粒尺寸模型的参数进行优化。最后，利用所建立的 DRX 行为的 ML 模型对流变应力曲线、DRX 动力学和 DRX 晶粒尺寸进行预测和分析。

3.2.1　预测动态再结晶行为的机器学习模型的开发

　　作者从已发表的文献中收集了 310 条 Nb 微合金钢的流变应力曲线。表 3-2 示出了这些流变应力曲线对应的化学成分和工艺参数的范围。图 3-11 示出了预测 DRX 行为的 ML 模型的开发过程。采用遗传算法优化流变应力模型中的主要参数，如图 3-11 (a) 所示。利用贝叶斯正则化神经网络 (Bayesian Regularization Neural Network，BRNN) 建立流变应力曲线特征值与化学成分和工艺参数之间的关系，如图 3-11 (b) 所示。

表 3-2　流变应力曲线数据集的化学成分和工艺参数范围

项目	化学成分 (质量分数)/%			加热温度 /℃	最大应变	应变速率 /s^{-1}	变形温度 /℃
	C	Mn	Nb				
最小值	0.024	—	0.014	1100	0.6	0.002	900
最大值	0.2	1.76	0.1	1400	3	10	1200

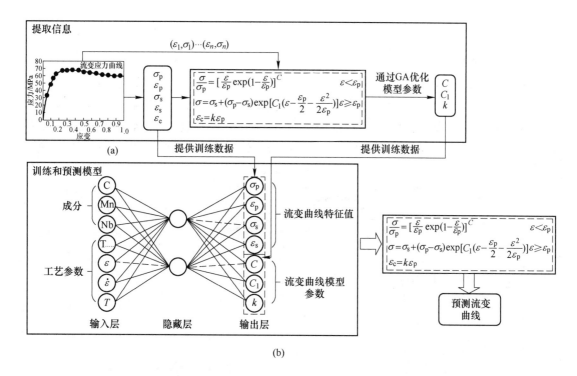

图 3-11　预测 DRX 行为的 ML 模型的开发

（a）采用 GA 优化流变应力模型中的主要参数；（b）利用贝叶斯正则化神经网络
建立流变应力曲线特征值与化学成分和工艺参数之间的关系

3.2.1.1　遗传算法优化流变应力模型中的参数

图 3-11（a）示出了采用 GA 优化每条流变应力曲线模型参数的过程。流变应力曲线的主要特征包括峰值应变（ε_p）、峰值应力（σ_p）、稳态应变（ε_s）、稳态应力（σ_s）和临界应变（ε_c），可用式（3-9）描述主要特征值与参数 C、C_1 和 k 之间的关系[18-19]。ε_p 和 σ_p 由流变应力曲线的最大值计算，ε_s 由应变硬化率趋近于零时确定，σ_c 为 $\mathrm{d}\theta/\mathrm{d}\sigma\text{-}\sigma$ 曲线的峰值[20]。在此基础上，σ_s 和 ε_c 根据 ε_s 和 σ_c 直接从 $\sigma\text{-}\varepsilon$ 曲线中获得。

$$\begin{cases} \dfrac{\sigma}{\sigma_p} = \left[\dfrac{\varepsilon}{\varepsilon_p}\exp\left(1 - \dfrac{\varepsilon}{\varepsilon_p}\right)\right]^C & (\varepsilon < \varepsilon_p) \\[2mm] \sigma = \sigma_s + (\sigma_p - \sigma_s)\exp\left[C_1\left(\varepsilon - \dfrac{\varepsilon_p}{2} - \dfrac{\varepsilon^2}{2\varepsilon_p}\right)\right] & (\varepsilon \geqslant \varepsilon_p) \\[2mm] \varepsilon_c = k\varepsilon_p \end{cases} \tag{3-9}$$

式中　σ——流变应力，MPa；

σ_p——峰值应力，MPa；

ε——应变；

σ_s——稳态应力，MPa；

ε_p——峰值应变；

ε_c——临界应变；

C——常数；

C_1——常数；

k——常数。

为了确定式（3-9）中的参数 C、C_1 和 k，采用传统的最小二乘法（Least Squares Method，LSM）[19]和 GA[21]进行参数优化，结果如图 3-12 所示。可以看出，对于 0.08C-1.29Mn-0.025Nb（质量分数，%）钢在 950 ℃和 0.01 s^{-1} 的条件下，GA 比传统的 LSM 方法具有更高的精度。因此，采用 GA 对每条流变应力曲线的模型系数 C、C_1 和 k 进行优化。

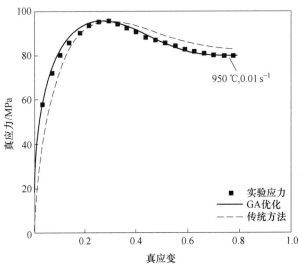

图 3-12　GA 优化（实线）和传统方法（虚线）在确定式（3-9）的
C、C_1 和 k 参数方面与实验应力（方点）的比较

在 GA 优化时，种群数量设定为 50，最大进化代数设定为 100。选择轮盘赌算法进行选择操作。交叉操作采用单点交叉算法，交叉概率为 0.85。变异操作采用随机均匀变异，概率为 0.01，最大迭代次数为 5000。

在 C 和 C_1 的优化中，当 $\varepsilon < \varepsilon_p$ 时，GA 的适应度函数由式（3-10）给出：

$$\begin{cases} \text{Max } F_{\text{stress1}} = 1 \Big/ \sum_{i=1}^{n} \mid P_{\text{stress}}^i - M_{\text{stress}}^i \mid \\ \dfrac{P_{\text{stress}}^i}{\sigma_p} = \left[\dfrac{\varepsilon_i}{\varepsilon_p} \exp\left(1 - \dfrac{\varepsilon_i}{\varepsilon_p} \right) \right]^C \end{cases} \tag{3-10}$$

式中　P_{stress}^i——应变为 ε_i 时的预测应力，MPa；

M_{stress}^i——应变为 ε_i 时的实测应力，MPa。

当 $\varepsilon \geqslant \varepsilon_p$ 时，遗传算法的适应度函数如式（3-11）给出：

$$\begin{cases} \text{Max } F_{\text{stress2}} = 1 \Big/ \sum_{i=1}^{n} \mid P_{\text{stress}}^i - M_{\text{stress}}^i \mid \\ P_{\text{stress}}^i = \sigma_s + (\sigma_p - \sigma_s) \exp\left[C_1\left(\varepsilon_i - \dfrac{\varepsilon_p}{2} - \dfrac{\varepsilon_i^2}{2\varepsilon_p} \right) \right] \end{cases} \tag{3-11}$$

当 $F_{stress1}$ 和 $F_{stress2}$ 达到最大值时，可以得到优化的 C 和 C_1。式（3-9）中 k 值可根据各流变应力曲线的 ε_c 和 ε_p 直接算出。表3-3给出了遗传算法优化的参数范围。这些参数用于训练 BRNN 模型，如图3-11所示。

表3-3　通过遗传算法得到的式（3-9）中的参数范围

参数	C	C_1	k
最小值	0.2218	1.2518	0.4669
最大值	1.4696	214.3961	0.9981

3.2.1.2　流变应力曲线特征值建模

由于物理冶金学模型只适用于特定化学成分或工艺条件的狭窄范围，当化学成分或工艺条件超出建模数据的范围时，这些模型就会失效。因此，有必要寻找一种新的方法来描述这种非线性和复杂的关系。神经网络是一种模拟生物神经元的计算模型，通常由一个输入层、一个输出层和一个或多个隐藏层组成，如图3-11所示。研究[21-24]表明，神经网络具有优良的多变量非线性映射能力和灵活的网络结构，有利于处理非线性问题。在本章中，采用三层的 BRNN 模型预测流变应力的模型参数。

图3-11（b）示出了三层 BRNN 模型的拓扑结构，其用于训练和预测表3-2中给出的不同成分和工艺参数条件下的流变应力。通过将 BRNN 模型的输出与式（3-9）相结合，可以重新构建流变应力曲线。在 BRNN 模型中，采用试错法确定隐藏层的神经元个数为5，并使用贝叶斯正则化算法（Bayesian Regularization Algorithm）训练神经网络，选择双曲 sigmoid 函数作为激活函数[25-26]。在训练网络之前，所有收集到的数据都根据式（3-12）进行归一化处理，以避免化学成分、工艺参数和输出值在数量级上的偏差。当得到最佳的网络模型后，使用式（3-13）将所有归一化的数据恢复到它们的初始值。将310条流变应力曲线划分为两部分，其中80%用于训练，另一部分用于测试。

$$x_n = 0.1 + 0.8(x - x_{min})/(x_{max} - x_{min}) \tag{3-12}$$
$$x = x_{min} + (x_n - 0.1)(x_{max} - x_{min})/0.8 \tag{3-13}$$

式中　x_{min}——x 的最小值；

　　　x_{max}——x 的最大值；

　　　x_n——x 的归一化值。

3.2.1.3　动态再结晶动力学建模

对于 DRX 动力学，f_{dyn} 和时间的关系可以用式（3-14）描述[27]：

$$f_{dyn} = 1 - \exp[-b(\varepsilon)(t\dot{\varepsilon})^{n(\varepsilon)}] \tag{3-14}$$

假设当应变达到临界应变（ε_c）和稳态应变（ε_s）时，DRX 的分数 f_{dyn} 分别为0.5%和99%（即 $f_{dyn} = 1 - \exp[b(\varepsilon)(t_c\dot{\varepsilon})^{n(\varepsilon)}] = 0.005$，$f_{dyn} = 1 - \exp[b(\varepsilon)(t_s\dot{\varepsilon})^{n(\varepsilon)}] = 0.99$）。联立上述方程 $f_{dyn} = 0.005$ 和 $f_{dyn} = 0.99$，可以得到，$n(\varepsilon) = \dfrac{\ln\dfrac{\ln(1 - 0.005)}{\ln(1 - 0.99)}}{\ln\dfrac{t_c}{t_s}} =$

$- 6.823/\ln\dfrac{t_c}{t_s}$，$b(\varepsilon) = -\dfrac{\ln(1 - 0.005)}{(t_c\dot{\varepsilon})^{n(\varepsilon)}} = \dfrac{0.005}{(t_c\dot{\varepsilon})^{n(\varepsilon)}}$，$t_c = \varepsilon_c/\dot{\varepsilon}(\varepsilon_c = k\varepsilon_p)$，$t_s = \varepsilon_s/\dot{\varepsilon}$，其中，$t_c$ 是达到临界应变的时间；t_s 是达到稳态应变的时间。

3.2.1.4 动态再结晶晶粒尺寸建模

动态再结晶晶粒尺寸（D_{rex}）模型[28]可表示为：

$$\begin{cases} D_{rex} = aZ^h \\ Z = \dot{\varepsilon}\exp[Q/(RT)] \end{cases} \tag{3-15}$$

式中　D_{rex}——动态再结晶晶粒尺寸，μm；

Z——Z 参数，s^{-1}；

a——材料常数；

h——材料常数；

$\dot{\varepsilon}$——应变速率，s^{-1}；

Q——激活能，J/mol，为化学成分的函数[29]，如式（3-16）所示；

R——气体常数，8.314 J/(mol·K)；

T——变形温度，K。

$$Q = p_1 + p_2[C] + p_3[Si] + p_4[Mn] + \\ p_5[Nb] + p_6[V] + p_7[Ti] \tag{3-16}$$

式中　[C]——钢中 C 的质量分数，%；

[Si]——钢中 Si 的质量分数，%；

[Mn]——钢中 Mn 的质量分数，%；

[Nb]——钢中 Nb 的质量分数，%；

[V]——钢中 V 的质量分数，%；

[Ti]——钢中 Ti 的质量分数，%；

$p_1 \sim p_7$——常数。

由式（3-15）可知，动态再结晶的晶粒尺寸与钢的化学成分、应变速率、变形温度相关。通常情况下，动态再结晶的晶粒尺寸由淬火实验获得，这需要花费大量的时间和精力，且传统方法建立的模型仅适用于单个钢种和对应的几个变形条件。因此，建立多个化学成分、不同变形条件下的动态再结晶晶粒尺寸模型对于减少淬火实验，使轧制过程的组织演变"黑箱变白"具有重要的意义。表 3-4 示出了文献中收集到的动态再结晶晶粒尺寸的化学成分和工艺参数范围。

本节采用遗传算法对动态再结晶晶粒尺寸模型中的关键参数进行优化计算，通过这种方式实现动态再结晶晶粒尺寸模型参数的自学习。因此，该动态再结晶晶粒尺寸模型可以依据物理冶金学原理对热轧过程的动态再结晶晶粒尺寸进行描述。采用遗传算法优化动态再结晶晶粒尺寸模型中参数的流程如图 3-13 所示。在整个优化流程中，适应度函数的值为利用动态再结晶晶粒尺寸模型对大量数据下的动态再结晶晶粒尺寸计算结果与实测结果的误差和。经过模型的分析和前人的研究结果[29]，确定待优化的参数为 a、h、$p_1 \sim p_7$。对于动态再结晶晶粒尺寸模型，待优化目标函数采用式（3-17）的最大值表示：

$$\text{Max } F = \frac{1}{\sum\limits_{i=1}^{n} |P_{D_{rex}}^{i} - M_{D_{rex}}^{i}|} \tag{3-17}$$

式中 $P_{D_{rex}}^{i}$——预测的第 i 个动态再结晶晶粒尺寸，μm；

     $M_{D_{rex}}^{i}$——实测的第 i 个动态再结晶晶粒尺寸，μm。

表 3-4   动态再结晶晶粒尺寸数据集的化学成分和工艺参数范围

项目	化学成分（质量分数）/%				加热温度 /℃	应变速率 /s^{-1}	变形温度 /℃
	C	Si	Mn	Nb			
最小值	0.055	0.20	0.70	—	1200	0.002	850
最大值	0.40	0.52	1.55	0.035	1400	5.224	1280

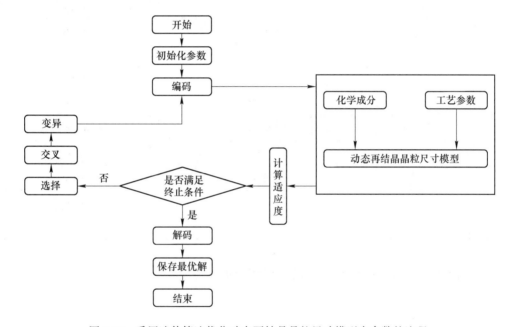

图 3-13   采用遗传算法优化动态再结晶晶粒尺寸模型中参数的流程

通过选取最优参数使 F 取得最大值。采用遗传算法优化前，需要设定待优化参数的边界条件，依据前人的研究结果[29]，对模型中参数范围的设定见表 3-5。GA 的参数设定与 3.2.2.1 节中相同。遗传算法不断迭代，当迭代次数达到设定的最大迭代次数时计算终止。保留此时的最优结果，即为最优模型参数。

当采用遗传算法确定模型中 9 个参数后，再根据训练数据的预测结果修正动态再结晶晶粒尺寸模型预测误差，得到修正后的 D_{rex}。最终求得模型的最优参数见表 3-6。

表 3-5   动态再结晶晶粒尺寸模型中参数的约束条件

参数	最小值	最大值
a	100000	250000
h	−100	0

参数	最小值	最大值
p_1	200000	300000
p_2	−5000	−2000
p_3	30000	50000
p_4	1000	5000
p_5	70000	100000
p_6	30000	100000
p_7	0	500000

表 3-6 动态再结晶晶粒尺寸预测模型优化参数与未优化参数对比

参数	常规值	优化值
a	6580000	195956
h	−0.28	−0.32
p_1	267000	294654
p_2	−2535.52	−4999
p_3	33620.76	40409
p_4	1010	1000
p_5	70729.85	70000
p_6	31673.46	30000
p_7	93680.52	499997

3.2.2 动态再结晶行为的机器学习模型预测结果与分析

3.2.2.1 流变应力曲线预测

基于建立的 ML 框架和式（3-9）可以预测不同成分和工艺条件下的流变应力。图 3-14 示出了用 ML 模型和传统方法预测的流变应力与实测值的对比，可以看出，ML 模型预测值比传统方法[19]具有更高的准确性。利用本章所建立的模型预测的流变应力值与实测值的 R^2 变化范围为 0.95~0.98，RMSE 值变化范围为 12~20 MPa；而用传统方法计算的流变应力值与实测值的 R^2 值在 0.36~0.93，RMSE 值在 18~23 MPa，详见表 3-7。

用式（3-9）计算某钢种的流变应力曲线需要先确定 ε_p、σ_p、σ_s 和 C、C_1。采用传统方法，将测得的 ε_p、σ_p 和 σ_s 与 Zener-Hollomon 参数（$Z = \dot{\varepsilon}\exp[Q/(RT)]$，$\dot{\varepsilon}$ 为应变率，Q 为活化能，R 为气体常数，T 为温度）进行线性拟合，根据式（3-18）可求出不同工艺条件下的 ε_p、σ_p 和 σ_s。通常用 $\ln(\sigma/\sigma_p)$ 与 $\ln[(\varepsilon/\varepsilon_p)\exp(1 - \varepsilon/\varepsilon_p)]$ 和 $\ln[(\sigma - \sigma_s)/(\sigma_p - \sigma_s)]$ 与 $[\varepsilon - \varepsilon_p/2 - \varepsilon^2/(2\varepsilon_p)]$ 确定常数 C 和 C_1。然而，对不同成分和变形条件下的实测值进行简单的线性拟合的精度较低[19]，导致预测的 ε_p、σ_p 和 σ_s 与实测值偏

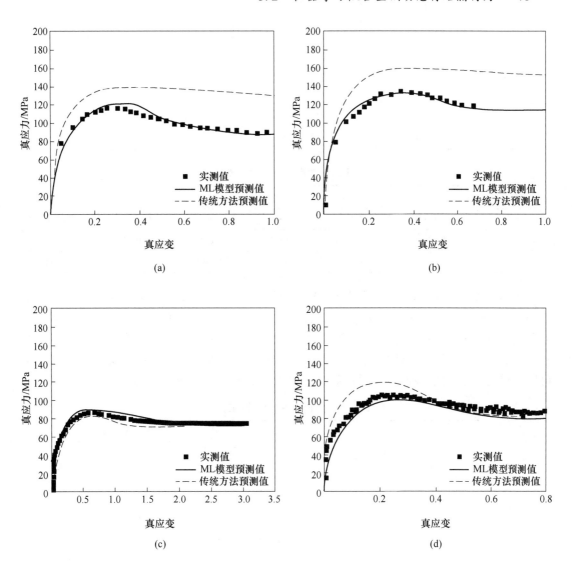

图 3-14 ML 算法和传统方法预测的流变应力与实测值的对比

(a) 0.104C-0.4Mn-0.05Nb ($T = 1000$ ℃, $\dot{\varepsilon} = 0.1\ \mathrm{s}^{-1}$)[30]; (b) 0.104C-0.4Mn-0.05Nb ($T = 1000$ ℃, $\dot{\varepsilon} = 0.5\ \mathrm{s}^{-1}$)[30];
(c) 0.1C-1.42Mn-0.035Nb ($T = 1100$ ℃, $\dot{\varepsilon} = 0.2\ \mathrm{s}^{-1}$)[31]; (d) 0.117C-1.21Mn-0.041Nb ($T = 1050$ ℃, $\dot{\varepsilon} = 0.1\ \mathrm{s}^{-1}$)[32]

差较大，如图 3-14 （a）、（b） 和 （d） 所示。而本章利用遗传算法对每条流变应力曲线的 C 和 C_1 进行优化，并利用 ML 模型学习不同成分和工艺条件下的 ε_p、σ_p 和 σ_s 的实测值，从而可以准确地预测流变应力曲线。

$$\begin{cases} \sigma_\mathrm{p} = B_1 Z^{n_1} \\ \sigma_\mathrm{s} = B_2 Z^{n_2} \\ \varepsilon_\mathrm{p} = A Z^{m} \end{cases} \tag{3-18}$$

式中 B_1，n_1，B_2，n_2，A，m——常数，列于表 3-8，由 Ebrahimi 等[19] 的线性拟合法确定。

表 3-7 图 3-14 中的 R^2 和 RMSE 值

方　法	精度	图 3-14 (a)	图 3-14 (b)	图 3-14 (c)	图 3-14 (d)
本书预测值	R^2	0.97	0.95	0.97	0.98
	RMSE/MPa	12	12	16	20
传统方法[19]	R^2	0.36	0.86	0.93	0.82
	RMSE/MPa	20	18	21	23

表 3-8 传统方法确定的流变应力模型中的参数

项　目	B_1	n_1	B_2	n_2	A	m
图 3-14 (a) (b)	4.0909	0.0875	2.9171	0.0966	0.0120	0.0810
图 3-14 (c)	0.1270	0.1374	0.0875	0.1340	0.0189	0.0746
图 3-14 (d)	8.4384	0.0899	0.1024	0.2396	0.0004	0.2143

表 3-9 示出了不同研究人员开发的 DRX 模型[33-36]，表明 σ 与 ε 和 Z 参数相关。由于这些模型中的参数是由有限的实验流变应力拟合得到的，因此这些模型只适用于较窄的成分和工艺条件范围。相比之下，本章中的 ML 模型是建立在大量实验数据基础上的，当有新的流变应力曲线输入到数据集中时，ML 模型可以自动更新其适用范围。因此，该方法可以在较宽的化学成分和工艺参数范围内，以较高的精度预测流变应力曲线。

表 3-9 不同研究者的本构方程

作者	模　型	适用条件
Mirzadeh 等[33]	$\begin{cases} Z = \dot{\varepsilon}\exp\dfrac{417600}{RT} = 685.53^5\left[\sinh(0.011\sigma_p)\right]^{5.18} \\ \sigma_p = 0.72Z^{0.143} \\ \varepsilon_p = 0.0023Z^{0.16} \end{cases}$	0.03C-15.14Cr-4.53Ni-3.4Cu-0.25Nb（质量分数，%），950~1100 ℃，0.0001~0.1 s^{-1}
Mirzadeh 等[33]	$\begin{cases} \dfrac{\sigma}{\sigma_p} = -0.0173\left(\dfrac{\varepsilon}{\varepsilon_p}\right)^6 + 0.1901\left(\dfrac{\varepsilon}{\varepsilon_p}\right)^5 - 0.8211\left(\dfrac{\varepsilon}{\varepsilon_p}\right)^4 + \\ \quad 1.7877\left(\dfrac{\varepsilon}{\varepsilon_p}\right)^3 - 2.1137\left(\dfrac{\varepsilon}{\varepsilon_p}\right)^2 + 1.3099\dfrac{\varepsilon}{\varepsilon_p} + 0.662 \\ \sigma_p = 0.72Z^{0.143} \\ \varepsilon_p = 0.0023Z^{0.16} \end{cases}$	0.03C-15.14Cr-4.53Ni-3.4Cu-0.25Nb（质量分数，%），950 ~ 1100 ℃，0.0001~0.1 s^{-1}
Mirzadeh 等[33]	$\begin{cases} \dfrac{\sigma}{\sigma_p} = 1.020\left(\dfrac{\varepsilon}{\varepsilon_p}\right)^{0.1022} \quad (\varepsilon < \varepsilon_p) \\ \dfrac{\sigma}{\sigma_p} = 1.037\left(\dfrac{\varepsilon}{\varepsilon_p}\right)^{-0.1288} \quad (\varepsilon > \varepsilon_p) \\ \sigma_p = 0.72Z^{0.143} \\ \varepsilon_p = 0.0023Z^{0.16} \end{cases}$	0.03C-15.14Cr-4.53Ni-3.4Cu-0.25Nb（质量分数，%），950 ~ 1100 ℃，0.0001~0.1 s^{-1}
Mirzadeh 等[33]	$\sigma = 156.55\varepsilon^{0.111}\left(1 + 0.1185\ln\dfrac{\dot{\varepsilon}}{0.01}\right) \times$ $\left[1 - \left(\dfrac{T-1223}{472}\right)^{0.48}\right]$	0.03C-15.14Cr-4.53Ni-3.4Cu-0.25Nb（质量分数，%），950 ~ 1100 ℃，0.0001~0.1 s^{-1}

作者	模型	适用条件
Mirzadeh 等[34]	$\dfrac{\sigma}{\sigma_p} = 0.03 + 2.22\left(\dfrac{\varepsilon}{\varepsilon_p}\right)^{0.4} - 1.55\left(\dfrac{\varepsilon}{\varepsilon_p}\right)^{0.8} + 0.3\left(\dfrac{\varepsilon}{\varepsilon_p}\right)^{1.2}$	0.03C-15.14Cr-4.53Ni-3.4Cu-0.25Nb（质量分数,%），950~1150 ℃，0.001~10 s^{-1}
Mirzadeh 等[34]	$\sigma = \dfrac{1}{\alpha}\left[\sinh^{-1}(Z/A)\right]^{\frac{1}{n}}$	0.03C-15.14Cr-4.53Ni-3.4Cu-0.25Nb（质量分数,%），950~1150 ℃，0.001~10 s^{-1}
Kim 等[35]	$\sigma_{Misaka} = 9.8\exp\left(0.126 - 1.75[C] + 0.594[C]^2 + \dfrac{2851 + 2968[C] - 1120[C]^2}{T + 273}\varepsilon^n\dot{\varepsilon}^m\right)$	1.2C（质量分数,%），750~1200 ℃，0~0.5，30~200 s^{-1}
Kim 等[35]	$\begin{cases} \sigma_{Shida} = \sigma_d(C,\ T)f_w(\varepsilon)f_r(\dot{\varepsilon}) \\ \sigma_d = 0.28\exp\left(\dfrac{5.0}{T} - \dfrac{0.01}{C + 0.05}\right) \\ T[K] = (T[℃] + 273)/1000 \\ f_w(\varepsilon) = 1.3\left(\dfrac{\varepsilon}{0.2}\right)^n - 0.3\dfrac{\varepsilon}{0.2} \\ n = 0.41 - 0.07C \\ f_r(\dot{\varepsilon}) = \left(\dfrac{\dot{\varepsilon}}{10}\right)^m \\ m = (-0.019C + 0.126)T + (0.076C - 0.05) \end{cases}$	0.07~1.2C（质量分数,%），700~1200 ℃，0~0.7，0~100 s^{-1}
Kim 等[35]	$\begin{cases} \sigma_{total} = \sigma_{WH+DRV} - \sigma_{DRX} \\ \sigma_{WH+DRV} = \sigma_p\left[1 - \exp(-C\varepsilon)\right]^m \\ \sigma_{DRX} = (\sigma_p - \sigma_s)\dfrac{X_{DRX} - X_{\varepsilon_p}}{1 - X_{\varepsilon_p}}\quad (\varepsilon > \varepsilon_p) \\ \sigma_{DRX} = 0\quad (\varepsilon < \varepsilon_p) \end{cases}$	AISI 4140 钢，900~1100 ℃，0.05~5 s^{-1}

3.2.2.2 动态再结晶动力学预测

通过将 ML 模型预测的 ε_p、ε_s 和 k 应用于公式（3-14），可以计算出 f_{dyn}。图 3-15 示出了 ML 模型和传统的物理模型[37]预测的 0.117C-1.21Mn-0.041Nb（质量分数,%）钢在 1050 ℃和 0.1 s^{-1}条件下的 DRX 分数与淬火实验得到的实测值的对比，其中 ML 模型和传统物理模型的预测值分别由实线和虚线表示。很明显，由 ML 模型预测的 f_{dyn} 与实测值和显微组织一致，比传统物理模型的预测值更准确。传统模型与实测值的差异可能与式（3-19）适用于特定的成分和工艺条件有关。然而，$b(\varepsilon)$ 和 $n(\varepsilon)$ 取决于 ε_c 和 ε_s，它们随着成分和变形条件变化而变化[27]。由于本章提出的 ML 模型可以根据钢的成分和热变形参数对 ε_c 和 ε_s 进行准确的预测，因此可以通过流变应力曲线精确计算 f_{dyn}，而不是通过淬火实验。

$$f_{dyn} = 1 - \exp\left[b\left(\frac{\varepsilon - \varepsilon_c}{\varepsilon_p}\right)^n\right] \tag{3-19}$$

式中　b——-1.172；

　　　n——$3.0^{[37]}$。

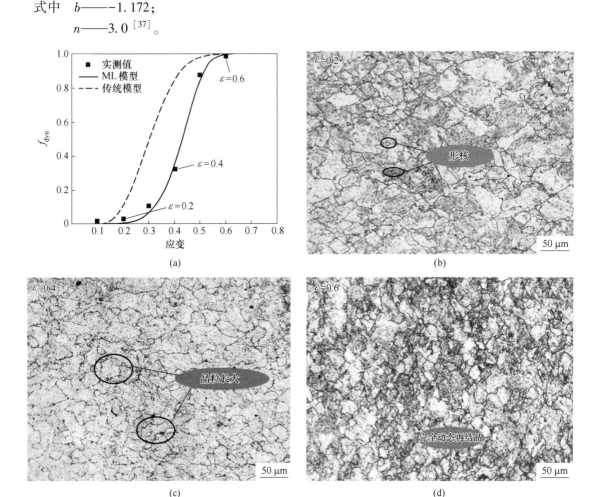

图 3-15　不同模型预测的 f_{dyn} 及对应的显微组织

（a）不同模型计算的 f_{dyn}；（b）$\varepsilon=0.2$ 的显微组织；（c）$\varepsilon=0.4$ 的显微组织；（d）$\varepsilon=0.6$ 的显微组织

3.2.2.3　成分对动态再结晶图的影响

临界应变和稳态应变分别代表 DRX 的开始和结束。因此，通过使用开发的 BRNN 模型结合临界应变数学模型（式（3-9）），可以预测 0.049C-1.14Mn（质量分数,%）钢在 1100 ℃和 0.1 s^{-1} 的应变速率下不同 Nb 含量的 DRX 图，如图 3-16 所示。从图 3-16（a）可以看出，随着钢中 Nb 含量升高，临界应变和稳态应变逐渐增大，与实测值一致，并且与 Nb 的溶质拖曳效应符合，即晶界迁移受固溶的微合金元素抑制[38]。图 3-16（b）示出了根据 Cahn 的溶质拖曳效应模型（式（3-20））[39]计算的晶界迁移率（M_{HAG}）与钢中 Nb 含量之间的关系，可以看出 M_{HAG} 随着 Nb 含量的增加而单调下降，进一步证明了固溶的 Nb 微合金元素抑制晶界迁移。此外，Luton 和 Sellars[40] 和 Cram 等[41] 的研究也表明，随着溶质元素含量的增加，峰值应变和稳态应变都增大，与本章的预测结果一致。

$$
\begin{cases}
M_{\text{HAG}} = \left(\dfrac{1}{M_{\text{pure}}} + \alpha_{\text{drag}} [\,\text{Nb}\,] \right)^{-1} \\[4mm]
\alpha_{\text{drag}} = \dfrac{\delta N_{\text{v}} (k_{\text{B}} T)^2}{E_{\text{b}} D_{\text{gb}}^x} \left(\sinh \dfrac{E_{\text{b}}}{k_{\text{B}} T} - \dfrac{E_{\text{b}}}{k_{\text{B}} T} \right) \\[4mm]
M_{\text{pure}} = \dfrac{\delta D_{\text{gb}} V_{\text{m}}}{2 b^2 R T}
\end{cases}
\tag{3-20}
$$

式中　M_{pure}——纯 Fe 的晶界迁移率，$\text{m}^4/(\text{J} \cdot \text{s})$；

　　$[\,\text{Nb}\,]$——钢中 Nb 的质量分数，%；

　　　　δ——晶界宽度，m；

　　N_{v}——单位体积原子数，m^{-3}；

　　k_{B}——玻耳兹曼常数，J/K；

　　E_{b}——Nb 与 Fe 晶界的结合能[41]，J；

　　D_{gb}^x——Nb 在 Fe 晶界上的平均扩散系数，cm^2/s。

使用表 3-10 中给出的参数计算 M_{HAG}。

相比之下，传统模型即式（3-21）[42]的预测值与实验值[43-46]有很大偏差，如图 3-16（a）中的虚线所示。这主要是因为传统的模型是在有限的实验数据基础上发展起来的，模型参数是通过对这些数据进行线性拟合得到的[42]，其适用于单一的化学成分和较窄的工艺条件范围。式（3-21）[42]的适用范围为 0.023%～0.039%Nb（质量分数）和应变速率 5 s^{-1}。数学模型的精度取决于其结构和模型参数。当化学成分和变形参数发生变化时，该模型中的参数也应不同，因此不能准确预测 ε_{c} 或 ε_{p}。同时，由于临界应变不仅与 Nb 含量有关，还与其他因素有关，其变化是复杂的、非线性的。与传统模型不同，ML 框架基于大量数据，可以学习数据集中的信息来识别临界应变与成分和工艺条件之间的关系，而不是特定成分和工艺条件下的固定值。因此，ML 模型比传统模型具有更高的非线性拟合精度和更好的泛化能力，特别是在预测临界应变方面效果更为显著。

表 3-10　用于计算 M_{HAG} 的参数

符号	参　　数	值	参考文献
N_{v}	单位体积原子数/m^{-3}	8.470×10^{28}	[41]
E_{b}	Nb 与 Fe 晶界的结合能/J	-2.491×10^{-20}	[41]
k_{B}	玻耳兹曼常数/$\text{J} \cdot \text{K}^{-1}$	1.38×10^{-23}	—
δ	晶界宽度/m	1×10^{-9}	[47]
D_{gb}^x	Nb 在 Fe 晶界上的平均扩散系数/$\text{cm}^2 \cdot \text{s}^{-1}$	$0.83 \exp [-266500/(RT)]$	[47]
D_{gb}	Fe 原子的粒间扩散系数/$\text{cm}^2 \cdot \text{s}^{-1}$	$2.14 \exp [-158840/(RT)]$	[47]
b	伯格斯矢量/m	2.5×10^{-10}	[47]
V_{m}	γ-Fe 的摩尔体积/$\text{m}^3 \cdot \text{mol}^{-1}$	6.69×10^{-6}	[47]

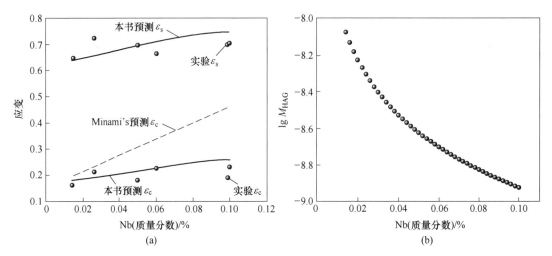

图 3-16 ML 模型预测 0.049C-1.14Mn 钢的 DRX 图（$T=1100$ ℃，$\dot{\varepsilon}=0.1\ \mathrm{s}^{-1}$）（a）
和 $\lg M_{\mathrm{HAG}}$ 与 Nb 含量的关系（b）

$$
\begin{cases}
\varepsilon_{\mathrm{c}} = 0.77\varepsilon_{\mathrm{p}} \\
\varepsilon_{\mathrm{p}} = A d_0^{0.5} Z^{0.17} \\
A = \dfrac{1 + 20[\mathrm{Nb}]}{1.78} \times 2.8 \times 10^{-4} \\
Z = \dot{\varepsilon}\exp(375000/(RT))
\end{cases}
\qquad (3\text{-}21)
$$

式中　[Nb]——钢中的 Nb 含量质量分数，%。

3.2.2.4 临界应变与 Z 参数及初始奥氏体晶粒尺寸的关系

图 3-17 示出了用最佳训练的 BRNN 模型预测的 0.053C-1.178Mn（质量分数，%）钢的临界应变随 Nb 含量和 Z 参数的变化，其中激活能 Q 按参考文献[48]计算。结果表明，随

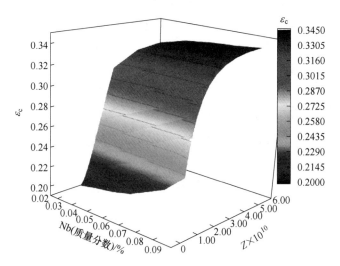

图 3-17 0.053C-1.178Mn 钢的 ε_{c} 与 Z 参数和 Nb 含量的关系（加热条件为 1150 ℃，2 min）

（扫描书前二维码查看彩图）

着 Z 值从 $3×10^9$ 增加到 $5×10^{10}$，Nb 含量从 0.024% 增加到 0.084%，临界应变从 0.20 增加到 0.34。根据 Shaban 等[49] 对 Nb 微合金钢的研究，当 Z 参数和 Nb 含量在相同范围内时，临界应变为 0.15~0.30，这与图 3-17 的结果一致，表明 ML 模型在预测 DRX 行为方面具有较高的精度。

由于晶粒尺寸影响 DRX 的形核数量，而 ε_p 或 ε_c 也受变形条件的影响[50-51]，因此采用考虑这两个因素的方程（3-22）[50] 来描述 ε_p 或 ε_c。因此，在不同 Nb 含量下的初始奥氏体晶粒尺寸 d_0 和 Q 可以根据图 3-17 中预测的 ε_c 采用式（3-22）优化得到。

$$\varepsilon_c = A d_0^m Z^n \tag{3-22}$$

式中 d_0——初始奥氏体晶粒尺寸，μm。

根据参考文献 [46] 可知，$A = 5×10^{-4}$，$m = 0.5$，$n = 0.15$，这是 Sellars[50] 首先提出的，随后周晓光[46] 对四种 Nb 微合金钢的结果进行了验证。

为了计算式（3-22）中不同 Nb 含量时的 d_0，对优化后的 Q 值与 Nb 含量的关系进行了回归，即 $Q = 261.81 + 1581.97[Nb] - 7435.41[Nb]^2$。图 3-18 示出了优化的 d_0 和实测 d_0[46,52-61] 间的对比，从图中可以看到，它们有相当好的一致性，R^2 为 0.90，RMSE 为 8.43 μm，表明可以通过预测 ε_c 得到初始奥氏体的晶粒尺寸。

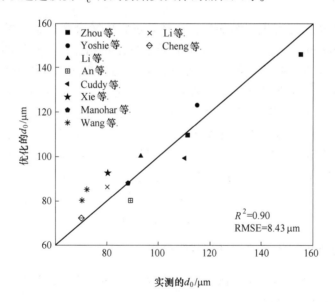

图 3-18 基于式（3-22）和 Q 的函数优化得到的 d_0 与实测 d_0 的对比

3.2.2.5 动态再结晶晶粒尺寸预测

图 3-19 示出了遗传算法优化的 D_{rex} 和实测 D_{rex} 之间的对比，从图中可以看出，优化的 D_{rex} 与实测的 D_{rex} 吻合良好，R^2 为 0.91，RMSE 为 20.27 μm，表明遗传算法优化得到的式（3-15）能够用来预测不同化学成分和工艺条件下的动态再结晶晶粒尺寸 D_{rex}。

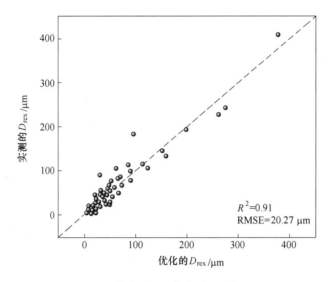

图 3-19 优化的 D_{rex} 与实测 D_{rex} 的对比

3.3 机器学习微合金钢应变诱导析出行为

在粗轧过程中奥氏体发生再结晶后，在精轧过程中微合金元素会发生应变诱导析出（Strain-Induced Precipitation，SIP），析出能有效地抑制再结晶，提高钢的强度，对微合金钢的最终组织和力学性能起着重要作用。因此，准确地模拟热轧过程中的 SIP 行为对于生产高品质热轧产品具有重要意义。不同研究者[62-65]建立了析出开始时间与成分、应变和应变速率的半经验模型，但这些模型的预测值与实验值的吻合度较差。因此，热轧工艺的优化必须依靠工程师的经验。为了解决这一问题，需要开发新的建模方法。

ML 能够准确地学习数据的特征，在建立复杂关系模型方面具有优势。然而，由于 ML 是数据驱动的，它的性能取决于数据集的空间结构，这一点尚未得到足够的重视。本章对 SIP 动力学的数据进行正交化处理，结合 Nb 微合金钢 SIP 的理论模型，建立了 Nb 微合金钢 SIP 行为的 ML 模型，对 SIP 行为进行了预测和分析。

3.3.1 应变诱导析出行为的机器学习模型开发

表 3-11 示出了析出动力学原始数据集的化学成分和工艺参数范围。图 3-20 示出了预测 SIP 行为的 ML 建模流程图。

表 3-11 析出动力学原始数据集的化学成分和工艺参数范围

项目	化学成分（质量分数）/%					加热温度 /℃	应变	应变速率 /s^{-1}	变形温度 / ℃
	C	Si	Mn	N	Nb				
最小值	0.024	0.051	0.77	0.001	0.019	1100	0.1	0.1	850
最大值	0.131	0.328	2.0	0.015	0.13	1400	0.5	10	1000

首先，对 PTT 曲线的数据空间进行了正交分析和设计；然后，利用 GA 对每条 PTT 曲

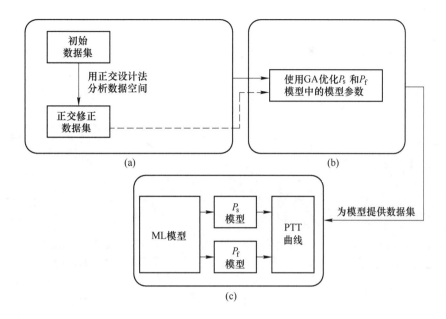

图 3-20 预测 SIP 行为的 ML 建模流程图

（a）数据正交化分析；（b）利用遗传算法对每条 P_s 或 P_f 曲线进行模型参数进行优化；
（c）利用 ML 模型根据化学成分和工艺参数预测 PTT 曲线

线的析出开始时间和析出结束时间的模型参数进行优化；最后，利用 ML 算法对不同化学成分和工艺条件下的 PTT 曲线进行了建模及预测。

3.3.1.1 应变诱导析出数据的正交化分析与修正

根据吴思炜等[66]的研究，均衡的数据分布可以提高 ML 模型在数据边界处的精度。因此，在 ML 建模之前，有必要对数据集的空间结构进行分析。在本节中，针对表 3-11 中的变量，由于 Si 和 Mn 对 Nb（C，N）析出的影响相对较小[67-68]，并且再加热温度在 1200~1300 ℃[69]，因此主要分析 Nb、C 和 N 含量，应变、应变速率和变形温度对 SIP 行为的影响。图 3-21 示出了表 3-11 中原始数据的空间结构，发现 Nb、C、N 含量，应变、应变速率和变形温度的分布极不平衡。

为了使数据集的空间结构更加平衡，需要对原始数据集进行修正。然而，PTT 曲线受到许多因素的影响，包括 Nb、C 和 N 含量，应变、应变速率和变形温度。如果采用单因素实验研究 6 个因素（每个 PTT 曲线由 3 个变形温度组成）对 PTT 曲线的影响，则需要对 6 个因素（Nb、C、N 含量，应变、应变速率、变形温度）的上下限共进行 2^6 次实验，并且需要一个额外的变形温度才能获得一条 PTT 曲线，则至少需要进行 96（$2^6+2^5=96$）次实验，这是烦琐且耗时的。而通过正交设计，在最佳测试水平的组合下，可以显著减少实验次数[70]。在本节中，通过制作正交表对数据空间进行了重新设计[70]，见表 3-12。

在正交设计之后，数据空间变成规则的立方体，数据分布比原始空间更加均衡，如图 3-21 中的蓝线和蓝点所示。在原始数据的基础上，除了已经存在的 2 号数据外，其他缺失的正交数据通过冶炼新钢种并根据表 3-12 中设计的参数结合变形试验来补充。

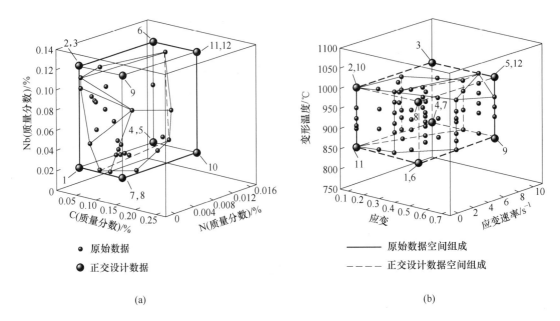

（a）　　　　　　　　　　　　　　　（b）

图 3-21　数据正交设计前后对比

（a）Nb-C-N 含量分布；（b）应变-应变速率-变形温度分布

（扫描书前二维码查看彩图）

表 3-12　正交设计的目标化学成分和工艺参数

序号	化学成分（质量分数）/%			真应变	应变速率/s^{-1}	变形温度/℃
	C	N	Nb			
1	0.024	0.001	0.022	0.5	0.1	900, 875, 850
2	0.024	0.001	0.11	0.1	0.1	1000, 975, 950
3	0.024	0.001	0.11	0.1	10	1000, 975, 950
4	0.024	0.015	0.022	0.1	10	900, 875, 850
5	0.024	0.015	0.022	0.5	10	1000, 975, 950
6	0.024	0.015	0.11	0.1	0.1	900, 875, 850
7	0.12	0.001	0.022	0.1	10	900, 875, 850
8	0.12	0.001	0.022	0.5	0.1	1025, 1000, 975
9	0.12	0.001	0.11	0.5	10	900, 875, 850
10	0.12	0.015	0.022	0.1	0.1	1050, 1025, 1000
11	0.12	0.015	0.11	0.1	0.1	900, 875, 850
12	0.12	0.015	0.11	0.5	10	1025, 1000, 975

3.3.1.2　理论指导析出开始时间和析出结束时间的机器学习

P_s 的数学模型可以用参数 γ、Q_{pipe} 和 ρ 表示为式（3-23）[71]：

$$
\begin{cases}
P_{s} = \dfrac{1}{2\beta' Z^2} \\[2mm]
\beta' = \dfrac{4\pi R_{c}^2 D_{eff} C_{Nb}}{a^4} \\[2mm]
Z = \dfrac{V_{at}^{p}}{2\pi R_{c}^2} \sqrt{\dfrac{\gamma}{k_{B} T}} \\[2mm]
D_{eff} = D_{p} \pi R_{core}^2 \rho + D_{Nb}(1 - \pi R_{core}^2 \rho) \\[2mm]
D_{p} = 1.4 \times 10^{-4} \exp[-Q_{pipe}/(RT)]
\end{cases}
\tag{3-23}
$$

式中 β'——原子撞击率，s^{-1}；

　　D_{eff}——有效扩散系数，即体扩散（D_{Nb}）和位错扩散（D_{p}）系数的加权平均值，cm^2/s；

　　C_{Nb}——Nb 的初始含量，摩尔分数；

　　a——析出的晶格参数，nm；

　　V_{at}^{p}——析出的分子体积，m^3；

　　γ——析出界面能，J/m^2；

　　k_{B}——玻耳兹曼常数，1.38065×10^{-23} J/K；

　　T——变形绝对温度，K；

　　R_{core}——位错核半径，等于伯格斯矢量（2.59×10^{-10} m）；

　　ρ——析出开始时奥氏体中的位错密度，m^{-2}；

　　Q_{pipe}——Nb 沿位错的扩散激活能，J/mol；

　　R——气体常数，8.3145 J/(mol·K)；

　　R_{c}——形核的临界半径，m。

R_{c} 可表示为式（3-24）[71]：

$$
\begin{cases}
R_{c} = -\dfrac{2\gamma}{\Delta G_{v}} \\[3mm]
\Delta G_{v} = -\dfrac{RT}{V_{m}} \left[\ln \dfrac{X_{Nb}^{ss}}{X_{Nb}^{e}} + x\ln \dfrac{X_{C}^{ss}}{X_{C}^{e}} + (1-x)\ln \dfrac{X_{N}^{ss}}{X_{N}^{e}} \right]
\end{cases}
\tag{3-24}
$$

式中 ΔG_{v}——析出形核的驱动力，J/m^3；

　　V_{m}——析出物的摩尔体积，m^3/mol；

　　X_{i}^{ss}——固溶的元素 i 的摩尔比例；

　　X_{i}^{e}——变形温度下元素 i 的平衡比例。

从式（3-23）可以看出，γ、Q_{pipe} 和 ρ 对 P_{s} 有显著影响，但它们需要由烦琐的实验获得且数值随设备变化较大。根据图 3-12，由于传统的最小二乘法不能根据实验结果学习到模型参数的细微变化，因此本章采用 GA 根据析出动力学数据优化 γ、Q_{pipe} 和 ρ。图 3-22 示出了针对每条 P_{s} 曲线利用 GA 优化 γ、Q_{pipe} 和 ρ 的流程图。

在采用 GA 算法优化时，将种群数量设置为 50，ρ、Q_{pipe} 和 γ 的范围分别设为 $10^9 \sim 10^{16}$ m^{-2}[72-73]，Nb 体扩散激活能的 0.4~1.3 倍[74] 和 0.01~30 J/m^2[75-76]。选择操作采用

"轮盘赌"算法，交叉操作采用单点交叉算法，交叉概率为 0.85。在优化 γ、Q_{pipe} 和 ρ 时，GA 的适应度函数如式（3-25）所示：

$$\begin{cases} \text{Max } F_1 = \dfrac{1}{\displaystyle\sum_{i=1}^{n} | P_{P_s}^i - M_{P_s}^i |} \\ P_{P_s}^i = \dfrac{1}{2\beta' Z^2} \end{cases} \quad (3\text{-}25)$$

式中　$P_{P_s}^i$——温度 T_i 时预测的 P_s，s；

　　　　$M_{P_s}^i$——温度 T_i 时实测的 P_s，s。

析出结束时间 P_f 与 P_s 有关，如式（3-26）[64] 所示。其中的 n 值可以通过 P_f 与 P_s 之间的关系优化得出。

$$\begin{cases} X_p = 1 - \exp\left[\ln 0.95 \left(\dfrac{t}{P_s} \right)^n \right] \\ P_f = \left(\dfrac{\ln 0.05}{\ln 0.95} \right)^{\frac{1}{n}} P_s \end{cases} \quad (3\text{-}26)$$

式中　X_p——析出相比例；

　　　　t——时间，s；

　　　　n——常数。

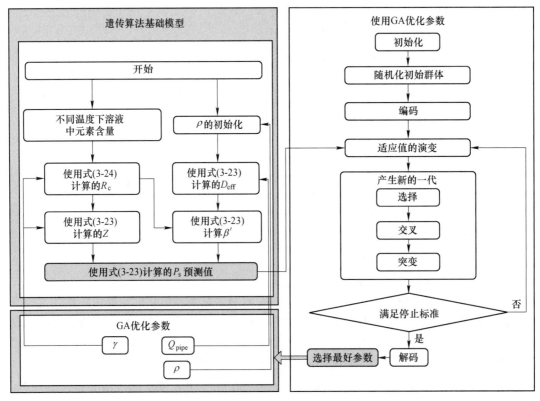

图 3-22　针对每条 P_s 曲线利用遗传算法优化式（3-23）中模型参数 γ、Q_{pipe} 和 ρ 的流程图

当 F_1 和 F_2 都达到最大值时，可以获得优化的 γ、Q_{pipe}、ρ 和 n，用于训练 ML 模型，如图 3-20（c）所示。

$$\begin{cases} \text{Max } F_2 = \dfrac{1}{\displaystyle\sum_{i=1}^{n} |P_{P_f}^i - M_{P_f}^i|} \\ P_{P_f}^i = \left(\dfrac{\ln 0.05}{\ln 0.95}\right)^{\frac{1}{n}} P_s^i \end{cases} \tag{3-27}$$

式中　$P_{P_f}^i$——温度 T_i 时预测的 P_f，s；

　　　　$M_{P_f}^i$——温度 T_i 时实测的 P_f，s；

　　　　P_s^i——预测的 P_s，s；

　　　　n——常数。

3.3.1.3　析出开始时间和析出结束时间的支持向量机建模

SVM 在处理非线性、小数据问题方面具有优势[77-78]，因此，采用其建立 P_s 和 P_f 模型中优化参数与成分和工艺参数间的关系。由于输入的数量会影响 ML 的精度，因此有必要在训练 SVM 模型之前对输入变量进行筛选[79]。在本章中，进行了 Pearson 相关系数分析[79]，将所有数据归一化为 0 到 1 的范围来确定自变量和因变量之间的线性相关性。采用 Pearson 相关系数评估两个变量之间的线性相关性，其结果介于–1 和 1 之间。负值表示当自变量增加时，因变量减少；而正值表示当自变量增加时，因变量增加；接近零意味着这两个变量之间几乎没有相关性。图 3-23 示出了正交修正的 P_s 和 P_f 数据集中化学成分、工艺参数和 Q_{pipe}、γ、ρ 和 n 的 Pearson 线性相关系数。除氮（N）外，Q_{pipe} 与所有自变量的相关系数均在 0.56 以上，表明它们之间存在较强的正相关。Q_{pipe} 与 N 含量的相关系数为 0.24，表明它们之间仍存在一定的相关性。图 3-23（b）示出 γ 与所有自变量之间的相关系数均在 0.3 以上。图 3-23（c）示出 ρ 与所有自变量之间的相关系数均约为 0.1，表明这些因素对 ρ 的影响较小。图 3-23（d）示出，n 和 P_s 之间的相关系数为 0.041，与其他自变量相比，P_s 对 n 几乎没有影响。正交修正的 SIP 数据集包括六个输入变量，包括 C、N 和 Nb 的含量，应变、应变率和变形温度。从图 3-23 可以看出，因变量与这 6 个自变量的 Pearson 相关系数中最小的绝对值为 0.071。因此，在本章中，Pearson 相关系数的阈值设置为 0.05。当训练 Q_{pipe}、γ 和 ρ 的 SVM 模型时，不排除任何自变量；当训练 n 的 SVM 模型时，从整个数据集中排除 P_s。此外，针对 n 的 SVM 模型对整个数据集和不含 P_s 数据集进行训练和测试，模型精度如图 3-24 所示。可以看出，在训练集上，不含 P_s 数据集模型的预测 P_f 和实测 P_f 之间的 RMSE 小于整个数据集的 RMSE，并且在测试集上，整个数据集和不含 P_s 的数据集的精度相当，进一步表明在训练 n 的 SVM 模型时可剔除 P_s。

在训练 SVM 模型时，使用图 3-23（a）中的成分和工艺参数作为 SVM 模型的输入，使用 GA 优化的 Q_{pipe}、γ、ρ 和 n 作为 SVM 模型的输出。为了使径向基函数（Radial Basis Function，RBF）的 SVM 模型获得高精度，采用 k-折交叉验证（k-folder Cross Validation，k-CV）方法[80]将正交修正后的数据集和原始数据集划分为训练集和测试集。首先，在不重复采样的条件下，将数据集随机分成 k 份（k 为 2~10 的整数），选择其中一份作为测试

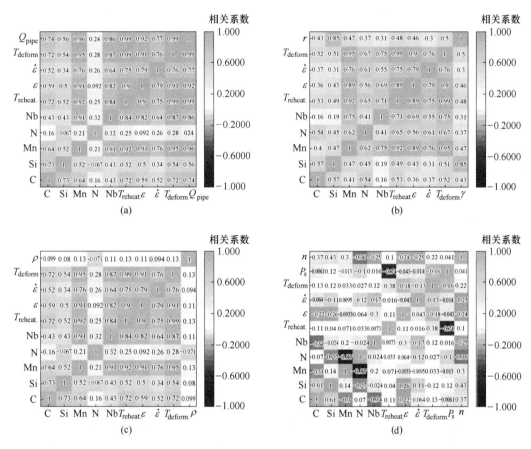

图 3-23 正交修改的 P_s 和 P_f 数据集中不同参数与成分、工艺参数的 Pearson 线性相关系数

（a）Q_{pipe}；（b）γ；（c）ρ；（d）n

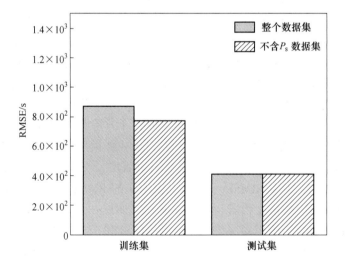

图 3-24 整个数据集和不含 P_s 数据集的训练/测试集的预测 P_f 和实测 P_f 之间的 RMSE 对比

集，剩余 $k-1$ 份作为训练集。其次，每组至少进行一次训练和测试，每个训练模型用于相应的测试集。计算训练模型的测试集的 RMSE。最后，经过 k 次交叉验证后，以测试集

RMSE 的平均值作为模型精度[80]。在本章中，对于 ρ、Q_{pipe}、γ 和 n，k-CV 的最佳 k 值分别为 8、8、8 和 9（表 3-13）。

表 3-13　k-CV 期间每次交叉验证的平均 RMSE 值

RMSE	k-CV								
	2	3	4	5	6	7	8	9	10
$\rho/\times 10^{15}\,\mathrm{m}^{-2}$	5.90	2.96	1.96	1.20	1.81	0.99	0.47	0.64	0.80
$Q_{pipe}/\mathrm{kJ\cdot mol}^{-1}$	14413	3096	980	1627	1502	4861	594	831	1102
$\gamma/\mathrm{J\cdot m}^{-2}$	11.68	8.04	2.86	3.71	2.88	3.32	1.23	1.28	1.44
n	0.74	0.27	0.23	0.19	0.18	0.14	0.10	0.08	0.09

此外，由于 PSO 算法在优化 SVM 的结构参数方面表现出了较高的精度和效率[81]。因此，在训练每个 SVM 模型时，SVM 的结构参数都使用 PSO 算法进行优化。在每次训练时，PSO 的适应度函数如式（3-28）所示。

$$\mathrm{Max}F_3 = \frac{1}{\sum_{i=1}^{n}\left| P_j^i - M_j^i \right|} \tag{3-28}$$

式中　P_j^i——SVM 模型预测的 j 值；

M_j^i——GA 优化的 j 值；

j——Q_{pipe} 或 γ 或 ρ 或 n。

因此，训练后的 SVM 模型可以用于不同成分和加工条件下的 P_s 和 P_f 预测。利用上述方法得到的参数，可以分别用 Zurob 方程[76]和 Yong 方程[14]计算析出相的尺寸和分数。

3.3.2　应变诱导析出行为的机器学习模型预测结果与分析

3.3.2.1　机器学习模型的预测精度

通过使用原始数据集建立的 SVM（原始 SVM）、正交修正数据集建立的 SVM（修正 SVM）和式（3-23）、式（3-26），可以预测不同成分和工艺条件下的 P_s 和 P_f 曲线。图 3-25 示出了原始 SVM、修正 SVM 与不同模型[64-65]预测的 P_s 和 P_f 曲线与实测值的对比。

与 Medina 和 Pereda 的模型相比，原始 SVM 的预测值与实测值更为一致，R^2 值在 0.16~0.96 之间变化，RMSE 值在 0.05~58.15 s 变化。相比之下，Medina 模型得出的 R^2 值在 0.0005~0.92 变化，RMSE 值在 7.65~533.25 s 变化；Pereda 模型的 R^2 和 RMSE 值分别为 0.005~0.73 和 0.33~56.23 s，详见表 3-14。精度提高可能是由于模型参数应该由成分、应变和应变速率相互关联决定而不是由其中任何一个确定，ML 可以学习到这种关系，但非线性回归无法准确反映这种关系。另外，0.024C-0.001N-0.11Nb（质量分数,%）钢和 0.12C-0.015N-0.11Nb（质量分数,%）钢的精度相对较低，这可能是由于原始 SVM 局限在原始数据空间中，而这两个钢的化学成分超出了原始数据集范围，再次表明数据集的空间结构对 ML 模型的准确性产生较大影响。

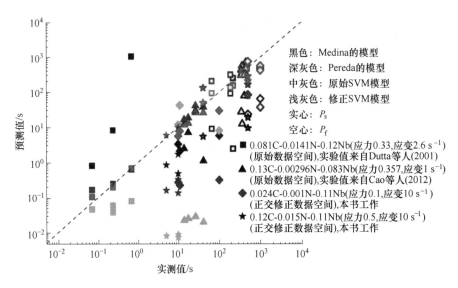

图 3-25 原始 SVM、修正 SVM 和传统模型[64-65]预测的 P_s 和 P_f 曲线与实测值[82-83]的对比
(扫描书前二维码查看彩图)

表 3-14 使用不同模型预测的测试数据集的 P_s 和 P_f 的 R^2、RMSE 值

项目		精度	训练集	0.081C-0.0141N-0.12Nb(原始数据空间)	0.13C-0.00296N-0.083Nb(原始数据空间)	0.024C-0.001N-0.11Nb(正交修正数据空间)	0.12C-0.015N-0.11Nb(正交修正数据空间)
P_s	Medina 模型[64]	R^2	—	0.92	0.0005	0.89	0.05
		RMSE/s	—	533.25	21.32	54.70	7.65
	Pereda 模型[65]	R^2	—	0.73	0.13	0.33	0.005
		RMSE/s	—	0.33	26.66	56.23	8.65
	原始 SVM	R^2	0.76	0.96	0.64	0.72	0.16
		RMSE/s	81.36	0.05	8.19	58.15	8.45
	修正 SVM	R^2	0.80	0.98	0.73	0.99	0.58
		RMSE/s	26.23	0.02	7.49	40.25	1.61
P_f	Medina 模型[64]	R^2	—	0.85	0.79	0.55	0.53
		RMSE/s	—	5810.46	292.64	821.25	396.85
	原始 SVM	R^2	0.99	0.91	0.42	0.17	0.02
		RMSE/s	973.60	97.99	180.53	672.41	313.72
	修正 SVM	R^2	0.99	0.93	0.49	0.80	0.89
		RMSE/s	774.15	44.30	56.69	441.10	208.22

图 3-25 中的红点示出了修正 SVM 预测的 P_s 和 P_f 曲线与实测值之间的对比，其精度优于原始 SVM。对于 P_s，与原始 SVM 相比，其 R^2 值由 0.16~0.96 提高到 0.58~0.99，RMSE 值由 0.05~58.15 s 降低到 0.02~40.25 s，见表 3-14，表明修正 SVM 可以比原始

SVM 更准确地预测 P_s 值。这是因为正交修正的数据集可以覆盖更多的化学成分，包括 0.024C-0.001N-0.11Nb（质量分数，%）和 0.12C-0.015N-0.11Nb（质量分数，%），其数据分布更加平衡，在该分布下，SVM 能够敏感地捕捉到化学成分和工艺条件对模型参数的影响，从而进一步提高了 P_s 曲线和 P_f 曲线的预测精度。

　　为了评估 ML 模型预测 PTT 曲线的准确性，使用 DIL805A/D 膨胀仪进行等温双道次压缩实验。将实验钢（0.083C-0.152Si-1.29Mn-0.001N-0.062Nb（质量分数，%），简称为62Nb）加工成 ϕ5 mm×10 mm 的动态相变仪试样。将试样重新加热至 1200 ℃，高于全固溶温度 20 ℃ 以上，保温 5 min，然后以 10 ℃/s 的冷却速率分别冷却至 975 ℃、950 ℃ 和900 ℃。试样在变形温度下保温 10 s 后，以 0.223 的真应变和 10 s^{-1} 的应变速率压缩，并保温 0.2~1000 s，然后以 0.223 的真应变进行第二次压缩，应变速率与第一道次相同。在双道次变形后，以 50 ℃/s 的冷却速度将试样冷却至室温。静态软化分数（Static Softening Fraction，X_{soft}）采用 2% 偏移法[84]计算。为了验证析出尺寸随时间的变化，在第一次压缩后将试样保温不同的时间（6 s、60 s 和 130 s），并淬火至室温。将试样研磨至 45~50 μm，在 -25 ℃ 和 32 V 电压下 12.5% 高氯酸和 87.5% 乙醇的溶液中进行电解抛光。为了通过高分辨率透射电子显微镜（High Resolution Transmission Electron Microscope，HRTEM）观察析出物的结构，制备了碳萃取复型样品。用 FEI-Tecnai F20 场发射透射电子显微镜对样品进行观察和分析。

　　当微合金钢中发生 SIP 时，静态软化分数出现平台[85]。图 3-26 示出了不同温度下测得的 62Nb 钢的静态软化动力学，以及经修正 SVM 和原始 SVM 预测的 P_s 和 P_f 与软化动力学平台之间的对比。通过使用修正 SVM 预测的 P_s 和 P_f 值对应的时间与静态软化动力学中平台的开始和结束对应的时间吻合良好，预测的 P_s 和平台开始时间的 R^2 和 RMSE 分别为 0.98 和 7.10 s，预测的 P_f 和平台结束时间的 R^2 与 RMSE 分别是 0.98 和 13.60 s。相比之下，使用原始 SVM，预测的 P_s 和平台开始时间的 R^2 和 RMSE 分别为 0.37 和 11.61 s，预测的 P_f 和平台结束时间的 R^2 和 RMSE 分别为 0.98 和 24.72 s。因此，对数据集进行正交修正可以进一步提高 ML 模型预测 PTT 曲线的精度。

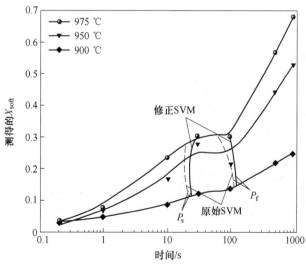

图 3-26　62Nb 钢的静态软化动力学以及经修正 SVM 和原始 SVM 预测的 P_s 和 P_f 曲线

图 3-27（a）~（c）示出了 62Nb 钢在 950 ℃、真应变为 0.223、应变速率为 10 s^{-1} 条件下变形后保温不同时间，TEM 观察到的析出物的形貌、尺寸和分数。可以看出，当第一次压缩变形后保温时间达到 6 s 时，可以观察到少量细小的圆形析出粒子，如图 3-27（a）所示，表明 SIP 刚刚开始；当保温时间达 60 s 时，观察到许多细小的圆形析出物，如图 3-27（b）所示，表明 SIP 正在进行；当保温时间达到 130 s 时，图 3-27（c）中有大量圆形析出物，表明析出量进一步增加，析出相发生粗化。图 3-27（a）示出的纳米尺寸粒子的 $d_{(\bar{2}00)}$ 和 $d_{(13\bar{1})}$ 分别为 0.235 nm 和 0.141 nm。选区电子衍射（Selected Area Electron Diffraction, SAED）（图 3-27（b））和能量色散光谱（Energy Dispersive Spectroscopy, EDS）分析（图 3-27（d））表明，这些析出物主要是 Nb（C，N）。使用 Nano Measurer 软件测量了 20 张 TEM 照片，确定 6 s、60 s 和 130 s 的平均粒子直径分别为 4 nm、13 nm 和 17 nm。图 3-27（e）示出了修正 SVM 预测的粒子直径与 TEM 测量值之间的对比，表明预测值与 TEM 结果吻合良好。图 3-27（f）示出了预测的析出动力学与 TEM 测量值之间的对比，表明使用修正 SVM 预测的析出动力学与 TEM 测量结果吻合良好。

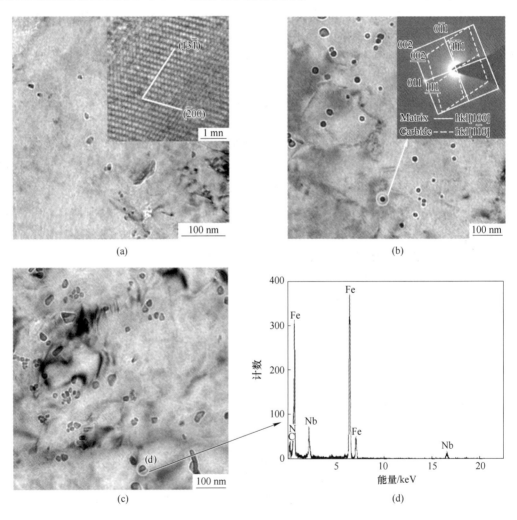

(a)　　　　　　　　　　(b)

(c)　　　　　　　　　　(d)

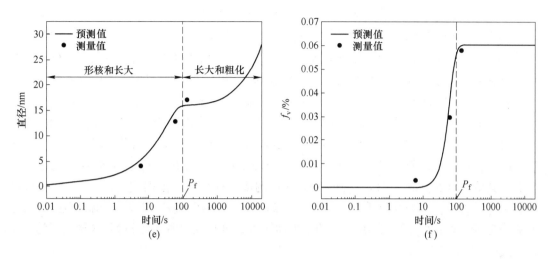

图 3-27 62Nb 钢在 950 ℃ （$\varepsilon = 0.223$，$\dot{\varepsilon} = 10 \, s^{-1}$） 下的析出粒子形貌、尺寸和分数随时间的变化

（a）保温时间 6 s；（b）保温时间 60 s；（c）保温时间 130 s；（d）析出物的 EDS 分析；（e）预测和 TEM 测量的析出
粒子尺寸随时间的变化；（f）预测和 TEM 测量的析出相分数随时间的变化

3.3.2.2　Nb 和 C 含量对析出行为的影响

图 3-28 示出了 SVM 模型预测的在 N 含量为 0.001%（质量分数），变形温度为 975 ℃，应变为 0.1，应变速率为 10 s^{-1}时的 P_s 随 C 和 Nb 含量的变化。从图 3-28 可看出，使用原始 SVM 和修正 SVM 预测的 P_s 均随 C 和 Nb 含量的减小逐渐增大。这是因为当固溶的 Nb 和 C 含量增加时，Nb 原子的扩散距离变短，有利于析出物形核和生长，从而缩短孕育期[83]。修正 SVM 使预测值与实测值的偏差从原始 SVM 的 8.8 s 减小到 2.1 s，表明修正 SVM 能更准确地预测 Nb 微合金钢的 P_s 曲线。这是因为在数据集修正后，数据空间得到扩大和平衡，边界相对更密集。因此，修正 SVM 能够更准确地学习数据边界处的信息，从而提高预测精度。

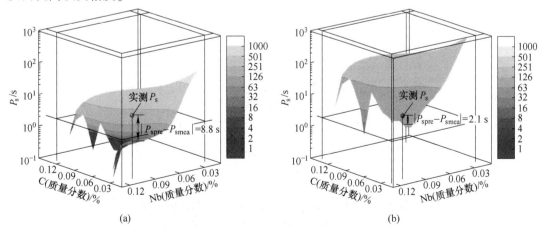

图 3-28　P_s 随 C 和 Nb 含量的变化趋势

（a）原始 SVM；（b）改进的 SVM

（扫描书前二维码查看彩图）

图 3-29 (a)~(c) 示出了修正 SVM 预测的在应变为 0.33 和应变速率为 2.6 s^{-1} 时，Nb 含量对 0.084C-0.015N（质量分数，%）钢的 P_s 和 P_f、ρ、Q_{pipe}、γ 以及 n 值的影响。从图 3-29 (a) 可以看出，修正 SVM 预测的 P_s 曲线与实测值[82] 吻合良好，0.06Nb 钢的 R^2 和 RMSE 值分别为 0.98 和 0.06 s，0.12Nb 钢 R^2 和 RMSE 值分别为 0.96 和 0.03 s。

随着 Nb 含量的增加，P_s 值减小，但其鼻子温度增加，如图 3-29 (a) 所示。这是因为，一方面，Nb 含量的增加导致热变形试样中位错密度增加，如图 3-29 (b) 所示，促进析出物的形核以降低 P_s[82]；另一方面，过饱和 Nb 含量越高，SIP 的孕育时间越短，鼻子温度越高，这与 Cao 等[83] 的研究结果一致。图 3-29 (c) 示出，对于所有 Nb 含量，γ 是常数，其值为 0.5 J/m^2，而 Q_{pipe} 随着 Nb 含量的增加而增大。根据式 (3-23)，P_s 曲线的鼻子温度随着 Q_{pipe} 的增大而升高，这与图 3-29 (a) 中示出的 P_s 曲线鼻子温度随 Nb 含量的变化趋势一致；Q_{pipe} 随着 Nb 含量的增加而增大，这与变形激活能和 Nb 含量之间的关系是一致的[48]。

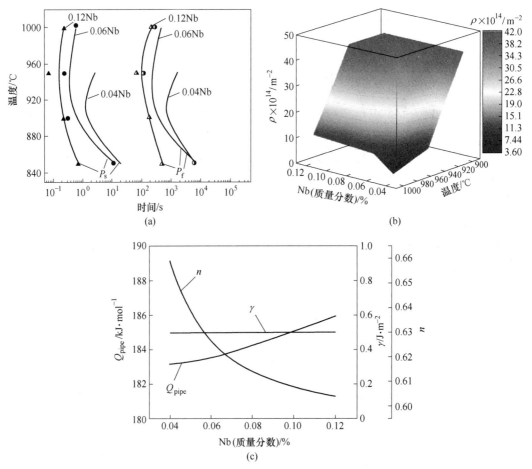

图 3-29 修正 SVM 预测的 Nb 含量对不同数值的影响

(a) P_s 和 P_f；(b) ρ；(c) Q_{pipe}、γ 和 n

((a) 中：线—本章 ML 模型预测值；点—实测值[82])

(扫描书前二维码查看彩图)

从图 3-29（a）可以看出，修正 SVM 预测的 P_f 曲线与实测值[82]吻合良好，0.06Nb 钢的 R^2 和相对误差分别为 0.98 和 10%，0.12Nb 钢的 R^2 和相对误差分别为 0.98 和 6%。随着 Nb 含量的增加，P_f 曲线的鼻子温度逐渐升高。图 3-29（c）示出了析出动力学指数 n 随 Nb 含量的变化。当 Nb 含量从 0.04%（质量分数）增加到 0.12%（质量分数），n 值从 0.66 降低到 0.60，与实测结果吻合良好[46]，表明修正 SVM 预测的 P_f 具有较高的精度。

3.3.2.3　应变对析出行为的影响

图 3-30（a）~（c）示出了修正 SVM 预测的应变速率为 3.63 s^{-1} 时，应变对 0.11C-0.0112N-0.041Nb（质量分数，%）钢 P_s、P_f、ρ、Q_{pipe}、γ 以及 n 值的影响。从图 3-30（a）中可以看出，预测的 P_s 曲线与实测值[87]吻合良好，当 $\varepsilon=0.2$ 时，R^2 和 RMSE 分别为 0.79 和 13.91 s；当 $\varepsilon=0.35$ 时，R^2 和 RMSE 分别为 0.39 和 5.14 s。

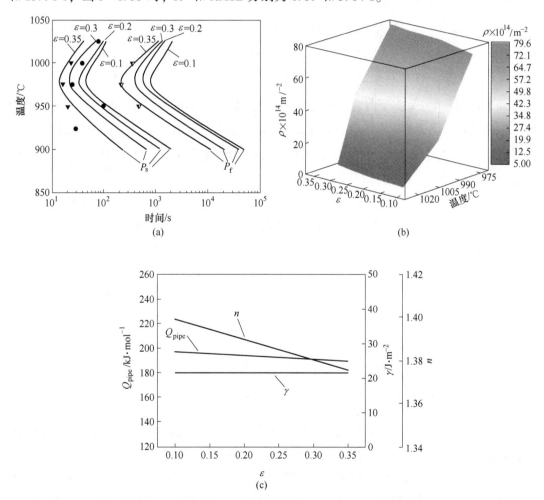

图 3-30　修正 SVM 预测的应变对不同数值的影响

（a）P_s 和 P_f；（b）ρ；（c）Q_{pipe}、γ 和 n

（（a）中：线—本章中修正 SVM 的预测值；点—实测值[87]）

（扫描书前二维码查看彩图）

随着应变的增加，P_s 逐渐减小，而 P_s 曲线的鼻子温度几乎保持不变。这是因为应变的增加使钢中位错密度逐渐增加，如图 3-30（b）所示，促进析出相形核，降低 P_s[82]，与实验结果一致[14,62,88]。根据式（3-23），P_s 不仅受 ρ，还受 γ 和 Q_{pipe} 的影响。从图 3-30（c）看出，γ 是一个常数，Q_{pipe} 随着应变的增加几乎保持不变。根据式（3-23），P_s 曲线的鼻子温度几乎不随应变变化，这与图 3-30（a）中的结果和实测值[14]一致。修正 SVM 预测的 P_f 值与实测值也吻合良好[87]，R^2 和 RMSE 值分别为 0.98 和 92.36 s，如图 3-30（a）所示。随着应变的增加，P_f 逐渐减小。图 3-30（c）示出了析出动力学中指数 n 随应变的变化。随着应变的增加，n 值逐渐减小，表明 P_f 随应变的增加而减小，与 Medina 等人[89]的研究结果一致。

3.3.2.4   应变速率对析出行为的影响

图 3-31（a）~（c）示出了修正 SVM 预测的 0.03C-0.00365N-0.082Nb（质量分数,%）钢，真应变为 0.3 时，应变速率对 P_s、P_f、ρ、Q_{pipe}、γ 以及 n 的影响。从图 3-31（a）可以看出，预测的 P_s 曲线与实测值[83,90]吻合良好，在 $\dot{\varepsilon} = 1$ s^{-1}时，R^2 和 RMSE 值分别为 0.94 和 1.67 s；在 $\dot{\varepsilon} = 2$ s^{-1}时，R^2 和 RMSE 值分别为 0.98 和 0.51 s。随着应变速率的增加，P_s 及其鼻子温度都逐渐降低，如图 3-31（a）所示，与 Medina 等[89]的研究结果一致。从图 3-31（a）还可以看出，随着应变速率的增加，P_f 逐渐减小，与实测值[83]吻合良好，当 $\dot{\varepsilon} = 1$ s^{-1}时，R^2 和 RMSE 值分别为 0.88 和 12.33 s。

此外，由图 3-31（c）可知，Q_{pipe} 随应变速率的增加而减小，而 γ 几乎保持不变，这与 Sun 等[91]的研究结果一致。这可以解释为应变速率的增加使变形试样中缺陷增多，从而促进原子的扩散，降低了沿位错扩散的激活能[92]，导致 Q_{pipe} 随应变速率的增加而减小，最终使得按式（3-23）计算的 P_s 曲线鼻子温度降低。图 3-31（c）示出了指数 n 随应变速率的变化，表明 n 随应变速率的增加而逐渐减小，导致 P_f 逐渐减小，这与 Medina 等[89]的研究结果一致。此外，从图 3-31（a）中可以看出，当真应变为 0.3，应变率为 10 s^{-1}时，与工业热轧精轧前两道次的工艺相似，当 Nb 含量为 0.082%（质量分数）时，预测的 P_s 值小于 0.1 s，表明 Nb(C, N) 在精轧过程中容易发生应变诱导析出。

3.3.2.5   化学成分和工艺条件对析出开始时间的影响

基于 P_s 的 SVM 模型，对变量进行了敏感性分析，可以定量表征成分和加工条件对 P_s 的影响。在本章中，使用平均影响值（Mean Impact Value，MIV）来估计每个变量的敏感性。MIV 的绝对值表示处理参数的相对灵敏度。在完成网络训练之后，训练数据集 D 基于其原始值将每个变量增加和减少 10%，分别形成 D_1 和 D_2 两个新的训练数据集。然后，可以通过式（3-29）计算 MIV 值：

$$MIV = \left| \frac{P_1 - P_2}{N} \right| \tag{3-29}$$

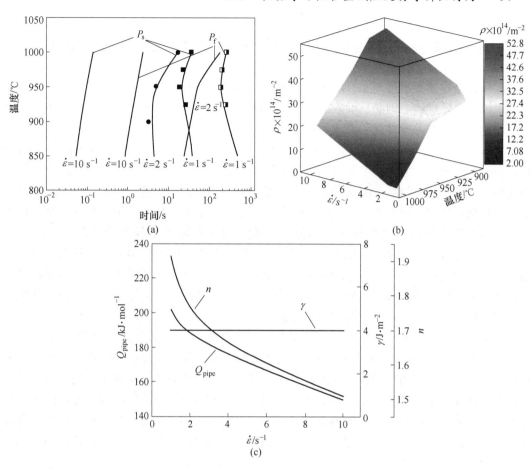

图 3-31 修正 SVM 预测的应变速率对不同数值的影响

(a) P_s 和 P_f；(b) ρ；(c) Q_{pipe}、γ 和 n

((a) 中：线—本章修正 SVM 预测值；点—实测值[83,90])

(扫描书前二维码查看彩图)

式中　N——训练数据的数量；

　　　P_1——基于数据集 D_1 的 SVM 的预测结果；

　　　P_2——基于数据集 D_2 的 SVM 的预测结果。

图 3-32 示出了基于 P_s 的 SVM 模型的变量敏感性分析结果。在所有变量中，影响 P_s 的最重要因素是再加热温度，它决定了溶解在奥氏体中的 Nb、C、N 元素含量，它们用于形成应变诱导的 Nb(C，N) 析出。此外，C 作为间隙原子，由于其扩散速率较快，可有助于形成 Nb(C，N)。

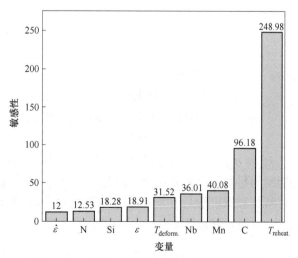

图 3-32 成分和工艺条件对 P_s 的敏感性分析

3.4 基于回复-析出-再结晶交互作用的静态软化行为机器学习

在微合金钢热变形过程中，回复、析出和再结晶紧密地结合在一起，其直接影响着钢材的组织和力学性能。因此，准确地模拟三者间的交互作用，对有效地控制微观组织的演变进而控制钢材的力学性能具有重要意义。

通常，微合金钢的软化可以通过静态软化临界温度（Static Softening Critical Temperature, SSCT）分为两个阶段，当变形温度高于 SSCT 时，奥氏体发生回复和再结晶；当变形温度低于 SSCT 时，Nb 微合金钢中会发生应变诱导析出，并且回复、析出和再结晶之间存在交互作用。研究者[76,93]建立了回复、析出与再结晶的交互作用关系模型，但是由于模型无法准确估计高温析出对回复的影响，因此只能用于预测相对较低温度（约850 ℃）下的静态软化分数。Tang 等人[94]通过考虑工艺参数和化学成分对静态回复、再结晶和析出相的影响，建立了 Al-Zn-Mg-Cu 合金的模型，该模型可以解释变形后保温过程中回复应力、微观结构和静态软化分数随时间的变化。然而，它适用于具有高层错能的金属，如铝合金，但不适用于低碳钢等低层错能材料。

对于微合金钢，要准确控制热轧过程中的组织演变，需要准确预测 SSCT 和静态软化行为。然而，由于 SSCT 和静态软化模型中的参数随成分和工艺参数变化较大，且回复和析出的交互作用机理尚不明确，目前研究者们仅通过实验建立了经验模型，还没有成熟的方法来准确预测不同成分和工艺参数条件下的 SSCT 和静态软化行为。ML 可以洞悉大数据的特征，并在建模复杂关系方面显示出优势[77,78,80,95,96]。因此，本节基于第 3.3 节建立的 SIP 模型，结合回复和静态再结晶理论模型，用 SVM 确定回复和再结晶模型中的参数。在此基础上，预测和分析 SSCT 随成分和工艺参数的变化，并预测不同条件下的静态软化和再结晶行为。将预测结果与实测数据进行对比以验证模型的准确性。

3.4.1 静态软化分数的计算

在本章中，静态软化分数采用式（3-30）根据双道次压缩曲线使用 2% 偏移法计算[84]。

$$X_{\text{soft}} = \frac{\sigma_1 - \sigma_3}{\sigma_1 - \sigma_2} \tag{3-30}$$

式中 X_{soft}——静态软化分数；

　　　　σ_1——材料加工硬化的流变应力，MPa；

　　　　σ_2——材料完全软化的流变应力，MPa；

　　　　σ_3——材料部分软化的流变应力，MPa。

σ_1 和 σ_2 与化学成分和变形工艺参数相关，可通过式（3-31）计算[76]。由于道次间隔期间的显微组织演变复杂，因此需要根据不同显微组织的贡献重新计算 σ_3。通常，使用再结晶和未再结晶组分混合物的简单规则来估算道次间隔后重新加载时的流变应力 σ_3，如式（3-32）所示[76]。

$$\sigma = 22.7\varepsilon^{0.223}\dot{\varepsilon}^{0.048}D_\gamma^{-0.07}\exp\left(\frac{2880}{T}\right)\exp(166C_{\text{Nb}}) \tag{3-31}$$

式中 σ——应力，MPa；

    ε——应变；

    $\dot{\varepsilon}$——应变速率，s^{-1}；

  D_γ——初始奥氏体晶粒尺寸，μm；

    T——变形温度，K；

  C_{Nb}——固溶的 Nb 含量，质量分数，%。

$$\begin{cases} \sigma_3 = \sigma_{rex}X_{rex} + \sigma_{non\text{-}rex}(1 - X_{rex}) \\ \sigma_{rex} = \sqrt{\sigma_{rex\text{-}matrix}^2 + \sigma_{ppt}^2} \\ \sigma_{non\text{-}rex} = \sqrt{\sigma_{unrex\text{-}matrix}^2 + \sigma_{ppt}^2} \end{cases} \quad (3\text{-}32)$$

式中 X_{rex}——再结晶分数；

    σ_{rex}——2%偏移法确定的材料再结晶部分的流变应力，MPa；

  $\sigma_{non\text{-}rex}$——2%偏移法确定的材料未再结晶部分的流变应力，MPa；

 $\sigma_{rex\text{-}matrix}$——计算的基体当前 Nb 含量时重新加载的流变应力，MPa；

$\sigma_{unrex\text{-}matrix}$——基体的贡献，包括位错强化，MPa；

    σ_{ppt}——析出强化强度，MPa。

σ_{PPT}采用式（3-33）计算[76]，当析出粒子直径小于 4 nm 时，采用剪切机制计算析出强化强度；当析出粒子直径大于 4 nm 时，采用绕过机制计算析出强化强度。

$$\begin{cases} \sigma_{ppt} = \sqrt{\dfrac{3}{4\pi\beta}}\dfrac{k^{\frac{3}{2}}M\mu}{\sqrt{b}}(f_v R)^{\frac{1}{2}} \quad （剪切机制） \\ \sigma_{ppt} = \dfrac{\sqrt{6}\mu b f_v^{1/2}}{1.18\pi^{1.5}k_p(2R)}\ln\dfrac{\pi k_d(2R)}{4b} \quad （绕过机制） \end{cases} \quad (3\text{-}33)$$

式中 β——常数，0.5；

    k——剪切常数，0.06；

    M——泰勒因子；

    μ——剪切模量，$81\times10^9[0.91-(T(K)-300)/1810]$ Pa；

    b——伯格斯矢量值，m；

    f_v——析出分数；

    R——析出半径，m；

    k_p——常数，取 0.8；

    k_d——常数，取 1.1。

3.4.2 基于回复-析出-再结晶交互作用的静态软化行为机器学习模型开发

3.4.2.1 静态软化和静态再结晶的数据集

从已出版文献中收集的数据用于预测静态再结晶和静态软化分数。表 3-15 示出了 10 组静态再结晶分数的化学成分和工艺参数范围，这些分数根据金相组织测量得到。表 3-16 示出了 110 组静态软化分数的化学成分和工艺参数范围，这些软化分数是根据双道次压缩曲线使用 2%偏移法计算得到。

表 3-15　静态再结晶分数数据集的化学成分和工艺参数范围

项目	化学成分（质量分数）/%					变形温度 /℃	应变	应变速率 /s^{-1}
	C	Si	Mn	N	Nb			
最小值	0.06	0	0	0.001	0.019	850	0.1	1
最大值	0.14	0.31	1.42	0.0061	0.056	1100	0.5	10

表 3-16　静态软化分数数据集的化学成分和工艺参数范围

项目	化学成分（质量分数）/%					变形温度 /℃	应变	应变速率 /s^{-1}
	C	Si	Mn	N	Nb			
最小值	0.0011	0	0	0.0001	0.019	800	0.1	0.1
最大值	0.21	0.49	2	0.01	0.17	1150	0.916	20

3.4.2.2　回复-析出-再结晶交互作用的机器学习建模

根据回复、析出和再结晶之间的交互作用机理，本章预测静态软化分数和再结晶分数的 ML 流程示意图如图 3-33 所示。首先，根据静态软化分数数据集采用 PSO 算法优化回复和再结晶模型中的参数并建立预测静态软化分数的 SVM 模型，当有新的化学成分或工艺条件作为输入时，可采用建立的变形温度高于 SSCT 的 SVM 模型结合 SIP 行为的 ML 模型预测 SSCT（实线）；然后预测新的化学成分或工艺条件下的变形温度高于 SSCT 时的软化分数（虚线）；最后，预测变形温度低于 SSCT 时的软化分数（点线）。

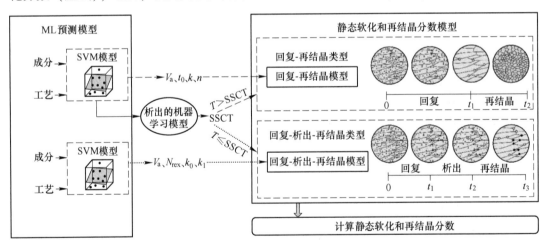

图 3-33　预测静态转化分数和再结晶分数的 ML 流程示意图

对于 SSCT 的确定，根据 Medina 等的研究[69]，SSCT 可以定义为等温条件下应变诱导析出开始的温度[69]。它是通过热变形试验确定的，其中软化分数是不同温度下时间的函数。当析出发生时，软化分数曲线会在一段时间内出现一个平台，直到析出结束软化分数曲线开始再次上升。因此，SSCT 与软化-析出-时间-温度（Softening-Precipitation-Time-Temperature，SPTT）图中的析出开始点重合。图 3-34 示出了使用 SPTT 图确定 SSCT 的方法。图 3-34（a）是一个典型的 SPTT 图，从中可以确定不同温度下与析出开始（P_s）曲线相交的软化分数点。通过绘制这些温度下的软化分数，当软化分数为 1 时所对应的横坐标为 SSCT，如图 3-34（b）所示。

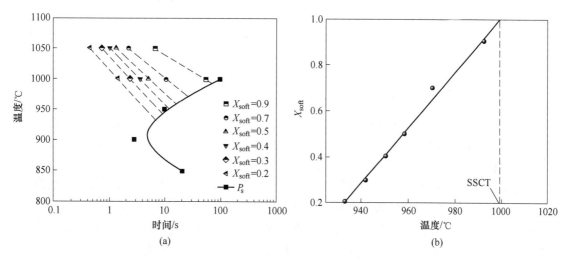

图 3-34　使用 SPTT 图确定 SSCT（实测数据来自文献 [85]）

3.4.2.3　变形温度高于静态软化临界温度的支持向量机模型建立

当变形温度高于 SSCT 时，奥氏体发生回复和再结晶，如图 3-33 中的回复—再结晶型组织演变所示。当保温时间为 t_1 时，奥氏体发生回复；当保温时间增加到 t_2 时，奥氏体发生再结晶。在这种情况下，静态软化分数可以通过式（3-34）所示的回复应力和式（3-35）所示的再结晶分数模型[93,97]分别计算回复停止时的应力和再结晶的分数，进而采用式（3-30）计算材料发生部分软化的应力 σ_3，从而得到静态软化分数 X_{soft}。

$$\frac{d(\sigma_{\text{rec}} - \sigma_{\text{y}})}{dt} = -\frac{64(\sigma_{\text{rec}} - \sigma_{\text{y}})^2 v_{\text{d}}}{9M^3 \alpha_{\text{r}}^2 E} \exp\left(-\frac{U_{\text{a}}}{k_{\text{B}}T}\right) \sinh\frac{(\sigma_{\text{rec}} - \sigma_{\text{y}})V_{\text{a}}}{k_{\text{B}}T} \tag{3-34}$$

式中　σ_{rec}——回复的应力，MPa；

$\quad\quad\sigma_{\text{y}}$——屈服应力，MPa；

$\quad\quad t$——时间，s；

$\quad\quad M$——泰勒因子（FCC 结构，约为 3.1）；

$\quad\quad\alpha_{\text{r}}$——常数，0.15；

$\quad\quad E$——杨氏模量，2.06×10^5 MPa；

$\quad\quad v_{\text{d}}$——德拜频率，2×10^{12} s^{-1}；

$\quad\quad U_{\text{a}}$——回复的激活能，286 kJ/mol；

$\quad\quad k_{\text{B}}$——玻耳兹曼常数，1.38×10^{-23} J/K；

$\quad\quad T$——温度，K；

$\quad\quad V_{\text{a}}$——回复的激活体积，m^3。

$$X_{\text{rex}} = 1 - \exp(-k(t - t_0)^n) \tag{3-35}$$

式中　X_{rex}——再结晶分数；

$\quad\quad k$——常数；

n——常数；

t_0——再结晶的孕育期，s。

材料发生部分软化的应力 σ_3 可以用式 (3-36)[98-99] 描述：

$$\sigma_3 = X_{rex}\sigma_{rex} + (1 - X_{rex})\sigma_{rec} \tag{3-36}$$

式中 σ_{rex}——材料再结晶部分的流变应力，MPa；

σ_{rec}——回复停止时材料的流变应力，MPa。

从式 (3-34) 可以看出，影响回复分数的因素是激活能 U_a 和激活体积 V_a。根据 Zurob 等人[93] 的研究结果，V_a 对回复分数的影响大于 U_a（286 kJ/mol，且不随成分和工艺条件而变化）。因此，软化分数主要由式 (3-34) 中 V_a 和式 (3-35) 中再结晶动力学的 k、n 和 t_0 参数决定。

静态再结晶和静态软化行为是相互交织的，传统的数学方法无法对模型中的参数进行精确求解，因此，需要使用机器学习算法来优化这些模型中的参数（V_a、k、n 和 t_0）。粒子群优化算法是通过模拟鸟类的觅食行为开发的一种基于群体协作的随机搜索算法[100]。在粒子群优化算法中，每个粒子（个体）根据自己的飞行经验和同伴的飞行经验调整自己的"飞行"，并根据当前搜索到的最优值找到全局最优值。它通过适应度来评估解决方案的质量。即使对多个参数同时优化，PSO 也可以根据参考的软化分数曲线自动估计和迭代，从而获得数学模型[101] 的最优参数。因此，采用 PSO 算法[100] 优化参数 V_a、k、n 和 t_0。图 3-35 示出了优化过程，当保温时间 t 小于再结晶的孕育期 t_0 时，材料发生回复，计算回复的应力 σ_{rec}，直到回复停止；当保温时间 t 大于再结晶的孕育期 t_0 时，材料发生再结晶，计算再结晶的分数 X_{rex}，直到达到目标保温时间；随后计算材料发生部分软化的应力 σ_3 和静态软化分数 X_{soft}；根据计算的 X_{rex} 和 X_{soft} 与实测的 X_{rex} 和 X_{soft} 采用式 (3-37) 所示的适应度函数优化得到 V_a、k、n 和 t_0。表 3-17 列出了需要优化的参数范围以及 PSO 优化中使用的参数，如种群大小和进化次数。

$$\text{Max } F_{X_{soft}} = 1 \bigg/ \sum_{i=1}^{n} |P^i_{X_{soft}} - M^i_{X_{soft}}| + 1 \bigg/ \sum_{i=1}^{n} |P^i_{X_{rex}} - M^i_{X_{rex}}| \tag{3-37}$$

式中 $P^i_{X_{soft}}$——时间 i 时的优化软化分数；

$M^i_{X_{soft}}$——时间 i 时的实测软化分数；

$P^i_{X_{rex}}$——时间 i 时的优化再结晶分数；

$M^i_{X_{rex}}$——时间 i 时的实测再结晶分数。

对于仅有静态软化分数的数据，以相近条件下的再结晶参数（由表 3-15 中数据优化得到的 t_0、k 和 n）作为再结晶参数优化的初始条件，优化过程与图 3-35 相同，适应度函数为式 (3-37) 的第一项。

由于回复和再结晶的模型参数是根据各条软化分数曲线优化得到的，无法反映成分和工艺条件的影响。因此，有必要弄清它们之间的非线性关系。本章使用带径向基函数的 SVM 来解决小数据集的非线性问题[78]。SVM 模型的输入为化学成分（C、Si、Mn、N 和 Nb）和工艺参数（初始晶粒尺寸 d_0、变形温度 T_{def}、应变 ε 和应变速率 $\dot{\varepsilon}$）。数据集采用 k 折交叉验证方法[80] 划分。首先，在不重复采样的条件下将数据集随机分为 k 份（k 是 2 到 10 之间的整数），选择一份作为测试集，选择其他 $k-1$ 份作为训练集；其次，每组至少进行一次训练和测试，每个训练模型用于相应的测试，计算训练模型的测试集的 RMSE；最后，经过 k 次交叉验证后，以测试集 RMSE 的平均值作为模型精度[80]。最终得到 t_0、k、n、V_a 的 SVM 模型的最佳 k 值分别为 6、4、7、8。通过将 SVM 预测的回复和再结晶模型参数（V_a、t_0、k 和 n）输入到静态软化和再结晶分数模型中，可以预测静态软化和再结晶分数。

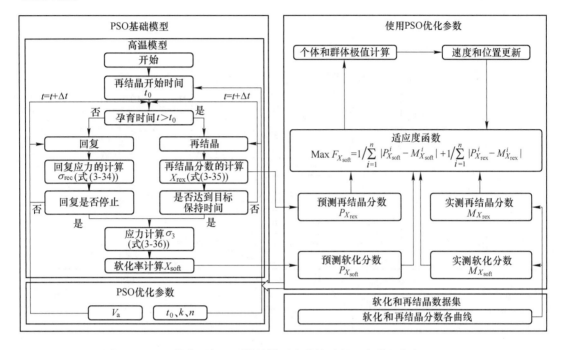

图 3-35 PSO 优化回复和再结晶模型参数的过程（变形温度高于 SSCT）

表 3-17 拟优化的参数范围和 PSO 中使用的参数值

参数	V_a/b^3	k	n	t_0	飞行速度	种群数	进化代数
最小值	0.01	0.01	0.01	0.0001	−1	—	—
最大值	2.30	5	1.99	12	1	—	—
PSO 中使用的参数值	—	—	—	—	—	10	100

3.4.2.4 变形温度低于静态软化临界温度的支持向量机模型

当软化分数曲线上出现平台时，这表明变形温度低于 SSCT，奥氏体经历了回复、再结晶和应变诱导析出过程[93]，如图 3-36 所示。在本章的模型中，考虑了再结晶和析出物之间的相互作用。

（1）应变诱导析出在位错上形成。再结晶使位错密度降低从而减少了析出相的形核数量，延缓了析出。

（2）弥散的析出物可以抑制甚至阻止再结晶的发生。

（3）析出降低了基体中溶解的微合金元素的含量进而降低了对晶界的阻力，从而加速了再结晶过程。

在再结晶与回复的相互作用中，形变储能是回复和再结晶的驱动力。一方面，回复过程可以降低晶界迁移的驱动力，减缓再结晶过程；另一方面，通过回复消除亚结构可以促进再结晶形核。在回复和析出之间的相互竞争作用中，回复可以通过减少形核位置的数量来延迟析出过程，细小的析出物也可以通过钉扎位错来延迟回复过程，而溶解的微合金元素可以通过溶质拖曳对位错迁移率的影响来延迟回复进程，从而影响回复激活能和激活体积。

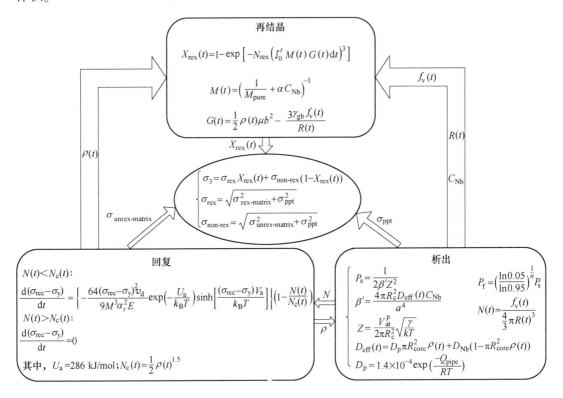

图 3-36　回复、再结晶和析出之间的耦合关系

在第 3.3 节的工作中，ML 模型可以计算析出开始和结束时间、析出分数 f_v 和析出尺寸 R 与时间的关系，可以将 $f_v(t)$、$R(t)$ 和 C_{Nb} 的值代入到再结晶模块，如图 3-36 所示。在静态回复计算中，位错密度和位错节点数可以通过式（3-38）和式（3-40）[93]计算，其中回复应力、位错密度和回复分数受 V_a 的影响。

$$\begin{cases} \dfrac{\mathrm{d}(\sigma_{rec}-\sigma_y)}{\mathrm{d}t} = \left\{ -\dfrac{64(\sigma_{rec}-\sigma_y)^2 v_d}{9M^3\alpha_r^2 E}\exp\left(-\dfrac{U_a}{k_B T}\right)\sinh\left[\dfrac{(\sigma_{rec}-\sigma_y)V_a}{k_B T}\right] \right\} \\ \qquad\qquad \left(1-\dfrac{N(t)}{N_c(t)}\right)(N(t)<N_c(t)) \\ \dfrac{\mathrm{d}(\sigma_{rec}-\sigma_y)}{\mathrm{d}t}=0 \quad (N(t)\geqslant N_c(t)) \end{cases} \tag{3-38}$$

式中　$N_c(t)$——位错节点数量，$N_c(t)=0.5\rho(t)^{1.5}$，m^{-2}；

　　　$N(t)$——析出粒子数量，采用式（3-39）计算。

$$N(t) = \frac{f_{\mathrm{v}}(t)}{\frac{4}{3}\pi R^3(t)} \tag{3-39}$$

式中 $f_{\mathrm{v}}(t)$ ——析出分数；

  $R(t)$ ——析出半径，m。

$$\sigma_{\mathrm{rec}}(t) = \sigma_{\mathrm{y}} + M\alpha_{\mathrm{r}}\mu b\sqrt{\rho}(t) \tag{3-40}$$

式中 σ_{y} ——屈服应力，MPa；

  M ——泰勒因子（FCC 结构，约为 3.1）；

  α_{r} ——常数，取 0.15；

  μ ——剪切模量，Pa；

  b ——伯格斯矢量值，m。

  ρ ——位错密度，m^{-2}。

通过对析出和回复的计算，可以获得式（3-41）[41,47,93-94,102] 中再结晶的净驱动力 $G(t)$：

$$\begin{cases} X_{\mathrm{rex}}(t) = 1 - \exp\left[- N_{\mathrm{rex}}\left(\int_0^t M(t)G(t)\,\mathrm{d}t \right)^3 \right] \\ G(t) = \frac{1}{2}\rho(t)\mu b^2 - \frac{3\gamma_{\mathrm{gb}}f_{\mathrm{v}}(t)}{R(t)} \end{cases} \tag{3-41}$$

式中 $X_{\mathrm{rex}}(t)$ ——再结晶分数；

  N_{rex} ——再结晶形核数量，m^3；

  $G(t)$ ——再结晶净驱动力，MPa；

  $\rho(t)$ ——位错密度，m^{-2}；

  μ ——剪切模量，Pa；

  b ——伯格斯矢量值，m；

  γ_{gb} ——界面能，$\mathrm{J/m}^2$；

  $f_{\mathrm{v}}(t)$ ——析出相的体积分数；

  $R(t)$ ——析出相的平均半径，m；

  $M(t)$ ——晶界迁移率，$\mathrm{m}^4/(\mathrm{J}\cdot\mathrm{s})$，采用式（3-42）计算。

$$\begin{cases} M(t) = \left(\frac{1}{M_{\mathrm{pure}}} + \alpha C_{\mathrm{Nb}} \right)^{-1} \\ \alpha = \frac{\delta N_{\mathrm{v}}(k_{\mathrm{B}}T)^2}{E_{\mathrm{b}}D_{\mathrm{gb}}^x}\left(\sinh\frac{E_{\mathrm{b}}}{k_{\mathrm{B}}T} - \frac{E_{\mathrm{b}}}{k_{\mathrm{B}}T} \right) \\ M_{\mathrm{pure}} = \frac{\delta D_{\mathrm{gb}}V_{\mathrm{m}}}{2b^2 RT} \end{cases} \tag{3-42}$$

式中 M_{pure} ——纯金属的晶界迁移率，$\mathrm{m}^4/(\mathrm{J}\cdot\mathrm{s})$；

  C_{Nb} ——固溶的 Nb 含量，质量分数，%；

  δ ——晶界厚度，m；

  N_{v} ——单位体积原子数量，m^{-3}；

k_B——玻耳兹曼常数，J/K；

T——温度，K；

E_b——Nb 与晶界的结合能，J；

D_{gb}^x——Nb 跨越 Fe 晶界的平均扩散系数，cm^2/s；

D_{gb}——晶界扩散系数，cm^2/s；

V_m——γ-Fe 的摩尔体积，m^3/mol；

b——伯格斯矢量值，m；

R——气体常数，8.3145 J/(mol·K)。

对于钉扎力（$G(t)$ 中的第二项）的计算，在析出粒子的长大和粗化阶段分别引入校正系数 k_0 和 k_1。因此，为了描述各温度下的静态软化分数和再结晶分数，需要确定各工艺条件下 V_a、N_{rex} 和析出尺寸的系数 k_0、k_1。

图 3-37 示出了优化 V_a、N_{rex}、k_0 和 k_1 参数的过程。变形结束瞬间，材料产生流变应力 σ，计算此时的位错密度 ρ 和位错节点数量 N_c，判断保温时间 t 是否达到析出开始时间 P_s，若 $t<P_s$，则发生回复；否则，发生析出。计算析出粒子尺寸和析出粒子数量 N，判断析出粒子数量 N 与位错节点数量 N_c 的大小，若 $N<N_c$，则材料发生回复；否则，回复停止。因此可以计算出储存能和析出粒子的钉扎力，进而得到再结晶分数 X_{rex} 和 X_{soft}，根据计算的 X_{rex} 和 X_{soft} 与实测的 X_{rex} 和 X_{soft} 采用式（3-37）所示的适应度函数优化得到 V_a、N_{rex}、k_0 和 k_1。对于只有静态软化分数但没有再结晶分数的曲线（表 3-16），回复和再结晶模型参数的优化与图 3-37 相同，以式（3-37）的第一项作为适应度函数。

在得到各软化分数曲线对应的回复和再结晶模型参数 V_a、k_0、k_1 和 N_{rex} 后，利用 SVM 建立这些参数与化学成分和加工条件之间的非线性关系。

3.4.3 静态软化行为的机器学习模型预测结果与分析

3.4.3.1 静态软化临界温度的预测

根据第 3.4.3.3 节中的 ML 模型，可以预测 C 含量和 Nb 含量对 SSCT 的影响，当实验钢的化学成分为 0.31Si-1.42Mn-0.0053N（质量分数,%），应变为 0.2，应变速率为 5 s^{-1}，预测结果如图 3-38 所示。随着 C 和 Nb 含量的增加，SSCT 逐渐升高，这与 Medina 等[69] 的等温条件下 C 和 Nb 的含量对应变诱导析出开始的临界温度的影响一致。应变诱导析出的开始时间随 C 和 Nb 含量的增加而逐渐减小[62]，而软化速率随 C 含量的增加逐渐增大，随 Nb 含量的增加而逐渐减慢[103]，析出和软化的综合作用使得 SSCT 随 C 和 Nb 含量的增加逐渐升高。

图 3-39 示出了使用 ML 模型预测的化学成分为 0.21C-0.18Si-1.08Mn-0.0058N-0.024Nb（质量分数,%），应变速率为 3.63 s^{-1} 时应变对 SSCT 的影响，预测的 SSCT 与等温条件下应变诱导析出开始的临界温度一致[69]。预测的 SSCT 随着应变的增加而逐渐减小，这与文献中的实验结果一致[69]。应变的增加导致位错密度的增加，增加了析出相的形核位置，但软化速度相对较快[69]，即软化将消耗部分位错密度并减少析出相的形核位置，最终导致软化分数达到 100% 的时间比析出开始时间更短。因此，应变的增加会使 SSCT 降低。

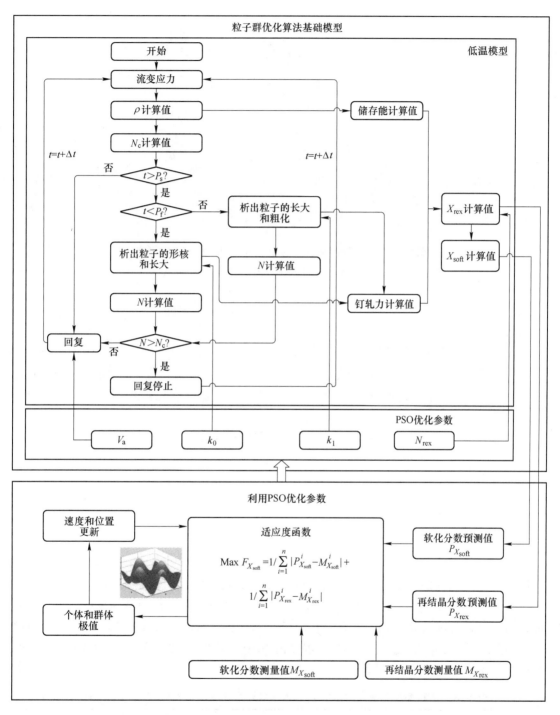

图 3-37 PSO 优化回复和再结晶模型参数的过程（变形温度低于 SSCT）

3.4.3.2 回复和再结晶模型参数预测

对于 62Nb 钢，当应变为 0.223、应变速率为 10 s^{-1} 时，ML 模型预测的 SSCT 为

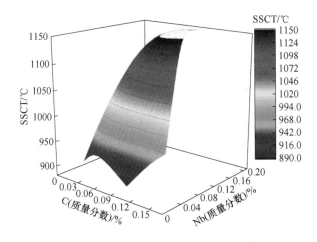

图 3-38 ML 模型预测的 C 含量和 Nb 含量对 SSCT 的影响

(扫描书前二维码查看彩图)

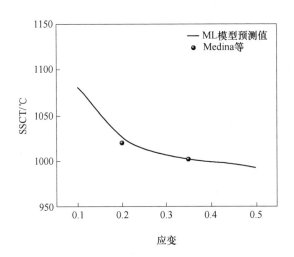

图 3-39 ML 模型预测的应变对 SSCT 的影响 (点—实测数据[69])

1023 ℃。表 3-18 示出了变形温度高于 SSCT 的回复激活体积 V_a、再结晶开始时间 t_0 及 Avrami 方程参数 k 和 n。可以看出,当变形温度为 1050 ℃ 时,保温 0.069 s 后开始再结晶;当变形温度为 1025 ℃ 时,再结晶在保温 0.14 s 后开始,表明再结晶开始时间 t_0 随着温度的降低而延长。相比之下,当变形温度由 1050 ℃ 降低到 1025 ℃,V_a 由 $0.04449b^3$ 增加到 $0.07328b^3$,这与 Sellars 等[104] 的研究结果一致。

表 3-18 62Nb 钢的回复激活体积 V_a、再结晶开始时间 t_0 和 Avrami 方程参数 k、n

温度/℃	t_0/s	k	n	V_a/b^3
1050	0.069	0.14901	0.54313	0.04449
1025	0.140	0.05358	0.57308	0.07328

图 3-40 示出了应变诱导析出条件下 62Nb 钢的 V_a 和再结晶形核速率 $\ln N_{rex}$ 与温度的关系。图 3-40（a）示出，V_a 随着温度的降低而增加，以增强回复效果，这与 Arieta 等[104] 的研究结果一致。如图 3-40（b）所示，$\ln N_{rex}$ 与 $1/T$ 呈线性关系。根据 Song 等[105] 的研究，当形变储能高于临界形核能时，再结晶形核速率可由式（3-43）描述，因此可根据图 3-40（b）得出 62Nb 钢的 Q_a 值为 178 kJ/mol。表 3-19 示出的低碳钢和 Cr5 钢的 Q_a 值分别为 170 kJ/mol 和 205 kJ/mol[106-107]，这表明 62Nb 钢的 Q_a 值与低碳钢的值相当接近，但远低于 Cr5 钢。

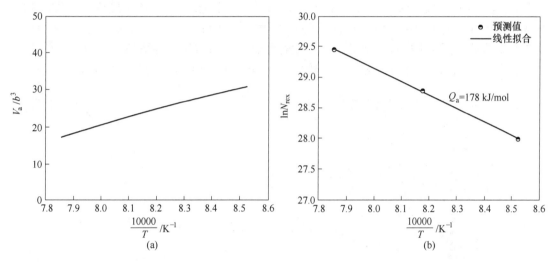

图 3-40　62Nb 钢的回复和再结晶参数与 $10000/T$ 的关系

（a）回复激活体积 V_a；（b）再结晶形核速率 $\ln N_{rex}$

$$N_{rex} = C_0 (E_D - E_D^c) \exp\left(-\frac{Q_a}{k_B T}\right) \qquad (3\text{-}43)$$

式中　N_{rex}——再结晶形核数量，m^3；

　　　C_0——常数；

　　　E_D——储存能，J/mol；

　　　E_D^c——临界储能，J/mol，低于临界储能时不会发生形核；

　　　Q_a——形核激活能，kJ/mol。

表 3-19　文献中报告的 Q_a 值

钢种	化学成分（质量分数）/%										Q_a / kJ·mol⁻¹	参考文献
	C	Si	Mn	P	S	N	V	Cr	Ni	Mo		
低碳钢	0.06	0	0.55	0.003	0.003	0.012	—	—	—	—	170	[106]
Cr5	0.53	0.51	0.46	—	—	—	0.16	4.95	0.44	0.53	205	[107]

3.4.3.3　静态软化和再结晶行为预测

图 3-41 示出了 ML 模型预测的静态软化分数和静态再结晶分数（实线），和它们与

62Nb 钢的实测值（点）及显微组织的对比。预测的静态软化分数与实测值吻合良好，R^2值为 0.96，RMSE 值为 0.061。对于 62Nb 钢，在 1025~1050 ℃的温度范围内，软化分数曲线呈 S 形，没有应变诱导析出；相比之下，在 900~1000 ℃的温度范围内，软化分数曲线出现明显的平台或驼峰，表明在该温度范围内有应变诱导析出发生。为了与传统模型进行对比，采用 Zurob 模型计算 62Nb 钢在 950 ℃的软化行为，如图 3-41 虚线所示，该模型可以预测有平台的静态软化和再结晶分数，但与 ML 模型预测值及实测值相差较大。这主要是因为 Zurob 模型中的 V_a 为常数 $45b^3$[93]，N_{rex} 是奥氏体晶粒尺寸的函数[93]，而 ML 模型中静态回复和再结晶的相关值是由 PSO 算法根据实测的软化分数优化得到的，然后使用SVM 模型学习不同成分和加工条件下的这些值。图 3-41（c）~（e）示出了 62Nb 钢在950 ℃变形后不同保温时间的显微组织。随着保温时间的增加，再结晶分数增加并保持不变，这与图 3-41（b）中的预测结果一致，表明预测的静态再结晶分数与实测值吻合良好。

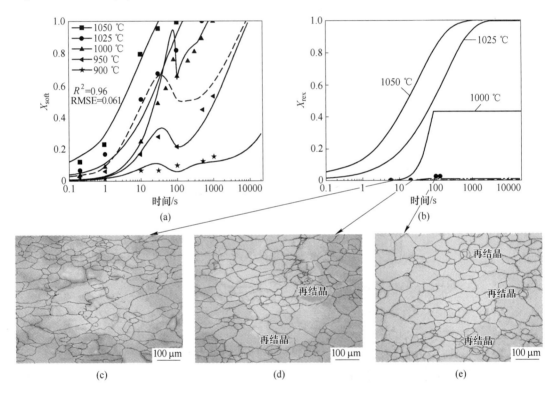

图 3-41   ML 模型预测的 62Nb 钢的静态软化分数和静态再结晶分数与实测值及显微组织的对比

（a）静态软化分数；（b）静态再结晶分数；（c）950 ℃保温 6 s 的显微组织；

（d）950 ℃保温 20 s 的显微组织；（e）950 ℃保温 100 s 的显微组织

（扫描书前二维码查看彩图）

为了测试训练模型对不同成分和工艺参数的静态软化分数预测能力，选择三种钢进行预测，结果如图 3-42 所示。可以看出预测的静态软化率与实测值吻合良好，R^2 值在 0.95 到 0.96 之间变化，RMSE 值在 0.057 到 0.065 之间变化，表明 ML 模型可以准确预测不同成分和工艺条件下的静态软化分数。

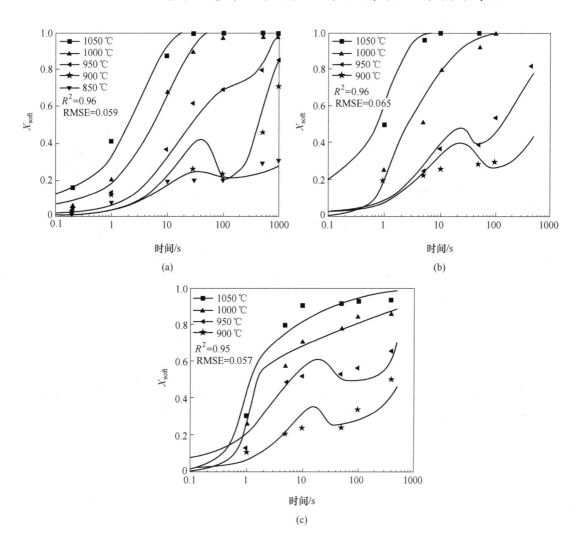

图 3-42 ML 模型预测的静态软化分数(实线)与实验结果(点)的对比

(a) 0.08C-1.29Mn-0.025Nb ($\varepsilon = 0.223$, $\dot{\varepsilon} = 5 \text{ s}^{-1}$);(b) 0.06C-0.23Si-1.9Mn-0.052Nb

($\varepsilon = 0.3$, $\dot{\varepsilon} = 1 \text{ s}^{-1}$) [108];(c) 0.072C-0.23Si-1.6Mn-0.022Nb ($\varepsilon = 0.3$, $\dot{\varepsilon} = 5 \text{ s}^{-1}$) [109]

3.4.3.4 回复和析出的相互作用

图 3-43 示出了 ML 模型预测的 0.06C-0.31Si-2Mn-0.052Nb(质量分数,%)钢和 0.06C-0.31Si-2Mn-0.09Nb(质量分数,%)钢在 $\varepsilon = 0.3$,$\dot{\varepsilon} = 1 \text{ s}^{-1}$时,在 950 ℃和 900 ℃变形后析出物数量 N、位错节点数量 N_c 和内应力随时间的变化。可以看出,当 Nb 含量为 0.052%(质量分数),变形温度为 950 ℃时,保温 35 s 后析出粒子的数量超过位错节点的数量,并持续 31 s,如图 3-43(a)所示。当 Nb 含量为 0.052%(质量分数),变形温度为 900 ℃时,析出粒子的数量在保温 60 s 后超过位错节点的数量,并持续 64 s,如图 3-43(b)所示,这表明析出粒子钉扎位错的时间比 950 ℃的长一倍以上。当 Nb 含量增加到 0.09%(质量分数)时,在 950 ℃和 900 ℃变形后,如图 3-43(c)和(d)所示,析出

粒子的数量分别在保温 40 s 和 70 s 后超过了位错节点数量，并持续 43 s 和 107 s，表明 Nb 含量的增加可以延长析出粒子钉扎位错节点的时间。根据式（3-38），当析出粒子的数量超过位错节点的数量时，内应力不会随保温时间而变化，这意味着所有位错节点已被析出粒子钉扎住，位错不能发生湮灭，从而导致回复完全停止。

位错节点的数量由回复激活体积决定，析出粒子的数量由析出粒子的大小 R 决定。因此，为了分析回复与析出之间的相互作用，有必要准确预测 V_a 和析出粒子的生长/粗化率。由于 V_a 和 R 难以测量，因此只能根据软化和/或再结晶分数的实测结果，使用 ML 算法对其进行优化。SVM 用于预测不同成分和工艺条件下的这些参数，可以阐明不同条件下回复和析出之间的相互作用。

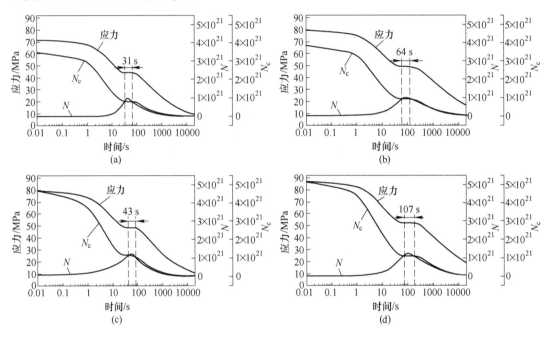

图 3-43　0.06C-0.31Si-2Mn-0.052Nb（质量分数,%）钢和 0.06C-0.31Si-2Mn-0.09Nb
（质量分数,%）钢在不同温度变形后

（$\varepsilon = 0.3$，$\dot{\varepsilon} = 1\ \mathrm{s}^{-1}$）析出粒子数量 N、位错节点数 N_c 和内应力随时间的变化

(a) 0.052Nb, 950 ℃；(b) 0.052Nb, 900 ℃；(c) 0.09Nb, 950 ℃；(d) 0.09Nb, 900 ℃

3.4.3.5　回复、析出对再结晶的影响

图 3-44 示出了用 ML 模型预测的 62Nb 钢在 950 ℃ 和 900 ℃ 变形后的储存能和析出钉扎力随时间的变化。当保温时间为 0.1 s 时，900 ℃ 的储存能比 950 ℃ 的高约 25%，与变形结束时流变应力随温度的变化规律一致。另外，900 ℃ 的析出钉扎力峰值比 950 ℃ 的高20% 左右，表明 900 ℃ 的析出强化强度较高。当保温时间在 70~80 s 时，900 ℃ 和 950 ℃ 的析出钉扎力超过储存能，这可能导致 Zurob 等[93] 所述的再结晶平台。此后，储存能和钉扎力几乎同步下降，这意味着再结晶晶粒的运动没有足够的驱动力，这是再结晶软化率曲线出现长而扁的平台的原因。

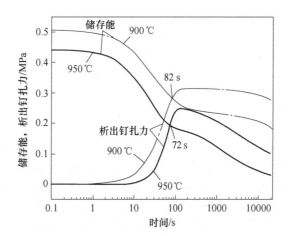

图 3-44　预测的 62Nb 钢在 950 ℃和 900 ℃下（$\varepsilon = 0.223$，$\dot{\varepsilon} = 10\ \text{s}^{-1}$）
储存能和析出钉扎力随时间的变化

参 考 文 献

［1］ Yang Y, Xu T, Guo J, et al. Strength reserve assessment on pitting-corroded jacket offshore platforms based on the modified generalized constitutive model［J］. Thin-Walled Structures, 2021, 169: 108494.

［2］ Królicka A, Radwański K, Ambroziak A, et al. Analysis of grain growth and morphology of bainite in medium-carbon spring steel［J］. Materials Science and Engineering A, 2019, 768: 138446.

［3］ Li X, Ma X, Subramanian S V, et al. Influence of prior austenite grain size on martensite-austenite constituent and toughness in the heat affected zone of 700 MPa high strength linepipe steel［J］. Materials Science and Engineering A, 2014, 616: 141-147.

［4］ Maalekian M, Radis R, Militzer M, et al. In situ measurement and modelling of austenite grain growth in a Ti/Nb microalloyed steel［J］. Acta Materialia, 2012, 60（3）: 1015-1026.

［5］ Zhang S S, Li M Q, Liu Y G, et al. The growth behavior of austenite grain in the heating process of 300M steel［J］. Materials Science and Engineering: A, 2011, 528（15）: 4967-4972.

［6］ Quan G Z, Zhang P, Ma Y Y, et al. Characterization of grain growth behaviors by BP-ANN and Sellars models for nickle-base superalloy and their comparisons［J］. Transactions of Nonferrous Metals Society of China, 2020, 30（9）: 2435-2448.

［7］ Meng F, Wang J, Guo J, et al. Growth behavior and kinetics of austenite grain in low-carbon high-strength steel with copper［J］. Materials Research Express, 2021, 8（9）: 096504.

［8］ Duan L N, Wang J M, Liu Q Y, et al. Austenite grain growth behavior of X80 pipeline steel in heating process［J］. Journal of Iron and Steel Research International, 2010, 17（3）: 62-66.

［9］ Zhang Y, Li X, Liu Y, et al. Study of the kinetics of austenite grain growth by dynamic Ti-rich and Nbrich carbonitride dissolution in HSLA steel: In-situ observation and modeling［J］. Materials Characterization, 2020, 169: 110612.

［10］ Han Z, Sun W, Li G, et al. Austenite grain growth law of high-strength steel for offshore engineering［J］. Materials Science Forum, 2022, 1054: 57-62.

［11］ Varanasi R S, Lipinska-Chwalek M, Mayer J, et al. Mechanisms of austenite growth during intercritical annealing in medium manganese steels［J］. Scripta Materialia, 2022, 206: 114228.

［12］ Hillert M. On the theory of normal and abnormal grain growth［J］. Acta Metallurgica, 1965, 13: 227-238.

[13] Gomez M, Medina S F, Valles P. Deter mination of driving and pinning forces for static recrystallization during hot rolling of a niobium microalloyed steel [J]. ISIJ International, 2005, 45 (11): 1711-1720.

[14] 雍岐龙. 钢铁材料中的第二相 [M]. 北京: 冶金工业出版社, 2006.

[15] Groeber M. A framework for automated analysis and simulation of 3D polycrystalline microstructures. Part 1: Statistical characterization [J]. Acta Materialia, 2008, 56 (6): 1257-1273.

[16] Sellars C M, Whiteman J A. Recrystallization and grain growth in hot rolling [J]. Metal Science, 1978, 13: 187-194.

[17] Consonni V, Baccolo G, Gosetti F, et al. A MATLAB toolbox for multivariate regression coupled with variable selection [J]. Chemometrics and Intelligent Laboratory Systems, 2021, 213: 104313.

[18] Cingara A. New formula for calculating flow curves from high temperature constitutive data for 300 austenitic steels [J]. Journal of Materials Processing Technology, 1992, 36: 31-42.

[19] Ebrahimi R, Zahiri S H, Najafizadeh A. Mathematical modelling of the stress-strain curves of Ti-IF steel at high temperature [J]. Journal of Materials Processing Technology, 2006, 171 (2): 301-305.

[20] Shaban M, Eghbali B. Deter mination of critical conditions for dynamic recrystallization of a microalloyed steel [J]. Materials Science and Engineering A, 2010, 527 (16/17): 4320-4325.

[21] Wu S W, Zhou X G, Cao G M, et al. The improvement on constitutive modeling of Nb-Ti micro alloyed steel by using intelligent algorithms [J]. Materials and Design, 2017, 116: 676-685.

[22] Quan G Z, Liang J T, Lv W Q, et al. A characterization for the constitutive relationships of 42CrMo high strength steel by artificial neural network and its application in isothermal deformation [J]. Materials Research, 2014, 17 (5): 1102-1114.

[23] Quan G Z, Lv W Q, Mao Y P, et al. Prediction of flow stress in a wide temperature range involving phase transformation for as-cast Ti-6Al-2Zr-1Mo-1V alloy by artificial neural network [J]. Materials and Design, 2013, 50: 51-61.

[24] Quan G Z, Pu S A, Zhan Z Y, et al. Modelling of the hot flow behaviors for Ti-13Nb-13Zr alloy by BP-ANN model and its application [J]. International Journal of Precision Engineering and Manufacturing, 2015, 16 (10): 2129-2137.

[25] Faizabadi M J, Khalaj G, Pouraliakbar H, et al. Predictions of toughness and hardness by using chemical composition and tensile properties in microalloyed line pipe steels [J]. Neural Computing and Applications, 2014, 25 (7/8): 1993-1999.

[26] Khalaj G, Nazari A, Yoozbashizadeh H, et al. ANN model to predict the effects of composition and heat treatment parameters on transformation start temperature of microalloyed steels [J]. Neural Computing and Applications, 2012, 24 (2): 301-308.

[27] 杨静, 徐光, 韩斌, 等. Q345B 钢动态再结晶动力学模型研究 [J]. 武汉科技大学学报: 自然科学版, 2012, 35 (2): 85-88, 151.

[28] Glover G, Sellars C. Static recrystallization after hot deformation of α iron [J]. Metallurgical Transactions, 1972, 3: 2271-2280.

[29] Medina S F, Hernandez C A. General expression of the Zener-Hollomon parameter as a function of the chemical composition of low alloy and microalloyed steels [J]. Acta Materialia, 1996, 44 (1): 137-148.

[30] 万荣春. 低碳铌微合金钢高温塑性的研究 [J]. 热加工工艺, 2015, 44 (4): 115-118.

[31] Fernández A I, Uranga P, López B, et al. Dynamic recrystallization behavior covering a wide austenite grain size range in Nb and Nb-Ti microalloyed steels [J]. Materials Science and Engineering A, 2003, 361 (1/2): 367-376.

[32] 徐少华. 超快冷对315MPa级船板钢组织性能的影响研究 [D]. 沈阳: 东北大学, 2013.

［33］ Mirzadeh H. Constitutive modeling and prediction of hot deformation flow stress under dynamic recrystallization conditions ［J］. Mechanics of Materials, 2015, 85: 66-79.

［34］ Mirzadeh H, Najafizadeh A. Flow stress prediction at hot working conditions ［J］. Materials Science and Engineering A, 2010, 527 (4/5): 1160-1164.

［35］ Kim S I, Lee Y, Byon S M. Study on constitutive relation of AISI 4140 steel subject to large strain at elevated temperatures ［J］. Journal of Materials Processing Technology, 2003, 140: 84-89.

［36］ Motlagh Z S, Tola minejad B, Momeni A. Prediction of hot deformation flow curves of 1. 4542 stainless steel ［J］. Metals and Materials International, 2021, 27: 2512-2529.

［37］ 杨静, 徐光, 韩斌, 等. Q345B 钢动态再结晶动力学模型研究 ［J］. 武汉科技大学学报, 2012, 35: 85-89.

［38］ Ma L Q, Liu Z Y, Jiao S H, et al. Effect of niobium and titanium on dynamic recrystallization behavior of low carbon steels ［J］. Journal of Iron and Steel Research International, 2008, 15 (3): 31-36.

［39］ Cahn J W. On spinodal decomposition in cubic crystals ［J］. Acta Metallurgica, 1962, 10: 789-798.

［40］ Luton M J, Sellars C M. Dynamic recrystallization in nickel and nickel-iron alloys during high temperature deformation ［J］. Acta Metallurgica, 1969, 17 (8): 1033-1043.

［41］ Cram D G, Fang X Y, Zurob H S, et al. The effect of solute on discontinuous dynamic recrystallization ［J］. Acta Materialia, 2012, 60 (18): 6390-6404.

［42］ Minami K, Siciliano-Jr. F, Maccagno T M, et al. Mathematical modeling of mean flow stress during the hot strip rolling of Nb steels ［J］. ISIJ International, 1996, 36: 1507-1515.

［43］ 王庆敏, 张志国, 田士平. 高温变形含 Nb 微合金钢流变应力数学模型 ［J］. 材料热处理技术, 2009, 38: 52-55.

［44］ Miao C L, Zhang G D, Shang C J. Effect of Nb content on hot flow stress, dynamic recrystallization and strain accumulation behaviors in low carbon bainitic steel ［J］. Materials Science Forum, 2010, 654-656: 62-65.

［45］ 郑中, 赵迪, 禹文涛. 本钢高 NbX70 管线钢的生产实践 ［J］. 焊管, 2008, 31: 54-58.

［46］ 周晓光. 含 Nb 钢 FTSR 热轧板带组织-性能预测的研究 ［D］. 沈阳: 东北大学, 2007.

［47］ 付立铭, 单爱党, 王巍. 低碳 Nb 微合金钢中 Nb 溶质拖曳和析出相 NbC 钉扎对再结晶晶粒长大的影响 ［J］. 金属学报, 2010, 46: 832-837.

［48］ Lan L Y, Qiu C L, Zhao D W, et al. Dynamic and static recrystallization behavior of low carbon high niobium microalloyed steel ［J］. Journal of Iron and Steel Research, International, 2011, 18: 55-60.

［49］ Shaban M, Eghbali B. Characterization of austenite dynamic recrystallization under different Z parameters in a microalloyed steel ［J］. Journal of Materials Science & Technology, 2011, 27 (4): 359-363.

［50］ Sellars C M. Physical metallurgy of hot working. In hot working and for ming processes ［D］. Sheffield: University of Sheffield, 1980.

［51］ Kim S I, Yoo Y C. Dynamic recrystallization behavior of AISI 304 stainless steel ［J］. Materials Science and Engineering A, 2001, 311: 108-113.

［52］ Yoshie A, Fujita T, Fujioka M, et al. Formulation of flow stress of Nb added steels by considering work-hardening and dynamic recovery ［J］. ISIJ International, 1996, 36 (4): 467-473.

［53］ 李志欣, 王春旭, 刘宪民, 等. 微量 Nb 元素对 DT300 钢奥氏体晶粒长大的影响 ［J］. 材料热处理技术, 2012, 41: 111-115.

［54］ 万德成, 蔡庆伍, 余伟, 等. 含 Nb 中碳钢加热过程中的奥氏体晶粒长大规律 ［J］. 金属热处理, 2013, 38: 12-15.

［55］ Cuddy L J, Raley J C. Austenite grain coarsening in microalloyed steels ［J］. Metallurgical Transactions A,

1983, 14: 1989-1995.

[56] 谢常胜, 潘红波, 阎军, 等. Nb、V 微合金钢筋高温热塑性及奥氏体长大规律 [J]. 金属热处理, 2016, 41: 63-68.

[57] Manohar P A, Dunne D P, Chandar T, et al. Grain growth predictions in microalloyed steels [J]. ISIJ International, 1996, 36: 194-200.

[58] Karmakar A, Kundu S, Roy S, et al. Effect of microalloying elements on austenite grain growth in Nb-Ti and Nb-V steels [J]. Materials Science and Technology, 2013, 30: 653-664.

[59] 李文竹, 黄磊, 严平沅, 等. 低碳微合金钢再加热奥氏体化后奥氏体晶粒长大行为 [J]. 金属热处理, 2013, 38: 19-22.

[60] 程慧静, 王福明, 李长荣, 等. Nb-V 复合非调质钢奥氏体晶粒长大行为 [J]. 金属热处理, 2009, 34: 5-10.

[61] An X, Tian Y, Wang H, et al. Suppression of austenite grain coarsening by using Nb-Ti microalloying in high temperature carburizing of a gear steel [J]. Advanced Engineering Materials, 2019, 21 (8): 1900132.

[62] Dutta B, Sellars C M. Effect of composition and process variables on Nb(C, N) precipitation in niobium microalloyed austenite [J]. Materials Science and Technology, 1987, 3: 197-207.

[63] Medina S F, Quispe A. Static recrystallisation-precipitation interaction in microalloyed steels [J]. Materials Science Forum, 2003, 426-432: 1139-1144.

[64] Medina S F, Quispe A, Gomez M. Model of precipitation kinetics induced by strain for microalloyed steels [J]. Steel Research International, 2005, 76 (7): 527-531.

[65] Pereda B, Rodriguez-Ibabe J M, López B. Improved model of kinetics of strain induced precipitation and microstructure evolution of Nb microalloyed steels during multipass rolling [J]. ISIJ International, 2008, 48 (10): 1457-1466.

[66] 吴思炜, 周晓光, 曹光明, 等. 热轧 C-Mn 钢工业大数据预处理对模型的改进作用 [J]. 钢铁, 2016, 51: 88-94.

[67] Lei X W, Yang R B, Liu J M, et al. Solubility product and equilibrium equations of nonstoichiometric niobium carbonitride in steels: Thermodynamic calculations [J]. Metallurgical and Materials Transactions A, 2021, 52: 4402-4412.

[68] Koyama S, Ishii T, Narita K. Effects of Mn, Si, Cr and Ni on the solution and precipitation of niobium carbide in iron austenite [J]. Journal of the Japan Institute of Metals and Materials, 1971, 35 (11): 1089-1094.

[69] Medina S F, Quispe A, Gomez M. Model for static recrystallisation critical temperature in microalloyed steels [J]. Materials Science and Technology, 2001, 17 (5): 536-544.

[70] Liu H, Cui T, He M X. Product optimization design based on online review and orthogonal experiment under the background of big data [J]. Proceedings of the Institution of Mechanical Engineers, Part E: Journal of Process Mechanical Engineering, 2020, 235 (1): 52-65.

[71] Medina S F, Valles P, Calvo J, et al. Nucleation and growth of precipitates in a V-microalloyed steel according to physical theory and experimental results [J]. Physics of Metals and Metallography, 2020, 121 (1): 32-40.

[72] Jiang H, Wang C, Ren Z, et al. Comparative analysis of residual stress and dislocation density of machined surface during turning of high strength steel [J]. Procedia CIRP, 2021, 101: 38-41.

[73] Masumura T, Inami K, Matsuda K, et al. Quantitative evaluation of dislocation density in as-quenched martensite with tetragonality by X-ray line profile analysis in a medium-carbon steel [J]. Acta Materialia,

2022, 234: 118052.

[74] Liu F, Cocks A C F, Tarleton E. A new method to model dislocation self-climb dominated by core diffusion [J]. Journal of the Mechanics and Physics of Solids, 2020, 135: 103783.

[75] Gao X, Wang H, Ma C, et al. Segregation of alloying elements at the bcc-Fe/B2-NiAl interface and the corresponding effects on the interfacial energy [J]. Intermetallics, 2021, 131: 107096.

[76] Zurob H S, Hutchinson C R, Brechet Y, et al. Modeling recrystallization of microalloyed austenite: Effect of coupling recovery, precipitation and recrystallization [J]. Acta Materialia, 2002, 50 (12): 3075-3092.

[77] Shen C, Wang C, Wei X, et al. Physical metallurgy-guided machine learning and artificial intelligent design of ultrahigh-strength stainless steel [J]. Acta Materialia, 2019, 179: 201-214.

[78] Cui C, Wang H, Gao X, et al. Machine learning model for thickness evolution of oxide scale during hot strip rolling of steels [J]. Metallurgical and Materials Transactions A, 2021, 52: 4112-4124.

[79] Rahaman M, Mu W, Odqvist J, et al. Machine learning to predict the martensite start temperature in steels [J]. Metallurgical and Materials Transactions A, 2019, 50 (5): 2081-2091.

[80] Qiao L, Wang Z, Zhu J. Application of improved GRNN model to predict interlamellar spacing and mechanical properties of hypereutectoid steel [J]. Materials Science and Engineering A, 2020, 792: 139845.

[81] Liu W, Guo G, Chen F J, et al. Meteorological pattern analysis assisted daily $PM_{2.5}$ grades prediction using SVM optimized by PSO algorithm [J]. Atmospheric Pollution Research, 2019, 10 (5): 1482-1491.

[82] Dutta B, Palmiere E J, Sellars C M. Modelling the kinetics of strain induced precipitation in Nb microalloyed steels [J]. Acta Materialia, 2001, 49 (5): 785-794.

[83] Cao Y B, Xiao F R, Qiao G Y, et al. Strain-induced precipitation and softening behaviors of high Nb microalloyed steels [J]. Materials Science and Engineering A, 2012, 552: 502-513.

[84] Fernández A I, López B, Rodrí Guez-Ibabe J M. Relationship between the austenite recrystallization fraction and the softening measured from the interrupted torsion test technique [J]. Scripta Materialia, 1999, 40: 543-549.

[85] Kang K B, Kwon O, Lee W B, et al. Effect of precipitation on the recrystallization behavior of a Nb containing steel [J]. Scripta Materialia, 1997, 36 (11): 1303-1308.

[86] Medina S F, Quispe A. Influence of strain on induced precipitation kinetics in microalloyed steels [J]. ISIJ International, 1996, 36: 1295-1300.

[87] Medina S F. From heterogeneous to homogeneous nucleation for precipitation in austenite of microalloyed steels [J]. Acta Materialia, 2015, 84: 202-207.

[88] Siradj E S, Sellars C M, Whiteman J A. The influence of roughing strain and temperature on precipitation in niobium microalloyed steels after a finishing deformation at 900℃ [J]. Materials Science Forum, 1998, 284-286: 143-150.

[89] Medina S F, Quispe A. Influence of strain rate on recrystallisation-precipitation interaction in V, Nb, and V-Ti microalloyed steels [J]. Materials Science and Technology, 2013, 16 (6): 635-642.

[90] 张玲, 薛春霞, 杨王玥, 等. 粗晶奥氏体 HTP 钢中形变诱导析出的定量研究 [J]. 金属学报, 2007, 43: 791-796.

[91] Sun Y, Pan Q, Huang Z, et al. Evolutions of diffusion activation energy and Zener-Hollomon parameter of ultra-high strength Al-Zn-Mg-Cu-Zr alloy during hot compression [J]. Progress in Natural Science: Materials International, 2018, 28 (5): 635-646.

[92] Gao Y, Zhuang Z, Liu Z L, et al. Investigations of pipe-diffusion-based dislocation climb by discrete dislocation dynamics [J]. International Journal of Plasticity, 2011, 27 (7): 1055-1071.

[93] Zurob H S. Effects of precipitation, recovery and recrystallization on the microstructural evolution of microalloyed austenite [D]. Hamilton: McMaster University, 2003.

[94] Tang J, Jiang F, Luo C, et al. Integrated physically based modeling for the multiple static softening mechanisms following multi-stage hot deformation in Al-Zn-Mg-Cu alloys [J]. International Journal of Plasticity, 2020, 134: 102809.

[95] Qiao L, Lai Z, Liu Y, et al. Modelling and prediction of hardness in multi-component alloys: A combined machine learning, first principles and experimental study [J]. Journal of Alloys and Compounds, 2021, 853: 156959.

[96] Shen C, Wei X, Wang C, et al. A deep learning method for extensible microstructural quantification of DP steel enhanced by physical metallurgy-guided data augmentation [J]. Materials Characterization, 2021, 180: 111392.

[97] Verdier M, Brechet Y, Guyot P. Recovery of AlMg alloys: Flow stress and strain-hardening properties [J]. Acta Materialia, 1998, 47 (1): 127-134.

[98] Liang S, Fazeli F, Zurob H S. Effects of solutes and temperature on high-temperature deformation and subsequent recovery in hot-rolled low alloy steels [J]. Materials Science and Engineering A, 2019, 765: 138324.

[99] Liang S, Levesque D, Legrand N, et al. Use of in-situ laser-ultrasonics measurements to develop robust models combining deformation, recovery, recrystallization and grain growth [J]. Materialia, 2020, 12: 100812.

[100] Kennedy J, Eberhar R. Particle swarm optimization [C] //Proceedings of ICNN' 95-International Conference on Neural Networks. 1995: 1942-1948.

[101] Nzale W, Ashourian H, Mahseredjian J, et al. A tool for automatic deter mination of model parameters using particle swarm optimization [J]. Electric Power Systems Research, 2023, 219: 109258.

[102] Shi C J, Chen X G. Effect of Zr addition on hot deformation behavior and microstructural evolution of AA7150 alu minum alloy [J]. Materials Science and Engineering A, 2014, 596: 183-193.

[103] Medina S F, Quispe A. Improved model for static recrystallization kinetics of hot deformed austenite in low alloy and NbV microalloyed steels [J]. ISIJ International, 2001, 41: 774-781.

[104] Arieta F G, Sellars C M. Activation volume and activation energy for deformation of Nb HSLA steels [J]. Scripta Metallurgiea et Materialia, 1994, 30: 707-712.

[105] Song X Y, Rettenmayr M. Modelling study on recrystallization, recovery and their temperature dependence in inhomogeneously deformed materials [J]. Materials Science and Engineering A, 2002, 332 (1/2): 153-160.

[106] Afshari E, Serajzadeh S. Simulation of static recrystallization after cold side-pressing of low carbon steels using cellular automata [J]. Journal of Materials Engineering and Performance, 2011, 21 (8): 1553-1561.

[107] 陈学文, 郭未昀, 周旭东. 轧辊用 Cr5 钢静态再结晶行为及元胞自动机模拟 [J]. 材料热处理学报, 2018, 39: 124-132.

[108] 兰亮云. 高钢级 X100 管线钢的研究与开发 [D]. 沈阳: 东北大学, 2009.

[109] 董毅, 许云波, 肖宝亮, 等. 含铌微合金钢低温区静态软化行为 [J]. 钢铁研究学报, 2009, 21: 17-20.

4 热轧过程"组织-氧化-力能"的集成机器学习模型研究

4.1 引言

板带材热轧过程中显微组织演变与轧制变形的综合作用决定了钢材的流变行为，因此显微组织演变是影响轧制载荷的重要因素，其精准预测对轧制载荷及产品尺寸精度控制至关重要。前文已经建立了通过轧制力实现板带材轧制全流程显微组织演变黑箱变白的方法，证明了通过轧制载荷解析轧制过程显微组织演变的可行性，且初步实现了轧制过程奥氏体再结晶行为与轧件流变应力的计算，但由于未考虑轧件表面氧化铁皮的润滑作用对轧制力的影响，该方法的轧制力计算精度仍有待提升。

基于此，本章以国内某中厚板产线 Nb 微合金 X80M 管线钢为研究对象，在上述研究的基础上开发了板带材热轧过程"组织-氧化-力能"耦合黑箱破解的集成机器学习模型，综合考虑了变形、再结晶、应变诱导析出、表面氧化及界面摩擦对轧制力的影响，最终破解了热轧过程"组织-氧化-力能"耦合黑箱状态，实现了中厚板产品轧制力的精确计算，以及轧制过程再结晶、析出、氧化等微观物理过程的精准描述。本章的研究内容可作为热轧工艺优化的理论基础。

4.2 "组织-氧化-力能"的集成机器学习模型开发

4.2.1 破解"组织-氧化-力能"强耦合黑箱状态的难点

通过前面的分析可知，在热轧钢材"组织-氧化-力能"耦合黑箱状态中，轧制变形决定了显微组织演变行为和氧化铁皮变形行为及其厚度的变化，而轧件内部显微组织与表面氧化状态演变行为的共同作用反过来又决定了轧制载荷的变化，目前尚无法对这一强相关的耦合黑箱状态进行有效破解，具体难点如下：

（1）轧制力与再结晶、析出等显微组织演变行为之间的交互影响难以被准确描述。Sellers 等开发的经验模型虽然可以描述变形工艺对再结晶及析出行为的影响，然而该模型体系中含有大量的经验参数，实验室模拟实验确定的经验参数并不适用于工况复杂多变的工业生产条件。因此，在工业条件下，轧制工艺对显微组织演变的影响无法被准确描述。此外，虽然 Gómez 等研究了析出行为与再结晶行为的交互作用对轧件的平均流变应力及轧制力的影响[1-2]，但是尚未有数学模型对此机理进行解释与分析。通过分析可知，奥氏体再结晶行为是消除位错的主要途径，而位错密度的变化不但影响了微合金元素的析出行为，而且决定了轧件的变形抗力及轧制力。因此，准确描述轧制过程中位错密度的变化是破解显微组织与轧制变形及轧制力耦合关系的关键。近年来，Estrin 和 Mecking 等建立了通过位错密度描述流变应力变化的方法[3]，本章可以借鉴此研究结果，以位错密度为桥梁，通过描述再结晶、析出及晶粒尺寸等显微组织信息对位错密度的影响来反映轧制过程中轧件平均流变应力的变化，最终破解显微组织与轧制变形条件及轧制力的耦合黑箱状态。

（2）表面氧化与轧制变形条件及轧制力之间的高维非线性关系难以被准确描述。变形参数决定了氧化铁皮的变形性能及其在变形后的完整性，而氧化铁皮厚度及其完整性又决定了轧件与轧辊界面的摩擦系数，进而决定了接触区内的应力分布及轧制力大小。虽然 Suárez 和 Schütze 等通过大量的实验确定了不同变形温度下氧化铁皮的变形特性，但它们之间的关系尚无法被准确描述[4-6]。在氧化铁皮对界面摩擦状态影响的相关研究中，尽管 Lenard 和 Yu 等学者拟合出了界面摩擦系数与变形速率、压下率及轧制温度之间的经验模型[7-9]，但模型的精度及适用范围仍然有待提升，因此需要采用新方法准确描述轧制变形、表面氧化及界面摩擦之间的高维非线性关系。

（3）难以建立宏观尺度钢材的轧制工艺及轧制力变化与微观尺度组织演变及表面氧化的双向映射。目前的研究主要集中于变形条件对奥氏体再结晶行为、微合金元素析出行为及氧化铁皮变形行为等微观尺度的研究上，但对于如何准确描述显微组织及表面氧化对轧制力的影响，目前尚缺乏研究。此外，在工业生产中，轧制载荷的变化是"组织-氧化-力能"耦合黑箱状态的宏观表现，这意味着轧制载荷是解析轧制过程中显微组织和表面氧化演变行为的窗口。然而，截至目前轧制力、显微组织演变及表面氧化之间复杂的交互关系难以被准确描述，导致无法利用轧制载荷有效破解显微组织与表面氧化演变的黑箱状态。

近年来，人工智能技术在材料科学领域得到了广泛的应用，借助大量的实验数据及机器学习方法（Machine Learning，ML），材料科学领域很多悬而未决的难题被迎刃而解，机器学习方法与物理机理模型的融合逐渐成为破解宏观与微观尺度各种黑箱状态的有效方法。此外，机器学习方法可以加速工艺优化及材料成分设计，因此正在成为新材料设计及加工工艺优化的主要方法。在热轧钢材领域，长达近一个世纪的实验研究已经在显微组织与表面氧化等研究领域积累了丰富的原始数据，基于此建立的物理冶金学及高温氧化理论等物理机理模型也成为描述钢材热轧过程微观物理行为演变的有效工具。针对以上破解"组织-氧化-力能"强耦合黑箱状态的难点，首先，需要结合实验数据与机器学习算法，建立物理冶金模型及高温氧化动力学模型中具有明确物理意义的关键参数与钢种成分及变形工艺之间的关系，反映化学成分及轧制工艺对钢材再结晶、析出与氧化行为的影响；其次，需要结合工业大数据与数据驱动算法，确定物理机理模型体系中经验参数的数据驱动解，使物理机理模型适应复杂多变的轧制工况；最后，为了解决机器学习算法物理意义不明确的问题，需要将物理冶金学原理及高温氧化理论作为约束条件，融合物理机理与机器学习算法，对轧件显微组织演变行为、高温氧化行为及轧制力之间的关系进行描述。总之，需要利用机器学习方法，真实反映轧制工艺、显微组织与表面氧化之间的关系，并结合物理机理及数据驱动算法，利用显微组织及表面氧化信息对轧制力进行预测，方能有效破解"组织-氧化-力能"的耦合黑箱状态。之后，结合机器学习算法，为优化轧制工艺、解决钢材热轧生产中的实际问题提供指导。以下对材料科学中利用融合物理机理的机器学习方法破解"工艺-组织-力能"黑箱状态、预测变形过程中的力学响应、实现材料加工工艺优化及成分设计等研究进行详细介绍。

4.2.2 数据集构建及数据特征分析

为了建立轧制力精准计算模型，本节从国内某中厚板产线采集了1798组X80M中厚板产品的生产数据并构建了工业数据集，每组数据中包含了C、Si、Mn、N、Nb和Ti等元素的质量分数，以及各道次入口厚度、出口厚度、板坯宽度、轧制温度、轧制速度、轧制力及道次间隔时间等工艺参数。表4-1为X80M中厚板主要轧制工艺参数的统计结果。

表 4-1 X80M中厚板主要轧制工艺参数的统计结果

工艺参数	最小值	最大值	平均值
C元素质量分数/%	0.04	0.06	0.046
Si元素质量分数/%	0.16	0.23	0.191
Mn元素质量分数/%	1.67	1.80	1.72
N元素质量分数/%	0.001	0.004	0.003
Nb元素质量分数/%	0.050	0.069	0.061
粗轧开轧温度/℃	1100.0	1192.0	1156.9
粗轧终轧温度/℃	1032.0	1132.0	1081.9
中间坯厚度/mm	90.0	110.0	95.2
粗轧待温时间/s	405	821	551
精轧开轧温度/℃	933.0	1005.0	968.2
精轧终轧温度/℃	712.0	766.0	740.8
精轧出口厚度/mm	23.8	32.7	32.4
精轧末道次速度/m·s⁻¹	2.7	6.9	4.1
精轧首道次轧制力/MN	45.9	79.4	54.6
精轧末道次轧制力/MN	43.4	56.9	50.1

为了显示工业数据集中轧制力和成分及轧制工艺参数的关系，本节选择精轧末道次轧制工艺数据，通过轧制力计算模型，由轧制工艺参数计算了轧件变形时的平均流变应力（Mean Flow Stress，MFS），图4-1示出了MFS与C元素质量分数、Nb元素质量分数、精轧终轧温度FDT、压下量 Δh 及轧制速度FDS间的关系。可以看出，Nb元素质量分数与C元素质量分数及 Δh 之间存在明显的负相关，而FDT与 Δh 及FDS之间呈现正相关，此外FDT是MFS的决定性变量，其值越小，MFS越大。

4.2.3 破解"组织-氧化-力能"强耦合黑箱状态的集成机器学习方法

Sims轧制力方程表明轧制力受轧件平均流变应力 σ_{MFS} 与外摩擦应力状态系数 Q_p 的共同影响，但两者都无法直接测量。同时，若需建立 σ_{MFS} 的计算模型，则需要精确计算 Q_p，反之亦然。因此，轧制力计算的难点是如何同时准确计算 σ_{MFS} 与 Q_p。

在建立机器学习模型之前，首先对不同状态下的 σ_{MFS} 和 Q_p 的取值进行区分。假设轧制过程中 σ_{MFS} 和 Q_p 的真实取值为 σ_{MFS}^{real} 和 Q_p^{real}，则本章的目的是在实现宏观尺度Nb微合金钢轧制过程中轧制力、σ_{MFS}^{real} 和 Q_p^{real} 准确计算的前提下，尽可能准确地计算微观尺度显微

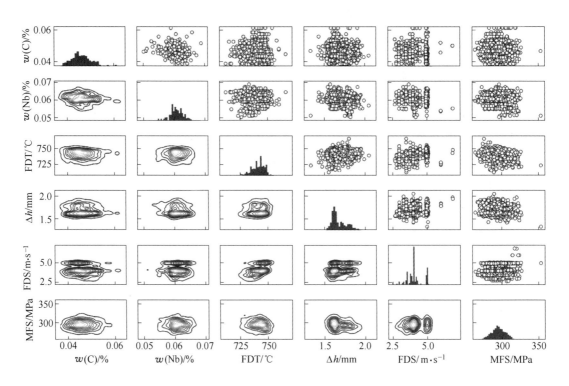

图 4-1 末道次平均流变应力与元素质量分数及变形工艺间的关系

组织及氧化铁皮厚度的变化过程。Sims 模型假定轧件与轧辊之间为全黏着状态，基于此计算的外摩擦应力状态系数只考虑了轧件尺寸与轧制工艺间的影响，而未考虑界面润滑作用的影响，故本节将该状态下的流变应力和外摩擦应力状态系数分别记为 $\sigma_{\text{MFS}}^{\text{Sims}}$ 和 $Q_{\text{p}}^{\text{Sims}}$；在轧制过程中，本节将重点考虑轧件显微组织演变以及轧辊与轧件界面处氧化铁厚度对轧件平均流变应力和外摩擦应力状态系数的影响，并将该条件下它们取值分别记为 $\sigma_{\text{MFS}}^{\text{fri}}$ 和 $Q_{\text{p}}^{\text{fri}}$。由此可见，上述参数中 $Q_{\text{p}}^{\text{Sims}}$ 可以通过轧制工艺参数直接计算，而 $\sigma_{\text{MFS}}^{\text{Sims}}$ 的取值可以由轧制力和 $Q_{\text{p}}^{\text{Sims}}$ 进行确定；为了计算氧化铁皮润滑条件下的 $\sigma_{\text{MFS}}^{\text{fri}}$ 和 $Q_{\text{p}}^{\text{fri}}$，可以利用轧制力和 $\sigma_{\text{MFS}}^{\text{Sims}}$，首先大致确定出 $Q_{\text{p}}^{\text{fri}}$ 的取值，并建立 $Q_{\text{p}}^{\text{fri}}$ 与氧化铁皮厚度、界面摩擦系数及轧制工艺参数之间的机器学习模型；之后，再次利用轧制力和 $Q_{\text{p}}^{\text{fri}}$ 计算考虑组织演变条件下的 $\sigma_{\text{MFS}}^{\text{fri}}$，并利用 $\sigma_{\text{MFS}}^{\text{fri}}$ 的取值更新 $Q_{\text{p}}^{\text{fri}}$ 及其机器学习模型，并通过重复此过程不断逼近 $\sigma_{\text{MFS}}^{\text{real}}$ 和 $Q_{\text{p}}^{\text{real}}$，使得轧制力计算值与测量值之间的误差最小。为了实现上述过程，本章设计了如图 4-2 所示的机器学习方法，通过以下 3 个步骤实现显微组织、氧化铁皮厚度及轧制力的准确计算：

（1）初步学习：根据全黏着条件初步确定轧件的流变应力，并基于此初步确定轧件的显微组织演变与流变应力模型；

（2）强化学习：在流变应力初步学习的基础上，根据 Sims 模型反解出 $Q_{\text{p}}^{\text{fri}}$，建立氧化铁皮润滑条件下 $Q_{\text{p}}^{\text{fri}}$ 与变形工艺、氧化铁皮厚度 x_{scale} 及界面摩擦系数 μ_{F} 之间的关系；

（3）优化学习：对流变应力模型及外摩擦应力状态系数模型进行精调，最终实现轧制力的精确预测，以下对各个环节进行详细说明。

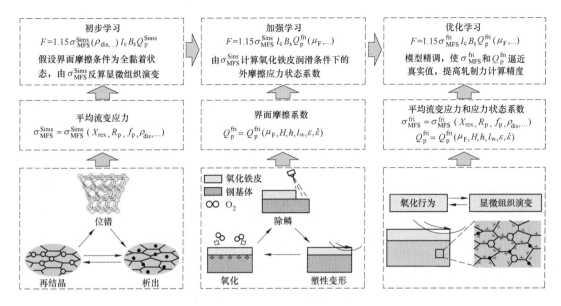

图 4-2 热轧过程"组织-氧化-力能"集成机器学习模型框架

4.2.3.1 全黏着条件下流变应力的初步学习模型

首先按照全黏着条件，初步确定 X80M 钢种的流变应力。Sims 方程给出了全黏着条件下外摩擦应力状态系数 Q_p^{Sims} 的计算方法，其中 Q_p^{Sims} 仅取决于轧辊半径与轧件的变形状态，而与界面摩擦条件无关，如式（4-1）所示。结合 Sims 方程，可以计算出全黏着条件下轧件的平均流变应力，如式（4-2）所示。

$$Q_p^{Sims} = \sqrt{\frac{1-\varepsilon}{\varepsilon}}\left[\frac{\pi}{2}\tan^{-1}\left(\sqrt{\frac{\varepsilon}{1-\varepsilon}}\right) - \sqrt{\frac{R_w}{h}}\left(\ln\sqrt{1-\varepsilon} + \ln\frac{h_r}{h}\right)\right] - \frac{\pi}{4} \tag{4-1}$$

式中　h_r——中性面处轧件厚度，mm；

　　　R_w——工作辊半径，mm。

$$\sigma_{MFS}^{Sims} = \frac{F}{1.15\sqrt{R_w(H-h)}\,B_s Q_p^{Sims}} \tag{4-2}$$

式中　B_s——轧件平均宽度，mm。

第 3 章已经建立了不同钢种静态再结晶动力学参数的机器学习算法，本章研究的钢种成分体系和化学成分仍在该模型的有效范围内，因此其仍然使用。针对 X80M 热轧中厚板的显微组织演变行为，本节仍然需要结合工业数据与遗传算法确定 X80M 的亚动态再结晶动力学中关键参数的数据驱动解。此外，由于轧制过程的软化行为与加工硬化行为同时决定了奥氏体中的位错密度，进而确定了轧件的流变应力，因此，需要采用优化算法确定轧件的软化系数与硬化系数，最终确定全黏着条件下流变应力 σ_{MFS}^{Sims} 的计算方法。

4.2.3.2 氧化铁皮润滑条件下外摩擦应力状态系数的加强学习模型

根据实测轧制力 F 和流变应力初步学习模型计算出的 σ_{MFS}^{Sims} 可以反解出氧化铁皮润滑

条件下的外摩擦应力状态系数 Q_p^{fri}，如式（4-3）所示。首先，通过第 3 章的研究工作，计算不同轧制工艺下产品各道次氧化铁皮厚度及轧辊与轧件界面摩擦系数 μ_F，并以各道次轧件入口厚度 H、出口厚度 h、摩擦系数 μ_F、轧件与轧件的接触弧长 l_c、轧件的应变 ε 与应变速率 $\dot{\varepsilon}$ 作为输入变量，分别采用 ANN、RF、SVM、kNN、XGBoost（XGB）等机器学习算法，建立起外摩擦应力状态系数 Q_p^{fri} 的加强学习模型，计算方法如式（4-3）所示。在模型训练以前，同样将数据集按照 8：2 的比例划分为训练数据集和测试数据集，并采用归一化方法对输入特征与输出特征进行归一化处理，以缩小不同变量之间的差距。

$$Q_p^{fri} = \frac{F}{1.15\sqrt{R_w(H-h)}\,B_s\sigma_{MFS}^{Sims}} \tag{4-3}$$

4.2.3.3 真实条件下轧制力的优化学习模型

初步学习与加强学习环节，分别实现了流变应力与外摩擦应力状态系数的初步解耦，并建立了它们的机器学习模型。这些模型还需要进行优化，以进一步提高轧制力的计算精度。优化学习过程中，可以重复流变应力初步学习和外摩擦应力状态系数加强学习环节，首先根据润滑条件下轧件的外摩擦应力状态系数 Q_p^{fri} 反算出轧件真实的平均流变应力 σ_{MFS}^{real}，再用遗传算法对亚动态再结晶动力学及平均流变应力模型中的关键参数进行优化，使 σ_{MFS}^{fri} 和 Q_p^{fri} 分别逼近其真实值 σ_{MFS}^{real} 和 Q_p^{real}，最终实现轧制力的精准计算。

4.3 集成机器学习模型结果分析

表 4-2 示出了 X80M 的亚动态再结晶及流变应力模型参数的优化学习结果。与表 2-2 中的结果类似，n_m、k_m、m_m 和 Q_m 等亚动态再结晶动力学模型参数的数据驱动解与实验值比较接近。由于 Misaka 模型中平均流变应力与屈服应力等效，因此本章所得平均流变应力计算模型中屈服应力的计算结果小于 Misaka 模型，即 B_y、C_y 和 Q_y 的优化学习结果低于 Misaka 模型[10]；此外，轧件软化系数与硬化系数的大小受其化学成分的影响，导致本章利用工业数据所得的 A_w 和 A_s 的优化学习结果高于 Yoshie 的实验值，而 Q_w 与 Q_s 的优化学习结果低于 Yoshie 的实验值[11-12]。

表 4-2 X80M 亚动态再结晶及流变应力模型参数的优化学习结果

模型参数	精调结果	实验结果
k_m	2.9×10^{-6}	8.9×10^{-6}[13]
m_m	0.88	0.83[13]
n_m	1.92	1.0[13]
Q_m	124.3 kJ/mol	125.0 kJ/mol[13]
A_y	10.09	9.88[10]
B_y	0.133	0.21[10]

模型参数	精调结果	实验结果
C_y	0.015	$0.13^{[10]}$
Q_y	10.8 kJ/mol	$23.1\ kJ/mol^{[10]}$
A_w	3.85×10^8	$1.33 \times 10^{7[12]}$
B_w	1.19	$0^{[12]}$
C_w	1.79	$1.05^{[12]}$
Q_w	10.2 kJ/mol	$34.1\ kJ/mol^{[12]}$
A_s	68.5	$37.2^{[11]}$
B_s	0.10	$-0.0986^{[11]}$
C_s	0.52	$1.0^{[11]}$
Q_s	5.0 kJ/mol	$17.3\ kJ/mol^{[11]}$

目前，本章所研究中厚板产线使用的 L2 系统中包含了长期和短期自学习算法，它可以根据实际工况对轧制力计算方法进行及时修正，从而实现轧制力的准确计算，但该系统并未考虑显微组织状态与氧化铁皮厚度对轧制力的影响。本章以中厚板产线 L2 系统的自学习模型及 Sims 模型的计算结果为参考对象，来描述"组织-氧化-力能"集成机器学习算法的轧制力计算精度。图 4-3（a）对比了不同算法计算的轧制力 F_{pre} 与实测轧制力 F_{mea} 的比值的分布，一般而言该比值越接近于 1.0，且四分位距 1.5IQR 的分布区间越窄，则模型的性能越优良。从图中可以看出在所有的机器学习模型中，RF 和 XGB 算法的预测效果最好，SVM 算法的预测效果最差。此外，由于 Sims 模型没有考虑润滑条件对 Q_p 的影响，其计算结果与实测值间的 RMSE 与 R^2 分别为 2.26 MN 和 0.885。另外对于 X80M 而言，中厚板产线的 L2 系统预测效果较差，其预测精度低于 Sims 模型的计算结果。

图 4-3（b）示出了 L2 系统和 RF 模型计算轧制力与实测轧制力的对比，可以看出 RF 模型预测的轧制力与实测值之间的相对误差在±5%之内，两者之间的 RMSE 与 R^2 分别为 0.828 MN 和 0.985，而 L2 系统计算的 RMSE 与 R^2 分别为 3.923 MN 和 0.652，由此可见基于 RF 模型的轧制力计算精度比 L2 系统有了较大的提升。此外，在精轧 F1 道次，L2 系统预测的轧制力远高于实测值。这是由于中厚板产品精轧前氧化铁皮厚度可超过 100 μm，L2 系统的模型未考虑其对轧制的润滑作用，也未考虑显微组织对流变应力的影响，因此其不能实现轧制力的准确预测。由此证明在考虑了显微组织演变过程对流变应力的影响及氧化铁皮润滑作用对外摩擦应力状态系数的影响后，本章开发的机器学习框架可对轧制力进行精确计算。图 4-3（c）所示为随机森林算法计算的轧制力与实测结果之间相对误差的分布。可以看出 X80M 中厚板产品的轧制力计算结果与实测结果间相对误差分布范围较窄，且 90%的计算结果与实测值的相对误差分布在−1.03%~1.20%。

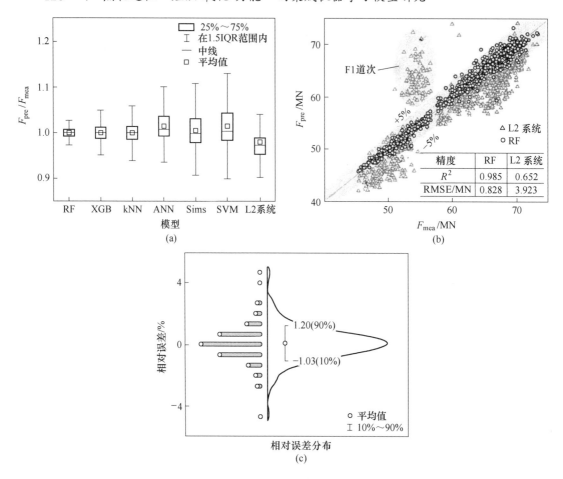

图 4-3 不同模型计算的轧制力与实测值之间的对比

(a) 轧制力计算值与实测值之比的分布;(b) RF 与 L2 系统计算的轧制力与实测值的对比;
(c) 轧制力实测值与计算值间相对误差分布

4.4 "组织-氧化-力能"耦合状态的机器学习结果分析

4.4.1 "组织-力能"耦合状态的机器学习结果分析

本节在表 4-1 所示 X80M 中厚板轧制工艺的基础上,通过控制变量法,利用本章热轧钢材"组织-氧化-力能"的集成机器学习模型计算了化学成分、粗轧温度、精轧温度对析出相体积分数与半径、变形后奥氏体形貌及平均流变应力的影响,以定量描述化学成分及轧制工艺对显微组织及流变应力的影响。

4.4.1.1 化学成分对显微组织及流变应力的影响

图 4-4 示出了 C 元素和 Nb 元素质量分数对轧制结束后析出相体积分数与平均半径的影响。由表 4-1 可知,增加 C 元素和 Nb 元素的质量分数会提高钢基体中 Nb(C,N) 的过饱和度,缩短 Nb(C,N) 的析出孕育期,从而促进 Nb(C,N) 的析出过程。因此如图 4-4 (a)

和（b）所示，当钢基体中 C 元素和 Nb 元素的质量分数增加时，轧制结束后 Nb(C, N) 析出相的尺寸和体积分数也会增加。此外，析出相平均半径及体积分数的增加必然会改变其对奥氏体晶界的钉扎力，影响奥氏体的再结晶行为，最终改变混晶奥氏体的等效晶粒直径、压扁率及轧制各道次轧件的平均流变应力。

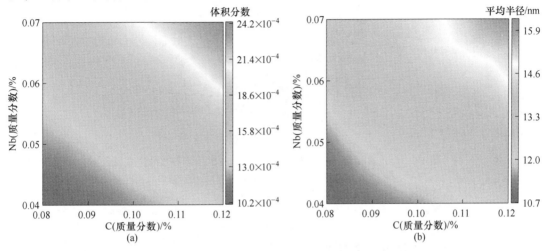

图 4-4　C 元素和 Nb 元素质量分数对 Nb(C, N) 析出相体积分数与平均半径的影响
（a）C 元素和 Nb 元素质量分数对析出相体积分数的影响；（b）C 元素和 Nb 元素质量分数对析出相平均半径的影响
（扫描书前二维码查看彩图）

图 4-5 示出了 C 元素和 Nb 元素质量分数对轧制后混晶奥氏体的等效晶粒半径、压扁率与末道次流变应力 MFS 的影响。结合图 4-4 和图 4-5（a）所示结果，可以发现 C 元素和 Nb 元素质量分数的增加会促进 Nb(C, N) 的析出过程，抑制奥氏体晶界迁移，减弱道次间隙时间内晶粒生长导致的晶粒粗化现象，最终细化奥氏体晶粒。此外，Nb(C, N) 析出相对奥氏体再结晶的抑制作用会使形变奥氏体晶粒难以被等轴再结晶晶粒取代，如图 4-5(b) 所示，这会增加轧制结束后奥氏体的压扁率。另外，当 C 元素和 Nb 元素质量分数增加时，固溶于钢基体中的 Nb 元素和 C 元素对位错的拖拽作用及 Nb(C, N) 析出物对位错的阻碍作用都会增加，最终导致变形过程中钢基体流变应力的增加，如图 4-5（c）所示。

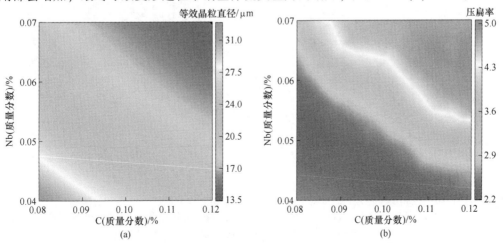

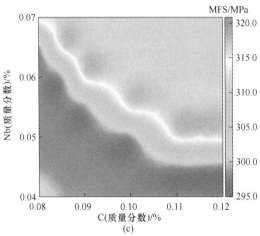

图 4-5 C 元素和 Nb 元素质量分数对变形后奥氏体等效晶粒直径、
压扁率及精轧末道次轧件平均流变应力的影响
（a）C 和 Nb 质量分数对奥氏体等效晶粒直径的影响；（b）C 和 Nb 质量分数对奥氏
体压扁率的影响；（c）C 和 Nb 质量分数对精轧末道次轧件平均流变应力的影响
（扫描书前二维码查看彩图）

4.4.1.2 轧制温度对显微组织及流变应力的影响

图 4-6 示出了粗轧开轧温度（Rough Entrance Temperature，RET）及精轧开轧温度（Finish Entrance Temperature，FET）对析出相体积分数与平均半径的影响。可以看出提高粗轧开轧温度与精轧开轧温度可以细化析出相尺寸，减少析出相体积分数。这是由于升高轧制温度可以增加奥氏体内 Nb 元素的溶解度，延长析出相孕育期，缩短析出开始后 Nb(C，N) 的有效生长时间；此外，提高轧制温度会促进奥氏体再结晶，快速消耗塑性变形产生的形变储能，降低 Nb(C，N) 的形核速率，从而抑制 Nb(C，N) 的析出。因此，两方面因素的综合作用使得高温轧制会细化 Nb(C，N) 的尺寸，减少析出相体积分数。

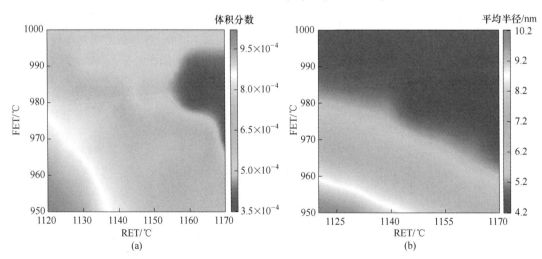

图 4-6 粗轧及精轧开轧温度对 Nb(C，N) 析出相体积分数与平均半径的影响
（a）粗轧及精轧开轧温度对析出相体积分数的影响；（b）粗轧及精轧开轧温度对析出相平均半径的影响
（扫描书前二维码查看彩图）

图 4-7(a)所示为粗轧及精轧开轧温度对轧制结束后奥氏体晶粒尺寸的影响。由图 4-7（a）可以看出降低粗轧开轧温度，提高精轧开轧温度，可明显细化奥氏体晶粒。这是由于降低粗轧开轧温度可以抑制奥氏体在粗轧道次间隙时间内的粗化行为，减小精轧前的奥氏体晶粒尺寸。精轧开轧温度越高，精轧各道次再结晶分数越多，奥氏体晶粒尺寸越小。此外，通过对比可知当粗轧开轧温度降低 50 ℃时，精轧后奥氏体晶粒细化幅度低于 8.0 μm，而精轧开轧温度提高 50 ℃时，奥氏体晶粒可粗化 11.0 μm 以上，因此精轧开轧温度对奥氏体晶粒尺寸的影响大于粗轧开轧温度，适当提高精轧温度可以细化轧制后奥氏体晶粒尺寸。

图 4-7（b）所示为粗轧及精轧开轧温度对轧制结束后奥氏体压扁率的影响。可以看出当精轧开轧温度低于 980 ℃时，随着粗轧开轧温度的升高，奥氏体晶粒压扁率略有增加。这是由于在精轧开轧温度不变的条件下提高粗轧开轧温度通常会延长粗轧待温时间，这可

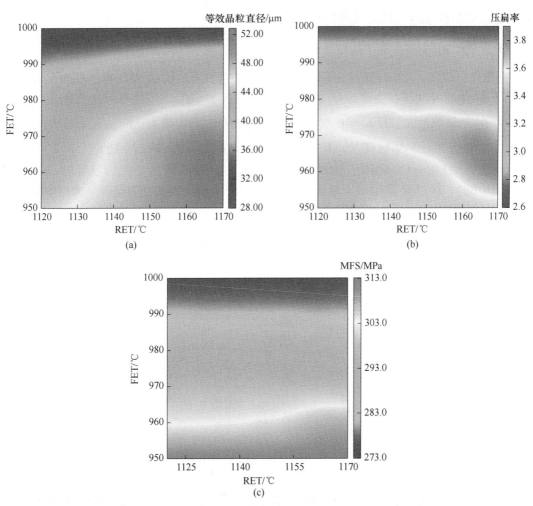

图 4-7 粗轧及精轧开轧温度对精轧后奥氏体等效晶粒直径、压扁率及精轧末道次轧件平均流变应力的影响

（a）粗轧及精轧开轧温度对奥氏体等效晶粒直径的影响；（b）粗轧及精轧开轧温度对奥氏体压扁率的影响；

（c）粗轧及精轧开轧温度对精轧末道次轧件平均流变应力的影响

（扫描书前二维码查看彩图）

使奥氏体在待温期间充分生长，从而增加精轧前奥氏体的晶粒尺寸，弱化奥氏体抵抗塑性变形的能力，最终使晶粒压扁程度增加。而当精轧开轧温度高于 980 ℃时，粗轧温度对奥氏体晶粒压扁程度影响较小。此外，当粗轧开轧温度不变时，奥氏体压扁率随精轧开轧温度先增加后减小。一方面，当精轧开轧温度升高时，轧制过程中奥氏体晶粒可以快速生长，其在变形后更容易压扁；另一方面，在较高的温度下精轧时，Nb(C，N) 析出开始时间延长，这可使精轧过程中奥氏体再结晶进行得更为充分，从而提高混晶奥氏体中等轴再结晶晶粒的体积分数，减小奥氏体晶粒的压扁程度。两方面因素的综合影响使得当精轧开轧温度为 955~975 ℃时，轧制结束后奥氏体混晶组织的压扁率最大。

图 4-7（c）所示为粗轧与精轧开轧温度对精轧末道次平均流变应力 MFS 的影响。可以看出粗轧开轧温度对平均流变应力的影响弱于精轧开轧温度，且当精轧开轧温度升高时，奥氏体晶粒内位错密度降低，精轧末道次平均流变应力减小。

4.4.2 "氧化-力能"耦合状态的机器学习结果分析

本节基于 RF 模型计算了轧件入口厚度 H、出口厚度 h、轧辊与轧件接触弧长 l_c、界面摩擦系数 μ_F、应变 ε 及应变速率 $\dot{\varepsilon}$ 等变量对外摩擦应力状态系数 Q_p 的影响，并用图 4-8（a）所示的 SHAP 图描述了各变量对 Q_p 的影响程度。图 4-8（a）表明在所有的变量中，h、μ_F 及 $\dot{\varepsilon}$ 对 Q_p 的影响最大，且 h 与 H 越大，其对 Q_p 的负向影响越大；而 μ_F、ε、$\dot{\varepsilon}$ 及 l_c 的值越大，其对 Q_p 的正向影响越大。因此，Q_p 随 h 与 H 的增加而减小，随 μ_F、ε、$\dot{\varepsilon}$ 及 l_c 的增加而增加。式（4-4）所示为考虑外部摩擦时 Q_p 的经验模型[13]，可以发现当 μ_F 和 ε 增加、h 减小时，Q_p 会不断增加，可见本节建立的 RF 模型计算的变形条件与界面摩擦系数对 Q_p 的影响规律与经验模型计算结果一致。

$$Q_p = 1.08 + 1.79\mu_F\varepsilon\sqrt{1-\varepsilon}\sqrt{R_w/h} - 1.02\varepsilon \qquad (4-4)$$

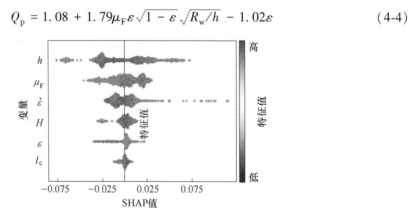

图 4-8　各变量对 Q_p 的影响程度

（扫描书前二维码查看彩图）

图 4-9 示出了精轧前氧化铁皮厚度对精轧过程氧化铁皮厚度变化及各道次摩擦系数、外摩擦应力状态系数及轧制力的影响。初始氧化铁皮越厚，氧化层内离子扩散路径越长，轧制道次间隙时间内氧化铁皮生长速率越慢，因此随着轧制过程的进行，初始氧化铁皮厚度对各道次变形后氧化铁皮厚度的影响不断减弱，如图 4-9（a）所示。当初始氧化铁皮厚

度为 20 μm 和 200 μm 时，轧制结束后氧化铁皮厚度分别为 15.2 μm 和 25.5 μm，两者之间的差距为 10.3 μm。

氧化铁皮可以充当轧件与轧辊之间的润滑剂，改善轧制过程中的润滑条件。结合图 4-9（a）和（b）可以看出，初始氧化铁皮厚度越厚，各道次摩擦系数越小，且随着轧制温度的降低，氧化铁皮的润滑作用不断减弱，因此精轧后期初始氧化铁皮厚度对界面状态的影响已十分微弱，各道次摩擦系数十分接近。图 4-9（c）和（d）表明，氧化铁皮初始厚度对外摩擦应力状态系数 Q_p 和轧制力的影响与其对摩擦系数的影响一致，即氧化铁皮厚度的影响仅存在于精轧前期。当精轧第一道次初始氧化铁皮厚度分别为 20 μm 和 200 μm 时，对应的轧制力分别为 66.5 MN 和 64.9 MN，两者之间相差 2.41%，而在第 8 道次时，对应的轧制力分别为 71.4 MN 和 71.3 MN，两者之间仅差 0.14%。由此可见，随着轧制过程的进行，初始氧化铁皮厚度对 Q_p 和摩擦力的影响越来越小，在精轧 F8 道次之后，氧化铁皮初始厚度对界面摩擦及轧制力影响已经可以忽略。

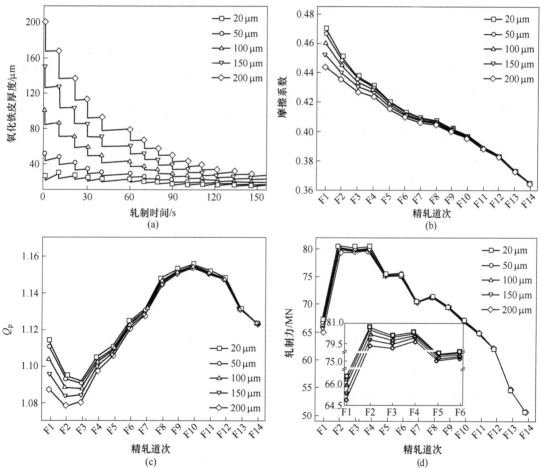

图 4.9　精轧前氧化铁皮厚度对精轧过程氧化铁皮厚度变化、
各道次摩擦系数、外摩擦应力状态系数及轧制力的影响

（a）精轧前氧化铁皮厚度对精轧过程氧化铁皮厚度演变行为的影响；（b）精轧前氧化铁皮厚度对精轧各道次摩擦系数的影响；（c）精轧前氧化铁皮厚度对精轧各道次外摩擦应力状态系数的影响；（d）精轧前氧化铁皮厚度对精轧各道次轧制力的影响

由以上论述得到下列结论：

（1）开发了板带材热轧过程"组织-氧化-力能"的集成机器学习算法框架，在初步学习中，基于 Sims 方程优化了全黏着条件下平均流变应力的模型参数；在加强学习阶段，考虑了氧化铁皮厚度对润滑条件及外摩擦应力状态系数的影响，建立了氧化铁皮润滑条件下外摩擦应力状态系数与界面摩擦系数、变形条件及轧辊半径之间的机器学习模型；在优化学习阶段，对平均流变应力和外摩擦应力状态系数模型进行微调，以进一步提高轧制力的计算精度。与中厚板产线的 L2 系统对比，本章建立的机器学习模型轧制力计算精度有较大的提升，且轧制力的预测精度在 ±5% 以内。

（2）对 32.4 mm 规格的 X80M 中厚板而言，Nb(C，N) 可在精轧前待温区间内析出。在精轧过程中，随着轧制温度的降低，大量更为细小的 Nb(C，N) 可在道次间隙时间内不断析出，致使析出相尺寸逐道次减小，析出相分数逐道次增加。随着析出相体积分数的增加与平均尺寸的减小，析出相对奥氏体晶界的钉扎力在精轧第 5 道次后超过再结晶驱动力，并使再结晶终止，此后奥氏体晶粒细化效应减弱，但晶粒压扁程度不断增加。

（3）增加钢中 C 元素和 Nb 元素的质量分数可以促进 Nb(C，N) 析出，细化奥氏体晶粒，增加混晶奥氏体的压扁程度与钢基体的平均流变应力；提高粗轧开轧温度与精轧开轧温度，可以减少析出相体积分数与半径。降低粗轧开轧温度，提高精轧开轧温度，可明显细化奥氏体晶粒，降低精轧过程中钢基体的平均流变应力。

（4）机器学习计算结果表明，外摩擦状态系数随摩擦系数、应变、应变速率及接触弧长的增加而增加，随轧件入口及出口厚度增加而减小，且轧件出口厚度和界面摩擦系数对外摩擦状态系数的影响最大。在轧制过程中，增加精轧前氧化铁皮厚度可以降低精轧各道次的摩擦系数、外摩擦应力状态系数与轧制力。随着轧制过程的进行，初始氧化铁皮厚度对精轧过程氧化铁皮厚度演变行为、界面摩擦系数、外摩擦应力状态系数及轧制力的影响减弱，在精轧后期，初始氧化铁皮厚度对轧制力的影响可以忽略。

参 考 文 献

［1］ Gómez M, Rancel L, Medina S F. Assessment of austenite static recrystallization and grain size evolution duringmultipass hot rolling of a niobium-microalloyed steel ［J］. Metals and Materials International, 2009, 15 (4): 689-699.

［2］ Abad R, Fernandez A I, Lopez B, et al. Interaction between recrystallization and precipitation during multipass rolling in a low carbon niobium microalloyed steel ［J］. ISIJ International, 2001, 41 (11): 1373-1382.

［3］ Estrin Y, Mecking H. A unified phenomenological description of work hardening and creep based on one-parameter models ［J］. Acta Metallurgica, 1984, 32 (1): 57-70.

［4］ Suárez L, Houbaert Y, Eynde X V, et al. High temperature deformation of oxide scale ［J］. Corrosion Science, 2009, 51 (2): 309-315.

［5］ Schütze M. Deformation and cracking behavior of protective oxide scales on heat-resistant steels under tensile strain ［J］. Oxidation of Metals, 1985, 24 (3): 199-232.

［6］ Schütze M. Mechanical properties of oxide scales ［J］. Oxidation of Metals, 1995, 44 (1): 29-61.

［7］ Yu Y, Lenard J G. Estimating the resistance to deformation of the layer of scale during hot rolling of carbon steel strips ［J］. Journal of Materials Processing Technology, 2002, 121 (1): 60-68.

［8］ Lenard J G, Kalpakjian S. The effect of temperature on the coefficient of friction in flat rolling ［J］. CIRP Annals, 1991, 40 (1): 223-226.

［9］ Lenard J G, Barbulovic-Nad L. The coefficient of friction during hot rolling of low carbon steel strips ［J］. Journal of Tribology, 2002, 124 (4): 840-845.

［10］ Minami K, Siciliano J F, Maccagno T M, et al. Mathematical modeling of mean flow stress during the hot strip rolling of Nb steels ［J］. ISIJ International, 1996, 36 (12): 1507-1515.

［11］ Yoshie A, Morikawa H, Onoe Y, et al. Formulation of static recrystallization of austenite in hot rolling process of steel plate ［J］. Transactions of the Iron and Steel Institute of Japan, 1987, 27 (6): 425-431.

［12］ Yoshie A, Fujioka M, Watanabe Y, et al. Modelling of microstructural evolution and mechanical properties of steel plates produced by thermo-mechanical control process ［J］. ISIJ International, 1992, 32 (3): 395-404.

［13］ Roucoules C, Yue S, Jonas J J. Effect of alloying elements on metadynamic recrystallization in HSLA steels ［J］. Metallurgical and Materials Transactions A, 1995, 26 (1): 181-190.

5 "形核-长大"机制下的变温相变动力学可加性法则及机器学习求解方法

轧制结束后，无论是热连轧还是中厚板产品，变形奥氏体均可发生连续冷却转变，分解为铁素体、珠光体与贝氏体。大量的研究表明，连续冷却过程中奥氏体相变产物与热履历相关，各相比例直接决定了钢材的力学性能[1]，因此，精准描述奥氏体连续冷却相变动力学是破解轧制全流程显微组织演变黑箱状态的重要环节。

铁素体及珠光体转为典型的扩散型相变，形核和长大过程均对相变行为有重要的影响。根据 Cahn 相变理论，扩散型相变可按两种不同的机制进行：若形核和长大过程同时存在，则两者对相变分数均有贡献，相变过程满足形核长大机制；反之，若相变前新相晶核已在母相中大量存在，则在后续相变过程中，相变分数仅来自于长大过程，此时，相变过程满足位置饱和机制[2-4]。Liu 发现，铁素体转变前期满足形核长大机制，当形核位置耗尽后，相变过程转变为位置饱和机制[5]。与此不同，Offerman 通过实验发现珠光体相变满足形核长大机制，形核行为贯穿于相变全过程，形核和长大过程对珠光体分数均有贡献[6]。因此，要准确计算冷却过程中奥氏体的相变行为，必须同时考虑形核和长大行为对相变分数的贡献，建立不同相变机制下的可加性法则对铁素体和珠光体的非等温相变动力学进行解析。然而，截至目前，相关工作尚未见报道。

针对以上问题，基于 JMAK 方程、Cahn 相变理论及 Fick 第二定律，建立了同时考虑扩散型相变形核与生长过程的广义可加性法则，并结合实验数据及遗传算法求解了铁素体和珠光体相变动力学的数据驱动解，在此基础上完成了等温与变温相变动力学的相互转换。最后，提出并讨论了扩散型相变的广义等动力学条件。

5.1 研究背景

钢铁材料在热轧之后的冷却过程中，通常发生奥氏体向铁素体、珠光体和贝氏体等相的转变。转变产物的体积分数和晶粒尺寸等组织状态决定了产品最终的力学性能，尤其当研究人员认识到细晶强化会造成过高屈强比等后果，因此提出了适度细化的建议，钢材的强度就存在一定的限制。由于双相钢的出现，提供了开发高强度高韧性钢材的启示，如果能有效地控制钢中硬相（马氏体、贝氏体）与软相（铁素体）之间的比例，就有可能获得强度与塑性完美匹配的综合性能优良的钢材[1]。因此，研究奥氏体相变过程是基于物理冶金模型的组织性能预测和控制技术的中心环节。

相变热力学和相变动力学是研究相变的两个主要的方向。相变热力学主要研究相变过程中与时间无关的参数，如 Ae_3、A_{cm}、T_0 和奥氏体与铁素体边界的平衡碳浓度等。其中 Ae_3、A_{cm}、T_0 分别是平衡状态下奥氏体向先共析铁素体、渗碳体和贝氏体转变的相变开始温度[7]。相变动力学主要研究相变过程中与时间有关的参数，如 Ar_3、Ar_1、Ac_3、Ac_1 和奥氏体与铁素体边界的碳浓度等。其中，Ar_3、Ar_1 分别是奥氏体向先共析铁素体和珠光体转变的实际相变开始温度；Ac_3、Ac_1 分别是铁素体和珠光体向奥氏体转变的实际相变开始温度。

相变热力学为相变动力学提供必要的参数。在 1977 年时，Kirkaldy 建立了合金钢相变平衡温度 Ae_3 的计算模型，但解多组非线性方程组在当时非常困难[8]。后来，随着"仲平衡"概念的提出，Umemoto 建立了变形后 γ 相变行为的预测模型[9]。后来许多研究者在相变热力学模型方面做了大量的工作。由于本章主要分析相变动力学过程，因此将主要介绍相变动力学的研究现状。

5.1.1 等温相变理论

绝大多数固态相变都需经历形核和生长两个阶段。扩散型固态相变的形核与凝固类似，符合经典的形核方式，即其晶核的形成是靠原子热激活促使晶胚达到临界形核尺寸。经典形核理论包含了连续形核模型，位置饱和型形核模型和混合型形核模型等。

5.1.1.1 连续形核模型

在宏观上均匀的母相中，总存在一些微观的不均匀性，如能量、组态、成分和密度的差别等。如果母相中某些微小区域的组态、成分和密度与新相的组态成分和密度相接近，则在这些区域中就可能形成新相晶胚，当这些晶胚大到一定的尺寸时，就可作为稳定的晶核而长大。其形核率满足式（5-1）Arrhenius 关系[10]。

$$\dot{N} = N_0 \exp\left(-\frac{\Delta G^* + Q_N}{RT}\right) \tag{5-1}$$

式中　　N_0——与温度无关的系数；

　　　ΔG^*——临界形核功[8-10]，当过冷度或过热度过大时，其值通常可以忽略；

　　　Q_N——形核激活能；

　　　R——气体常数，8.314 J/（mol·K）；

　　　T——形核温度。

5.1.1.2 位置饱和型形核模型

位置饱和型形核模型假设相变开始时，母相中已存在大量的晶核，且母相中晶核数量已达到饱和状态，在后续相变过程中不再发生形核。经典的 Cahn 相变理论认为[2]，相变前在晶界、晶棱、角隅处预先形核造成形核位置饱和，其形核率可以表示为式（5-2）。

$$\dot{N} = N_0 \delta(t) \tag{5-2}$$

式中，$\delta(t)$ 满足 $\int_{-\infty}^{\infty} \delta(t)\mathrm{d}t = 1$，$t > 0$ 时 $\delta(t) = 0$。

5.1.1.3 混合型形核模型

在实际相变中，形核过程可能包含了多种不同的形核机制，故称之为混合型形核模型，其形核率表示为式（5-3）。

$$\dot{N} = N_0 \left[\exp\left(-\frac{\Delta G^* + Q_N}{RT} \right) + \delta(t) \right] \tag{5-3}$$

晶核长大是相变的另一重要过程,按照新旧两相成分是否相同,可以将长大过程划分为界面控制型和扩散控制型两种机制。对于界面控制相界面迁移,新旧两相成分相同,其迁移速率主要由原子穿越相界面的短程跃迁所控制。当新旧两相成分不同时,相界面迁移除了受界面机制控制外,还必须满足溶质原子重新分布的要求,其界面迁移伴随着溶质原子在母相中的长程扩散,此类长大方式为扩散控制型机制。

等温相变动力学理论描述了新相在相变过程中相变分数与时间的关系,其基础为 Avrami 方程。Avrami 对相变的处理过程中引入了"扩展体积"的概念(V_e),它表示所有的新相晶核自由生长所贡献的新相体积,相变分数 f 与扩展体积 V_e 之间满足式(5-4)[11]。

$$\begin{cases} f = 1 - \exp(-V_e) \\ V_e = g \int_0^t \dot{N}(\tau) d\tau \left(\int_\tau^t \dot{G}(t') dt' \right)^n \end{cases} \tag{5-4}$$

式中 $\dot{N}(\tau)$ ——形核速率;

   $\dot{G}(t')$ ——新相的形核及长大速率,对于扩散型相变,新相长大速率受溶质元素浓度分布的影响。

假设母相 γ 中初始溶质浓度为 C^0,α/γ 界面 α 侧和 γ 侧溶质浓度分别为 C^α 和 C^γ,则半径为 R 的 α 相的长大速率满足式(5-5)所示溶质守恒方程[12]。

$$\dot{G} = \frac{D(T)}{C^\gamma - C^\alpha} \frac{\partial C(r, t)}{\partial r} \bigg|_{r=R} \tag{5-5}$$

式中 $D(T)$ ——溶质原子扩散系数;

   $C(r, t)$ ——元素在时间 t 沿 r 方向的浓度;

   R——新相的半径。

对于不发生元素浓度变化而由界面迁移控制的新相生长过程,长大速率采用式(5-6)描述[13]。

$$\dot{G} = G_0 \exp\left(-\frac{Q_G}{RT} \right) \left(1 - \exp\frac{\Delta G}{RT} \right) \tag{5-6}$$

式中 Q_G——原子通过新旧相界面跃迁的激活能;

   ΔG——驱动力。

以上介绍的是等温相变动力学的一般理论,其适用于任何扩散控制或者界面控制的等温相变过程。对于热轧产品而言,在轧后的冷却过程中将发生热变形奥氏体向铁素体、珠光体和贝氏体的相变。奥氏体的组织状况和冷却条件将会对相变行为产生影响,并且它决定了相变产物,铁素体的体积分数和晶粒尺寸等组织参数。奥氏体等温相变动力学可用 Avrami 方程来描述,利用经典的形核和长大理论可以确定变形奥氏体转变成新相的体积百分数和晶粒尺寸。

国内外很多研究人员如 Sellars、Yada、Saito、江坂一彬等都在组织-性能预测的相变动力学部分做了大量的工作,已经能够成功地预测碳锰钢和高强度低合金钢的相变实际转变温度、相变的体积分数以及最终铁素体晶粒尺寸等相变动力学参数。表 5-1 给出了一些其他典型的奥氏体向铁素体相变模型的汇总。

表 5-1 奥氏体向铁素体相变动力学预报模型

学者	铁素体转变动力学模型
Esaka	$X/X_{\max} = 1 - \exp(-[(2.24/d_\gamma^m)q + 0.114(\Delta\varepsilon)^2][(1 + 4\Delta\varepsilon)k_f(t - \tau_f)^n]/2.24)$
Saito	$X(t) = 1 - \exp\left(-\int J(t')V(t',\ t)\mathrm{d}t'\right)$
Kwon	$X = X_{\max}[1 - \exp(-K(t - x)^n)]$
Choquet	$\mathrm{d}X/\mathrm{d}t = kCm(-\mathrm{d}F/\mathrm{d}T)(1 - X)$
Lee	$X/X_{\max} = 1 - \exp\left(-\sum I(t)V(t - \tau)\Delta t\right)$
Minote	$X_F = 1 - \exp(1 - V_F)$
Umemoto	$X_F(t) = \dfrac{x_C^{\gamma/\alpha} - x_C^\gamma}{x_C^{\gamma/\alpha} - x_C^{\alpha/\gamma}}\left\{1 - \exp\left(-2S_\gamma\alpha_F t^{1/2}\dfrac{x_C^{\gamma/\alpha} - x_C^{\alpha/\gamma}}{x_C^{\gamma/\alpha} - x_C^\gamma}\cdot\right.\right.$ $\left.\left.\int_0^1\left[1 - \exp\left(-\dfrac{9}{2}\pi I_F^S\alpha^2 t^2(1 - 2x^2 + x^4)\right)\right]\mathrm{d}x\right)\right\}$

对于珠光体相变机制的处理，有的是按照形核长大机制，有的是按照瞬时形核位置饱和机制；贝氏体相变处理比较简单，一般都是以位置饱和机制处理。表 5-2 是文献中珠光体、贝氏体相变模型的总结。

表 5-2 奥氏体向珠光体和贝氏体相变动力学预测模型

学者	相变模型	
	珠光体	贝氏体
Saito	$v = \dfrac{2D_c}{SRTx^e}\left[\dfrac{\Delta H}{T^e}(T^e - T) - \dfrac{2\sigma V_P}{S}\right]$	
Yada	$\mathrm{d}X/\mathrm{d}t = 4.046(k_1 S_\gamma IG^3)^{1/4}(-\ln(1 - X))^{3/4}(1 - X)$	$\mathrm{d}X/\mathrm{d}t = k_2(6/d_\gamma)G(1 - X)$
Minoto	$\mathrm{d}X/\mathrm{d}t = 8 \times 10^8 \Delta TDC_\gamma(C_{\gamma\alpha} - C)(1 - X)$	$\mathrm{d}X/\mathrm{d}t = k_2 G_B(1 - X)$

5.1.2 变温相变理论

如果相变在非等温条件下进行，其动力学需采用 Scheil 提出的加性法则通过等温相变数据构建[13]，即式（5-8）。

$$\int_0^{t_{\mathrm{non}}} \frac{\mathrm{d}t}{t_{\mathrm{iso}}(f,\ T)} = 1 \tag{5-7}$$

式中 $t_{\mathrm{iso}}(f,\ T)$，t_{non} ——等温温度 T 和非等温条件下相变分数达到 f 所需时间。

Scheil 可加性法则广泛应用于将物理冶金过程的等温动力学转化为非等温动力学，包括再结晶、析出、相变等[14-16]。关于这一理论的适用性问题，首先由 Avrami 提出了 Scheil 可加性法则成立的等速条件，即：如果形核速率与生长速率成正比，则相变符合 Scheil 可加法则[17]。由于大多数非均质形核相变的形核过程都发生于相变初期，这一条件很难满足, 因此, Cahn 提出了一个更一般的等速条件, 即当反应速率仅为相变分数和温度的函数时, Scheil 可加性法则成立[2]。Lusk 进一步指出, 仅当反应速率是相变分数和温度的可分离函数时, Cahn 的等速条件才有效[18]。Zhu[19] 和 Ye[20] 分别从理论和实验角度证实, 当形核速率和生长速率均对反应动力学有影响时, 相变不遵守 Scheil 可加性法则。因此, 当相变过程中形核与长大同时发生时, 必须修正 Scheil 可加性法则, 以下对此进行介绍。

5.1.2.1 HSU 对可加性法则的改进

在变温条件下, 冷却速率对相变孕育期具有非常重要的影响, 为了反映冷速对相变进程的影响, HSU 在可加性法则表达式中引入了与冷却速率相关的系数[21-22], 如式 (5-8) 所示, 以提高可加性法则对相变开始温度的预测精度。图 5-1 示出了两种可加性法则的预测精度, 可以看出在考虑了冷却速率之后, 可加性法则对相变开始温度的预测精度大为提高。

$$\frac{1}{aC_R^b}\int_0^{t_{non}}\frac{\mathrm{d}t}{t_{iso}(T)} = 1 \tag{5-8}$$

式中 a, b——常数;

C_R——冷却速率, ℃/s。

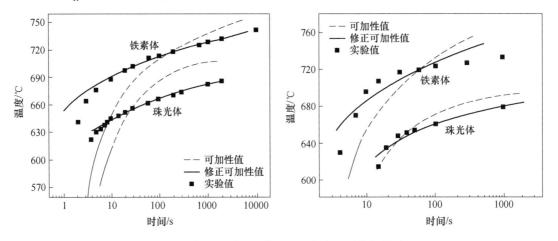

图 5-1 可加性法则改进前后对相变点预测精度的对比

5.1.2.2 Tomellini 对可加性法则的改进

Tomellini 基于式 (5-9)~式(5-13) 对可加性法则的改进, 其建立的基本条件是假设形核速率和长大速率与温度之间符合 Arrhenius 方程, 即式 (5-9) 和式 (5-10), 且在变温相变的过程中, 加热速率或冷却速率保持不变, 最终得到的改进结果为式 (5-11)[23-24]。

$$\dot{N}(T) = \dot{N}_0\exp\left(-\frac{Q_N}{RT}\right) \tag{5-9}$$

$$\dot{G}(T) = \dot{G}_0 \exp\left(-\frac{Q_G}{RT}\right) \tag{5-10}$$

$$\int_0^{t_{non}} \frac{W(T_0)\,dt}{t_{iso}(T)} = 1 \tag{5-11}$$

式中　$W(T_0)$——取决于形核与长大过程的热履历变化的权重因子，其值如式（5-12）所示。

$$\begin{cases} W(T_0) = \dfrac{S_{n-2}(T_0,\ \tau)}{S_{n-1}(T_0,\ \tau)^{\frac{n-1}{n}}} \exp\dfrac{(a-b)\tau}{n(1+\tau)} \\[3mm] S_{n-2}(\tau) = \dfrac{n}{\tau^n} e^{b+(n-1)a} \int_0^\tau d\tau' e^{\frac{-b}{1+\tau'}} \left[(1+\tau') E_2\left(-\dfrac{a}{1+\tau'}\right) - (1+\tau) E_2\left(-\dfrac{a}{1+\tau}\right)\right]^{n-1} \end{cases} \tag{5-12}$$

式中　$a = \dfrac{Q_G}{RT}$，$b = \dfrac{Q_N}{RT}$，$\tau = \dfrac{C_R t}{T_0}$，$E_2(x) = x \int_{-\infty}^x \dfrac{e^z}{z} dz - e^x$。可以看出，该改进模型所采用的可加性模型没有考虑过冷度对形核过程的影响。若考虑过冷度对形核过程的影响，如式（5-13）所示，该模型便不再适用。

$$\dot{N}(T) = \dot{N}_0 T^m \exp\left(-\frac{Q_N}{RT}\right) \tag{5-13}$$

5.2 广义可加性法则的理论模型推导

5.2.1 不同相变机制下的相变速率模型

等温条件下，新相体积分数 f 与时间 t 的关系满足式（5-14）所示 JMAK 方程[11]。

$$\begin{cases} f = 1 - \exp(-V_e) \\[2mm] V_e = g \int_0^t \dot{N}(\tau)\,d\tau \left(\int_\tau^t \dot{G}(t')\,dt'\right)^n \end{cases} \tag{5-14}$$

式中　$\dot{N}$，$\dot{G}$——新相的形核及长大速率；

　　　V_e——新相的"扩展体积"；

　　　g——形状因子，当新相以球形生长时，$g = 4\pi/3$；

　　　n——时间指数，取决于形核及长大机制[25]。

对式（5-14）进行微分，即可得到等温状态下新相的相变速率 $\dot{f}$，如式（5-15）所示。

$$\begin{cases} \dot{f} = (1-f)\dot{V}_e \\[2mm] \dot{V}_e = ng\left[\int_0^t \dot{N}(\tau)\,d\tau\left(\int_\tau^t \dot{G}(t')\,dt'\right)^n\right]^{\frac{n-1}{n}} \dot{G}(t)\left(\int_0^t \dot{N}(\tau)\,d\tau\right)^{\frac{1}{n}} \end{cases} \tag{5-15}$$

上式中扩展体积变化率 $\dot{V}_e$ 可以进一步化简，化简结果如式（5-16）所示。

$$\dot{V}_{e} = n g^{\frac{1}{n}} V_{e}^{\frac{n-1}{n}} \dot{G}(t) \left(\int_{0}^{t} \dot{N}(\tau) \mathrm{d}\tau \right)^{\frac{1}{n}} \tag{5-16}$$

联立式（5-15）与式（5-16），可得等温状态下新相相变速率的表达式，如式（5-17）所示。

$$\dot{f} = n(1-f)(-\ln(1-f))^{\frac{n-1}{n}} \dot{G}(t) \left(g \int_{0}^{t} \dot{N}(\tau) \mathrm{d}\tau \right)^{\frac{1}{n}} \tag{5-17}$$

Cahn 相变理论表明，扩散型相变前期满足形核长大机制，当母相中形核位置耗尽后，相变过程转变为位置饱和机制[2-3, 5]。本节进一步假设只有当相变分数达到临界值 f_c 时，相变机制才会发生转变。当 $f < f_c$ 时，相变满足形核长大机制，新相形核与长大过程同时存在，此时等温相变速率 $\dot{f}_{\mathrm{iso}}$ 与变温相变速率 $\dot{f}_{\mathrm{non}}$ 的关系如式（5-18）所示。

$$\begin{cases} \dot{f}_{\mathrm{iso}} = n(1-f)(-\ln(1-f))^{\frac{n-1}{n}} \dot{G}_{\mathrm{iso}}(T, t)(g\dot{N}(T, t)t)^{\frac{1}{n}} \\ \dot{f}_{\mathrm{non}} = n(1-f)(-\ln(1-f))^{\frac{n-1}{n}} \dot{G}_{\mathrm{non}}(T, t) \left(g \int_{0}^{t} \dot{N}(T, t)\mathrm{d}\tau \right)^{\frac{1}{n}} \end{cases} \tag{5-18}$$

式中　$\dot{G}_{\mathrm{iso}}$，$\dot{G}_{\mathrm{non}}$ ——等温及变温条件下新相的长大速率。

当新相体积分数达到临界值 f_c，晶核数量达到 N 时，相变转换为位置饱和机制，化简式（5-18），可以得到位置饱和机制的等温相变速率 $\dot{f}_{\mathrm{iso}}$ 及变温相变速率 $\dot{f}_{\mathrm{non}}$ 的表达式，如式（5-19）所示。

$$\begin{cases} \dot{f}_{\mathrm{iso}} = n(gN)^{\frac{1}{n}}(1-f)(-\ln(1-f))^{\frac{n-1}{n}} \dot{G}_{\mathrm{iso}} \\ \dot{f}_{\mathrm{non}} = n(gN)^{\frac{1}{n}}(1-f)(-\ln(1-f))^{\frac{n-1}{n}} \dot{G}_{\mathrm{non}} \end{cases} \tag{5-19}$$

由（5-18）和（5-19）可以看出，无论相变过程符合形核长大机制，还是位置饱和机制，变温与等温条件下的相变速率 $\dot{f}$ 均与新相长大速率 $\dot{G}$ 相关且满足式（5-20）所示关系式。

$$\begin{cases} \dot{f}_{\mathrm{non}} = \dfrac{\dot{G}_{\mathrm{non}}(T, t)}{\dot{G}_{\mathrm{iso}}(T, t)} \left(\dfrac{\int_{0}^{t} \dot{N}(T, t)\mathrm{d}\tau}{\dot{N}(T, t)t} \right)^{\frac{1}{n}} \dot{f}_{\mathrm{iso}} \quad (\text{形核长大机制}) \\ \dot{f}_{\mathrm{non}} = \dfrac{\dot{G}_{\mathrm{non}}(T, t)}{\dot{G}_{\mathrm{iso}}(T, t)} \dot{f}_{\mathrm{iso}} \quad (\text{位置饱和机制}) \end{cases} \tag{5-20}$$

由此可见，相变速率受长大速率的直接影响，因此，要得到不同相变机制下相变速率的解析式，必须结合 Fick 第二定律对不同相变机制下新相的长大速率进行数学求解。

5.2.2　不同相变机制下的长大速率模型

假设相变过程中新相晶核孤立生长，并在生长过程中不受阻碍。在初始条件 $C(0, 0) = C(\infty, 0) = C^{0}$ 和边界条件 $C(R, t) = C^{\gamma}$ 下，在 $R < r < \infty$，$t \geqslant 0$ 的区域内，溶质元素在位

置 r 处的浓度 $C(r, t)$ 满足式（5-21）所示的 Fick 第二定律。

$$\frac{\partial C(r, t)}{\partial t} = D(T) \frac{\partial^2 C(r, t)}{\partial r^2} \tag{5-21}$$

在变温条件下，Fick 第二定律可以表示为式（5-22）。

$$\frac{\partial C(r, t)}{\partial \int_0^t D(T(\tau)) \mathrm{d}\tau} = \frac{\partial^2 C(r, t)}{\partial r^2} \tag{5-22}$$

相变过程中，母相基体内溶质元素的浓度 C' 与相变分数 f_α 间的关系如式（5-23）所示。

$$C' = \frac{C^0 - f_\alpha C^\alpha}{1 - f_\alpha} \tag{5-23}$$

由式（5-22）所示的质量守恒方程，可以求解出新相在等温和变温条件下的长大速率 $\dot{G}_{\mathrm{iso}}$ 和 $\dot{G}_{\mathrm{non}}$，如式（5-24）所示。

$$\begin{cases} \dot{G}_{\mathrm{iso}} = \dfrac{C^\gamma - C'}{C^\gamma - C^\alpha} \dfrac{D(T)}{\sqrt{\pi D(T) t}} \dfrac{\exp[-R^2/(4D(T)t)]}{\mathrm{erfc}[R/(2\sqrt{D(T)t})]} \\[4mm] \dot{G}_{\mathrm{non}} = \dfrac{C^\gamma - C'}{C^\gamma - C^\alpha} \dfrac{D(T)}{\sqrt{\pi \int_0^t D(\tau)\mathrm{d}\tau}} \dfrac{\exp\left[-R^2 / \left(4\int_0^t D(\tau)\mathrm{d}\tau\right)\right]}{\mathrm{erfc}\left[R / \left(2\sqrt{\int_0^t D(\tau)\mathrm{d}\tau}\right)\right]} \end{cases} \tag{5-24}$$

对比可知，$\dot{G}_{\mathrm{iso}}$ 与 $\dot{G}_{\mathrm{non}}$ 之间满足式（5-25）所示表达式。

$$\begin{cases} \dot{G}_{\mathrm{non}} = \beta(T, t) \dfrac{\sqrt{D(T)t}}{\sqrt{\int_0^t D(\tau)\mathrm{d}\tau}} \dot{G}_{\mathrm{iso}} \\[4mm] \beta(T, t) = \dfrac{\exp\left[-R^2 / \left(4\int_0^t D(\tau)\mathrm{d}\tau\right)\right]}{\exp\left[-R^2/(4D(T)t)\right]} \dfrac{\mathrm{erfc}[R/(2\sqrt{D(T)t})]}{\mathrm{erfc}\left[R / \left(2\sqrt{\int_0^t D(\tau)\mathrm{d}\tau}\right)\right]} \end{cases} \tag{5-25}$$

将式（5-25）代入式（5-20），则可得到形核长大和位置饱和机制下的相变速率，如式（5-26）所示。

$$\begin{cases} \dot{f}_{\mathrm{non}} = \beta(T, t) \left(\dfrac{\int_0^t D(\tau)\mathrm{d}\tau}{D(T)t}\right)^{\frac{1}{2}} \left(\dfrac{\int_0^t \dot{N}(T, \tau)\mathrm{d}\tau}{\dot{N}(T, t)t}\right)^{\frac{1}{n}} \dot{f}_{\mathrm{iso}} \quad \text{（形核长大机制）} \\[4mm] \dot{f}_{\mathrm{non}} = \beta(T, t) \left(\dfrac{\int_0^t D(\tau)\mathrm{d}\tau}{D(T)t}\right)^{\frac{1}{2}} \dot{f}_{\mathrm{iso}} \quad \text{（位置饱和机制）} \end{cases} \tag{5-26}$$

5.2.3 广义可加性法则的解析模型

式（5-18）和式（5-19）表明，等温条件下，无论是何种相变机制，相变速率仅为相变分数和温度的函数，换言之，它们之间满足 Christian 等动力学条件。然而，在变温条件下，热履历影响着溶质元素的扩散及浓度分布，进而会对形核与长大过程产生明显的影响，因此，本节引入式（5-27）所示热履历函数来描述热履历对相变的影响。

$$\theta = \left(\int_0^t D(\tau) d\tau \right)^{\frac{1}{2}} \left(\int_0^t \dot{N}(T, \tau) d\tau \right)^{\frac{1}{n}} \tag{5-27}$$

对于变温相变而言，相变速率为热履历函数 θ 与相变分数 f 的函数，即，

$$\dot{f} = n(1-f)(-\ln(1-f))^{\frac{n-1}{n}} h(\theta) = p(f)h(\theta) \tag{5-28}$$

不同相变机制下 $h(T)$ 与 $h(\theta)$ 的表达式见表 5-3，可以看出 $h(T)$ 与 $h(\theta)$ 之间满足 $h(\theta) = \lambda(T, \theta)h(T)$，其中 $\lambda(T, \theta)$ 与相变机制有关，其在不同机制下的表达式如式（5-29）所示。

表 5-3　不同相变机制下 $h(T)$ 和 $h(\theta)$ 的表达式

相变机制	形核长大机制	位置饱和机制
$h(T)$	$\dot{G}_{iso}(T, t)(g\dot{N}(T, t))^{\frac{1}{n}}$	$(gN)^{\frac{1}{n}}\dot{G}_{iso}(T, t)$
$h(\theta)$	$\dot{G}_{non}(T, t)\left(g\int_0^t \dot{N}(T, \tau)d\tau\right)^{\frac{1}{n}}$	$(gN)^{\frac{1}{n}}\dot{G}_{non}(T, t)$

$$\begin{cases} \lambda(T, \theta) = \beta(T, t)\left(\dfrac{\int_0^t D(T(\tau))d\tau}{D(T)t}\right)^{\frac{1}{2}}\left(\dfrac{\int_0^t \dot{N}(T(\tau))d\tau}{\dot{N}(T)t}\right)^{\frac{1}{n}} & \text{（形核长大机制）} \\[4mm] \lambda(T, \theta) = \beta(T, t)\left[\dfrac{\int_0^t D(T(\tau))d\tau}{D(T)t}\right]^{\frac{1}{2}} & \text{（位置饱和机制）} \end{cases} \tag{5-29}$$

对于在温度 T 下发生的等温相变及在温度范围为 $T_{start} \to T$ 下发生的变温相变而言，假设达到相同相变分数 f^* 所需的时间分别为 $t_{iso}(f^*, T)$ 和 t_{non}，则对式（5-28）进行积分，可得式（5-30）所示关系。

$$\int_0^{f^*} \frac{1}{p(f')}df' = \int_0^{t_{non}} h(\theta)dt' \tag{5-30}$$

式（5-30）左侧取值为 V_e^*，仅与相变分数 f^* 有关，不同热履历下 V_e^* 与 $h(T)$ 及 $h(\theta)$ 间满足式（5-31）所示关系。

$$\begin{cases} V_e^{*\frac{1}{n}} = h(T)t_{iso}(f^*, T) & \text{（等温条件）} \\[2mm] V_e^{*\frac{1}{n}} = \int_0^{non} h(\theta)dt' & \text{（变温条件）} \end{cases} \tag{5-31}$$

将 $h(\theta) = \lambda(T, \theta)h(T)$ 代入式（5-31）中可得式（5-32）。

$$V_e^{*\frac{1}{n}} = \int_0^{t_{non}} \frac{\lambda(T(t'), \theta)V_e^{*\frac{1}{n}}}{t_{iso}(f^*, T(t'))}dt' \tag{5-32}$$

无论相变在何种热履历下进行，当相变分数 f^* 相等时，新相的扩散体积 V_e^* 也相等。此时，对式（5-32）进行化简，便可得到本节所提的广义可加性法则，如式（5-33）所示。

$$\int_0^{t_{non}} \frac{\lambda(T(t'), \theta)}{t_{iso}(f^*, T(t'))} dt' = 1 \tag{5-33}$$

5.3 基于广义可加性法则的相变动力学的数据驱动解

为了验证本书推导的热履历依赖的兼顾形核与长大的广义可加性法则的正确性，需要结合 JMAK 方程，判断可加性法则是否可以实现等温相变动力学与变温相变动力学数据的相互转换，因此，需要基于广义可加性法则对相变动力学中的参数进行求解。相变动力学参数的求解过程属于高维非线性拟合问题，常见的拟合算法，如最小二乘法等多用于拟合等温相变动力学数据，不太适用于变温过程。因此，本节通过热膨胀实验或文献数据采集，构建铁素体及珠光体相变数据集，并结合启发式进化算法求解出铁素体及珠光体相变动力学参数的数据驱动解，以下对其进行详细介绍。

5.3.1 铁素体相变数据集构建

为获得不同等温温度及冷却速率下的铁素体相变动力学曲线，本节采用 DIL805A/D 型热膨胀仪测定了不同条件下化学成分为 0.10C-1.14Mn-Fe（质量分数,%）的实验用钢的热膨胀曲线。实验时首先将试样加热至 1200 ℃并保温 300 s，之后以 20 ℃/s 的速率冷却至 900 ℃并保温 20 s。等温相变时，将试样以 50 ℃/s 的速度分别冷却至 750 ℃和 725 ℃，保温 1800 s；非等温相变时，将试样分别以 0.5 ℃/s、1 ℃/s、2 ℃/s 的冷却速度冷却至室温。

图 5-2（a）和（b）分别为等温和非等温条件下实验钢的膨胀曲线，可以看出膨胀曲线均由三部分组成。第一部分是相变开始前的奥氏体区，此时过冷奥氏体处于热力学不稳定状态；第二部分是相变区，在此区间内奥氏体会分解为铁素体和珠光体，此时可以利用杠杆原理计算出等温和连续冷却过程中奥氏体的转变分数，图 5-3（a）和（b）所示为通过杠杆原理计算 750 ℃等温及 0.5 ℃/s 连续冷却条件下奥氏体转变分数的示意图；一旦相变完成，膨胀曲线便进入第三部分。

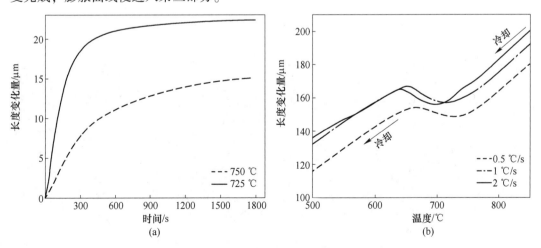

图 5-2 实验用钢在不同条件下的热膨胀曲线

（a）等温条件；（b）连续冷却条件

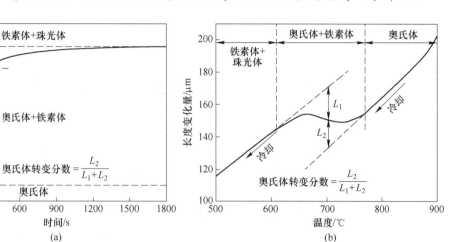

图 5-3　不同条件下奥氏体转变分数的计算方法

(a) 750 ℃等温条件；(b) 0.5 ℃/s 连续冷却条件

相变完成后，对试样进行镶嵌、研磨及抛光处理，之后用体积分数为 4% 的硝酸酒精溶液进行腐蚀，并用 Olympus 金相显微镜及 Image Pro Plus 6.0 软件观察并统计不同相变条件下试样的金相组织。不同条件下金相组织及铁素体分数统计结果如图 5-4 所示。

钢中碳元素的扩散系数 $D(T)$ 对形核与长大速率有重要的影响，它与温度之间满足式 (5-34) 所示 Arrhenius 方程。

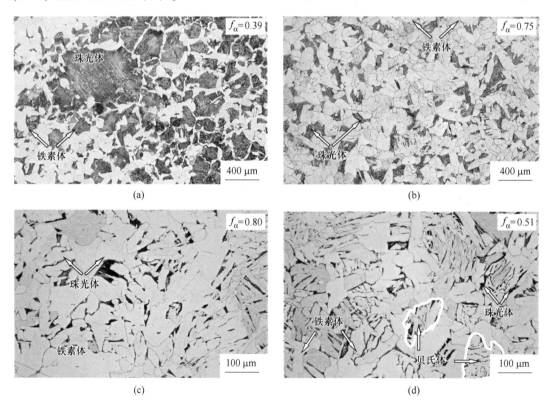

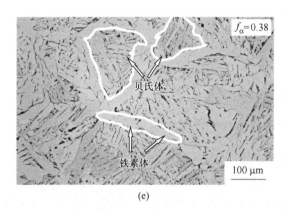

$$f_\alpha = 0.38$$

贝氏体

铁素体

100 μm

(e)

图 5-4 不同条件下试样的金相组织

(a) 750 ℃等温；(b) 725 ℃等温；(c) 0.5 ℃/s 连续冷却；(d) 1 ℃/s 连续冷却；(e) 2 ℃/s 连续冷却

$$D(T) = D_0 \exp\left(-\frac{Q_D}{RT}\right) \tag{5-34}$$

式中　D_0——常数，cm^2/s；

　　　Q_D——扩散激活能，kJ/mol。

当碳元素在奥氏体中扩散时，$D_0 = 0.02\ cm^2/s$，$Q_D = 112\ kJ/mol$[26]。形核驱动力 ΔG_v 可以由 Shiflet 等提出的热力学模型进行计算[27]。对于铁素体相变，时间指数 n_α 与温度 T 之间满足式（5-35）所示线性关系[28]。

$$n_\alpha = n_0 + bT \tag{5-35}$$

式中　n_0，b——常数。

5.3.2　珠光体相变数据集构建

本书从 Réti 等的研究[29]中采集了化学成分为 0.78C-0.31Si-0.41Mn-0.96Ni-0.28Cr-Fe（质量分数,%）的低合金共析钢的珠光体等温相变和连续冷却相变的实验数据，用以构建珠光体相变数据集。实验用钢的等温相变温度分别为 598 ℃、617 ℃、638 ℃，在连续冷却相变中，试样从（684±3）℃冷却到室温，冷却速率分别为 0.17 ℃/s、0.38 ℃/s、0.85 ℃/s。

根据 Enomoto[30] 和 Offerman[6] 的研究，珠光体相变过程中形核和生长速率均由过冷 ΔT 和扩散系数 $D(T)$ 控制，如式（5-36）所示。

$$\begin{cases} \dot{N} = K_3 D(T) \exp\left(-\dfrac{K_4}{T(\Delta T)^2}\right) \\ \dot{G} = K_5 D(T)(\Delta T)^{K_6} \end{cases} \tag{5-36}$$

式中　$K_3 \sim K_6$——常数，需要根据实验数据进行确定。

Offerman 通过实验发现珠光体相变过程满足形核长大机制[6]，将式（5-23）中珠光体形核速率 $\dot{N}$ 及长大速率 $\dot{G}$ 的解析式代入式（5-29），便可得珠光体相变中热履历函数

$\lambda(T, \theta)$ 的表达式，如式（5-37）所示。

$$\lambda(T, \theta) = \left(\frac{\int_0^t \dot{N}(T(\tau)) \, d\tau}{\dot{N}(T) t} \right)^{\frac{1}{n_P}} \tag{5-37}$$

式中 n_P——珠光体相变的时间指数。

5.3.3 相变动力学方程的数据驱动求解方法

为了准确描述铁素体及珠光体相变动力学，需要确定铁素体相变动力学中的 K_1、K_2、n_0、b 和 f_c，以及珠光体相变动力学中 K_3、K_4、K_5、K_6 和 n_P 等模型参数。从数学角度而言，需要在这些参数的可行解区间内搜索其最优取值，使得式（5-38）所示相变分数的实测值与其计算值之间的偏差最小。

$$\text{RMSE}_{ph} = \sqrt{\frac{1}{l_{ph}} \sum_{i=0}^{l_{ph}} (f_{\text{Mea}}^{ph,i} - f_{\text{Cal}}^{ph,i}(\boldsymbol{\beta}_{ph}, T_i))^2} \tag{5-38}$$

式中
RMSE_{ph}——实测相变分数与其预测值之间的均方根误差；
$ph, \boldsymbol{\beta}_{ph}$——相变类型及相变动力学参数向量，对于铁素体相变，$ph = \alpha$，$\boldsymbol{\beta}_{\alpha} = [K_1, K_2, n_0, b, f_c]$，对于珠光体相变，$ph = P$，$\boldsymbol{\beta}_P = [K_3, K_4, K_5, K_6, n_P]$；
l_{ph}——$\gamma \to ph$ 相变数据集的大小；
$f_{\text{Mea}}^{ph,i}, f_{\text{Cal}}^{ph,i}(\boldsymbol{\beta}_{ph}, T_i)$——$T_i$ 温度下 $\gamma \to ph$ 相变分数的实测结果与预测结果。

根据前人的研究[5-6, 30-35]，可以确定出 $\boldsymbol{\beta}_{\alpha}$ 和 $\boldsymbol{\beta}_P$ 中各参数的取值范围，见表5-4。

表 5-4 相变动力学参数的取值范围

相变动力学参数		最小值	最大值
$\boldsymbol{\beta}_{\alpha}$	K_1	1.0×10^6	1.0×10^{12}
	K_2	1.0×10^6	1.0×10^{12}
	n_0	-8.0	4.0
	b	-0.01	0.01
	f_c	0.0	相应冷速下的最终相变分数
$\boldsymbol{\beta}_P$	K_3	1.0×10^3	1.0×10^7
	K_4	1.0×10^5	1.0×10^8
	K_5	1	100
	K_6	1.0	3.5
	n_P	2.0	4.0

从数学角度而言，$\boldsymbol{\beta}_{\alpha}$ 和 $\boldsymbol{\beta}_P$ 向量的求解过程属于多参数非线性拟合问题，本节采用遗传算法对其数据驱动解进行求解。在遗传算法中，采用"轮盘赌"选择和二进制编码策略，单点交叉及变异算子指导该算法的选择、交叉及变异策略。个体的交叉率及变异率分

别选择为 0.5 和 0.05，种群数与迭代次数分别设定为 50 和 200。为了获得相变分数计算结果及实测结果的最小偏差，选择式（5-38）所示 $RMSE_{ph}$ 作为该算法的适应度函数。图 5-5 所示为本节基于遗传算法确定相变动力学参数数据驱动解的示意图。

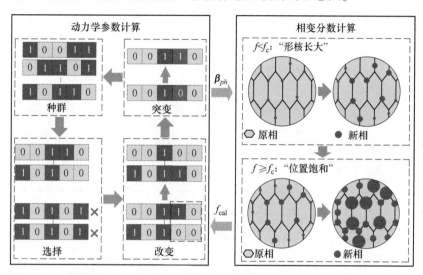

图 5-5　采用遗传算法确定相变动力学数据驱动解的示意图

5.4　实验验证与结果分析

5.4.1　铁素体相变动力学分析

　　可加性法则是实现等温相变动力学与变温相变动力学相互转变的理论基础，通过它可以根据等温相变数据预测变温相变动力学，或者根据变温相变动力学数据对等温相变动力学进行重构。下面分别利用 Scheil 可加性法则（简称 SAM）和本章提出的广义可加性法则（简称 GAM）实现等温相变与变温相变动力学的相互转换，并对相变动力学预测结果进行对比。

　　将铁素体的等温相变动力学转变为连续冷却相变动力学时，首先需要采用遗传算法和铁素体等温相变数据集求解相变动力学模型中的 K_1、K_2、n_0、b 和 f_c，从而得到铁素体等温相变动力学模型；之后，基于 SAM 或 GAM，结合铁素体连续冷却相变数据集及 K_1、K_2、n_0 和 b 的优化结果，利用遗传算法确定不同冷却速率下的临界相变分数 f_c，最终得到铁素体的连续冷却相变动力学模型。表 5-5 示出了铁素体相变动力学参数的数据驱动解，基于此，本节计算了不同热履历下铁素体分数预测值与实测结果之间的 RMSE。可以看出，对于连续冷却相变，GAM 计算的 RMSE 比 SAM 低 43.5%~70.9%，说明基于等温相变动力学数据，GAM 比 SAM 更能准确地描述铁素体的连续冷却相变动力学。

　　图 5-6（a）对比了等温条件下相变分数的实测结果及其预测值，可以看出基于 Cahn 相变理论可以对铁素体等温相变动力学进行准确计算。在此基础上，结合遗传算法与连续冷却实验数据集，可以分别得到 GAM 和 SAM 框架下铁素体的变温相变动力学。图 5-6（b）

表 5-5 将等温相变动力学转变为非等温相变动力学时 β_α 的数据驱动解及 RMSE

相变条件		β_α 中的相变动力学参数					RMSE
		K_1	K_2	n_0	b	f_c	
等温条件	750 ℃					0.3901	0.03556
	725 ℃					0.0020	0.03214
连续冷却条件（GAM 计算结果）	0.5 ℃/s	5.42×10^{10}	2.01×10^8	-5.22	6.69×10^{-3}	0.0459	0.00766
	1 ℃/s					0.0198	0.00331
	2 ℃/s					0.3830	0.01265
连续冷却条件（SAM 计算结果）	0.5 ℃/s					0.0803	0.02638
	1 ℃/s					0.0250	0.01568
	2 ℃/s					0.1857	0.02239

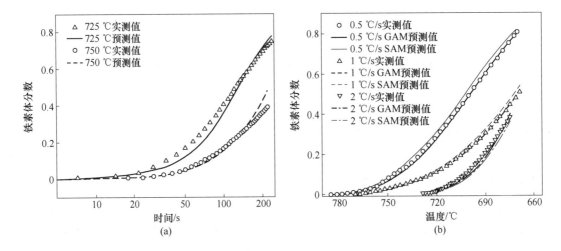

图 5-6 将等温相变动力学转换为非等温相变动力学时的铁素体转变动力学曲线
（a）等温转变；（b）连续冷却转变

对比了不同冷却速率下铁素体分数预测值与实测结果，可以看出 GAM 的计算结果与实测值之间误差低于 SAM。在 SAM 框架下，当冷却速率为 0.5 ℃/s 和 1 ℃/s 时，相变分数的计算结果高于实测值；而当冷却速率为 2 ℃/s 时，预测结果低于实测值，这表明 Scheil 可加性法则不能准确描述连续冷却条件下铁素体分数随时间的变化。由此可见，GAM 能更加精准地利用铁素体等温相变动力学数据对其连续冷却转变动力学进行重构。

将铁素体的非等温相变动力学转变为等温相变动力学时，需要根据遗传算法与连续冷却相变数据集，分别求解出 GAM 和 SAM 框架下的 K_1、K_2、n_0、b 和 f_c 等相变动力学参数，基于此，结合等温相变数据集与遗传算法求解不同等温温度下的 f_c。由于等温条件下热履历对相变没有影响，GAM 框架中 $\lambda(T,\theta)=1$。不同条件下铁素体相变动力学参数及铁素体分数实测值与预测值间的 RMSE 见表 5-6。对于连续冷却相变，GAM 计算的 RMSE 比 SAM 低 16.9%~88.0%。图 5-7 表明 GAM 计算的铁素体分数与实测值之间高度吻合，因此基于非等温相变动力学，GAM 比 SAM 更能准确解析等温相变动力学。

表 5-6 将非等温相变动力学转变为等温相变动力学时 β_α 的数据驱动解及 RMSE

方法	冷却条件		K_1	K_2	n_0	b	f_c	RMSE
广义 可加性法则 （GAM）	连续冷却 条件	0.5 ℃/s	5.55×10^{10}	2.61×10^{8}	-4.91	6.35×10^{-3}	0.0574	0.01229
		1 ℃/s					0.0231	0.00435
		2 ℃/s					0.2055	0.00895
	等温条件	750 ℃					0.3901	0.02892
		725 ℃					0.0105	0.02914
Scheil 可加性法则 （SAM）	连续冷却 条件	0.5 ℃/s	1.73×10^{10}	1.00×10^{7}	-7.09	8.84×10^{-3}	0.0118	0.02178
		1 ℃/s					0.0093	0.03626
		2 ℃/s					0.0516	0.04096
	等温条件	750 ℃					0.0010	0.03481
		725 ℃					0.7505	0.07758

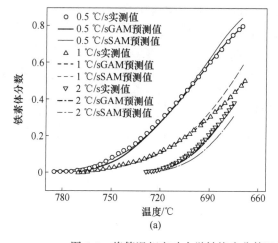
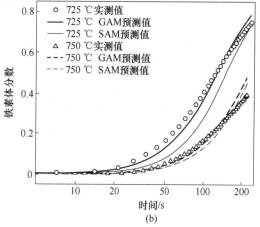

图 5-7 将等温相变动力学转换为非等温相变动力学时的铁素体转变动力学曲线

（a）连续冷却转变；（b）等温转变

对于扩散型相变而言，相变过程中扩散性元素的浓度不断发生变化，且受热履历的影响，因此溶质原子的浓度变化过程及奥氏体相变过程对热履历有着固有的记忆。本书引入了热履历函数 θ 描述热履历对相变动力学的影响，并以 $\lambda(T,\theta)$ 为桥梁建立了等温与变温过程相变动力学的之间的关系。图 5-8 所示为铁素体连续冷却过程中 $1/\lambda(T,\theta)$ 随温度的变化，可以看出 $1/\lambda(T,\theta)$ 与热履历及相变进程高度相关，其值在相变开始时约为 0，之后随温度的降低迅速增加。在相变前期，

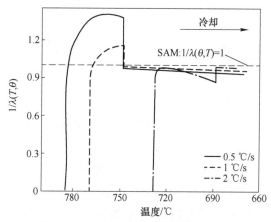

图 5-8 不同冷却速率下铁素体相变的
$1/\lambda(T,\theta)$ 随温度的变化

当相变以形核长大机制进行时，$1/\lambda(T, \theta)$ 不断增加，并在达到峰值后逐渐减小。若相变机制转变前 $1/\lambda(T, \theta) > 1.0$，则转变后其值骤降至 1.0 以下，并随温度不断减小；反之，若相变机制转变前 $1/\lambda(T, \theta) < 1.0$，则当相变机制发生转变时，$1/\lambda(T, \theta)$ 快速增加，随后不断减小。总之，在位置饱和机制下，$1/\lambda(T, \theta) < 1.0$，且随温度不断减小。

5.4.2 珠光体相变动力学分析

利用遗传算法与等温相变数据求解 $\boldsymbol{\beta}_P$ 的数据驱动解，再由 $\boldsymbol{\beta}_P$ 计算不同冷却速率下珠光体的相变分数，便可将珠光体等温相变动力学转变为变温相变动力学。$\boldsymbol{\beta}_P$ 的数据驱动解及珠光体分数预测值与实测值之间的 RMSE 见表5-7，可以看出 GAM 计算的 RMSE 比 SAM 低80.6%。图5-9对比了珠光体分数的实测值与计算值，由图5-9（a）可知，珠光体分数计算值与实验值高度吻合。将等温相变动力学转变为非等温动力学时，如图5-9（b）所示，SAM 计算的珠光体分数高于实测值，而 GAM 可以更加精确地描述珠光体分数随温度的变化。

表5-7 将等温相变动力学转变为非等温相变动力学时 $\boldsymbol{\beta}_P$ 的数据驱动解及 RMSE

相变条件	$\boldsymbol{\beta}_P$ 中的相变动力学参数					RMSE
	K_3	K_4	K_5	K_6	n_P	
等温条件						0.02595
连续冷却条件（GAM 计算结果）	4.79×10^7	4.82×10^6	29.38	1.40	3.16	0.03227
连续冷却条件（SAM 计算结果）						0.16652

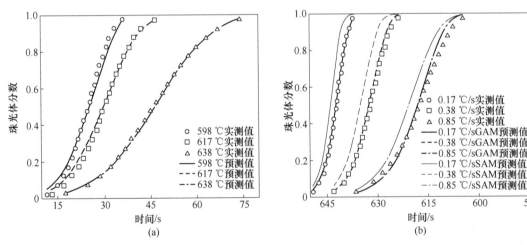

图5-9 将等温相变动力学转换为非等温相变动力学时的珠光体相变动力学曲线
（a）等温转变；（b）连续冷却转变

对于珠光体相变，将非等温相变动力学转化为等温相变动力学时，需要结合遗传算法与珠光体连续冷却相变数据集，分别求解出 GAM 和 SAM 框架下的 $\boldsymbol{\beta}_P$，随后便可利用 JMAK 方程，对珠光体等温相变动力学进行描述。表5-8为不同可加性法则下 $\boldsymbol{\beta}_P$ 的取值及珠光体分数计算值与实测值间的 RMSE，可以发现，对于连续冷却相变，SAM 计算得到的

RMSE 比 GAM 的计算结果高；对于等温相变，SAM 计算得到的 RMSE 比 GAM 的计算结果高。图 5-10 进一步表明 GAM 计算的珠光体分数与实测值之间高度吻合，由此可见，在已知珠光体连续冷却转变动力学的前提下，GAM 比 SAM 更能准确地重构出珠光体的等温相变动力学。

表 5-8　将非等温相变动力学转变为等温相变动力学时 β_P 的数据驱动解及 RMSE

方法	相变条件	β_P 中的相变动力学参数					RMSE
		K_3	K_4	K_5	K_6	n_P	
广义可加性法则 （GAM）	连续冷却条件	8.02×10^8	4.78×10^6	10.33	1.37	3.05	0.02943
	等温条件						0.02257
Scheil 可加性法则 （SAM）	连续冷却条件	9.19×10^8	6.83×10^6	18.89	1.02	2.66	0.07323
	等温条件						0.06321

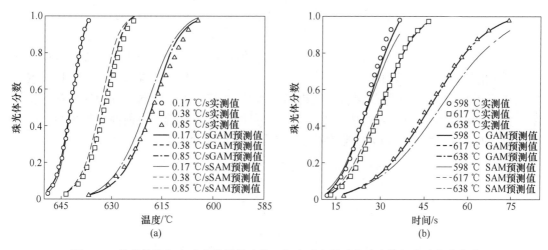

图 5-10　将非等温相变动力学转换为等温相变动力学时的珠光体相变动力学曲线
（a）连续冷却转变；（b）等温转变

结合表 5-8 所示的相变动力学参数，利用 JMAK 方程和可加性法则，可以对珠光体相变的 TTT 曲线和 CCT 曲线进行计算，进而将珠光体转变 CCT 曲线转换为 TTT 曲线。图 5-11 对比了 GAM 和 SAM 框架下珠光体的 TTT 曲线和 CCT 曲线，从图中可以看出 SAM 和 GAM 均能正确描述珠光体相变分数随温度及时间的变化趋势。由图 5-10 可以看出，SAM 仅能准确描述发生在 617 ℃的等温相变动力学及 0.17 ℃/s 的连续冷却相变动力学，而其他条件下 SAM 的计算结果与实验结果存在较大的偏差。图 5-11 表明，当等温温度在 575～625 ℃之外，或冷却速率高于 0.17 ℃/s 时，SAM 和 GAM 计算的 TTT 和 CCT 曲线存在明显的差异，且 SAM 的计算结果与实测值之间的误差高于 GAM。

5.4.3　不同相变可加性法则的对比

Cahn 相变理论假设扩散型相变可能以两种不同的相变机制进行[2-3, 5]，本节首先对这一假设的合理性进行验证。实际上，相变过程也可能以形核长大或位置饱和的单一机制进行。本节分别利用形核长大机制、位置饱和机制、混合机制计算了 1 ℃/s 冷速下铁素体

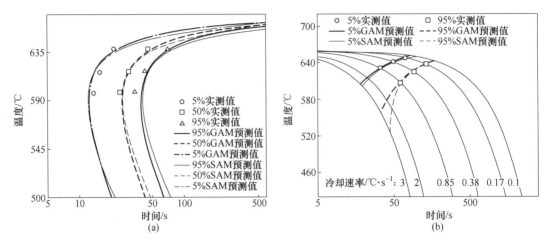

图 5-11 GAM 与 SAM 计算的 TTT 曲线与 CCT 曲线的对比

(a) TTT 曲线；(b) CCT 曲线

体积分数随温度的变化。不同机制下的相变动力学参数见表 5-9，基于此可以得到不同相变机制下的铁素体相变动力学曲线，如图 5-12 所示。可以看出，与单一的形核长大或位置饱和机制相比，本章采用的混合相变机制，即 Cahn 相变理论计算的铁素体分数与实测结果更为接近，因此，Cahn 相变理论与真实相变过程是相符的，由前面的讨论可知，基于此建立的广义可加性法则可以准确描述真实条件下相变动力学。

表 5-9 不同相变机制下铁素体相变动力学参数

相变机制	K_1	K_2	n_0	b
形核长大	8.66×10^{10}	1×10^7	-6.0	0.00784
位置饱和	9.24×10^{11}	1×10^7	-4.0	0.00538

本节假设扩散型相变的相变机制由临界相变分数 f_c 确定，若 $f_c = 0$，则相变按照位置饱和机制进行，此时相变分数全部来源于新相的生长过程，由式（5-20）和式（5-25）可知，非等温相变速率与等温条件相变速率之比等于晶核生长速率之比，如式（5-39）所示。

$$\lambda(T, \theta) = \frac{\dot{f}_{\text{non}}}{\dot{f}_{\text{iso}}} = \frac{\dot{G}_{\text{non}}}{\dot{G}_{\text{iso}}} \tag{5-39}$$

式（5-39）与 Song 得到的结论相同。因此，如果相变前新相已在母相中充分形核，且不考虑形核过程对相变分数的贡献，则本章提出的 GAM 与 Song 建立的可加性法则等效。

若 $f_c = 1$，则相变按照形核长大机制进行，新相体积分数来自于新相形核和长大两部分的贡献（图 5-12）。Farjas[36] 和 Tomellini[23-24] 忽略了溶质元素扩展对相变的影响，并对 Scheil 可加性法则进行扩展，来描述长大过程受界面迁移控制的相变动力学。然而，对于扩散控制的相变，新相周围溶质原子的浓度是影响新相形核和生长行为的重要因素，且无论使用何种数学处理方式，生长速率 $\dot{G}$ 与温度 T 间的关系均不能转变为 Arrhenius 型，这意味着 GAM 不能转变为 Farjas 和 Tomollini 等提出的可加性法则。因此，本章提出的广义可加性法则与 Farjas 和 Tomellini 等工作是可以相互补充的，它们适用于不同类型的相变。

5.4.4 扩散型相变的广义等动力学条件

作为 Scheil 可加性法则的充分条件，Christian 等动力学条件明确了 Scheil 可加性法则的适用范围：无论相变的热履历如何，当瞬时温度 T 与新相体积分数 f 确定时，该相变的瞬时相变速率相等，即相变速率独立于热履历 $T(t)$，如式（5-40）所示[18]。

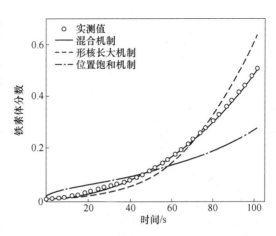

图 5-12　冷却速率为 1 ℃/s 时不同相变机制预测的铁素体连续冷却相变动力学曲线

$$\dot{f} = p(f)h(T) \qquad (5\text{-}40)$$

对于扩散型相变，溶质元素扩散系数和新旧两相界面处溶质浓度分布与温度相关，因此新相周围溶质元素浓度场演变过程对热履历 $T(t)$ 有固有的记忆。为此，本节引入了热履历函数 $\lambda(T, \theta)$，用以定量描述热履历对非等温相变过程的影响。此时，广义等动力学条件可以定义为 $\lambda(T, \theta)$ 与 Christian 等动力学的乘积，如式（5-41）所示。

$$\dot{f} = \lambda(T, \theta)p(f)h_{\text{iso}}(T) \qquad (5\text{-}41)$$

在 Christian 等动力学条件下，当相变分数和相变温度相同时，等温相变速率与变温相变速率相同，即 $\dot{f}_{\text{iso}}(f, T) = \dot{f}_{\text{non}}(f, T)$。然而，式（5-41）表明，即使相变分数与相变温度相同，等温相变速率 $\dot{f}_{\text{iso}}$ 与变温相变速率 $\dot{f}_{\text{non}}$ 也不可能相等，即 $\dot{f}_{\text{iso}}(f, T) = \lambda(T, \theta)\dot{f}_{\text{non}}(f, T)$。

图 5-13 对比了铁素体在 725 ℃下等温相变及 0.5 ℃/s 下连续冷却相变时相变速率随时间的变化。可以看出当相变温度为 725 ℃，铁素体分数为 0.22 时，等温相变速率高于连续冷却相变速率，即 $\dot{f}_{\text{non}}(0.22, 725) = \lambda(725, \theta)\dot{f}_{\text{iso}}(0.22, 725) < \dot{f}_{\text{iso}}(0.22, 725)$，由此可见 Christian 等动力学条件法则不成立。由此表明式（5-41）所示广义等动力学条件比式（5-40）所示的 Christian 等动力学条件更为合理。

图 5-14 为 GAM 和 SAM 框架下铁素体连续冷却相变速率计算值与实测值的

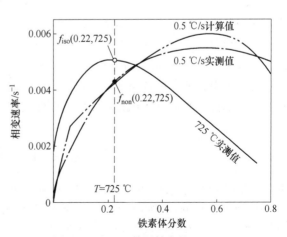

图 5-13　725 ℃等温转变及 0.5 ℃/s 连续冷却转变的相变速率

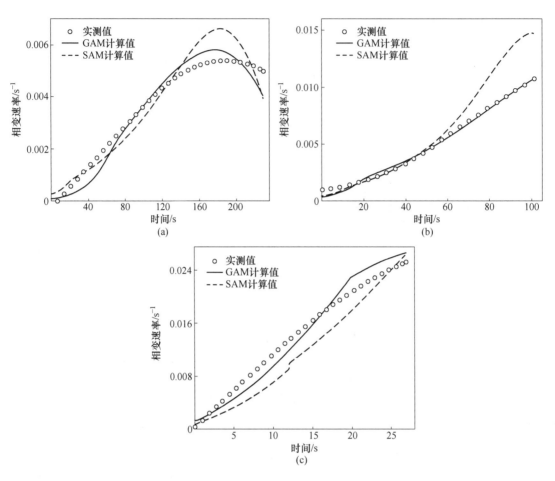

图 5-14 铁素体连续冷却相变速率实测值及计算值的对比

(a) 0.5 ℃/s; (b) 1 ℃/s; (c) 2 ℃/s

对比。可以看出，GAM 计算的相变速率与实测值吻合较好。如图 5-14（c）所示，当冷却速率为2 ℃/s 时，相变机制发生转变的时间相对较晚，利用 Christian 等动力学条件计算的相变速率曲线在临界相变分数 f_c 处存在明显的不连续点，这与真实的物理过程不符。因此，进行等温动力学与变温动力学相互转变时，Scheil 可加性法则和 Christian 等动力学条件的计算结果会偏离实际物理过程。

对于等温相变，或者当相变与热履历无关时，$\lambda(T, \theta)=1$。在此条件下，本章所提出的广义可加性法则可以转化为 Scheil 可加性法则，据此可以将非等温相变动力学转变为变温相变动力学。

参 考 文 献

[1] Farahani H, Zurob H, Hutchinson C R, et al. Effect of C and N and their absence on the kinetics of austenite-ferrite phase transformations in Fe-0. 5 Mn alloy [J]. Acta Materialia, 2018, 150：224-235.

[2] Cahn J W. Transformation kinetics during continuous cooling [J]. Acta Metallurgica, 1956, 4（6）：572-575.

[3] Cahn J W. The kinetics of grain boundary nucleated reactions [J]. Acta Metallurgica, 1956, 4（5）：

449-459.

［4］ Cahn J W. Nucleation on dislocations ［J］. Acta Metallurgica, 1957, 5 (3): 169-172.

［5］ Liu Z, Wang G, Gao W. Modeling of phase transformation behavior in hot-deformed and continuously cooled C-Mn steels ［J］. Journal of Materials Engineering and Performance, 1996, 5 (4): 521-525.

［6］ Offerman S E, van Wilderen L J G W, van Dijk N H, et al. In-situ study of pearlite nucleation and growth during isothermal austenite decomposition in nearly eutectoid steel ［J］. Acta Materialia, 2003, 51 (13): 3927-3938.

［7］ Lee J K, Kang K B, Lee K J, et al. Modelling of the microstructure and the mechanical property variation across the transverse direction of hot rolled steels and the effect of edge shielding ［J］. ISIJ International, 1998, 38 (7): 752-758.

［8］ Kirkaldy J S. Prediction of alloy hardenability from thermodynamic and kinetic data ［J］. Metallurgical Transactions, 1973, 4 (10): 2327-2333.

［9］ Umemoto M, Hiramatsu A, Moriya A, et al. Computer modelling of phase transformation from work-hardened austenite ［J］. ISIJ International, 1992, 32 (3): 306-315.

［10］ Cann D P. Fundamentals of materials science: The microstructure-property relationship using metals as model systems, 2nd edition, by eric j. Mittemeijer, springer nature switzerland ag 2021 ［J］. Journal of Materials Science, 2022, 57 (14): 7127-7130.

［11］ Alekseechkin N V. Kinetics of the surface-nucleated transformation of spherical particles and new model for grain-boundary nucleated transformations ［J］. Acta Materialia, 2020, 201: 114-130.

［12］ Tomellini M. Kolmogorov-johnson-mehl-avrami kinetics for non-isothermal phase transformations ruled by diffusional growth ［J］. Journal of Thermal Analysis and Calorimetry, 2014, 116 (2): 853-864.

［13］ Scheil E. Anlaufzeit der austenitumwandlung ［J］. Archiv für das Eisenhüttenwesen, 1935, 8 (12): 565-567.

［14］ Mukunthan K, Hawbolt E. Modeling recovery and recrystallization kinetics in cold-rolled Ti-Nb stabilized interstitial-free steel ［J］. Metallurgical and Materials Transactions A, 1996, 27 (11): 3410-3423.

［15］ Djema O, Bouabdallah M, Badji R, et al. Isothermal and non-isothermal precipitation kinetics in Al-Mg-Si- (Ag) alloy ［J］. Materials Chemistry and Physics, 2020, 240: 122073.

［16］ Wu H, Sun Z, Cao J, et al. Diffusion transformation model in TA15 titanium alloy: The case of nonlinear cooling ［J］. Materials & Design, 2020, 191: 108598.

［17］ Avrami M. Kinetics of phase change. II Transformation-time relations for random distribution of nuclei ［J］. The Journal of Chemical Physics, 1940, 8 (2): 212-224.

［18］ Lusk M, Jou H J. On the rule of additivity in phase transformation kinetics ［J］. Metallurgical and Materials Transactions A, 1997, 28: 281-297.

［19］ Zhu Y, Lowe T, Asaro R. Assessment of the theoretical basis of the rule of additivity for the nucleation incubation time during continuous cooling ［J］. Journal of Applied Physics, 1997, 82 (3): 1129-1137.

［20］ Ye J, Hsu T, Chang H. On the application of the additivity rule in pearlitic transformation in low alloy steels ［J］. Metallurgical and Materials Transactions A, 2003, 34 (6): 1259-1264.

［21］ Hsu T Y. Modification of the additivity hypothesis with experiment ［J］. ISIJ International, 2004, 44 (4): 777-779.

［22］ Hsu T Y. Additivity hypothesis and effects of stress on phase transformations in steel ［J］. Current Opinion in Solid State and Materials Science, 2005, 9 (6): 256-268.

［23］ Tomellini M. Functional form of the kolmogorov-johnson-mehl-avrami kinetics for non-isothermal phase transformations at constant heating rate ［J］. Thermochimica Acta, 2013, 566: 249-256.

［24］Tomellini M. Generalized additivity rule for the kolmogorov-johnson-mehl-avrami kinetics ［J］. Journal of Materials Science, 2015, 50 (13): 4516-4525.

［25］雍岐龙. 钢铁材料中的第二相 ［M］. 北京: 冶金工业出版社, 2006.

［26］Lee S J, Matlock D K, Van Tyne C J. An empirical model for carbon diffusion in austenite incorporating alloying element effects ［J］. ISIJ International, 2011, 51 (11): 1903-1911.

［27］Shiflet G, Bradley J, Aaronson H. A re-examination of the thermodynamics of the proeutectoid ferrite transformation in Fe-C alloys ［J］. Metallurgical Transactions A, 1978, 9 (7): 999-1008.

［28］Kim J M, Kang M, Goo N H, et al. A simple mathematical model for establishing isothermal transformation kinetics from continuous cooling data ［J］. Metallurgical and Materials Transactions A, 2020, 51 (9): 4422-4426.

［29］Réti T, Horvath L, Felde I. A comparative study of methods used for the prediction of nonisothermal austenite decomposition ［J］. Journal of Materials Engineering and Performance, 1997, 6 (4): 433-441.

［30］Enomoto M, Huang W, Ma H. Modeling pearlite transformation in super-high strength wire rods: Ⅰ. Modeling and simulation in Fe-C−X ternary alloys ［J］. ISIJ International, 2012, 52 (4): 626-631.

［31］Enomoto M, Aaronson H. Nucleation kinetics of proeutectoid ferrite at austenite grain boundaries in Fe-C−X alloys ［J］. Metallurgical Transactions A, 1986, 17 (8): 1385-1397.

［32］Enomoto M, Lange W, Aaronson H. The kinetics of ferrite nucleation at austenite grain edges in Fe-C and Fe-C-X alloys ［J］. Metallurgical Transactions A, 1986, 17 (8): 1399-1407.

［33］Liu F, Yang C, Yang G, et al. Additivity rule, isothermal and non-isothermal transformations on the basis of an analytical transformation model ［J］. Acta Materialia, 2007, 55 (15): 5255-5267.

［34］Capdevila C, Caballero F G, de Andrés C G. Kinetics model of isothermal pearlite formation in a 0. 4C-1. 6 MN steel ［J］. Acta Materialia, 2002, 50 (18): 4629-4641.

［35］Seo S W, Bhadeshia H K D H, Suh D W. Pearlite growth rate in Fe-C and Fe-Mn-C steels ［J］. Materials Science and Technology, 2014, 31 (4): 487-493.

［36］Farjas J, Roura P. Modification of the kolmogorov-johnson-mehl-avrami rate equation for non-isothermal experiments and its analytical solution ［J］. Acta Materialia, 2006, 54 (20): 5573-5579.

6 钢材生产工业大数据的挖掘技术

目前，基于钢铁工业大数据的数据分析和建模引起了人们的大量关注，而搭建工业大数据平台是进行工业数据挖掘的基础。在基于大数据分析热轧带钢化学成分-工艺参数-力学性能对应关系的研究中[1-3]，研究者们大多关注模型计算精度，将研究重点放在模型的构建方法上，对建模数据的前期处理过程没有详细叙述，同时忽略了对模型规律性的研究[4-6]。在采用模型研究工艺参数与力学性能对应关系时，可能会出现严重偏离事实的预测结果。因此，合适的数据处理对于从工业数据中挖掘信息至关重要。因此，本章对工业大数据平台的搭建和工业数据挖掘进行介绍。

6.1 工业大数据平台的建立

6.1.1 数据采集

在"十五"国家重大技术装备研制项目"首钢 3500 mm 中厚板轧机核心轧制技术和关键设备研制"中设立"轧制过程组织性能预测及控制"专题，以首钢中厚板生产线为依托，开发一系列适用于中厚钢板 TMCP 过程的钢材组织性能预测及控制技术。

无论是热轧产品厚度尺寸的计算，还是组织性能的在线监测，初始输入都直接来源于基础自动化和过程控制系统。由于硬件的限制，特别是难以获得精轧机组内部足够的信息，利用传统方式难以获得大的突破。因此，近年来在热轧带钢精轧机组内增加了传感器的配置，更新了计算机系统，从而能更多、更迅速地从精轧机组内获取重要的实时信息，进而实现轧制过程的高精度控制，同时也为组织性能的在线预测提供基础。

现代化轧钢厂有大量的检测仪表，可以获得大量的轧制信息。如果能够充分利用这些信息，进行轧制过程的优化、控制和诊断，对于提高产品的质量和产量具有十分重大的意义。热轧带钢生产过程中，通过现场实测数据，不断改进和优化模型，是实现高精度组织性能在线预测与控制的主要途径。

在当今激烈的市场竞争中，钢铁工业采用新技术改造传统产业的任务也越加迫切。不少钢铁企业已认识到把信息技术应用到钢铁生产管理和过程控制中的重要性。宝钢等企业已率先应用信息技术并取得了很好的效益，但对我国大多数钢铁企业而言，信息技术的应用还处于起步阶段，有很多问题仍需深入研究。

为充分利用生产现场宝贵的信息资源并满足组织性能预测系统的要求，研究人员开发了生产数据的采集、转换、处理系统，解决了数据的筛选、提取、滤波等问题，并在此基础上建立带钢数据库，为以后的分析奠定基础。而对于已经有了数据采集系统的热轧机组，只需对采集来的数据进行转换、筛选，建立海量数据库，为改进现有的生产工艺及提高生产水平奠定基础。

　　数据采集与处理技术研究的是数据的采集、存储、处理及控制等内容。为了对温度、压力等物理量进行测量和控制，通过传感器把上述物理量转换成能模拟物理量的电信号，即模拟电信号。将模拟电信号经过处理转换成计算机能识别的数字量，送进计算机，这就是数据采集[7]。计算机将采集来的数字量根据需要进行不同的辨识、分析、运算，得出所需要的结果，这就是数据处理。数据采集的重要环节是模拟量到数字量的转换（简称A/D转换），它牵涉到硬件电路和计算机软件编程两部分内容；数据处理主要是根据被测量或被控制对象的需要，对采集到的数据进行多种数学上的分析，这主要牵涉到软件编程问题[8]。

　　热轧车间生产线上安装了大量的传感器、检测器和仪表，实时对各种数据进行采样。这些数据信息反映了从钢坯加热到钢卷过秤整个生产过程的情况。图6-1为精轧机组部分的数据采集系统，主要由被测对象（精轧机组设备）、A/D和D/A通道、开关量输入输出通道、光电隔离器、计算机等组成。该系统收集车间的各种数据，如通过传感器采集的过程数据，工艺设定数据，轧机设备参数，钢板参数等，存储于数据库，再根据需要来分析和加工，从而为生产过程的计划、优化、诊断、模拟和监控提供支撑服务，图6-2示出了数据采集程序流程。

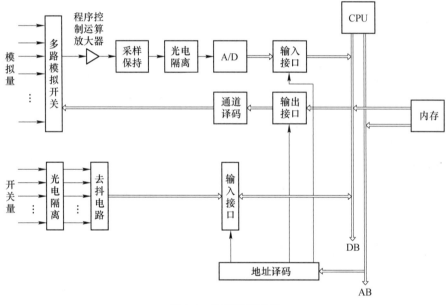

图6-1　数据采集系统

　　热轧厂下位机（基础自动化）上安装的数据采集系统，主要检测精轧机组轧制力（7个机架）、轧辊转数（7个机架）、第一机架后温度、第七机架后温度、出口厚差、出口宽差等共18个参数，其中出口厚度、宽度无法直接测量，只能测厚差、宽差。

　　检测值以模拟量还是以数字量的形式表示与设备有关，并分为三大部分：粗轧机组数据、精轧机组数据和冷却与卷取机数据。模拟和数字数据通过零电位分离法从当前输出中分离出来。以精轧机组下位机数据采集系统为例，由传感器、仪表、检测仪器等获得的模拟信号（模拟信号的电压值在±10 V范围内，电流值在±10 mA范围内），通过隔离放大器进入接口板（共 32×2 通道，采样间隔时间最短为 5 ms），进行模/数转换，以利于计算机对数据进行存储和处理。

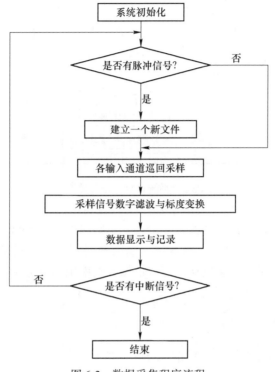

图 6-2　数据采集程序流程

为了对信号的高频、低频部分进行分析，根据领域专家的经验找出周期性影响厚度的参数，确定其频率范围，分别设计了低通滤波器和高通滤波器；信号经低通滤波和高通滤波后，进行频谱分析。所有的数据均由微型计算机以数据块的形式存到硬盘中，以进行离线统计分析优化，改进原有模型，提高模型精度。

6.1.2　数据库的建立

在实际现场生产过程中，大量的数据存储与频繁调用是不可避免的，设定修正计算、自学习计算、跟踪记录、数据检测等都要通过大量的数据来完成相应的功能。在系统中，数据库软件可以采用 SQL Server 或者 Oracle。

控轧及控冷过程的轧件跟踪、控制参数的设定以及优化，都是以原始数据和实时数据为基础进行的[5]。因此，在过程机中设置基础数据库和实时数据库，用以存储板坯的尺寸数据、化学成分、工艺参数等基础数据以及轧制过程中由在线仪表采集的实时数据等各种数据。在轧制及冷却过程的不同时刻，由系统调用，完成相应的过程自动化功能。

原始数据流以 PDI 数据、手工输入或是经验层别的方式进行输送，经由模型计算，传递给一级计算机实时执行。现场采集数据则是由一级计算机采集回传至过程机进行运算处理。所有数据均可在控制终端显示、操作，其具体数据传输如图 6-3 所示，其中，MT 为顺序访问存储器，LP 为文档。

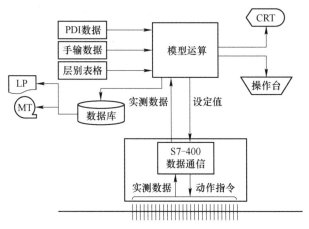

图 6-3 系统计算数据传输图

数据库系统包括基础数据库和实时数据库，基础数据库中表格包括层别表格和数据表格。依据规程计算的需要，建立层别表格，如钢种层别、厚度层别、宽度层别、长度层别、冷却速率层别、目标终冷温度层别等。依据上述层别划分表格，可以确定学习系数类别。下面以中厚板生产为例进行说明。

6.1.2.1 层别判定与划分

各层别归属的判别方法如下（对钢板长度、厚度、宽度、温度、冷却速率等层别的划分，下述两种方法任选其一）。钢种层别见表 6-1，长度、厚度、宽度、冷却速率等层别见表 6-2。

方法一：所属层别设为 Y，变量值设为 X，则有

$$X \leqslant X(1) \rightarrow Y = 1$$
$$X(i-1) < X \leqslant X(i) \rightarrow Y = i \ (2 \leqslant Y \leqslant \max-1)$$
$$\text{其他} \rightarrow Y = \max$$

方法二：所属层别设为 Y，变量值设为 X，相邻层别平均值为 mid，则有

$$X \leqslant X(1) \rightarrow Y = 1$$
$$X(i-1) < X \leqslant X(i) \rightarrow X < \text{mid} \rightarrow Y = i-1$$
$$\rightarrow X \geqslant \text{mid} \rightarrow Y = i$$
$$\text{其他} \rightarrow Y = \max$$

表 6-1 钢种层别

序号	产品品种	代表钢种	产品规格（厚×宽×长）/mm
1	造船用钢板	A，B，D，AH32，AH36，DH32，DH36	(8~40)×(1500~3200)×(25000~36000)
2	管线用钢板	X60，X65，X70	(8~25)×(1500~3200)×(25000~36000)
3	汽车大梁板	09SiVL，16MnL，16MnREL	(8~12)×(1500~3200)×(25000~36000)
4	桥梁板	16q，Q235q，16Mnq，15MnVq	(8~40)×(1500~3200)×(25000~36000)
5	锅炉板	16Mng，22g，20g，15MnVg	(8~40)×(1500~3200)×(25000~36000)

序号	产品品种	代表钢种	产品规格（厚×宽×长）/mm
6	压力容器板	16MnR，15MnVR，20R	(8~40)×(1500~3200)×(25000~36000)
7	机械工程用板	KQ450，HJ58	(8~40)×(1500~3200)×(25000~36000)
⋮	⋮	⋮	⋮

表6-2 其他层别示例

长度范围/mm	厚度范围/mm	终冷温度/℃	宽度范围/mm	冷却速率/℃·s⁻¹	各项对应层别
<25000	<10	<500	<1600	<5	1
25000~30000	10~12	500~510	1600~1700	5~8	2
30000~35000	12~14	510~520	1700~1800	8~11	3
其他	14~16	520~530	1800~1900	11~14	4
—	16~18	530~540	1900~2000	14~17	5
—	18~20	540~550	2000~2100	17~20	6
⋮	⋮	⋮	⋮	⋮	⋮

6.1.2.2 学习系数类别的确定

例如在控冷系统中标志变量的类别数为以下几项的乘积：学习位置×钢种层别×目标终冷温度层别×厚度层别×宽度层别×长度层别×冷却速率层别。

在模型计算中，除了一些经常变化的参数要采用模型计算以外，还有一部分参数基本上随钢板的 PDI 参数固定（如上下水量比、厚度等）或按某种规律变化（如热传导率、比热等），因而采用表格的形式将其划分为若干区间，在小范围内忽略该值的变化，根据需要到表格中查找所需数据。根据计算的需要建立一些数据表格，如温度变化计算中用到的热传导率、比热、密度等物理常数，这些常数全部依存于温度，因此要使用对应于该时刻温度的值。这些数据可以存在相应的数据表格内。

实时数据库主要是指基础自动化传来的检测数据，主要包括在线测温仪检测的实时数据、测厚仪检测的实时数据、基础自动化实时传送的数据。

随着数据的流动过程，数据结构逐步形成。PDI 录入时由于同一炉号的钢坯拥有同样的原始数据，所以将炼钢炉号作为一组钢坯的身份标识即唯一索引；钢坯入炉时为了加以区别，为每块钢坯分配一个入炉顺序号；钢坯出炉时为每块钢坯分配一个身份证号。从钢坯出炉到控冷结束，每块钢坯经历不同的加工历程，所以钢坯的身份证号理所当然地成为唯一索引。

A PDI 数据表

PDI 录入并经确认后形成 PDI 数据表，结构如下：炉号（索引）、块数、坯料厚、坯料宽、坯料长、成品厚、成品宽、钢种、17 种化学元素。

B 控轧工艺数据表

根据来自 PDI 数据的钢种及坯料尺寸查询控轧工艺数据，为模型计算准备充分的数据。数据结构：坯料厚、坯料宽、坯料长、成品厚、成品宽、钢种、出炉温度、开轧温度设定、待温温度设定、终轧温度设定、待温厚度设定、厚度公差、温度公差。

C 入炉信息数据表

钢坯入炉确认时产生相关信息数据结构：炉号（索引）、入炉顺序号、加热炉号及炉道号、入炉确认时间、操作员代码。

D 出炉信息数据表

钢坯出炉确认时产生相关信息数据结构：轧件身份证号（索引）、炉号、入炉顺序号、加热段温度、均热段温度、出炉确认时间、操作员代码。

E 轧制过程数据表

钢板从出炉到轧制结束过程中产生的实测数据、计算数据及相关信息数据结构：轧件身份证号（索引）、坯料质量、坯料除鳞后温度、开轧温度实际、开轧温度命中标志、待温温度实际、待温温度命中标志、待温厚度实际、待温厚度命中标志、终轧温度实际、终轧温度命中标志、终轧厚度计算、终轧厚度命中标志、板形、轧废标志、回炉标志（操作工输入）、一阶段开轧时刻、待温时刻、二阶段开轧时刻、终轧时刻、一阶段轧制时间、待温时间、二阶段轧制时间。

F 轧制过程中各道次数据表

数据结构：轧件身份证号（索引）、道次序号、道次辊缝设定值、道次辊缝实际值、道次轧制力实测值、道次计算出口厚度、道次开轧温度实测值、道次稳定轧制速度、道次压下率、道次电机输出力矩。

G 控冷工艺数据表

根据来自 PDI 数据中的钢种及钢板厚度可查询控冷工艺目标值，数据结构：钢种、成品厚度、开冷设定温度、终冷设定温度、设定冷却速度。

H 控冷过程数据表

钢板从轧机末道次轧制结束到控冷结束过程中的模型计算数据、实测数据及相关信息数据。数据结构：轧件身份证号（索引）、送钢实际温度、进冷区时刻、进冷区实际温度、开冷计算温度、终冷计算温度、出冷区时刻、出冷区设定温度、出冷区上实际温度、出冷区下实际温度、终冷温度命中标志、计算冷却速度、通板初始速度、通板加速度、集管组态、大集管水量比、小集管水量比、水温、水位、通板温度命中率。

6.2 工业数据建模存在问题及数据挖掘方法

6.2.1 工业数据建模存在的问题

钢铁工业数据在建模中存在的主要问题有：数据冗余问题、异常值问题、数据分布均衡性问题和建模过拟合问题。

6.2.1.1 数据冗余问题

一般每炉钢水所浇出铸坯长度有十几米到几十米，这样长的铸坯给后步工序带来的一系列问题无法解决（如运输、储存等）。为此根据成品规格和后步工序要求把从连铸机拉出的铸坯在运动中切成各种尺寸，然后经过热连轧打包成钢卷。在检测力学性能时，从每块钢卷切取若干样品。如果这部分钢卷都用来生产同一厚度规格的板材，采取同一轧制工艺，则每一炉铸坯会对应多组数据。因此这些数据所包含的信息都是相同或相近的，可以将其归并处理。此外，由于轧制工艺的制定是离散的，采集到的数据呈离散状态分布。为了从数据中提取显著的物理冶金学关系，一些工艺参数相近的数据可以采用分层聚类的方法加以归并处理[9]。

6.2.1.2 异常值问题

在工业数据建模过程中，误差的来源主要有三方面：化学成分和力学性能检测误差、模型算法本身存在的误差及模型预测的误差[10]。过多异常值的存在会影响模型的合理性，甚至建立错误的模型，因此异常值必须予以剔除。本章采用改进的格拉布斯准则和拉依达准则剔除异常值。剔除异常值后，用剩余数据的平均值代表该轧制工艺下的数据特征。

6.2.1.3 数据分布均衡性问题

为了建立力学性能与工艺参数的对应关系，需要采用大量不同轧制工艺下的生产数据进行建模。为了获取大量的数据，可以将相近牌号钢种归并在一起进行建模，以便丰富工艺参数和力学性能的特征，利于挖掘合理的物理冶金规律。

受热轧带钢实际生产工艺的限制，收集到的工业数据通常是离散且不均衡的。随着不同轧制工艺特征的增加，这种不均衡性越来越明显。采用分布不均衡的数据样本训练神经网络模型，可能导致预测规律之间不连贯。对于数据密度稀少区域的数据，由于其出现频率较低，在数据样本中占的比重较小，当训练神经网络模型时，这部分数据包含的信息不易被神经网络模型学习，从而影响模型局部区域的准确性。

6.2.1.4 建模过拟合问题

剔除异常值可以剔除工业数据中误差明显的数据，然而对于一些无法判断是否为异常值的数据却无能为力。其实，由于模型算法本身具有一定的容错能力，采用这些数据进行神经网络模型训练可以增加模型的鲁棒性。然而，在建模过程中如果一味地追求提高模型预测精度，则会导致神经网络过拟合。过拟合的模型无法反映出客观的物理冶金学规律，在智能工艺优化设计时会造成错误的结果。在这种情况下，需要适当降低模型的训练精度，降低神经网络的拟合能力，增加训练终止条件，利用测试数据避免神经网络模型的过拟合。

6.2.2 工业大数据挖掘方法

6.2.2.1 聚类划分

在钢铁工业大数据中，力学性能与 C、Si、Mn 等化学成分及终轧温度、卷取温度等工艺参数有着密切的联系，存在着十分复杂的对应关系。但是化学成分和工艺参数在一定波动范围内的数据具有相近的力学性能值，因此对于不同的参数要设定不同波动范围。聚类划分法可以实现数据的分层聚类，首先选取合适的划分中心，利用曼哈顿距离改进式(6-1)进行数据划分。

$$d_i(X, Y) = |x_i - y_i|, \quad (i = 1, 2, 3, \cdots, \text{且} \ d_i \ \text{不大于设定参数范围}) \qquad (6-1)$$

式中 X——划分中心数据；

      Y——样本数据；

      x_i——划分中心数据的第 i 个属性参数；

      y_i——样本数据的第 i 个属性参数。

依次选择不同的划分中心实现总体数据的聚类划分，但是初次选取的划分中心具有一定的随机性，并不能确定其划分的合理性，因此采用迭代的方法对已经划分的数据进行再次划分，直至划分中心不变为止，聚类划分过程如图 6-4 所示，算法流程步骤如下：

（1）给定样本数据集 $D = \{Y_1, Y_2, \cdots, Y_n\}$，选取划分中心 X，假设 X 为不同迭代次数的聚类中心。

（2）计算剩余样本数据的每个属性参数是否在划分中心给定的范围内，如果符合则被划分为一类，选取下一个聚类划分中心，以此类推，直到划分数据完成。

（3）计算新的聚类划分数据中心 X。

（4）重复步骤（2）的计算过程，直到聚类划分中心不变为止。

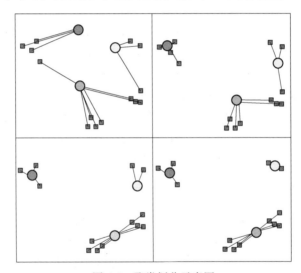

图 6-4 聚类划分示意图

6.2.2.2 异常值的剔除

异常值是指检测到的力学性能与实际值误差较大的点，这些点必须予以剔除。针对一批工业数据，检测其每一维度的异常值，对异常值进行剔除。此外，对于同一炉炼制的钢，切成钢卷后每卷钢的化学成分都是相同的，因此采集到的化学成分数据相同。而工艺参数控制水平较高，在实际生产中波动较小。由于力学性能检测的误差，每卷钢对应的力学性能数值波动较大，不利于研究数据所包含的规律，因此需要对数据进行统计，剔除力学性能数值波动较大的点。本章采用两种方法剔除数据中存在的异常值，一种是改进的格拉布斯（Grubbs）准则[11]和拉依达（Pauta）准则；另一种是基于数据驱动的孤立森林算法。

A 改进的格拉布斯准则和拉依达准则

利用改进的格拉布斯准则和拉依达准则在进行异常值剔除时，需要设定一阈值作为两种准则的选择依据，这个参数通常根据经验确定。当数据数目小于阈值时，采用改进的格拉布斯准则；当数据数目大于阈值时，采用拉依达准则。

当钢卷数目小于阈值时，设某一炉钢卷的生产数据矩阵为 M：

$$M = \begin{bmatrix} x_{11} & x_{12} & \cdots & x_{1i} & \cdots & x_{1p} \\ x_{21} & x_{22} & \cdots & x_{2i} & \cdots & x_{2p} \\ \vdots & \vdots & \ddots & \vdots & \ddots & \vdots \\ x_{n1} & x_{n2} & \cdots & x_{ni} & \cdots & x_{np} \end{bmatrix} \tag{6-2}$$

式中　n——样本数；

　　p——变量个数。

设矩阵中 x_{j1}（$j=1, 2, \cdots, n$）为力学性能数据，则该性能数据的均值和方差可通过以下公式计算：

$$\mu = \frac{\sum\limits_{j=1}^{n} x_{j1}}{n} \tag{6-3}$$

$$\sigma = \sqrt{\frac{\sum\limits_{j=1}^{n} (x_{j1} - \mu)^2}{n-1}} \tag{6-4}$$

根据 3σ 准则，若 $x \sim N(u, \sigma)$，则其概率 $P(|x-\mu|>3\sigma) \leqslant 0.003$。故当某一钢卷的屈服强度剩余误差 $m_j = x_{j11} - \mu$ 满足以下公式时，可认为是异常值，予以剔除。

$$|m_j| = |x_{j1} - \mu| > 3\sigma \tag{6-5}$$

当采用格拉布斯准则时，首先计算每卷钢的格拉布斯临界值 G，在显著性水平 α 已知的情况下，通过查表 6-3 找到 $G(n, \alpha)$，若 $G>G(n, \alpha)$，对应钢卷的屈服强度视为异常值，给予剔除。格拉布斯临界值 G 计算公式如下：

$$G = \frac{|x_{j1} - M|}{\sigma} \tag{6-6}$$

式中　M——n 组数据的中位数。

表 6-3　格拉布斯临界值 G (n, α) 表

n	$\alpha = 0.01$	$\alpha = 0.025$	$\alpha = 0.05$	n	$\alpha = 0.01$	$\alpha = 0.025$	$\alpha = 0.05$
3	1.15	1.15	1.15	13	2.61	2.46	2.33
4	1.49	1.48	1.46	14	2.66	2.51	2.37
5	1.75	1.71	1.67	15	2.71	2.55	2.41
6	1.94	1.89	1.82	16	2.75	2.59	2.44
7	2.10	2.02	1.94	17	2.78	2.62	2.47
8	2.22	2.13	2.03	18	2.82	2.65	2.50
9	2.32	2.21	2.11	19	2.85	2.68	2.53
10	2.41	2.29	2.18	20	2.88	2.71	2.56
11	2.48	2.36	2.23	21	2.91	2.73	2.58
12	2.55	2.41	2.29	22	2.94	2.76	2.60

剔除异常数据后，对余下的数据求均值，使每一类的钢卷对应一组数据。设异常值剔

除后的某类数据为 $X = (X_1, X_2, \cdots, X_n)$，数据归一化处理可以表示为：

$$\overline{X}_i = \sum_{j=1}^{n} \frac{X_{ji}}{n} \tag{6-7}$$

式中　n——剔除异常值后的钢卷数。

B　孤立森林算法

上述数据异常点清洗方法往往建立在假设数据符合正态分布的基础之上，然而这一假设过于理想，使得相应的解决方案有时难以满足实际生产应用。针对热轧生产实测数据的分布特点，相对于其他异常点检测方法，孤立森林算法对热轧实测数据异常点检测有明显的优势。

孤立森林算法由周志华教授于 2008 年提出[12]，是一种典型的无监督集合算法，目前已受到了众多研究领域的广泛关注[13-14]。该算法从异常点"数量少且产生机制不同"的特性出发，通过集合一定数量的二叉树——也被称为孤立树，对数据进行递归地随机切分，直到所有样本点都被孤立。由于异常点相较于正常数据更容易被较早分开，因此，各数据点在二叉树中所处的深度反映了该数据的相对"孤立"程度，异常数据在每棵孤立树中所处的深度会短于正常数据。孤立森林算法的流程如图 6-5 所示。算法步骤如下。

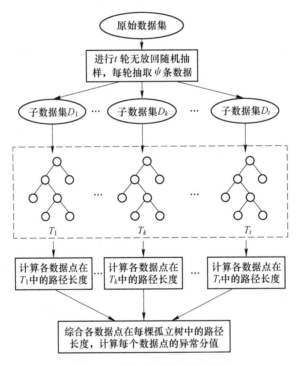

图 6-5　孤立森林算法流程图

a　建立 t 棵子孤立树

子孤立树 T_k 的创建过程如下：

(1) 生成子数据集 D_k：对原数据集，无放回地随机抽取 ψ 条数据记录，形成数据集 D_k。

(2) 基于子数据集 D_k 构建孤立树 T_k：在决策树的每个节点处，随机选择一个特征变量，然后在该特征变量的最大值与最小值之间随机选择一个阈值作为划分点对节点进行分裂。由此自顶向下递归分枝，直到孤立树达到限定的最大深度或分支中的数据不可再分，即：分支中包含一条数据，或者全部数据相同。

b　综合 t 棵孤立树，计算各数据点的异常分值

在计算样本数据 x 的异常分值时，需要先估算它在每一棵孤立树中的路径长度 $h(x)$。数据点 x 在孤立树中的路径长度 $h(x)$ 可表示为：

$$h(x) = e + C(n) \tag{6-8}$$

式中　e——数据 x 沿着孤立树，从根节点开始从上往下搜索，达到 x 所在的叶子节点时所经过的边数；

　　　　n——x 所在叶子节点样本的个数，当 n 为 1 时，$C(1) = 0$，当 n 大于 1 时，$C(n)$ 可以视作一个修正值，它表示用 n 条数据记录建立的二叉树搜索的平均路径长度。

由于孤立树在结构上与二叉树搜索一致，所以 n 等于二叉树搜索失败查询时路径长度的平均值，具体计算公式如下：

$$C(n) = 2H(n-1) - \frac{2(n-1)}{n} \tag{6-9}$$

式中，$H(n-1) = \sum_{m=1}^{n-1} \frac{1}{m}$ ，当 n 较大时，可用 $H(n-1) = \ln(n-1) + \gamma$ 进行估算，这里 γ 为欧拉常数，γ 约为 0.5772156649。

数据点 x 在整个孤立森林中的异常分值 $\text{Score}(x, \psi)$ 定义为：

$$\text{Score}(x, \psi) = 2^{-\frac{E(h(x))}{C(\psi)}} \tag{6-10}$$

式中　$E(h(x))$——数据 x 在孤立森林中各孤立树路径长度 $h(x)$ 的均值；

　　　　$C(\psi)$——用条数据记录建立的孤立树的平均路径长度，它在这里起到归一化的作用。

从式（6-10）可以看出，当 $E(h(x))$ 趋近于 $C(\psi)$，则 $\text{Score}(x, \psi)$ 趋近于 0.5；当 $E(h(x))$ 趋近于 0，则 $\text{Score}(x, \psi)$ 趋近于 1；当 $E(h(x))$ 趋近于 1，则 $\text{Score}(x, \psi)$ 趋近于 0。于是可以得到如下异常点评估结论：

（1）如果数据点 x 的异常分值越接近于 1，说明它在大部分孤立树中平均路径越短，可以将其判定为异常点。

（2）如果数据点 x 的异常分值越接近于 0，说明它在大部分孤立树中平均路径越长，可以将它判定为正常点。

从孤立森林算法的理论可以看出，孤立森林具有如下优点：一是无须对数据集的分布做提前假设，适用范围广，实用性强；二是不同于传统异常点检测方法的二分类理念——数据记录要么正常要么异常，孤立森林算法能够计算出每个数据点的异常分值，从而评估各数据点在整个数据集中的相对异常程度，这给异常点未知的实测数据集提供了更多的分析空间；三是算法无需运用距离或密度来检测异常数据，使得算法具有线性的时间复杂度，能够在短暂的时间间隔内有效检测出离群数据点，且对存储空间需求低，特别适用于维度较高的大规模数据集；四是算法直接针对异常值的特性进行检测，避免了对正常实例的特征描述。

6.2.2.3 数据分布均衡化

轧制工艺的制定通常是离散的，其数据分布是不均衡的，部分数据会集中于某一区域。神经网络是通过多次迭代，不断优化预测值和实际值之间的均方误差来调整权值，在神经网络训练过程中模型会一味地追求最小均方误差，忽略误差的分布。基于上述数据训练出的神经网络模型，其预测结果会在一部分区域精度很高，在另一部分区域精度较低，甚至在数据稀少的区域会预测出错误的规律。如图6-6所示，图中数据点是由函数 $y = \sqrt[3]{x}$ 加噪点生成的，但是数据分布并不均衡。当 $x<0$ 时数据十分密集，当 $x>0$ 时数据极为稀少。如果采用神经网络基于这些数据进行训练，当 $x<0$ 和 $x>0$ 的数据量相差很大时，数据较少处产生的均方误差对模型总的均方误差贡献较小，模型会忽略 $x>0$ 部分的数据，更多地学习 $x<0$ 侧数据所包含的信息，最终导致模型预测结果如图中虚线所示，预测结果偏离正常的函数模型。因此，在训练神经网络模型前需要尽可能的将训练数据调整均匀。

基于钢铁工业数据，Zhang 等[15]针对合金钢的抗拉强度建模时，为了解决数据分布均衡性问题，采用聚类的方式将相似数据聚集在一组，通过在每组中选择指定数目的代表数据来消除数据在某些组过于集中的现象，改善数据均衡性。然而，选择代表性数据的方法会导致部分重要数据遗失。针对这一问题，本章采取逆向处理的方式，即通过增加数据较少区域的采样来确保数据均衡。为了改善数据的均匀性，将频数较少的数据进行复制扩展，以增加该轧制工艺下数据的比例。具体步骤为，将数据按照力学性能排序并划分 n 个区间。假设每个区间包含数据条数为 D，则数据分布可以写为 $\boldsymbol{D} = \{D_1, D_2, \cdots, D_n\}$。设定 $\boldsymbol{X} = \{X_1, X_2, \cdots, X_n\}$ 为均衡后数据的分布，$\boldsymbol{\mu} = [\mu_1, \mu_2, \cdots, \mu_n]$，$\boldsymbol{\mu} \in N_+$ 为调整因子，其含义是每组数据复制的倍数。X_i、μ_i 和 D_i 之间的关系可以表示为 $X_i = \mu_i \cdot D_i$。$D_{\max}$ 表示数据中的最大频数，$D_{\max} = \max(\boldsymbol{D})$，则待优化目标函数定义为：

$$\text{Min } F = \sum_{i=1}^{n} |X_i - D_{\max}| \tag{6-11}$$

将 X_i 代入式（6-11），可得到 $\text{Min } F = \sum_{i=1}^{n} |\mu_i \cdot D_i - D_{\max}|$，$\boldsymbol{\mu}$ 的值可以通过求解最小的 F 值获得。

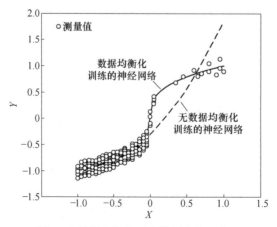

图 6-6 数据均衡化对建模影响的示意图

6.2.2.4　特征变量分析方法

A　相关性分析

相关系数（Correlation Coefficient）是专门用来衡量两个变量之间的线性相关程度的指标，经常用字母 r 来表示相关系数。相关系数是以数值的方式来精确地反映两个变量之间线性相关的强弱程度。常用的相关性分析方法包括：斯皮尔曼（Spearman）相关性分析[16-17]、皮尔逊（Pearson）相关性分析[18]、肯德尔（Kendall tau）相关性分析。最常用的相关系数是皮尔逊（Pearson）相关系数，又称积差相关系数，公式如下：

$$r = \frac{\sum_{i=1}^{n}(x_i - \bar{x})(y_i - \bar{y})}{\sqrt{\sum_{i=1}^{n}(x_i - \bar{x})^2 \sum_{i=1}^{n}(y_i - \bar{y})^2}} \tag{6-12}$$

相关性系数可以表示自变量和目标变量之间的相关性。可以直观地看出，这些自变量之间也有较强的相关性、耦合性等特性。因此，采用传统的线性回归模型可能无法解释特征之间的相互作用，也难以捕获这些特征与抗拉强度和塑性之间的映射关系。采用机器学习与数据挖掘技术建立优化目标与决策变量之间的回归模型将是一个较好的方法。

B　主成分分析

主成分分析（Principal Components Analysis，PCA）是一种特征提取方法[19]。于 1901 年由 Pearson 提出，随后霍特林（Hotelling）对主成分分析方法进行了研究和扩展，它是通过矩阵分析将指标转化为少数几个综合指标的一种多元统计方法[20]，此方法主要用于多变量问题中，它通过降维可以实现数据结构的简化[21]。

主成分分析法的基本思想是把一系列具有相关关系的多个指标转化为一组新的相互独立的综合指标，同时尽可能多地保留原始变量信息，从而使得不同主成分的元素之间的差异尽可能大，同一主成分组内的元素之间尽可能相似[22]。提取出的各个不同的主成分之间相互独立，每一个主成分都是原始变量的线性组合，这样来实现对影响因素的降维处理，降低分析问题的复杂度。提取出来的主成分与各个原始变量之间的基本关系如图 6-7 所示。

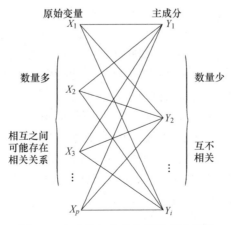

图 6-7　主成分与变量之间关系示意图

C   特征选择

特征选择（Feature Selection）也称特征子集选择（Feature Subset Selection，FSS），是指从已有的 M 个特征（Feature）中选择 N 个特征使得系统的特定指标最优化，这是从原始特征中选择出一些最有效特征以降低数据集维度的过程，是提高学习算法性能的一个重要手段[23]，也是机器学习模型建立过程中关键的数据预处理步骤。因此对于一个学习算法来说，好的学习样本是训练模型的关键。

特征选择过程一般包括产生过程、评价函数、停止准则、验证过程这四个部分[24-25]。具体步骤如下：

（1）产生过程：产生特征或特征子集候选集合。

（2）评价函数：衡量特征或特征子集的重要性或者好坏程度，即量化特征变量和目标变量之间的联系以及特征之间的相互联系。为了避免过拟合，可用交叉验证的方式来评估特征的好坏。

（3）停止准则：为了减少计算复杂度，需设定一个阈值，当评价函数值达到阈值后搜索停止。

（4）验证过程：在验证数据集上验证选出来的特征子集的有效性。算法框架流程如图 6-8 所示。

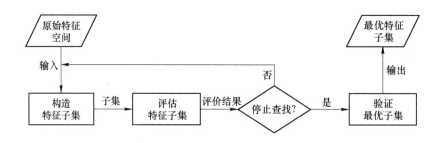

图 6-8   特征选择算法流程框架示意图

特征选择作为一种数据预处理策略，已被证明在为机器学习问题准备高维数据训练集方面具有良好的效果。其目的是从原始数据中选择出最具有代表性的特征，便于理解和可视化数据，降低计算及存储压力，以提高模型的准确性和泛化能力。常见的特征选择方法主要有三种：过滤式、包裹式和嵌入式[26-27]。过滤式特征选择是指在训练模型之前，先对原始数据进行特征选择，然后再将筛选后的特征输入模型中进行训练。其主要优点是计算速度快，但缺点是可能会丢失一些重要信息。包裹式特征选择是指在训练模型时，将所有特征输入模型中进行训练，在确定模型和评价准则之后，对特征空间的不同子集做交叉验证，进而搜索最佳特征子集，如前向后向贪婪搜索策略，然后根据模型的表现来选择最具有代表性的特征。其主要优点是能够保留所有信息，但缺点是计算速度慢。嵌入式特征选择是指在训练模型时，将选取最具代表性的部分属性作为输入变量，将特征选择和训练过程融为一体，并在学习过程中根据目标函数调整权值或筛选属性，如决策树、L1 正则化。特征选择的方法具体分类如图 6-9 所示。

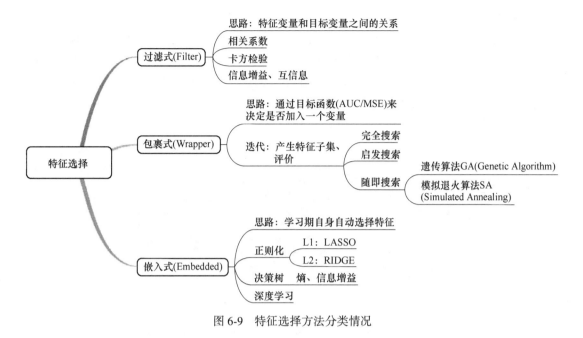

图 6-9 特征选择方法分类情况

6.3 机器学习建模方法

机器学习方法在力学性能预测模型的建立和工程中得到了广泛应用[28-32]。力学性能预测模型的建立需要考虑许多影响因素，如化学成分、工艺参数、微观结构。这些因素之间的关系大多是非线性的，而该领域使用的传统回归方法无法处理这类问题。然而，在机器学习方法的帮助下，并结合热轧带钢生产工艺流程的特点，这一过程可以大大加快。

传统的力学性能评估方法是通过破坏性试验进行的，成本高、时间长。有时由于检测时间安排过于紧张，在样品还在待检的情况下就已经发货。因此，力学性能预测模型的开发可以在轧制生产后立即了解带钢质量，无须进行机械测试，可以节省大量的时间和费用。由于轧制过程复杂，钢的最终力学性能取决于许多参数，很难建立一个精确的力学性能预测数学模型，因此提出了一种基于机器学习的热轧带钢力学性能预测模型[33-34]。本章在数据清洗的基础上，建立基于数据驱动的力学性能预测模型。

6.3.1 集成学习算法

集成学习通过建立几个模型来解决单一预测问题。它的工作原理是生成多个模型，各自独立地学习和做出预测。这些预测最后结合成组合预测，因此优于任何一个单分类做出的预测。目前集成学习算法包括 Bagging、随机森林、Boosting、GBDT、XGBoost 等，下面将以随机森林算法为基础进行详细介绍。

随机森林（Random Forests）是一种通过建立多棵决策树对样本数据进行训练和预测的建模方法[35]，其核心理论方法最早是 Leo Breiman 和 Adele Cutler 两位研究学者提出的。决策树作为一种十分常见的机器学习算法，是一种有监督学习方法，利用样本数据给定的特征属性对样本数据集进行分类建模。但是对于连续性问题，其建模效果较差，在建模的过程中，通常会根据一个数据属性进行分类建模，因此可能会出现严重的过拟合现象。与决策树算法相比，随机森林是在多棵决策树基础上建立的预测模型，是相当于对多棵决策树进行整合，其模型结构如图 6-10 所示。在建模的过程中，是根据样本数据中的多个数据属性进行深度分析，因此随机森林建模具有较高的稳定性、良好的泛化能力、较强的防止过拟合能力和运行速度快等多个优点。

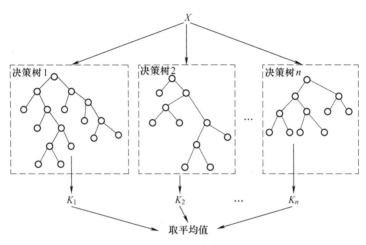

图 6-10 随机森林结构示意图

从其计算流程的本身来看，随机森林的训练建模过程不是十分的复杂。首先，根据已有的训练数据集，通过多次可重复性操作选取多个 bootstrap 训练数据集，然后，将每个选取好的 bootstrap 训练数据集进行决策树构造。其构造的过程是根据数据集的每个数据属性将数据分到两个数据子集中，而每个分割过程是根据信息增益函数在整体属性空间中计算最优信息增益参数的过程。接下来是根据计算的信息增益参数去寻找每个属性参数的叶子节点，通过不断地迭代训练直至达到设定决策树深度参数或信息增益参数最优解为止，以此完成模型的训练过程。

$$f_n(v) > t_n \tag{6-13}$$

式中　f——信息增益函数对应关系；

　　　t_n——信息增益函数判别的阈值；

　　　n——叶子节点序号；

　　　v——训练样本数据。

信息增益参数的计算在训练建模的过程中起着至关重要的作用，对模型的好坏有着决定性的作用，信息增益函数在一定程度上决定了模型的特征属性。从整体的训练过程分析可知，模型的建立主要是由样本数据特征属性决定的，与其他样本无关。

在建立随机森林模型的过程中，树的建立和叶子节点选取都是随机的。树的选取是从样本数据集中进行有放回的随机选择，决策树的多少是人为设定的；而叶子节点的确定是在训练的过程中通过计算最优信息增益参数而确定的。因此以下内容将基于随机森林建模理论，对随机森林的建模流程进行详细介绍。

6.3.1.1 数据表达公式

随机森林是由一组树状决策树 $h(x, \theta_k)$ $(k=1, \cdots)$ 组成，其中 θ_k 是由相互独立的随机向量组成，并且在训练模型的过程中各个决策树是平等的。

通过上述的随机森林计算过程来看，决策树的数量 k 是训练过程中随机选取的树的数量，x 为输入样本数据，而随机向量 θ_k 为第 k 棵决策树的参数向量，并且是根据独立的数据集 bootstrap 进行模型学习来对 θ_k 的分布进行确定，在预测时利用已经被随机向量 θ_k 优化的第 k 棵决策树对输入样本数据向量 x 进行预测，其中由输入样本数据向量 x 对应的目标值 y 是通过所有的决策树 $h(x, \theta_k)$ $(k=1, \cdots)$ 所预测的结果进行平均值计算得到的最终的预测值。

6.3.1.2 随机森林防止过拟合

假设样本输入数据为 X，为了实现对训练数据的更好的拟合，在建模的过程中通过不断地对模型参数进行优化来建立更好的模型。如果在一个与训练数据具有相同分布的数据集中选取一定的验证数据，利用模型对选取的验证数据进行拟合，其获得的结果与训练数据拟合的结果不同，因此出现了过拟合的现象，对于出现的过拟合现象可以通过泛化误差进行变现。

在上述理论的基础上，如果从随机向量 X 和 Y 中抽取样本数据组成训练数据集 $\{(x, y)\}$，那么针对随机选取的训练数据集定义数据的边际函数为：

$$\mathrm{mg}(X, Y) = \mathrm{av}_k(I(h_k(x)=y)) - \max_{j \neq y}\mathrm{av}_k(I(h_k(x)=j)) \tag{6-14}$$

式中 函数 $I(\cdot)$ ——示性函数；

$\mathrm{av}_k(\cdot)$ ——取平均值。

在建模的过程中，通常利用随机向量 X 和 Y 的分布以及决策树拟合的平均值偏差情况表示边际函数，边际函数值越大则表示建立的模型越好，模型的精度越高。故泛化误差可以表示为：

$$\mathrm{PE} = P_{X, Y}(\mathrm{mg}(X, Y) < 0) \tag{6-15}$$

式中，利用随机变量 X 和 Y 分布情况获取 X 和 Y 下标表示的泛化误差。

在随机森林建模的过程中，决策树 k 可以利用 $h_k(x)=h(x, \theta_k)$ 进行表示，因此对于大量建立的决策树，随着决策树的增加，决策树的参数顺序可以表示为：$\theta_1, \theta_2, \cdots$，泛化误差 PE 通常处于收敛于：

$$P_{X, Y}(P_{\theta}(h(X, \theta)=y) = y - \max_{j \neq y}P_{\theta}(h(x, \theta)=j) < 0) \tag{6-16}$$

通过上述的分析可知，随着随机森林建模过程中决策树的增加，训练的模型不会出现过拟合现象，而泛化误差会在一个极限值处收敛。

6.3.1.3 模型泛化误差

经过上述分析可知，随机森林随着决策树的增加，其模型的泛化误差通常会处于收敛的状态，同时不会出现过拟合现象。为了更清楚了解随机森林算法泛化误差数学分析，通过详细的公式推导对随机森林泛化误差进行更为细致的分析。

随机森林的边际函数为：

$$mr(X, Y) = P_\theta(h(x, \theta) = y) - \max_{j \neq y} P_\theta(h(x, \theta) = j) \tag{6-17}$$

式中，分割函数 $h(x, \theta)$ 的分割能效可以表示为：

$$s = E_{X, Y} mr(X, Y) \tag{6-18}$$

当 $s>0$ 时，通过切比雪夫不等式可以得到：

$$PE \leqslant \frac{var(mr)}{s^2} \tag{6-19}$$

而 $mr(X, Y)$ 方差可以通过另外的表达式进行表示，具体推导过程如下：

假设有 $\hat{j}(X, Y) = argmax_{j \neq y} P_\theta(h(x, \theta) = j)$，则有：

$$mr(X, Y) = P_\theta(h(x, \theta) = y) - P_\theta(h(x, \theta) = \hat{j}(x, y)) \tag{6-20}$$

因此可以表示为：

$$mr(X, Y) = E_\theta [I(h(x, \theta) = y) - I(h(x, \theta) = \hat{j}(x, y))] \tag{6-21}$$

假设初始边际函数定义为：

$$rmg(\theta, X, Y) = I(h(X, \theta) = Y) - I(h(X, \theta) = \hat{j}(X, Y)) \tag{6-22}$$

则 $mr(x, y)$ 为 $rmg(\theta, X, Y)$ 对于 θ 的期望，因此表达式为：

$$\forall f, \ [E_\theta f(\theta)]^2 = E_\theta f(\theta) E_{\theta'} f(\theta') = E_{\theta, \theta'} f(\theta) f(\theta') \tag{6-23}$$

式中 θ, θ'——独立分布随机参数。则有：

$$mr(X, Y)^2 = E_{\theta, \theta'} rmg(\theta, X, Y) rmg(\theta', X, Y) \tag{6-24}$$

进而可得到公式：

$$var(mr) = E_{\theta, \theta'}(\rho(\theta, \theta') sd(\theta) sd(\theta')) \tag{6-25}$$

式中 $\rho(\theta, \theta')$——θ 和 θ' 在公式 $rmg(\theta, X, Y)$ 和 $rmg(\theta', X, Y)$ 之间的相关系数；

$sd(\theta)$——θ 在 $rmg(\theta, X, Y)$ 条件下的标准差。则有：

$$var(mr) = \bar{\rho}(E_\theta sd(\theta))^2 \leqslant \bar{\rho} E_\theta var(\theta) \tag{6-26}$$

式中 $\bar{\rho}$——相关系数的平均值。故：

$$\bar{\rho} = E_{\theta, \theta'} \rho(\theta, \theta') sd(\theta) sd(\theta') / E_{\theta, \theta'} sd(\theta) sd(\theta') \tag{6-27}$$

由于有：

$$E_\theta var(\theta) \leqslant E_\theta (E_{X, Y} rmg(\theta, X, Y))^2 - s^2 \leqslant 1 - s^2 \tag{6-28}$$

因此，通过上述理论公式的推导则可以得到如下结论：

泛化误差的上边界可以表示为：

$$PE \leqslant \frac{\bar{\rho}(1 - s^2)}{s^2} \tag{6-29}$$

式（6-29）所表示的上界是较为宽松的，同时作为表示随机森林模型泛化能力的一个重要参数，主要表达了随机森林模型的两个组成的要素是决策树能效 s 和决策树之间的相关系数 ρ。因此可以简化上界为：

$$c/s^2 = \frac{\bar{\rho}}{s^2} \tag{6-30}$$

泛化误差上界对于随机森林来说是一个重要的参数，不仅可以表示影响随机森林的重要参数，更是随机森林算法改进的基础。

6.3.1.4 随机森林的回归模型

在上述数学理论推导的基础上，对回归分析过程进行阐述。假设从随机向量 X 和 Y 中随机抽取训练数据集，利用训练数据集建立预测模型。故预测模型的随机误差可以表示为：

$$E_{X,Y}(Y - h(X))^2 \tag{6-31}$$

预测值是通过决策树 $h(x, \theta_k)$ 对 k 进行取均值得到的，当决策树量增加时，则：

$$E_{X,Y}(Y - \mathrm{av}_k(h(X, \theta_k)))^2 \rightarrow E_{X,X}(Y - E_\theta h(X, \theta))^2 \tag{6-32}$$

故可以得到回归函数：

$$Y = E_\theta h(X, \theta) \tag{6-33}$$

当 k 取值足够充分大时，则可以利用近似代替公式表示：

$$Y = \mathrm{av}_k(h(X, \theta_k)) \tag{6-34}$$

此时，所建立的模型的泛化误差可利用公式表示为：

$$\mathrm{PE}(\mathrm{tree}) = E_\theta E_{X,Y}(Y - h(X, \theta))^2 \tag{6-35}$$

若所有的 θ 都满足于 $E_Y = E_X h(X, \theta)$，则有：

$$\mathrm{PE}(\mathrm{forest}) \leqslant \bar{\rho}\, \mathrm{PE}(\mathrm{tree}) \tag{6-36}$$

式中 $\bar{\rho}$ ——$Y - h(X, \theta')$ 和 $Y - h(X, \theta)$ 之间的加权相关系数。

$$\mathrm{PE}(\mathrm{forest}) = E_\theta E_{\theta'} E_{X,Y}(Y - h(X, \theta)(Y - h(X, \theta'))) \tag{6-37}$$

上式右侧为收敛函数，其形式可以写成：

$$E_\theta E_{\theta'}(\rho(\theta, \theta')\mathrm{sd}(\theta)\mathrm{sd}(\theta')) \tag{6-38}$$

定义 $\mathrm{sd}(\theta) = \sqrt{E_{X,Y}(Y - h(X, \theta))^2}$ 的加权系数为：

$$\bar{\rho} = E_\theta E_{\theta'}(\rho(\theta, \theta')\mathrm{sd}(\theta)\mathrm{sd}(\theta'))/(E_\theta \mathrm{sd}(\theta))^2 \tag{6-39}$$

因此可以推导出公式：

$$\mathrm{PE}(\mathrm{forest}) = \bar{\rho}(E_\theta \mathrm{sd}(\theta))^2 \leqslant \bar{\rho}\, \mathrm{PE}(\mathrm{tree}) \tag{6-40}$$

经过上述公式推导可知：决策树的泛化误差是随机森林模型泛化误差的 $\bar{\rho}$ 倍，因此通过引入 Bagging，θ 和 θ' 可以获取更佳的泛化效果。

6.3.2 神经网络

人工智能技术作为一种有效的建模手段广泛应用于热轧带钢组织性能预测中，其中神经网络凭借其简单易用和较高的预测精度受到研究者们的青睐[36-41]。神经网络模型通常由输入层、输出层和若干隐藏层构成，图 6-11 示出了一个标准的三层神经网络结构示意图，神经网络的每一层中都存在若干个节点，同层节点之间相互独立，相邻两层的节点相互连接。当数据样本进入输入层后，神经元被激活，激活值从输入层传入到隐藏层，然后从隐藏层传递到输出层。为了减小输出值与实际值之间的误差，网络的权值会被不断调整。通过不断迭代反复调整网络的权值，神经网络的输出值逐渐接近于实际值，下面将基于 BP 神经网络进行详细介绍。

BP 神经网络具有良好的非线性逼近能力，在处理缺失值和非线性问题时具有明显的优越性。然而，传统的 BP 神经网络存在着局部收敛、收敛速度慢和容易过拟合等问题[42]。为了克服这些问题，本章采用基于 Levenberg-Marquardt 算法的贝叶斯正则化神经网络方法建立热轧带钢的力学性能预测模型。

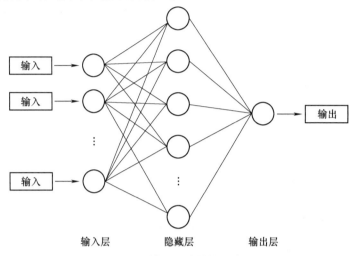

图 6-11 神经网络结构示意图

D. J. C MacKay 在贝叶斯框架下对神经网络进行了改进，在网络目标函数中引入了表示网络复杂程度的惩罚项，即：

$$E(W) = \beta J_D(F) + \alpha J_W(F) = \beta \frac{1}{2} \sum_{k=1}^{K} \sum_{n=1}^{N} (d_{nk} - y_{nk})^2 + \alpha \frac{1}{2} \|PF\|^2 \qquad (6-41)$$

式中　J_D——常规误差项；

$\quad\quad J_W$——贝叶斯方法中表示网络复杂程度的惩罚项；

$\quad\quad P$——平滑性约束算子；

$\quad\quad d_{nk}$——期望输出；

$\quad\quad y_{nk}$——实际输出；

$\quad K$, N——网络输出变量个数和训练样本数。

与最优化方法不同，贝叶斯方法着眼于网络连接权在整个权空间中的概率分布，基于融入训练样本的后验分布最大化原理，在网络的训练过程中不断调整超参数 α 和 β，使网络输出更加平滑，达到避免网络过训练目的。

贝叶斯方法着眼于权值（阈值）在整个权空间中的概率分布。若用 H 表示网络结构（主要是隐层神经元个数），在网络结构已经确定的条件下，没有样本数据时，若知道权值（阈值）的先验分布 $p(\boldsymbol{w} | \alpha, H)$，其中 $\boldsymbol{w}$ 为权值（阈值）向量，有了样本数据集 $D = \{x^{(N)}, d^{(N)}\}$ 后的分布是后验分布 $p(\boldsymbol{w} | D, \alpha, \beta, H)$，根据贝叶斯规则有：

$$p(\boldsymbol{w} | D, \alpha, \beta, H) = \frac{p(D | \boldsymbol{w}, \beta, H) p(\boldsymbol{w} | \alpha, H)}{p(\boldsymbol{w} | \alpha, \beta, H)} \qquad (6-42)$$

式中　$p(D | \boldsymbol{w}, \beta, H)$——似然函数；

$\quad\quad p(\boldsymbol{w} | \alpha, \beta, H)$——一个正则化因子，即：

$$p(D | \alpha, \beta, H) = \int_{-\infty}^{+\infty} p(D | \boldsymbol{w}, \beta, H) p(\boldsymbol{w} | \alpha, H) \mathrm{d} \boldsymbol{w} \qquad (6-43)$$

在没有数据时，对于权的分布只有很少的知识，因此先验分布是一个很宽的分布，一旦有了数据，可转化为后验分布，后验分布较为紧凑，即只有在很小的范围中的权值才可能与网络的映射一致。为了得到后验分布，必须知道先验分布 $p(|w|\alpha, H)$ 和似然函数 $p(D|w, \beta, H)$。

贝叶斯正则化方法是在 BP 神经网络的训练性能函数上添加表示网络结构复杂度的惩罚项来改善神经网络的泛化能力。对于 BP 神经网络，一般采用均方误差函数作为网络训练性能函数。对于训练数据样本 $D = (x_i, t)$，$i = 1, 2, \cdots, n$（n 为训练样本总数）。在给定网络结构 H 和网络参数 W 的条件下，网络的误差函数 E_D 可以写为：

$$E_D = \frac{1}{2} \sum_{i=1}^{n} \sum_{j=1}^{k} (f(x_i, W, H) - t_i)^2 \tag{6-44}$$

式中　k——神经网络的输出变量数目；

　　　j——神经网络的输出变量，$j = 1, 2, \cdots, k$。

常用的正则化方法是在误差函数后加上表示神经网络结构复杂度的函数 E_W：

$$E_W = \frac{1}{2} \|W\|^2 = \frac{1}{2} \sum_{j=1}^{m} w_i^2 \tag{6-45}$$

式中　m——网络参数总数。因此，网络的总误差函数可写为：

$$F = \beta E_D + \alpha E_W \tag{6-46}$$

式中　α，β——超参数，控制着权值和阈值的分布形式。

超参数的取值影响着神经网络的训练目标，当 $\alpha \ll \beta$ 时，神经网络训练时侧重于减小训练误差，但可能造成过拟合；当 $\alpha \gg \beta$ 时，神经网络训练时侧重于限制网络权值规模，但可能造成模型预测误差较大。在实际应用中，需要将超参数的取值综合考虑，在网络训练误差和网络结构复杂性两方面寻求平衡。正则化方法的难点在于如何确定超参数，本章采用贝叶斯方法实现超参数的选择[42]。贝叶斯正则化神经网络的训练是个迭代过程，在迭代过程中总误差函数随着超参数的变化而变化，待优化的最小值点也在不断变化，网络的权值和阈值不断被修正，直到总误差函数在迭代过程中基本稳定，神经网络训练结束。

6.4 数据挖掘在建模过程中的典型应用

6.4.1 数据平台的搭建

在数据平台搭建过程中，应当充分利用已有的数据仓库和其他操作环境下的数据，采用"基础工艺数据库""过程控制参数数据库"和"力学性能存储数据库"结合的方法，然后会根据实际问题的需要和不断变化的情况随时扩充、逐步完善。

6.4.1.1 数据存储

根据采集到的数据以 SQL Sever 2017 为开发平台，进行数据库的创建、表的创建等。采集到的化学成分、性能以及厚度等数据通过建立企业数据库与本地数据库之间的连接来进行实时传输，采集到的数据直接存储数据库中，如图 6-12~图 6-14 所示。其中包括成分表、工艺设定值表、平均值表、工艺参数表、设备参数表、时间顺序表、层流冷却水管开启状态表、成分工艺数据表。过程数据表包括 R1 _ Force _ Value（粗轧第 1 道次轧制力）、

R2 _ Force _ Value（粗轧第 2 道次轧制力）、R3 _ Force _ Value（粗轧第 3 道次轧制力）、R4 _ Force _ Value（粗轧第 4 道次轧制力）、R5 _ Force _ Value（粗轧第 5 道次轧制力）、R6 _ Force _ Value（粗轧第 6 道次轧制力）、R7 _ Force _ Value（粗轧第 7 道次轧制力）、R8 _ Force _ Value（粗轧第 8 道次轧制力）、R9 _ Force _ Value（粗轧第 9 道次轧制力）、R10 _ Force _ Value（粗轧第 10 道次轧制力）、F1 _ Force _ Value（精轧第 1 道次轧制力）、F2 _ Force _ Value（精轧第 2 道次轧制力）、F3 _ Force _ Value（精轧第 3 道次轧制力）、F4 _ Force _ Value（精轧第 4 道次轧制力）、F5 _ Force _ Value（精轧第 5 道次轧制力）、F6 _ Force _ Value（精轧第 6 道次轧制力）、F7 _ Force _ Value（精轧第 7 道次轧制力）、GMF1 _ Value（精轧第 1 道次 GM 值）、GMF2 _ Value（精轧第 2 道次 GM 值）、GMF3 _ Value（精轧第 3 道次 GM 值）、GMF4 _ Value（精轧第 4 道次 GM 值）、GMF5 _ Value（精轧第 5 道次 GM 值）、GMF6 _ Value（精轧第 6 道次 GM 值）、GMF7 _ Value（精轧第 7 道次 GM 值）、SPDF1 _ Value（精轧第 1 道次 SPD 值）、SPDF2 _ Value（精轧第 2 道次 SPD 值）、SPDF3 _ Value（精轧第 3 道次 SPD 值）、SPDF4 _ Value（精轧第 4 道次 SPD 值）、SPDF5 _ Value（精轧第 5 道次 SPD 值）、SPDF6 _ Value（精轧第 6 道次 SPD 值）、SPDF7 _ Value（精轧第 7 道次 SPD 值）、F7 _ DH _ Value（F7 出口厚度）、RET _ Value（粗轧入口温度）、RDT _ Value（粗轧出口温度）、FET _ Value（精轧入口温度）、FDT _ Value（精轧出口温度）、FC _ Value（超快冷温度）、CT _ Value（卷取温度）。

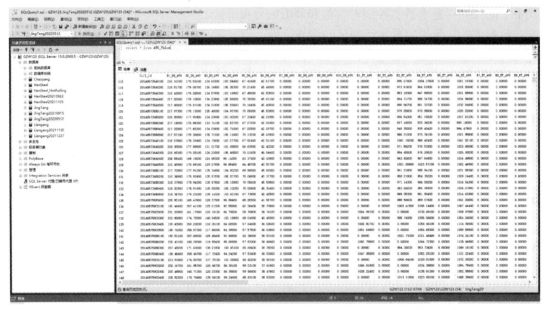

图 6-12　工艺参数表示意图
（扫描书前二维码看彩图）

6.4.1.2 数据库的建立

根据当前以及未来潜在需求结合钢厂的实际情况，经过认真分析，此热轧数据平台主题域的数据应该包括轧材的化学成分、轧制工艺参数、设备参数，在生产过程中的速度制度、温度制度的检/化验实绩以及轧材的基本信息等数据。具体包括：钢卷号（主键）、冶

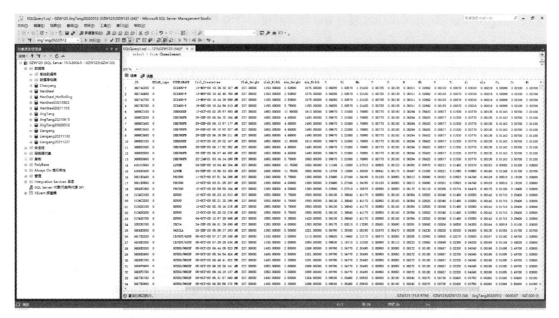

图 6-13 成分数据存储表示意图
(扫描书前二维码看彩图)

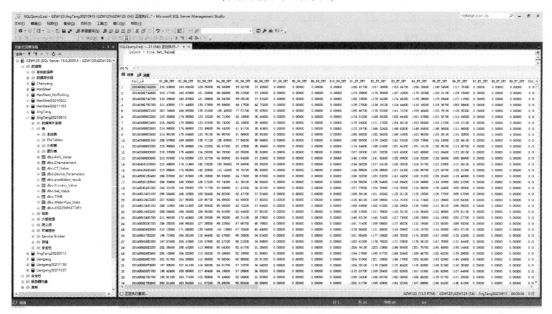

图 6-14 工艺设定值存储表示意图
(扫描书前二维码看彩图)

炼炉号、加热炉炉号、板坯号、板坯形态标识（混浇坯、头坯、尾坯）、牌号、钢卷生产时间、铸坯厚度、铸坯宽度、目标厚度、目标宽度、C、Si、Mn、P、S、N、Nb、V、Ti、Al、As、Cu、Cr、Ni、Co、Mo、B、R1 出口厚度、R2 出口厚度、R3 出口厚度、R4 出口厚度、R5 出口厚度、R6 出口厚度、R7 出口厚度、R8 出口厚度、R9 出口厚度、R10 出口厚度、R1 出口温度、R2 出口温度、R3 出口温度、R4 出口温度、R5 出口温度、R6 出口温度、R7 出口温度、R8 出口温度、R9 出口温度、R10 出口温度、R1 轧制速度、R2 轧制速度、R3 轧制速度、R4 轧制速度、R5 轧制速度、R6 轧制速度、R7 轧制速度、R8 轧制速度、R9 轧制速度、R10 轧制速度、F1 入口厚度、F1 出口厚度、F2 出口厚度、F3 出口厚度、F4 出口厚度、F5 出口厚度、F6 出口厚度、F7 出口厚度、F1 入口温度、F1 轧制温度、F2 轧制温度、F3 轧制温度、F4 轧制温度、F5 轧制温度、F6 轧制温度、F7 轧制温度、F1 轧制速度、F2 轧制速度、F3 轧制速度、F4 轧制速度、F5 轧制速度、F6 轧制速度、F7 轧制速度、F1 轧制力、F2 轧制力、F3 轧制力、F4 轧制力、F5 轧制力、F6 轧制力、F7 轧制力、卷取温度、屈服强度、抗拉强度、伸长率等数据。

6.4.1.3 数据匹配

基于 2250 热轧带钢生产数据分别存储在成分表、工艺设定值表、平均值表、工艺参数表等 46 个数据库表中。为了进行数据分析、数据处理以及数据挖掘，需要将 46 个数据存储服务器中钢卷号相同的数据匹配在一起，为分析数据之间存在的化学成分—工艺参数—力学性能物理冶金学规律奠定了良好的基础。数据匹配流程和结果如图 6-15、图 6-16 所示。

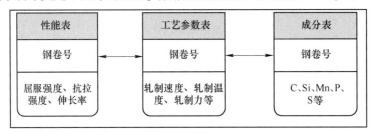

图 6-15 数据匹配流程图

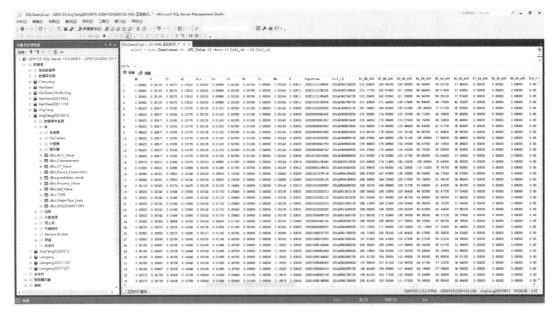

图 6-16 匹配好的数据表示意图

(扫描书前二维码看彩图)

6.4.2 数据处理

6.4.2.1 C-Mn 钢数据处理结果

工业数据处理主要分为选取数据样本、填补空缺值、钢卷归并、相似工艺聚类和数据分布均衡化，其流程如图 6-17 所示。本章以某钢厂生产的 C-Mn 钢系列为例进行数据处理，依据选择同类别不同强度级别钢种的原则，采用多个牌号钢种的生产数据作为数据样本，对关键工艺参数和力学性能不完整的数据直接予以剔除，对设备参数（如辊径等）不完整的数据用相同工况下数据的平均值替换，最终得到完整数据共 4393 组。针对工业数据中波动较大的异常数据和信息相近的冗余数据，采用分层聚类的手段筛选出相近工艺的数据，利用改进的格拉布斯准则和拉依达准则剔除异常值，并将剩余数据做平均化处理。图 6-18 示出了某一组相同轧制工艺下的生产数据。根据改进的格拉布斯准则判断得第 5 卷钢（屈服强度为 290 MPa）为异常值，故将其剔除。对剩下 8 组钢卷数据进行平均化处理，得到屈服强度平均值为 267.5 MPa，能够反映这一炉钢在特定生产工艺下的屈服强度的平均水平。

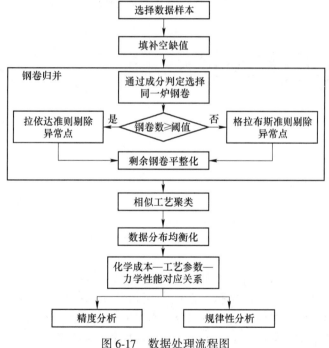

图 6-17 数据处理流程图

当剔除异常值处理完成后，数据在数目上有了较大的精简，规律性更加显著，由于实际数据具有较高维度，这里给出数据处理前后的二维示意图，如图 6-19 所示。假设 Y 随 X 是单调递增的，图中 Y 代表检测值，X 代表轧制规程，在每一个轧制规程下存在多个检测值 Y。在数据处理前，由于检测值的波动，导致数据呈现的规律性并不显著，当采用神经网络模型进行预测时，会产生过拟合的现象，导致数据在局部无法反映出合理的规律性。经过数据处理后，每一个轧制规程下的检测值趋于稳定，数据规律性显著。因此，对工业

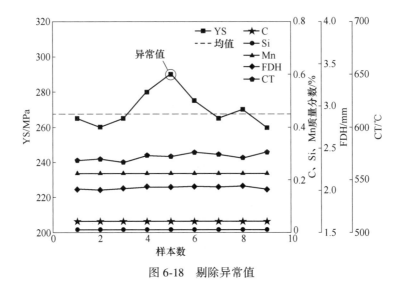

图 6-18 剔除异常值

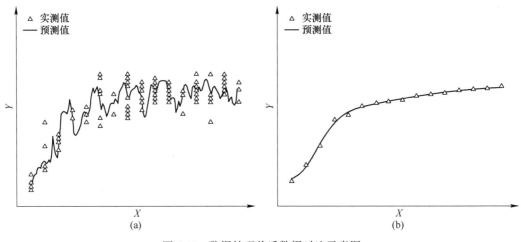

图 6-19 数据处理前后数据对比示意图

（a）数据处理前；（b）数据处理后

数据异常值处理的物理意义为消除性能检测带来的随机误差。

在热轧带钢轧制过程中，其轧制工艺的制定通常是离散的，这会导致数据分布不均匀，采用这样的数据建立的模型会在一部分区域具有较高的预测精度，在另一部分区域预测精度较差。在数据均衡化过程中，本章选择将频数较少的数据进行复制扩展，以增加该轧制工艺下数据的比例，最终实现数据均衡化。图 6-20 比较了数据均衡化前后的分布情况。在经过数据处理后，强度较低和强度较高的区域的数据数目增多，数据分布更加均匀。图 6-21 比较了数据均衡化前后对同一组数据预测的均方误差。由于增加了训练数据中边缘数据部分的权重，模型对边缘数据的预测误差有了大幅降低。

6.4.2.2　主元提取

由于样本数据较少，为充分利用所采集的数据，本章采用 PCA 方法对原始数据进行

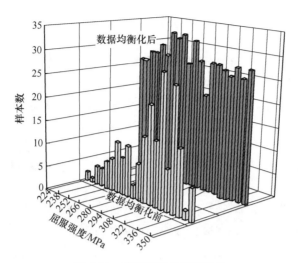

图 6-20 数据均衡化前后对比

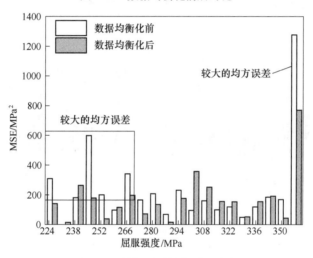

图 6-21 数据预测均方误差分布

主元提取。PCA 是多元统计分析中最重要的降维方法之一，在消除冗余数据、降低数据噪声等方面有广泛的应用。PCA 通过累计方差贡献率（Cumulative Percent Variance，CPV）来进行特征主元的提取，CPV 代表了所提取的主元所解释的数据变化占全部数据变化的比例，其计算公式为：

$$CPV_h = \sum_{j=1}^{h} \lambda_j / \sum_{j=1}^{p} \lambda_j \tag{6-47}$$

式中　λ_j——第 j 个主成分所对应的特征值；

　　　h——所提取的主元的个数；

　　　p——变量个数。

当前 h 个主元的 CPV 达到 85% 以上时，一般认为这 h 个主元包含了原始数据足够多的信息，形成了数据的系统部分，剩余的主元则代表了原始数据中的次要部分和噪声部分。

数据处理包括填补空缺值、异常值剔除、碳氮化物计算和主成分分析。首先，对关键参数（如 Ti 质量分数、C 质量分数、N 质量分数、终轧温度、卷取温度等）缺失的钢卷，直接整卷剔除；对非关键参数（如辊径、各道次轧制力等）缺失的钢卷则采用相邻数据的均值代替，最终得到 390 条完整数据。通过计算各样本的霍特林 T^2 统计量以及总样本数据的控制限，将霍特林 T^2 统计量超过控制限的样本剔除，异常值剔除过程如图 6-22 所示。其中，图 6-22 (a) 为第一次 T^2 统计量异常样本剔除过程，可以看出 142 号、177 号、345 号、350 号以及 374 号样本的霍特林 T^2 统计量超过控制限，可认为是异常点，予以剔除。对剔除后的样本再次计算霍特林 T^2 统计量以及总样本数据的控制限，重复异常值剔除过程，直至所有样本的霍特林 T^2 值都在控制限，最终结果如图 6-22 (b) 所示。可以看出，所有样本的霍特林 T^2 统计量都在总样本数据的控制限以内，表明生产数据均在受控状态以内，不存在由于检测误差、工况突变等原因造成的异常点。

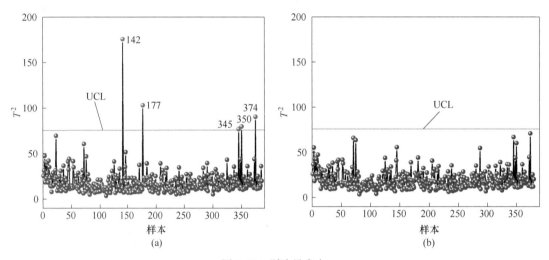

图 6-22 剔除异常点

(a) 异常点剔除前；(b) 异常点剔除后

图 6-23 示出了屈服强度（YS）随 C、Ti 以及 N、Ti 质量分数的分布情况。在其他工艺参数相近的情况下，理论上随着 C、Ti 质量分数的增大，屈服强度是增大的。但从图中可以看出 C、Ti 的质量分数和屈服强度没有明显的相关关系，这说明原始数据信噪比较低，不能反映出数据应有的规律性。为此，通过计算各卷钢在奥氏体中碳氮化钛析出量，挖掘出数据中隐藏的数据，可提高数据的信噪比。为验证计算结果的有效性，在保证其他工艺参数相近的情况下，绘制出屈服强度随所计算的碳氮化钛析出量的散点图，如图 6-24 所示。从图中可以看出，随着 Ti（C，N）析出量的增加，屈服强度是增加的，两者之间有较强的相关性，符合物理冶金学规律，验证了计算结果的可靠性。

最后，进行主成分分析，各主元的方差贡献率（PV）以及累计方差贡献率（CPV）如图 6-25 所示。从图中可以看出，前 12 个主元的累计方差贡献率大于 90%，前 15 个主元的累计方差贡献率大于 95%。当累计方差贡献率达到 80%以上，可认为所提取的主元能够代替原始数据的全部信息。由于样本数较少，本书选择前 15 个主元，作为支持向量机预测模型的输入。

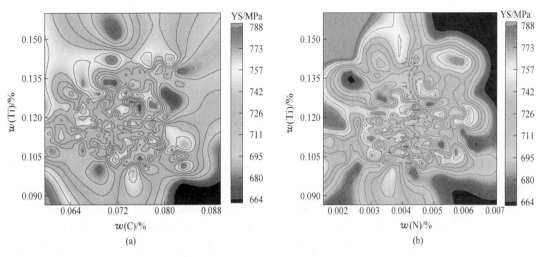

图 6-23 屈服强度随 $w(\text{Ti})$、$w(\text{C})$ 和 $w(\text{Ti})$、$w(\text{N})$ 的分布
(a) 屈服强度随 $w(\text{Ti})$、$w(\text{C})$ 分布；(b) 屈服强度随 $w(\text{Ti})$、$w(\text{N})$ 分布
(扫描书前二维码查看彩图)

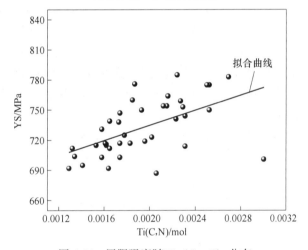

图 6-24 屈服强度随 Ti (C, N) 分布

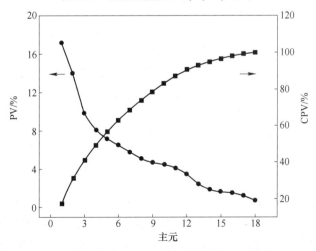

图 6-25 各主元方差贡献率及累计方差贡献率

6.4.3 模型建立与分析

6.4.3.1 C-Mn 钢力学性能预测模型建立与分析

神经网络建模采用基于贝叶斯正则化方法的三层 BP 神经网络：一个输入层、一个隐藏层和一个输出层。其中，隐藏层节点激活函数选择 Tansig 函数，输出层节点激活函数选择 Purelin 函数。分别选取 C 含量、Si 含量、Mn 含量、粗轧出口温度（Rougth Delivery Temperature，RDT）、精轧入口厚度（Finish Entrance Thickness，FEH）、终轧温度（Finish Delivery Temperature，FDT）、终轧厚度（Finish Delivery Thickness，FDH）和卷取温度（Coiling Temperature，CT）作为模型的输入变量，屈服强度、抗拉强度和伸长率作为模型的输出变量。分别将基于原始数据和经过处理的数据建立的模型命名为模型 1 和模型 2。将数据按照力学性能大小递增排列，并按照约 3∶1 的比例划分为训练数据和测试数据。当模型训练完成后，另外选取 430 组生产数据对模型的精度进行验证。针对屈服强度（YS）、抗拉强度（TS）和伸长率（EL）分别建立力学性能预测模型。为了避免不同维度变量对神经网络训练造成影响，将数据归一化到 [−0.5，0.5]。神经网络模型的隐藏层节点数是模型训练中一个关键参数。如果隐藏层节点数过多，会导致模型的过训练；如果隐藏层的节点数过少，会导致模型的欠训练，均无法取得满意的预测效果。本章采用试错法，比较不同隐藏层节点数的神经网络模型在测试数据集上的预测效果，最终确定最优的隐藏层节点数为：屈服强度预测模型包含 4 个隐藏层节点，抗拉强度预测模型包含 4 个隐藏层节点，伸长率预测模型包含 5 个隐藏层节点。

图 6-26 示出了模型 2 钢力学性能预测值与实测值的对比。结果表明，屈服强度和抗拉强度预测值和实测值的相对误差均在 ±10% 的范围内，伸长率预测值与实测值的绝对误差均在 ±5% 的范围内，模型取得了较好的精度。

图 6-27 对比了模型 1 和模型 2 屈服强度随碳含量和卷取温度的变化曲线。从图 6-27（a）可以看出，当其他变量保持常数时，屈服强度随着碳含量的增加而增加。然而，模型 1 预测的屈服强度曲线呈现出抛物线走势（图中虚线）；当经过数据处理后，模型 2 预测的屈服强度随着碳含量的增加而增加（图中实线），与实测值吻合良好。图 6-27（b）示出了屈服强度预测值随卷取温度的变化曲线。当卷取温度降低时会产生晶粒细化，屈服强度增加。然而，模型 1 在 500~600 ℃ 的区间内屈服强度随着卷取温度的增加而增加，不符合物理冶金学规律；而经过数据处理后的模型 2 预测值与实测值吻合良好。可以看出，采用原始工业数据建立的模型 1 无法反映出正确的工艺参数与力学性能之间的关系，主要源于工业数据中的力学性能检测波动和神经网络导致的过拟合。当经过数据处理后，数据间的关系变得更显著，更容易采用神经网络建立合理的模型。

6.4.3.2 Ti 微合金钢力学性能预测模型建立与分析

热轧带钢力学性能预测问题是典型的非线性回归问题，利用支持向量机进行建模时，需要引入核函数进行非线性回归。核函数的选择直接影响到建模的效率以及模型的精度，由于径向基核函数只有一个参数，故本书选择径向基核函数。在 Libsvm 工具箱的基础上

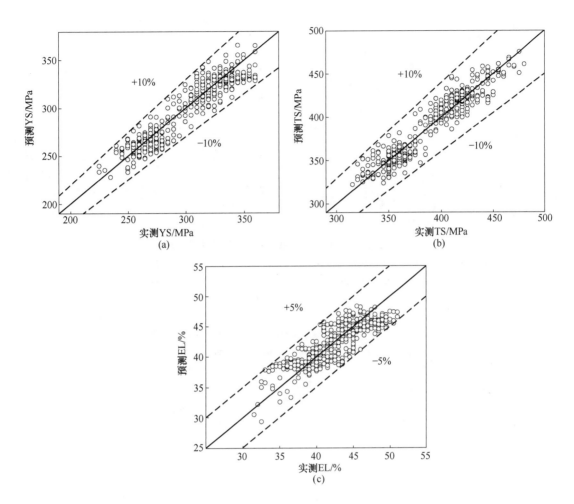

图 6-26 模型 2 的预测值与实测值对比

（a）屈服强度；（b）抗拉强度；（c）伸长率

采用 Matlab 2018a 进行二次开发，以实现小样本 Ti 高强钢的力学性能（包括屈服强度、抗拉强度以及伸长率）预测。先将 381 组实际样本数据随机分成训练组 340 组，测试组 41 组。

在利用 Libsvm 工具箱进行 KSVR 非线性回归时，首先需要确定核函数参数 g 和损失函数参数 c。核函数参数 g 和损失函数 c 的设定会对最终的预测结果产生一定的影响，尤其是相对于比较复杂的预测模型，只有选择合适的参数才能达到理想的结果。为此，本书以屈服强度为例，采用网格搜索法来确定最优的 g 和 c 值，以 KSVR 训练数据的实测值和预测值的均方误差 MSE 作为目标函数。为保障搜索的有效性，将搜索过程分为两个步骤。第一步初步筛选，设置 g 和 c 的对数搜索区间为−8 到 8，搜索步长为 0.5；第二步准确筛选，设置 g 和 c 的对数搜索区间为−4 到 4，搜索步长为 0.2，搜索过程如图 6-28 所示。同理，依次完成屈服强度、抗拉强度、伸长率 KSVR 预测模型的参数筛选，结果见表 6-4。

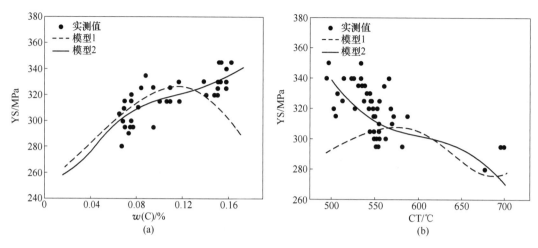

(a)　　　　　　　　　　　　　　　　　(b)

图 6-27　模型 1 和模型 2 的屈服强度随 C 含量和 CT 变化曲线

（a）C 含量（实测值：$w(C) = 0.066\% \sim 0.164\%$，$w(Si) = 0.01\% \sim 0.025\%$，$w(Mn) = 0.3\% \sim 0.5\%$，
FDH = 2.25 \sim 3.07 mm，CT = 581 \sim 640 ℃；预测值：$w(Si) = 0.0246\%$，$w(Mn) = 0.4120\%$，
FDH = 3.02 mm，CT = 597.8 ℃）；

（b）CT（实测值：$w(C) = 0.068\% \sim 0.098\%$，$w(Si) = 0.012\% \sim 0.034\%$，$w(Mn) = 0.32\% \sim 0.53\%$，
FDH = 1.94 \sim 3.55 mm，CT = 494 \sim 703 ℃；预测值：$w(C) = 0.071\%$，$w(Si) = 0.0246\%$，
$w(Mn) = 0.4120\%$，FDH = 3.02 mm）

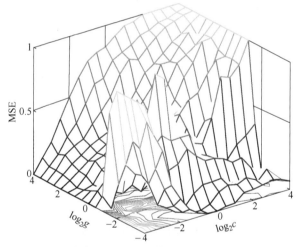

图 6-28　KSVR 参数筛选曲面

（扫描书前二维码查看彩图）

表 6-4　最优 KSVR 参数

参数	YS	TS	EL
c	0.025	0.0625	0.0625
g	0.0884	0.707	1.414

　　基于已构建的 KSVR 模型，对 41 组测试数据进行预测并绘制出力学性能预测值和实测值的散点图，如图 6-29 所示。从图中可以看出，屈服强度、抗拉强度和伸长率的预测值和实测值都沿着对角线分布，即所构建的模型有着良好的泛化能力。经过统计，屈服强

度的预测值和实测值的相对误差在±6%以内；抗拉强度的预测值和实测值的相对误差在±5%以内；伸长率预测值和实测值的绝对误差在±2%以内，模型取得较高的预测精度。

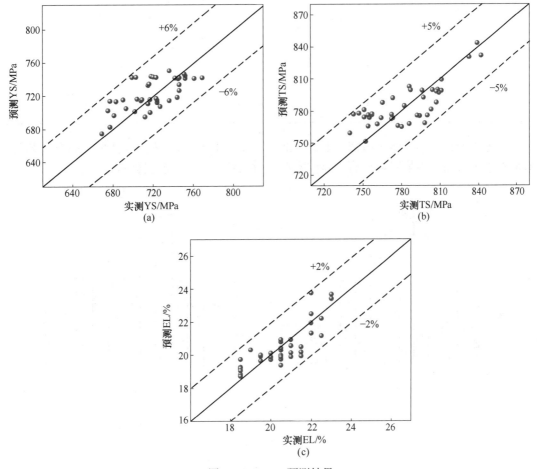

图 6-29　KSVR 预测结果
（a）屈服强度；（b）抗拉强度；（c）伸长率

为进一步验证所构建模型的精度，利用传统的 BP 神经网络采用相同的训练数据和测试数据进行模型训练和预测，通过比较测试数据预测值和实测值之间的均方根误差以及平均相对误差来衡量模型的精度，计算结果见表 6-5。从表中可以看出，基于支持向量机的力学性能预测模型的均方根误差以及平均相对误差都远远小于传统的 BP 神经网络模型的预测结果，即基于支持向量机的预测模型精度高。

表 6-5　不同模型预测结果对比

力学性能	评价指标	模 型	
		KSVR	BP
YS/MPa	RMSE	22.30	27.11
	AARE	0.026	0.031
	特征维度	15	18

力学性能	评价指标	模　　型	
		KSVR	BP
TS/MPa	RMSE	20.12	34.00
	AARE	0.022	0.031
	特征维度	15	18
EL/%	RMSE	1.25	1.83
	AARE	0.051	0.063
	特征维度	15	18

　　训练集数据力学性能分布情况如图 6-30 所示。可以看出力学性能都呈正态分布趋势，即数据集中分布在中值附近，而边界值附近的数据较为稀少，数据分布不均衡。

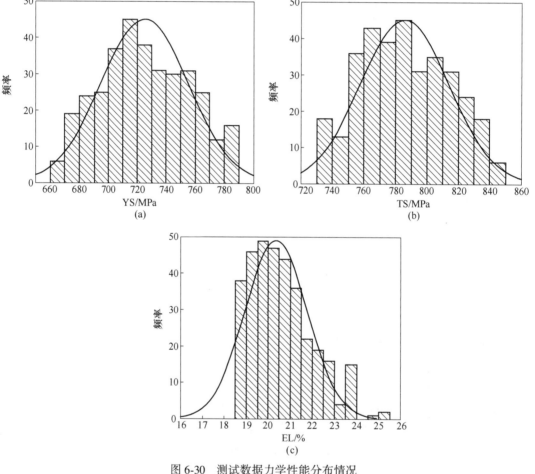

图 6-30　测试数据力学性能分布情况
（a）屈服强度；（b）抗拉强度；（c）伸长率

　　图 6-31 示出了支持向量机 KSVR 预测模型和传统 BP 网络模型的平均相对误差分布情况，即 BP 神经网络预测模型在力学性能中值附近的预测平均相对误差较小而在性能边界值处预测误差较大。造成这种现象的原因是由于训练数据分布不均衡、离散，使得神经网

络在训练过程中忽略掉部分数据包含的信息而导致模型在局部的预测误差偏大。具体来说，在网络训练过程中，力学性能边界值附近的数据产生的均方误差对模型总的均方误差贡献较小，随着训练的进行，这部分数据包含的信息被逐渐忽略，从而造成模型在力学性能边界值附近的预测误差偏大。而采用支持向量机建立的 KSVR 模型，由于其本身在训练过程中考虑到模型的结构，从而有效避免了边缘数据信息的丢失，因此 KSVR 模型的预测结果在数据集中和数据稀少部分的误差相差不大。此外，从整体上看，KSVR 模型的预测误差明显小于 BP 模型的预测误差，即模型预测精度较高。

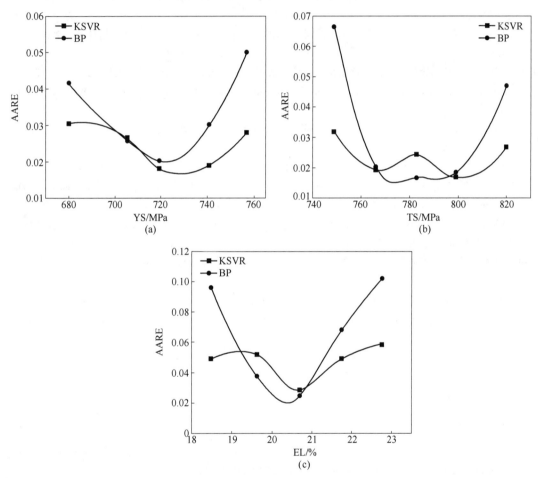

图 6-31 两种模型在测试数据上平均绝对误差分布
（a）屈服强度；（b）抗拉强度；（c）伸长率

参 考 文 献

［1］庄志平. 集装箱用耐候钢热轧板的性能预测系统设计与应用研究 ［D］. 镇江：江苏大学，2014：40-48.

［2］Zhao Y H, Yang W, Peng N Q, et al. Prediction of mechanical properties of hot rolled strip by using semi-parametric single-index model ［J］. Journal of Iron and Steel Research, International, 2013, 20 (7)：9-15.

[3] 刘学伟，胡恒法. 基于 BP 神经网络的 BNS440 热轧板力学性能预测 [J]. 梅山科技，2010 (4)：25-27.

[4] Powar A，Date P. Modeling of microstructure and mechanical properties of heat treated components by using Artificial Neural Network [J]. Materials Science and Engineering A，2015，628：89-97.

[5] Sun Y，Zeng W，Han Y，et al. Modeling the correlation between microstructure and the properties of the Ti-6Al-4V alloy based on an artificial neural network [J]. Materials Science and Engineering A，2011，528 (29/30)：8757-8764.

[6] 贾涛，刘振宇，胡恒法，等. 基于贝叶斯神经网络的 SPA-H 热轧板力学性能预测 [J]. 东北大学学报（自然科学版），2008，29 (4)：521-524.

[7] 吕振辽，罗浩，潘文才，等. 冷连轧机轧制过程数据采集系统 [J]. 自动化仪表，2003 (1)：41-44.

[8] 汪基伟. L2 级钢管热轧数据采集系统的设计与实现 [D]. 马鞍山：安徽工业大学，2019：29-77.

[9] Kantardzic M. Data mining：concepts，models，methods，and algorithms [M]. John Wiley and Sons，2011：108-111.

[10] 郭朝晖，张群亮，苏异才，等. 关于热轧带钢力学性能预报技术的思考 [J]. 冶金自动化，2009，33 (2)：1-6.

[11] 朱宏. 异常观测数据处理及不确定大系统的鲁棒镇定 [D]. 成都：四川大学，2003：31-36.

[12] Liu F T，Kai M T，Zhou Z H. Isolation Forest [C]. Eighth IEEE International Conference on Data Mining. IEEE，2009：413-422.

[13] Chen W，Yun Y，Wen M，et al. Representative subset selection and outlier detection via isolation Forest [J]. Analytical Methods，2016，8 (39)：7225-7231.

[14] 徐东，王岩俊，孟宇龙，等. 基于 Isolation Forest 改进的数据异常检测方法 [J]. 计算机科学，2018，45 (10)：155-159.

[15] Zhang Q，Mahfouf M，Leon L D，et al. Prediction of machining induced residual stresses in aluminium alloys using a hierarchical data-driven fuzzy modelling approach [J]. IFAC Proceedings Volumes，2009，42 (23)：231-236.

[16] Zhou Y，Li S. BP neural network modeling with sensitivity analysis on monotonicity based Spearman coefficient [J]. Chemometrics and Intelligent Laboratory Systems，2020，200：103977-103987.

[17] Cui C，Cao G，Li X，et al. A strategy combining machine learning and physical metallurgical principles to predict mechanical properties for hot rolled Ti micro-alloyed steels [J]. Journal of Materials Processing Technology，2023，311：117810-117823.

[18] Liu Y，Zou X，Ma S，et al. Feature selection method reducing correlations among features by embedding domain knowledge [J]. Acta Materialia，2022，238：118195-118208.

[19] 张义宏. 基于 PCA 的 BP 神经网络优化的研究与应用 [D]. 沈阳：东北大学，2014.

[20] 毕建涛. 基于主成分和粒子群优化 BP 神经网络的促销产品销量预测研究 [D]. 上海：东华大学，2012.

[21] Jainy S，Vinod K，Indra G，et al. Segmentation，feature extraction，and multiclass brain tumor classification [J]. Journal of Digital Imaging，2013，26 (6)：1141-1150.

[22] 龙训建，钱鞠，梁川. 基于主成分分析的 BP 神经网络及其在需水预测中的应用 [J]. 成都理工大学学报（自然科学版），2010，37 (2)：206-210.

[23] 张鹏，张瑞. 基于强化学习的特征选择方法及材料学应用 [J]. 上海大学学报（自然科学版），2022，28 (3)：463-475.

[24] 龙福海. 基于改进遗传算法优化的特征选择方法研究 [D]. 贵阳：贵州民族大学，2022.

［25］ 张玉琴，张建亮，冯向东．基于改进智能优化算法的数据特征选择方法［J］．传感器与微系统，2023，42（6）：154-157.

［26］ Rani P，Kumar R，Jain A. A hybrid approach for feature selection based on correlation feature selection and genetic algorithm［J］. International Journal of Software Innovation（IJSI），2022，10（1）：1-17.

［27］ Tiwari A，Chaturvedi A. A hybrid feature selection approach based on information theory and dynamic butterfly optimization algorithm for data classification［J］. Expert Systems with Applications，2022，196：116621.

［28］ Hore S，Das S K，Banerjee S，et al. An adaptive neuro-fuzzy inference system-based modelling to predict mechanical properties of hot-rolled TRIP steel［J］. Ironmaking & Steelmaking，2017，44（9）：656-665.

［29］ Deng J F，Sun J，Peng W，et al. Application of neural networks for predicting hot-rolled strip crown［J］. Applied Soft Computing，2019，78（5）：119-131.

［30］ Yu W X，Li M Q，Luo J，et al. Prediction of the mechanical properties of the post-forged Ti-6Al-4V alloy using fuzzy neural network［J］. Materials & Design，2010，31（7）：3282-3288.

［31］ Liu Z Y，Wang W D，Gao W. Prediction of the mechanical properties of hot-rolled C-Mn steels using artificial neural networks［J］. Journal of Materials Processing Technology，1996，57（3/4）：332-336.

［32］ Powar A，Date P. Modeling of microstructure and mechanical properties of heat treated components by using artificial neural network［J］. Materials Science and Engineering：A，2015，628（5）：89-97.

［33］ 王丹民，李华德，周建龙，等．热轧带钢力学性能预测模型及其应用［J］．北京科技大学学报，2006，28（7）：687-690.

［34］ 郑晖，王昭东，王国栋，等．利用人工神经网络模型预测 SS400 热轧板带力学性能［J］．钢铁，2002，37（7）：37-40.

［35］ Breiman L. Random forests［J］. Machine Learning，2001，45（10）：5-32.

［36］ Seyed Salehi M，Serajzadeh S. A neural network model for prediction of static recrystallization kinetics under non-isothermal conditions［J］. Computational Materials Science，2010，49（4）：773-781.

［37］ Liu Y G，Luo J，Li M Q. The fuzzy neural network model of flow stress in the isothermal compression of 300M steel［J］. Materials & Design，2012，41（10）：83-88.

［38］ Yang X W，Chuan Z J，Nong Z S，et al. Prediction of mechanical properties of A357 alloy using artificial neural network［J］. Transactions of Nonferrous Metals Society of China，2013，23（3）：788-795.

［39］ Khalaj G，Khoeini M，Khakian-Qomi M. ANN-based prediction of ferrite fraction in continuous cooling of microalloyed steels［J］. Neural Computing and Applications，2013，23（3/4）：769-777.

［40］ Zhu Y C，Zeng W D，Sun Y，et al. Artificial neural network approach to predict the flow stress in the isothermal compression of as-cast TC21 titanium alloy［J］. Computational Materials Science，2011，50（5）：1785-1790.

［41］ Zhao J W，Ding H，Zhao W J，et al. Modelling of the hot deformation behaviour of a titanium alloy using constitutive equations and artificial neural network［J］. Computational Materials Science，2014，92（9）：47-56.

［42］ 杨海深，傅红卓．基于贝叶斯正则化 BP 神经网络的股票指数预测［J］．科学技术与工程，2009，9（12）：3306-3310.

7 人工智能算法在组织性能预测中的应用

一般来讲，热轧带钢组织性能预测模型可以分为两类，分别是基于物理冶金学原理的唯象模型[1-3]和基于工业数据的数据驱动模型[4-5]。物理冶金学原理的唯象模型是以传统物理冶金学原理为基础，通过大量的实验数据，建立热连轧及连续冷却过程中的微观组织演变与组织性能对应关系模型。然而，此类模型对生产线环境适应性较差，难以应用于工业生产条件发生变化的情况。因此，研究人员开发出以人工智能理论为基础的神经网络模型及计算机系统，即基于工业数据的数据驱动模型。借助于神经网络强大的非线性拟合能力，以物理冶金学原理为引导，结合数据挖掘技术，开发热轧带钢组织性能预测模型，取得了显著的成效，本章主要针对人工智能技术在热轧带钢组织性能预测方面的应用进行详细介绍。

7.1 大数据驱动的物理冶金学模型

7.1.1 大数据驱动的物理冶金学模型概述

大数据驱动的物理冶金学模型主要包括温度场模型、微观组织演变模型和力学性能预测模型。温度是影响板材微观组织演变和力学性能的重要因素之一，其中，微观组织演变行为包括再结晶、相变和析出行为。建立温度场模型是精确预测热轧带钢微观组织演变和力学性能的基础。基于高精度的温度场模型，考虑轧制应变的影响，本章建立了热连轧和连续冷却过程中轧件微观组织演变模型和力学性能预测模型。其中，微观组织演变模型包括晶粒长大模型、奥氏体再结晶模型、相变模型、析出模型和最终的组织性能对应关系模型。这套模型描述了钢板从出加热炉到进入卷取机过程中的微观组织演变过程，与各个模型相对应的生产过程如图 7-1 所示。

7.1.1.1 温度场模型

在热连轧过程中，热传导过程非常复杂，很难用完全理论的方法求解。此外，完全采用理论方法得到的模型又缺乏实际应用性。本章采用有限差分法建立热连轧全流程温度场模型。在建立温度场模型前，本章作以下假设：

（1）与厚度相比，轧制方向的热流很小，因此忽略沿轧制方向的导热。

（2）出加热炉时，铸坯的温度分布均匀。

（3）板坯的温度分布沿着宽度方向对称。

（4）铸坯的物理参数皆为温度的函数。

（5）轧制变形所产生的热量视为内热源。

（6）忽略板坯纵向延展对传热的影响。

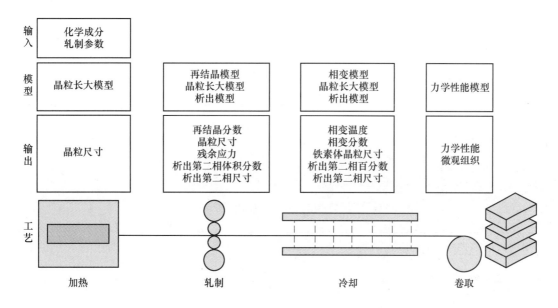

图7-1 热连轧过程相对应的物理冶金学模型

（7）不考虑摩擦热。

（8）钢板与工作辊接触过程中工作辊中心温度不变。

在热轧过程中，边界条件可以归纳为第三类边界条件[6]。对于二维平面问题，固体导热的数学描述可以写成式（7-1）~式（7-3）。

$$\left[\frac{\partial}{\partial x}\left(\frac{\partial T}{\partial x}\right) + \frac{\partial}{\partial y}\left(\frac{\partial T}{\partial y}\right)\right] + \frac{q_s}{\lambda} = \frac{1}{a}\frac{\partial T}{\partial t} \tag{7-1}$$

$$\lambda\left(\frac{\partial T}{\partial x}l_x + \frac{\partial T}{\partial y}l_y\right) + h(T - T_\infty) = 0 \tag{7-2}$$

$$a = \frac{\lambda}{\rho c} \tag{7-3}$$

式中 T——温度，K；

T_∞——周围流体的温度，K；

q_s——单位时间单位面积内热源的生成热，W/m^3；

λ——导热系数，$W/(m \cdot K)$；

a——导温系数，m^2/s；

t——时间，s；

l_x，l_y——边界法向上的方向余弦；

h——边界上物体与周围流体间的换热系数，$W/(m^2 \cdot K)$；

ρ——板坯的密度，kg/m^3；

c——板坯的比热容，$J/(kg \cdot K)$。

在温度场建模过程中，换热系数的确定极为重要，本章采用的换热系数模型见表7-1[7,8,35]。

表 7-1 温度场模型的换热系数方程

换热系数	表 达 式
空冷换热系数 h_a	$h_a = f_1 \left[(T_{i,j} - T_0)^{\frac{1}{3}} + \varepsilon k (T_{i,j}^2 + T_0^2)(T_{i,j} + T_0) \right]$
除鳞换热系数 h_s	$T > 500 \ ℃,\ 100 < \bar{w} < 2000$ $h_s = f_2 \times 107.2 \times \bar{w}^{0.663} \times 10^{-0.00147 T_{i,j}} \times 1.163$
轧制道次间隔换热系数 h_{in}	$h_{in} = f_3 \left[a_{in} + \varepsilon k (T_{i,j}^2 + T_0^2)(T_{i,j} + T_0) \right]$ 对于上水平表面：$a_{in} = 1.704 (T_{i,j} - T_0)^{\frac{1}{3}}$ 对于下水平表面：$a_{in} = 0.973 (T_{i,j} - T_0)^{\frac{1}{3}}$ 对于垂直表面：$a_{in} = 1.643 (T_{i,j} - T_0)^{\frac{1}{3}}$
轧制换热系数 h_r	$h_r = f_4 \times 2\lambda \times \sqrt{t/a\pi}$ $W_p = \int_0^\varepsilon \sigma_f \mathrm{d}\varepsilon_f$ $Q_p = \eta W_p,\ 0 < \eta < 1$
层流冷却换热系数 h_w	沿着钢板长度方向： $h_w = f_5 \times 9.72 \times \dfrac{10^5 w^{0.355}}{T - T_w} \times \left[\dfrac{(2.5 - 1.51 g\,T_w) D}{p_1 p_c} \right]^{0.645} \times 1.163$ 沿着钢板宽度方向： $h_w = \begin{cases} h_w^c [1 + 0.25(10x - 4B)/B] & (x > 0.4B) \\ h_w^c & (x \leqslant 0.4B) \end{cases}$ $h_w^c = f_5 \times 9.72 \times \dfrac{10^5 w^{0.355}}{T - T_w} \times \left[\dfrac{(2.5 - 1.51 g\,T_w) D}{p_1 p_c} \right]^{0.645} \times 1.163$

注：f_1—空冷换热系数的修正系数；f_2—除鳞换热系数的修正系数；f_3—轧制道次间隔换热系数的修正系数；f_4—轧制换热系数的修正系数；f_5—层流冷却换热系数的修正系数；$T_{i,j}$—节点 $(x_i,\ y_j)$ 处温度，K；ε—钢材的黑度；k—玻耳兹曼常数，5.67×10^{-8} W/(m^2·K)；T_0—室温，K；$\bar{w}$—除鳞水量密度，L/(min·m^2)；t—钢板与轧辊接触时间，s；λ—钢板的导热系数，W/(m·K)；a—带钢的导温系数，m^2/s；W_p—单位体积的塑性变形功，J；σ_f—变形抗力，MPa；ε_f—钢板的应变；Q_p—单位体积塑性变形功转化热，J；η—塑性变形功转换热的有效系数；w—水流密度，m^3/(min·m^2)；T_w—水温，K；p_1—轧制线方向喷嘴间距，m；p_c—与轧制线方向垂直的喷嘴间距，m；D—喷嘴直径，m；B—带钢宽度，m；x—带钢沿宽度方向坐标。

　　假设钢板对称，可在钢板的二分之一断面上划分单元。单元划分如图 7-2 所示，图中 B 为板材宽度，H 为板材厚度，对称轴 AD 为绝热边界。如用 i 表示 x 方向的坐标位置，用 j 表示 y 方向的坐标位置，$x \leqslant n$，$y \leqslant m$，本书取 $n = 18$，$m = 20$，则在 x 方向上，$x_i + \Delta x = x_{i+1}$；在 y 方向上，$y_j + \Delta y = y_{j+1}$。

　　从数学观点出发，在求解区域网格各节点处，用差商近似代替微商，使原导热微分方程转化为差分方程。代入含内热源的二维非稳态导热方程式 (7-1)，经过积分中值定理的变换，得到导热微分方程的有限差分近似表达为：

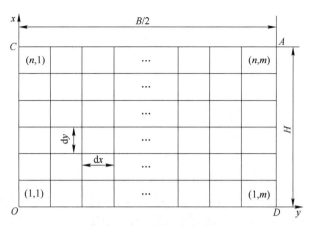

图 7-2 板材横截面网格划分

$$
\begin{cases}
a_{i-1,\,j}\,T_{i-1,\,j}^{k} + a_{i,\,j-1}T_{i,\,j-1}^{k} + a_{i,\,j}\,T_{i,\,j}^{k} + a_{i,\,j-1}\,T_{i,\,j+1}^{k} + a_{i+1,\,j}\,T_{i+1,\,j}^{k} + \dfrac{aq_{\mathrm{v}}\Delta t}{\rho c} = a_{i,\,j}\,T_{i,\,j}^{k-1} \\[2mm]
a_{i-1,\,j} = f_x \\[1mm]
a_{i,\,j-1} = f_y \\[1mm]
a_{i+1,\,j} = f_x \\[1mm]
a_{i,\,j+1} = f_y \\[1mm]
a_{i,\,j} = -\left[\,2(f_x + f_y) + 1\,\right] \\[1mm]
f_x = \dfrac{a\Delta t}{(\Delta x)^2} \\[2mm]
f_y = \dfrac{a\Delta t}{(\Delta y)^2}
\end{cases}
\tag{7-4}
$$

将方程式 (7-4) 与边界条件方程式 (7-2) 和初始温度条件的近似差分方程联立, 构成相应的代数方程组, 即可求出任意时刻任意位置的温度场 $\{T_{i,j}\}_t$。

7.1.1.2 轧制应变和应变速率模型

建立基于物理冶金学原理的组织性能预测模型, 除了需要已知钢板在轧制过程中的温度场分布以外, 还需要知道各道次的应变和应变速率。对于某一轧制道次, 热轧钢板的等效应变可用式 (7-5) 和式 (7-6) 表示。

$$
\varepsilon(i) = \ln\frac{1}{1-p}
\tag{7-5}
$$

$$
p = \frac{H(i) - H(i+1)}{H(i)}
\tag{7-6}
$$

式中　$H(i)$——热轧钢板第 i 道次前的厚度, mm;

　　　$H(i+1)$——热轧钢板第 i 道次后的厚度, mm;

　　　p——轧制压下率。

每一道次热轧板应变速率可以通过式 (7-7) 获得。

$$\dot{\varepsilon}(i) = \frac{1000N(i)}{\sqrt{r(i)H(i)}} \cdot \frac{1}{\sqrt{p}}\varepsilon(i) \tag{7-7}$$

式中 $r(i)$——第 i 道次的轧辊半径，mm；

$N(i)$——第 i 道次的轧制速度，m/s；

$\varepsilon(i)$——第 i 道次的应变。

7.1.1.3 奥氏体晶粒长大模型

加热过程中奥氏体晶粒尺寸主要取决于晶粒长大过程，假设奥氏体初始晶粒尺寸为 D_0，则加热过程中奥氏体晶粒尺寸可采用式 (7-8) 描述。

$$D = D_0 + 3.68 \times 10^8 C_{eq}^{-1.43} \exp\left(-\frac{20000}{T}\right) t^{0.24} \tag{7-8}$$

式中 D——奥氏体晶粒尺寸，μm；

T——绝对温度，K；

t——晶粒长大时间，s。

等效碳当量可以通过式 (7-9) 求得。

$$C_{eq} = w(C) + \frac{w(Mn)}{6} + \frac{w(Cr) + w(Mo) + w(V)}{5} + \frac{w(Ni) + w(Cu)}{15} \tag{7-9}$$

7.1.1.4 奥氏体再结晶模型

热轧过程中奥氏体晶粒尺寸变化主要受奥氏体再结晶和晶粒长大影响。在高温轧制阶段，连续的轧制变形可引起加工硬化、回复和再结晶。再结晶是一种材料变形后重要的软化机制，可分为动态再结晶和静态再结晶[7]。动态再结晶指钢板在轧制过程中发生的再结晶现象，而静态再结晶是指钢板在轧制道次间隔时发生的再结晶现象。在轧制变形完成后，钢板中仍会存在部分尚未长大的动态再结晶晶核和虽然已经长大但在中途被遗留下来的再结晶晶粒，当温度足够高时，这些晶粒会继续长大，这种再结晶过程称为亚动态再结晶。动态再结晶的发生是有条件的，通常由 Z 参数和应变量 ε 来决定。当 Z 值一定时，随着 ε 的增加，材料发生动态再结晶的可能性增加，即由动态回复→部分动态再结晶→完全动态再结晶转变。反之，当 ε 一定时，随 Z 的变大，材料发生动态再结晶的可能性变小[8]。Z 参数存在一个最小值 Z_{lim}，当变形过程的 Z 参数大于 Z_{lim} 时，应力-应变曲线上峰值应力将不会出现，也就是动态再结晶不会发生，发生动态再结晶的前提条件是 Z 参数小于 Z_{lim}[9]。当满足 $Z < Z_{lim}$ 时，峰值应变 ε_p 和临界应变 ε_c 有关系 $\varepsilon_c = 5/6\varepsilon_p$，其中，$\varepsilon_p = Ad_0^m Z^n$。因此只有当条件满足式 (7-10) 时才会发生动态再结晶和亚动态再结晶[10]。

$$\begin{cases} Z < Z_{lim} \\ \varepsilon > \varepsilon_c \end{cases} \tag{7-10}$$

本章采用英属哥伦比亚大学学派的再结晶模型。在热变形阶段，不满足动态再结晶发生条件时，只发生加工硬化和动态回复。发生形变后，当累积应变低于临界应变时，再结晶开始形核。经过轧制后，动态再结晶形核开始增长，发生亚动态再结晶[11]。静态再结晶发生在轧制道次间隔期间，当应变低于临界应变时开始形核，而后发生静态再结晶和晶粒长大。在普碳钢轧制过程中，起软化作用的主要是静态再结晶[12]。

随着轧制温度的降低，再结晶速率降低。随着轧制速率越来越快，再结晶无法充分发生，甚至在最后一台机架无法发生。因此，需要考虑奥氏体发生部分再结晶的情况。为了研究上一台机架轧制造成的应变累积对再结晶和冷却过程中相变的影响，模型需要考虑发生部分再结晶后的残余应变。当钢板进入下一台机架轧制时，其累积应变包括当前机架的变形加上上一台机架的残余应变。描述再结晶行为的主要模型见表 7-2[13-16]。

表 7-2 再结晶主要模型

模型	表 达 式
临界 Z 参数	$Z_{\text{lim}} = \eta \exp(-vd_0) + Z_0$
Z 参数	$Z = \dot{\varepsilon} \exp \dfrac{Q_{\text{DEF}}}{RT}$
亚动态再结晶	$t_{0.5}^{\text{MDRX}} = A_{\text{MDRX}} d_0 \dot{\varepsilon}^{-\frac{2}{3}} \exp \dfrac{Q_{\text{MDRX}}}{RT}$ $X_{\text{MDRX}} = 1 - \exp\left[-0.693\left(\dfrac{t}{t_{0.5}^{\text{MDRX}}}\right)^{k_{\text{MDRX}}}\right]$ $D_{\text{MDRX}} = 2.6 \times 10^4 Z^{-0.23}$
静态再结晶	$t_{0.5}^{\text{SRX}} = A_{\text{SRX}} d_0 \varepsilon - \beta \dot{\varepsilon}^{-\frac{1}{3}} \exp \dfrac{Q_{\text{SRX}}}{RT}$ $X_{\text{SRX}} = 1 - \exp\left[-0.693\left(\dfrac{t}{t_{0.5}^{\text{SRX}}}\right) k_{\text{SRX}}\right]$ $D_{\text{SRX}} = \Lambda d_0^z \varepsilon^{-p} \exp \dfrac{-Q_{\text{GX}}}{RT}$
部分再结晶晶粒尺寸	$D_{\text{Par}} = X_{\text{RX}}^{4/3} d_{\text{RX}} + (1 - X_{\text{RX}})^2 d_0$
残余应变	$\varepsilon_{\text{r}} = (1 - X_{\text{RX}})\varepsilon$

注：d_0—奥氏体再结晶前初始奥氏体晶粒尺寸，μm；Z_0—模型中的系数，s^{-1}；η—模型的参数，s^{-1}；v—模型的参数，μm^{-1}；$\dot{\varepsilon}$—应变速率；T—绝对温度，K；R—气体常数；Q_{DEF}—有效形变激活能，kJ/mol；Q_{MDRX}—亚动态再结晶激活能，kJ/mol；A_{MDRX}—模型的参数，s；$t_{0.5}^{\text{MDRX}}$—发生 50% 亚动态再结晶的时间，s；t—再结晶发生时间，s；X_{MDRX}—亚动态再结晶分数；k_{MDRX}—模型的参数；D_{MDRX}—亚动态再结晶晶粒尺寸，μm；$t_{0.5}^{\text{SRX}}$—静态再结晶发生 50% 的时间，s；A_{SRX}—模型中的参数，s；β—模型中参数；Q_{SRX}—静态再结晶激活能，kJ/mol；k_{SRX}—模型的参数；D_{SRX}—静态再结晶晶粒尺寸，μm；Λ—模型的参数，$\mu\text{m}^{2/3}$；Q_{GX}—模型的参数，kJ/mol；z，p—模型的参数；X_{RX}—再结晶分数；d_{RX}—再结晶晶粒尺寸，μm；D_{Par}—部分再结晶晶粒尺寸，μm；ε—应变；ε_{r}—残余应变。

7.1.1.5 相变模型

钢板从精轧机组出来到进入卷取机的过程中温度会大幅降低，热轧带钢在层流冷却过程中发生相变，采用模型对相变过程进行描述极为重要。低碳钢热轧板在进入层流冷却后，会发生奥氏体向铁素体、珠光体和贝氏体的转变。相变动力学主要与化学成分、奥氏体晶粒尺寸、累积应变和冷却速率有关。其中，冷却速率对最终的产品组织有较大的影响。本章中采用的相变主要模型见表 7-3[17-18]。采用 Avrami-type 方程描述相变动力学，结合 Scheil 可加性法则，将连续冷却过程划分为一系列等温平衡过程。计算每一段平衡等温状态下的相变结果，再将计算结果相累加，来预测连续冷却过程中的相变结果[15,17]。模型的最终输出为各相体积分数和铁素体晶粒尺寸。奥氏体实际相变开始温度 Ar_3、Ar_1 和 B_{rs} 可以根据平衡温度 Ae_3、Ae_1、B_s 和平均冷却速率来计算。

表 7-3 相变主要模型

模型	表 达 式
相变百分数	$X = 1 - \exp(-kt^n)$ $k = f(T)$
对于 $\gamma \to \alpha$	$Ar_3 = Ae_3 - k_{Ar31} V_c^{k_{Ar32}}$ $k = \dfrac{k_{F1}}{d_r}\exp\left[-\left(\dfrac{T - Ae_3 - \dfrac{400}{d_r} + k_{F2}}{k_{F4}}\right)^{k_{F3}}\right]$
对于 $\gamma \to P$	$Ar_1 = Ae_1 - k_{Ar11} \times V_c^{k_{Ar12}}$ $k = \dfrac{k_{P1}}{d_r^{k_{P2}}}\exp(k_{P3} - k_{P4} \times T)$
对于 $\gamma \to B$	$B_{rs} = B_s - k_{Brs1} \times V_c^{k_{Brs2}}$ $k = k_{B1}\exp(k_{B2} - k_{B3} \times T)$
奥氏体有效晶粒尺寸	$d_\gamma = \dfrac{d_{\gamma0}}{1 + 0.5\varepsilon_r}$

注：X—相变分数；t—相变时间，s；T—温度，K；$d_{\gamma0}$—相变前奥氏体晶粒尺寸，μm；ε_r—最后一台机架后的残余应变；d_γ—奥氏体晶粒尺寸，μm；Ae_3—$\gamma \to \alpha$ 平衡相变温度，K；Ae_1—$\gamma \to P$ 平衡相变温度，K；B_s—$\gamma \to B$ 平衡相变温度，K；V_c—冷却速率，K/s；Ar_3—$\gamma \to \alpha$ 实际相变温度，K；Ar_1—$\gamma \to P$ 实际相变温度，K；B_{rs}—$\gamma \to B$ 实际相变温度，K；n，k_{Ar31}，k_{Ar32}，k_{F1}，k_{F2}，k_{F3}，k_{F4}，k_{Ar11}，k_{Ar12}，k_{P1}，k_{P2}，k_{P3}，k_{P4}，k_{Brs1}，k_{Brs2}，k_{B1}，k_{B2}，k_{B3}—模型的参数。

对于低碳钢，相变后铁素体晶粒尺寸受奥氏体初始晶粒尺寸、成分和冷却速率的影响，相变后铁素体晶粒尺寸可用式（7-11）表示。

$$d_{\alpha0} = \begin{cases} C_{eq} \leq 0.35: \\ -0.4 + 6.37C_{eq} + (24.2 - 59.0C_{eq})\dot{\theta}^{-0.5} + 22.0(1 - \exp(-0.015d_\gamma)) \\ C_{eq} > 0.35: \\ 22.6 - 57C_{eq} + 3.0\dot{\theta}^{-0.5} + 22(1 - \exp(-0.015d_\gamma)) \end{cases} \tag{7-11}$$

奥氏体中的残余应变可以细化铁素体晶粒尺寸。因此，最终铁素体晶粒尺寸可以采用式（7-12）计算[18]。

$$d_\alpha = d_{\alpha0}(1 - 0.45\sqrt{\varepsilon_r}) \tag{7-12}$$

式中　$\dot{\theta}$——冷却速率，K/s；

d_γ——相变前奥氏体晶粒尺寸，μm；

ε_r——残余应变；

d_α——最终铁素体晶粒尺寸，μm。

7.1.1.6 析出模型

由于低碳钢中微合金元素的存在，在钢板加热、轧制和冷却过程中会发生元素固溶和析出现象，微合金元素的析出可以起到析出强化作用。在建模过程中，本书采用经典的形核长大理论，基于文献[20]中的析出模型展开研究。本书采用的析出动力学主要模型见表7-4。其中，假设在某一温度下的析出相分子式可以写为 $(Nb_U Ti_V V_W)(C_H N_{1-H})$。

表 7-4　析出动力学主要模型

模型	表　达　式
临界自由能	$\Delta G^* = \dfrac{16\pi\sigma^3}{3(\Delta G_V + \Delta G_\varepsilon)^2}$
析出相形核速率	$I_p = \dfrac{D_M x_M}{a^3}\rho\exp\left(-\dfrac{\Delta G^*}{kT}\right)$ $D_M = UD_{Nb} + VD_{Ti} + WD_V$
析出相长大速率	$x_M = U x_{Nb} + V x_{Ti} + W x_V$ $\alpha_p = \left[\dfrac{2(C_M^0 - C_M^\gamma)}{C_M^p - C_M^\gamma}\right]^{\frac{1}{2}}$
析出相百分数和尺寸	$Y = 1 - \exp\left(-\dfrac{16}{15}\pi D_M^{\frac{3}{2}}\alpha_p I_p t^{\frac{5}{2}}\right)$ $r = \alpha_p\sqrt{D_M t}$

注：ΔG^*—临界自由能，J/m^3；σ—界面能，通常取值 $0.19\sim0.55\ J/m^2$，本书取 $0.29\ J/m^2$；ΔG_V—自由能变化，J/m^3；ΔG_ε—弹性应变能，J/m^3；I_p—析出相形核速率；a—奥氏体点阵常数，$3.646\times10^{-10}\ m$；ρ—奥氏体密度，g/cm^3；k—玻耳兹曼常数，$1.3709\times10^{-23}\ J/K$；$T$—绝对温度，K；$D_{Nb}$，$D_V$，$D_{Ti}$—Nb、V 和 Ti 在奥氏体中的扩散系数，$m^2/s$；$x_{Nb}$，$x_V$，$x_{Ti}$—Nb、V 和 Ti 在奥氏体中的浓度；$\alpha_p$—析出相长大速率；$C_M^p$—在析出相界面的微合金元素平衡体积浓度；$C_M^\gamma$—在奥氏体界面的微合金元素平衡体积浓度；$C_M^0$—扩散区域末端微合金元素体积浓度；$Y$—析出相分数；$t$—时间，s；$r$—析出相尺寸，$\mu m$。

热动力学参数（ΔG_V、ΔG_ε、U、V、W、x_{Nb}、x_{Ti}、x_V、C_M^0、C_M^p 和 C_M^γ）参照文献[19]中的方法计算。为了预测热轧带钢在层流冷却过程中的连续冷却行为，本书基于 Scheil 可加性法则，将整个过程划分为若干个等温区间，不同温度下析出相的平衡百分数是不同的。析出相的体积分数和尺寸通过等温动力学方程进行计算。假设第 j 个等温段析出物第二相的化学式组成为 $(Nb_U^j Ti_V^j V_W^j)(C_H^j N_{1-H}^j)$，则计算的迭代公式可以写为式（7-13）：

$$
\begin{cases}
dY^j = (1 - Y^{j-1})\left[1 - \exp\left(-\dfrac{16}{15}\pi D_{Mj}^{\frac{3}{2}}\alpha_p^j I_p^j\left(t_j^{\frac{5}{2}} - t_{j-1}^{\frac{5}{2}}\right)\right)\right]\\[2mm]
f^j = f^{j-1} + d f^j\\[2mm]
N_{NG}^j = \displaystyle\sum_{k=1}^{j} I_{pre}^k(t_k - t_{k-1})\\[2mm]
r = \left[\left(3\displaystyle\sum_{k=1}^{j} d f^k V_p^k\right)\Big/(4\pi N_{NG}^j)\right]^{\frac{1}{3}}\\[2mm]
V_p^k = U^k H^k\ VN_{NbC} + \cdots + W^k(1-H)^k\ VN_{VN}
\end{cases}
\tag{7-13}
$$

式中　f^j——T^j温度下的平衡体积分数；

N_{NG}^j——T^j温度下形成的析出相粒子总数；

V_p^k——不同温度下形核的摩尔体积分数。

由于微合金元素在铁素体中固溶很少，故本模型不考虑铁素体中微合金元素的析出，模型的误差可以通过修正系数来确保模型的预测精度。

7.1.1.7 组织性能对应关系模型

一般来说，组织性能对应关系模型用来描述热轧带钢的最终力学性能（屈服强度、抗拉强度和伸长率）与微观组织（如铁素体晶粒尺寸、相百分数和合金含量）的对应关系。它们的关系可以写为式 (7-14)[35]：

$$
\begin{cases}
YS = YS_0 + 37w(Mn) + 83w(Si) + 2918w(N) + 15.1d_F^{-0.5} + \sigma_P \\
\sigma_P = \dfrac{10.8f_P^{\frac{1}{2}}}{d_P}\ln\dfrac{d_P}{5\times10^{-4}} \\
TS = 1.6[X_F(H_F + 19.8d_F^{-0.5}) + X_PH_P + X_BH_B] + TS_0 \\
H_F = 458 - 0.357T_{mf} + 50w(Si) \\
H_P = 222 \\
H_B = 669 - 0.588T_{mb} + 50w(Si) \\
EL = EL_0 - 0.112H_FX_F - 0.212H_PX_P - 0.072H_BX_B - 289X_FX_B - 1.13d_F^{-0.5} + 0.449h
\end{cases}
\tag{7-14}
$$

7.1.2 大数据驱动的物理冶金学模型

7.1.2.1 遗传算法简介

遗传算法是目前理论研究最为成熟、应用最为广泛的算法之一，它由美国密歇根大学的 Holland 教授在 1975 年提出。遗传算法[20]是在达尔文的生物进化论、孟德尔的遗传学和魏茨曼的物种选择学说基础上提出来的随机搜索与优化算法。它引入适者生存这一基本进化理论，通过选择、交叉和变异等运算操作，进行有组织但又随机的信息交换。在每一代中，用适应度来衡量个体的好坏，适应度高的个体会被继承下来，适应度低的个体则被淘汰。经过若干代进化之后，算法收敛于性状最优的个体，它很可能就是问题的最优解或次优解。遗传算法主要包括以下几个部分，即待优化解的编码形式、在全局空间初始化种群、评价个体优劣的适应度函数的选取、种群进化过程中所采取的进化策略及各种参数值的设定等。在求解优化问题前，根据待优化问题所在的全局空间随机生成潜在解的集合，这些解构成初始化种群。种群中的每个个体是经过基因编码带有特征信息的染色体。这些染色体由若干基因段组成，其组合方式决定了个体的性状，也就是解的表现形式。在初代种群的基础上，依据生物进化论的优胜劣汰、适者生存的原则，选择出性状较优的个体。基于性状较优的个体，进行交叉和变异操作，产生新一代子个体，构成新一代种群。依据这个规则不断迭代进化，经过若干代之后，种群会进化出在全局解空间范围内性状最优的个体，即得到待求解问题的最优解决方案[21]。遗传算法不是一种单一化的优化技术，而是模拟自然生物进化过程的一种全新的方法论，为解决复杂系统的优化问题提供了一种新的途径。与传统优化算法不同，遗传算法作为一种非确定性计算工具，是依据某种概率进行全局搜索的优化算法[22]。

随着人们对遗传算法的不断深入研究，各国学者已经在许多工程领域中采用遗传算法取得了较为理想的效果。杨景明等[23]用改进的遗传算法优化神经网络，建立铝热连轧过程轧制力的预测模型。余滨杉等[24]将遗传算法和神经网络结合，建立形状记忆合金丝的本构方程模型。在钢铁生产领域，国外 Mahanty 等[25]通过遗传算法设计热轧带钢的最优宽度来减小裁剪余料带来的经济损失。Dimatteo 等[26-27]采用遗传算法和高斯牛顿法优化了Poliak 方程，成功预测了高强度低合金钢的平均流变应力。Udayakumar 等[28]将响应面法和遗传算法相结合，优化了超级双相不锈钢的腐蚀抗力和冲击强度。Vannucci 等[29]采用模糊自适应遗传算法实现了工业的几项优化应用，其中包括对炼钢过程中氧气顶吹转炉终点的碳含量进行了估算，对平均流变应力的模型和相变温度模型进行了优化。国内方面，雷明杰等[30]通过将神经网络和遗传算法相结合对中厚板轧制过程的轧制参数进行了预报。孙鹤旭等[31]将遗传算法用于设计热轧生产计划调度系统，利用该套系统制定的生产计划可节省生产时间、降低设备调度、切实提高企业利润。姜万录等[32]将改进的量子遗传算法用在冷连轧机负荷分配中，使设计出的轧制规程较传统方法更为合理。在温度场建模领域，孙铁军等[24]开发了再进化遗传算法，并将此算法应用到卷取温度预报模型中，提高卷取温度预报精度。居龙等[33]采用多目标遗传算法优化计算了热连轧轧机工作辊温度场模型中的等效换热系数，获取了具有较强适应性的等效换热系数，计算数据和实测数据结果吻合较好。

7.1.2.2 遗传算法优化物理冶金学模型参数

本模型基于 2150ASP 热轧生产线，其产线设备布置如图 7-3 所示。整条产线分别由加热炉-除鳞-粗轧机-保温罩-飞剪-除鳞-精轧机组-层流冷却-卷取机组成。2150ASP 热轧生产线共有三处测温点，分别为粗轧出口处、精轧出口处和卷取机前。因此在建立钢板温度场模型时，选用这三个测温点矫正热轧板坯的温度场。钢板在热连轧生产线上共需经过 11道次轧制，包括 5 道次粗轧和 6 道次精轧。对于每一道次，采用有限差分法计算温度场，计算过程中取钢板的左半部分，对断面进行网格划分，根据式（7-4）建立热平衡方程。

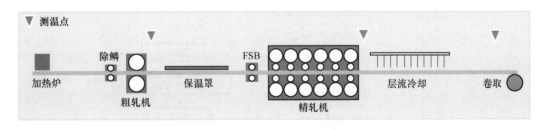

图 7-3 2150ASP 热轧生产线设备布置示意图

温度场模型中换热系数的数学模型一般由经验公式或者半经验公式组成，不可避免地存在一些修正系数。本书采用遗传算法优化这些修正系数，使模拟的温度场更加接近实际的温度场。基于经过处理的 Q235B 钢种（78 组）和 X70 钢种（105 组）的工业数据，采用遗传算法对温度场模型中的换热系数修正值进行优化计算，为了保证模型的计算误差和实测误差最小，本书将待优化的目标函数（适应度函数）设定如下：

$$\text{Min FUN}_{\text{temp}} = \sum_{i=1}^{n} \left(\frac{|P_{\text{RDT}}^i - M_{\text{RDT}}^i|}{5} + |P_{\text{FDT}}^i - M_{\text{FDT}}^i| + |P_{\text{CT}}^i - M_{\text{CT}}^i| \right) \qquad (7\text{-}15)$$

式中　　P_{RDT}^i，P_{FDT}^i，P_{CT}^i——第 i 组数据的粗轧出口温度计算值、终轧温度计算值和卷取温度计算值；

M_{RDT}^i，M_{FDT}^i，M_{CT}^i——第 i 组数据的粗轧出口温度实测值、终轧温度实测值和卷取温度实测值。

通过选取最优参数使 FUN_{temp} 取得最小值。需要修正的换热系数为空冷换热系数修正值 f_1、除鳞换热系数修正值 f_2、轧制道次间隔换热系数修正值 f_3、轧制换热系数修正值 f_4 和层流冷却换热系数修正值 f_5。对于本书中的 Q235B 实验钢和 X70 实验钢，其换热系数范围均设定为 [0.5，1.5]。进行遗传算法优化计算前，设定遗传算法的初始参数：初始种群大小为 50，最大进化代数为 100 代。换热系数修正值（染色体）采用实数编码，个体每个基因值用 [0.5，1.5] 范围内的一个浮点数来表示，个体的编码长度等于其决策变量的个数，这里为 5。选择操作选用轮盘赌的方式，交叉操作采用单点交叉算法，交叉概率设定为 0.8；变异操作采用随机均匀变异，变异概率设定为 0.15。遗传算法计算流程如图 7-4 所示。遗传算法不断迭代，当迭代次数达到设定的最大迭代次数时计算终止。保留此时的最优结果，即为最终优化计算得到换热系数的修正系数。经过优化计算，求得的两个模型的最优换热系数修正值见表 7-5。

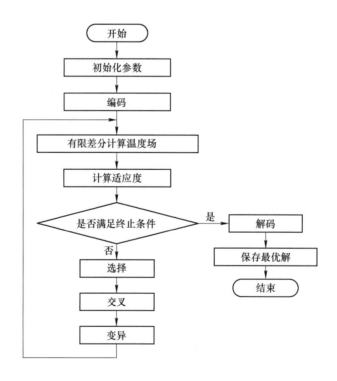

图 7-4　温度场计算流程图

表 7-5 温度场模型最优参数

主要参数	Q235B		X70	
	常规值	优化值	常规值	优化值
空冷换热系数修正值 f_1	1	0.970	1	1.280
除鳞换热系数修正值 f_2	1	1.260	1	0.713
轧制道次间隔换热系数修正值 f_3	1	0.990	1	0.875
轧制换热系数修正值 f_4	1	0.714	1	1.369
层流冷却换热系数修正值 f_5	1	0.516	1	1.398

采用遗传算法获得温度场的最佳换热系数修正值后，基于优化的全流程温度场模型和大量的工业数据，再次采用遗传算法对物理冶金学模型中的关键参数进行优化计算，通过这种方式实现物理冶金学模型中的参数自学习功能。因此，该物理冶金学模型既可以依据物理冶金学原理对热连轧过程的组织演变进行描述，又可以有效利用工业数据建模来保证其在现场应用中模型的精度。大数据驱动的物理冶金学模型的计算流程如图 7-5 所示。在整个优化计算的框图中，物理冶金模型是作为遗传算法中适应度函数存在的。适应度函数的值为利用物理冶金学模型对大量生产工艺数据下的力学性能计算结果与实测结果的误差和。对于物理冶金学模型，待优化目标函数（适应度函数）采用式（7-16）的最小值目标函数表示。

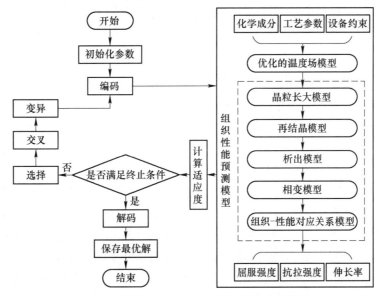

图 7-5 大数据驱动的物理冶金学模型流程图

$$\text{Min FUN}_{\text{phy}} = \sum_{i=1}^{n} \left(\left| P_{\text{YS}}^i - M_{\text{YS}}^i \right| + \left| P_{\text{TS}}^i - M_{\text{TS}}^i \right| + 10 \left| P_{\text{EL}}^i - M_{\text{EL}}^i \right| \right) \tag{7-16}$$

式中　P_{YS}^i, P_{TS}^i, P_{EL}^i——第 i 组数据的屈服强度计算值、抗拉强度计算值和伸长率计算值；

M_{YS}^{i}，M_{TS}^{i}，M_{EL}^{i} ——第 i 组数据的屈服强度实测值、抗拉强度实测值和伸长率实
测值。

通过选取最优参数使 FUN_{phy} 取得最小值。采用遗传算法进行优化计算前，需要设定
待优化参数的边界条件，依据经验和前人的研究结果[30]，对两个钢种模型中参数范围的
设定见表 7-6。

表 7-6 Q235B 钢和 X70 钢力学性能预测模型约束条件

参数	最小值	最大值	参数	最小值	最大值
k_{MDRX}	2.50×10^{-1}	3.60	k_{Ar12}	6.57×10^{-2}	7.49×10^{-1}
A_{MDRX}/s	7.70×10^{-7}	4.46×10^{-6}	K_{Brs1}	5.10×10^{-1}	8.46
$Q_{MDRX}/J \cdot mol^{-1}$	6.35×10^{4}	2.04×10^{5}	K_{Brs2}	8.98×10^{-2}	4.96×10^{-1}
$\Lambda /\mu m^{2/3}$	4.45×10	1.80×10^{4}	k_{F1}	8.84×10^{-3}	1.21
z	1.65×10^{-1}	5.55×10^{-1}	k_{F2}	2.25×10	3.44×10^{2}
p	1.85×10^{-1}	1.19	k_{F3}	1.07×10	1.53×10^{3}
$Q_{GX}/J \cdot mol^{-1}$	1.40×10^{4}	1.32×10^{5}	k_{F4}	4.89×10^{-1}	2.69×10^{2}
k_{SRX}	2.50×10^{-1}	3.60	k_{Fn}	5.37×10^{-2}	3.23
A_{SRX}/s	4.16×10^{-18}	7.68×10^{-12}	k_{B1}	4.23×10	7.32×10^{2}
β	3.40×10^{-1}	4.20	k_{B2}	2.05×10^{2}	1.14×10^{3}
$Q_{SRX}/J \cdot mol^{-1}$	1.07×10^{5}	5.24×10^{5}	k_{B3}	1.34	1.62×10
η /s^{-1}	2.50×10^{14}	5.64×10^{19}	k_{Bn}	5.91×10^{-2}	3.30×10^{-1}
Z_0 /s^{-1}	0.00	3.45×10^{16}	k_{P1}	3.77	1.89×10^{2}
$\nu /\mu m^{-1}$	6.95×10^{-3}	2.09×10^{-1}	k_{P2}	2.73×10^{-3}	4.55×10^{-2}
$Q_{DEF}/J \cdot mol^{-1}$	1.67×10^{5}	6.63×10^{5}	k_{P3}	2.68	2.21×10^{2}
k_{Ar31}	5.41×10^{-1}	7.89	k_{P4}	1.13×10^{-2}	1.09×10^{-1}
k_{Ar32}	9.64×10^{-2}	3.72×10^{-1}	k_{Pn}	9.18×10^{-3}	4.28×10^{-1}
k_{Ar11}	3.10×10^{-1}	1.87×10			

进行遗传算法优化计算前，需要设定遗传算法的初始参数。本书设定初始种群大小为
50，最大进化代数为 100 代。待优化参数（染色体）采用实数编码，将个体每个基因值用
特定范围内的一个浮点数来表示，个体的编码长度等于其决策变量的个数，这里为 35。选
择操作选用轮盘赌的方式，交叉操作采用单点交叉算法，交叉概率设定为 0.8；变异操作
采用随机均匀变异，变异概率设定为 0.15。遗传算法不断迭代，当迭代次数达到设定的最
大迭代次数时计算终止。保留此时的最优结果，即为最终模型最优参数。当采用遗传算法
确定模型中 35 个参数后，再根据训练数据的预测结果修正力学性能模型预测误差，得到
修正后的 YS_0、TS_0 和 EL_0。最终求得两个钢种模型的最优模型参数，见表 7-7 和表 7-8。

表 7-7 Q235B 钢力学性能预测模型优化参数与未优化参数对比

参数	常规值	优化值	参数	常规值	优化值
k_{MDRX}	2.00	1.05	K_{Brs1}	2.60	2.21
A_{MDRX}/s	2.13×10^{-6}	3.27×10^{-6}	K_{Brs2}	2.00×10^{-1}	1.95×10^{-1}
$Q_{MDRX}/J \cdot mol^{-1}$	1.33×10^{5}	1.33×10^{5}	k_{F1}	9.16×10^{-2}	8.91×10^{-2}

参数	常规值	优化值	参数	常规值	优化值
$\Lambda/\mu m^{2/3}$	8.90×10	1.06×10^2	k_{F2}	1.75×10^2	1.88×10^2
z	3.70×10^{-1}	4.27×10^{-1}	k_{F3}	8.00×10	8.64×10
p	3.70×10^{-1}	3.30×10^{-1}	k_{F4}	3.00	1.11
$Q_{GX}/J\cdot mol^{-1}$	2.80×10^4	2.47×10^4	k_{Fn}	1.50×10^{-1}	5.99×10^{-1}
k_{SRX}	1.50	1.02	k_{B1}	1.31×10^2	3.13×10^2
A_{SRX}/s	8.31×10^{-15}	5.18×10^{-12}	k_{B2}	4.98×10^2	4.84×10^2
β	1.50	2.50	k_{B3}	5.50	4.99
$Q_{SRX}/J\cdot mol^{-1}$	2.63×10^5	1.89×10^5	k_{Bn}	1.50×10^{-1}	1.86×10^{-1}
η/s^{-1}	5.00×10^{15}	5.30×10^{14}	k_{P1}	1.30×10	6.62×10
Z_0/s^{-1}	0.00	9.66×10^{-9}	k_{P2}	1.10×10^{-2}	1.09×10^{-2}
$\nu/\mu m^{-1}$	1.55×10^{-2}	1.39×10^{-2}	k_{P3}	3.72×10	2.38×10
$Q_{DEF}/J\cdot mol^{-1}$	3.34×10^5	3.57×10^5	k_{P4}	5.00×10^{-2}	3.30×10^{-2}
k_{Ar31}	2.60	2.19	k_{Pn}	1.40×10^{-1}	3.74×10^{-2}
k_{Ar32}	2.00×10^{-1}	2.39×10^{-1}	YS_0	6.35×10	1.15×10^2
k_{Ar11}	2.60	3.10	TS_0	-8.36×10	-2.52×10
k_{Arl2}	2.00×10^{-1}	2.59×10^{-1}	EL_0	6.05×10	5.77×10

表 7-8　X70 钢力学性能预测模型优化参数与未优化参数对比

参数	常规值	优化值	参数	常规值	优化值
k_{MDRX}	1.32	1.20	K_{Brs1}	2.60	2.37
A_{MDRX}/s	2.97×10^{-6}	3.26×10^{-6}	K_{Brs2}	2.00×10^{-1}	3.05×10^{-1}
$Q_{MDRX}/J\cdot mol^{-1}$	1.36×10^5	1.34×10^5	k_{F1}	1.60×10^{-1}	1.50×10^{-1}
$\Lambda/\mu m^{2/3}$	4.16×10^2	9.76×10	k_{F2}	5.50×10	1.84×10^2
z	3.30×10^{-1}	4.01×10^{-1}	k_{F3}	2.70×10^2	2.73×10^2
p	6.50×10^{-1}	3.59×10^{-1}	k_{F4}	1.50×10^2	1.58×10^2
$Q_{GX}/J\cdot mol^{-1}$	4.60×10^4	2.21×10^4	k_{Fn}	1.50×10^{-1}	1.54
k_{SRX}	1.50	1.14	k_{B1}	3.15×10^2	3.05×10^2
A_{SRX}/s	8.70×10^{-18}	5.57×10^{-12}	k_{B2}	5.98×10^2	6.42×10^2
β	2.80	2.84	k_{B3}	5.50	5.81
$Q_{SRX}/J\cdot mol^{-1}$	3.49×10^5	2.00×10^5	k_{Bn}	1.50×10^{-1}	1.40×10^{-1}
η/s^{-1}	8.52×10^{18}	5.58×10^{14}	k_{P1}	7.30×10	7.24×10
Z_0/s^{-1}	2.30×10^{16}	9.84×10^{-9}	k_{P2}	1.40×10^{-2}	1.52×10^{-2}
$\nu/\mu m^{-1}$	1.39×10^{-1}	1.49×10^{-2}	k_{P3}	2.30×10	2.12×10
$Q_{DEF}/J\cdot mol^{-1}$	4.42×10^5	3.54×10^5	k_{P4}	4.00×10^{-2}	4.26×10^{-2}
k_{Ar31}	2.60	2.55	k_{Pn}	4.00×10^{-2}	4.63×10^{-2}
k_{Ar32}	2.00×10^{-1}	2.27×10^{-1}	YS_0	5.14×10	5.41×10
k_{Ar11}	2.60	2.49	TS_0	1.93×10	4.07×10
k_{Arl2}	2.00×10^{-1}	3.28×10^{-1}	EL_0	8.74×10	7.65×10

7.1.2.3 基于大数据的并行计算

基于工业数据，采用遗传算法对物理冶金学模型进行优化计算可以取得较高的预测精度。然而，当采用大量数据对模型进行优化计算时，计算花费的时间增多，计算效率成为制约优化计算的瓶颈。为了解决这一问题，本书在每一次迭代计算过程中采用并行计算的方法。其主要步骤为：当采用物理冶金学模型对一批数据进行力学性能预测时，首先将这批数据划分为若干个数据组，每一组数据对应一套物理冶金学模型（称为子模型）；分别采用每个子模型对相应的数据进行预测，汇总预测结果计算适应度值。其具体过程如图7-6所示。

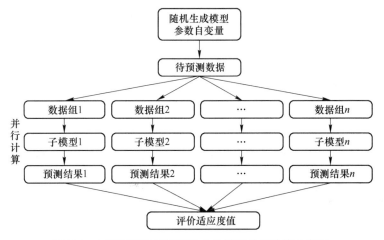

图 7-6 大数据驱动的物理冶金学模型并行计算示意图

如今，计算机处理器由单核发展为多核。与单核处理器相比，多核处理器通过集成多个单线程处理核心或者集成多个多线程并行处理核心，使得整个处理器可以同时执行的线程数或任务数是单核处理器的数倍，极大地提升了处理器的并行能力[34]。然而，多核处理器在提升计算性能的同时对程序开发者和开发工具提出了新的挑战。与以往处理器技术进步所带来的影响不同，以往每次处理器技术进步不需要程序开发者对现有程序做任何修改，程序运行速度会自动提升，然而此规律并不适用于多核处理器。在主频、缓存等其他条件完全相同的情况下，未针对多核进行优化的程序在多核处理器上运行的速度与其在单核处理器上运行的速度相比并不会发生变化。实际上，该程序只是利用了多核处理器中的一个处理核心，而其他处理核心却处于空闲状态。

因此，本书采用并行编程技术优化物理冶金学模型。并行编程通常是指软件代码，它提高在同一时间执行多个计算任务的性能。在采用多线程计算时通常有以下两种方法：一种方法是采用共享内存来实现各个进程间的数据通信，使用临界区和时间对多个线程访问共享内存进行线程同步；另一种方法是将物理冶金学模型采用动态链接库的方式封装，模型中的变量全部采用局部变量，以便动态链接库可以被多个线程调用。然而，模型中涉及不同轧制道次的温度和轧制力等多个变量，完全采用局部变量开发动态链接库的方式不宜实现。基于以上分析，本书采用多线程的方式实现并行计算。

本书采用 OpenMP 并行编程模型。OpenMP 是一种用于共享内存并行系统的多线程程序设计方案，支持多种编程语言（C、C++和 Fortran 等）。OpenMP 提供了对并行算法的高层抽象描述，适合在多核 CPU 计算机上进行并行程序设计。通过在程序中添加 pragma 指令，编译器可以自动识别并将程序并行处理，从而使并行编程易于实现。当选择忽略 pragma 指令或编译器不支持 OpenMP 时，程序会退化成普通（串行）程序，程序中已有的 OpenMP 指令不会影响程序的正常编译运行。代码的实现简单方便，仅需要在满足程序独立性条件下，在需要并行计算的循环前加#pragma omp parallel for 语句，如图 7-7 所示。

```
#pragma omp parallel for
        for (int i = 0；i < num；i++)
        {

                HINSTANCE hNewExe =ShellExecuteA(NULL，"open"，"Calc.exe"，data_files[i]，

        }
```

图 7-7　进程并行计算关键代码

程序应用过程中需要监测和诊断模型运行状态，本书对每一次运算的结果均写入硬盘。图 7-8 示出了软件包在普通台式机上运行时任务管理器中的进程状态，其中 Calc.exe

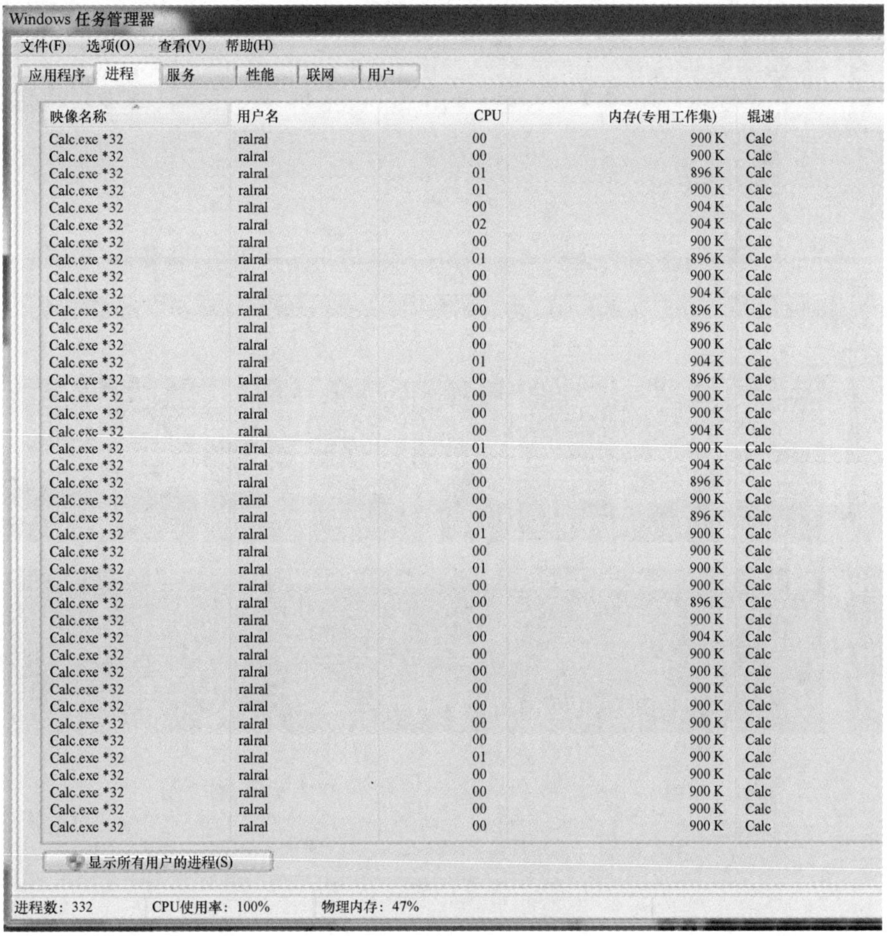

图 7-8　多进程计算执行效果图

为温度场计算程序。当模型进行温度场的优化计算时，程序自动生成多个进程对数据进行运算，充分利用了 CPU 的运算能力。

为了比较串行计算和并行计算的运算效率，对比了两种计算模式下利用相同数目数据进行优化计算时 CPU 开销的情况。从图 7-9 可以看出，当采用串行计算时，模型优化计算过程中只用了 4 个线程，并且没有充分利用 CPU 的计算能力；然而，当采用并行计算时，模型优化计算过程充分利用了 8 个线程，并且 CPU 是满负载运算，充分利用了 CPU 的计算能力。

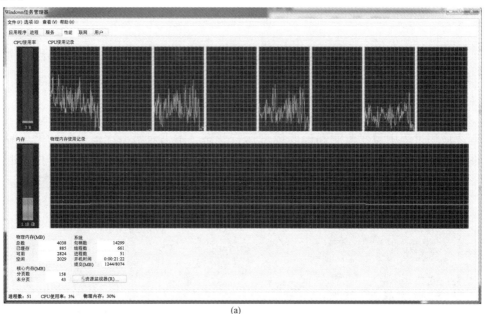

(a)

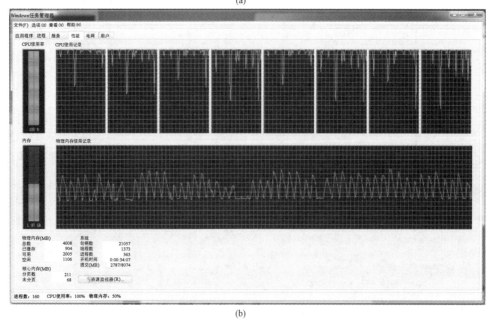

(b)

图 7-9 串行计算与并行计算的 CPU 使用效率对比示意图

（a）串行计算 CPU 使用情况；（b）并行计算 CPU 使用情况

7.1.3 模型预测结果讨论

7.1.3.1 实验材料及工艺

实验材料采用横断面为 1507 mm×180 mm 的 Q235B 坯料和横断面为 1608 mm×180 mm 的 X70 坯料，具体成分见表 7-9。Q235B 实验钢的目标厚度为 3.75 mm，出加热炉温度为 1235 ℃，终轧温度为 860 ℃，卷取温度为 660 ℃；X70 实验钢的目标厚度为 14.37 mm，出加热炉温度为 1200 ℃，终轧温度为 810 ℃，卷取温度为 500 ℃。Q235B 实验钢和 X70 实验钢的其他主要轧制工艺见表 7-10 和表 7-11。

表 7-9　实验板坯化学成分

钢种	化学成分（质量分数）/%							
	C	Si	Mn	P	S	N	Nb	Ti
Q235B	0.17	0.076	0.28	0.0193	0.0052	0	0	0
X70	0.056	0.18	1.66	0.015	0.0030	0.0043	0.079	0.016

表 7-10　Q235B 实验板坯轧制工艺参数

轧制道次	各道次出口厚度/mm	各道次轧制速度/m·min⁻¹	辊径/mm
R1	139	220	644/605
R2	110	370	
R3	85	480	
R4	63	500	
R5	46	519	
F1	24.08	111	413/412
F2	14.37	195	417/416
F3	8.93	310	418/418
F4	6.28	460	421/421
F5	4.66	621	340/340
F6	3.80	777	346/346

表 7-11　X70 实验板坯轧制工艺参数

轧制道次	各道次出口厚度/mm	各道次轧制速度/m·min⁻¹	辊径/mm
R1	141	225	644/609
R2	112	251	
R3	88	277	
R4	68	315	
R5	51	340	

轧制道次	各道次出口厚度/mm	各道次轧制速度/m·min⁻¹	辊径/mm
F1	37.68	112	386/385
F2	29.25	148	406/406
F3	23.22	193	402/401
F4	18.90	241	387/387
F5	15.95	276	329/329
F6	14.53	293	341/341

7.1.3.2 温度场模型预测结果

图 7-10 和图 7-11 分别示出了 Q235B 实验钢和 X70 实验钢全流程温度场曲线。整个流

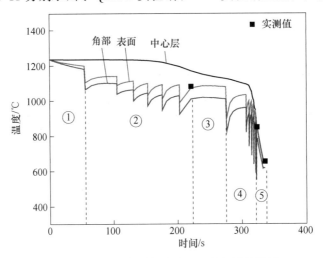

图 7-10 Q235B 实验钢全流程温度场计算结果

（扫描书前二维码查看彩图）

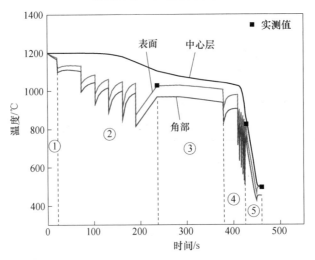

图 7-11 X70 实验钢全流程温度场计算结果

（扫描书前二维码查看彩图）

程分为五个区域，分别为从加热炉到粗轧入口的空冷阶段①、粗轧阶段②、从粗轧出口到精轧入口的空冷阶段③、精轧阶段④以及层流冷却阶段⑤。其中，实验钢的表面温度和角部温度在轧制时温度波动较大，而中心层温度比较平稳。在精轧阶段，带钢厚度变薄，温度降低明显。通过对比测温点的计算值与实测值，可以看出温度场模型预测较为准确。

图 7-12 示出了 Q235B 实验钢横截面温度场计算结果。在实验钢进入粗轧机前，连铸坯较厚，实验钢表面和心部传热不均匀，其表面和心部温度梯度较大，最大温差约为 94 ℃。在粗轧阶段，实验钢厚度逐渐减小，心部热量更容易扩散到表面，因此实验钢横断面温度不均匀性减小，表面与心部温差为 47 ℃。在精轧出口处，实验钢厚度为 3.75 mm，其表面和心部温度分布比较均匀。当实验钢出层流冷却区后，其表面和心部温差为 2 ℃左右，侧边和角部温度稍低。

图 7-13 示出了 X70 实验钢横截面温度场计算结果。在实验钢进入粗轧机前，连铸坯较厚，实验钢表面和心部传热不均匀，其表面和心部温度梯度较大，最大温差约为 78 ℃。在粗轧阶段，X70 板坯较厚，粗轧变形热对实验钢表面和心部温差具有较大的影响。因此，实验钢在厚度减小和变形热增加的综合影响下，其表面与心部温差为 79 ℃。在精轧出口处，实验钢厚度为 14.37 mm，其表面和心部温差为 30 ℃。当实验钢出层流冷却区后，其温度分布已经基本均匀，侧边和角部温度稍低。

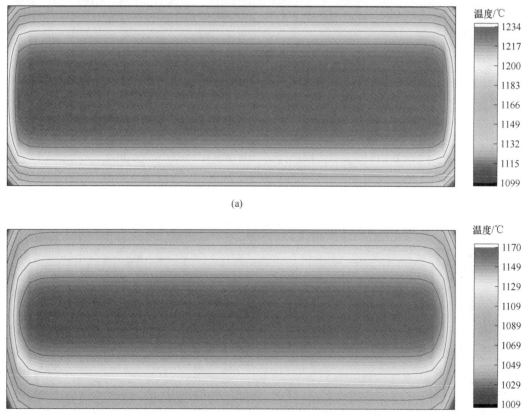

(a)

(b)

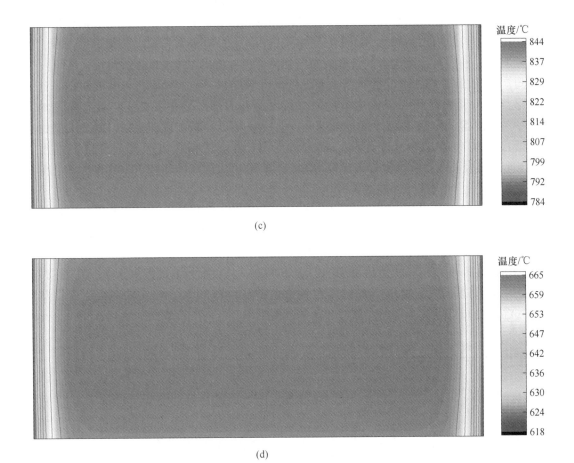

图 7-12 Q235B 实验钢截面温度场计算结果
(a) 粗轧入口处；(b) 粗轧出口处；(c) 精轧出口处；(d) 卷取机前
(扫描书前二维码查看彩图)

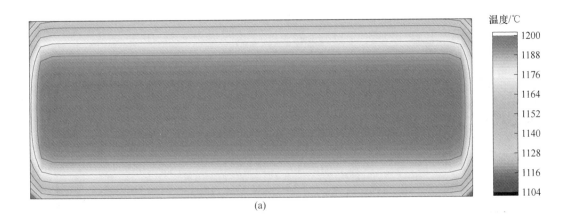

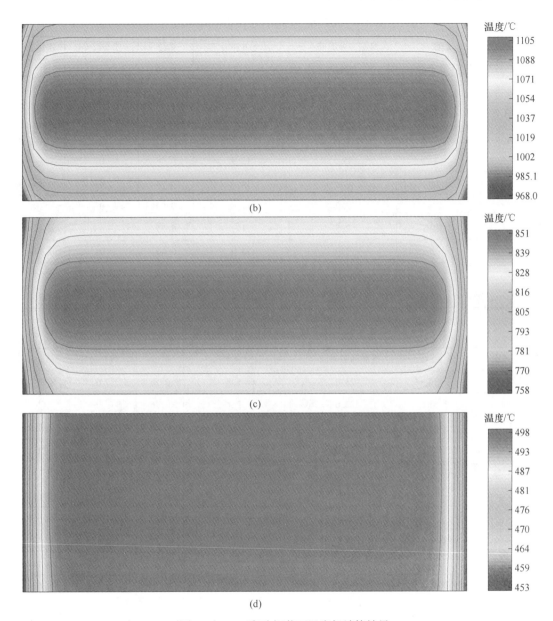

图 7-13 X70 实验钢截面温度场计算结果

（a）粗轧入口处；（b）粗轧出口处；（c）精轧出口处；（d）卷取机前

（扫描书前二维码查看彩图）

7.1.3.3 再结晶模型预测结果

轧制过程中奥氏体会发生再结晶行为，由于初始奥氏体晶粒尺寸对后续轧制过程中组织演变影响很弱，可以设定初始奥氏体晶粒尺寸为一常数。设定 Q235B 实验钢和 X70 实验钢的初始奥氏体晶粒尺寸分别为 180 μm 和 150 μm。基于两种实验钢的化学成分和轧制工艺，利用模型对其再结晶行为进行预测，得出再结晶预测结果，见表 7-12 和表 7-13。

表 7-12 Q235B 实验钢再结晶预测结果

轧制道次	温度/℃	轧制间隙时间/s	应变速率/s⁻¹	应变	残余应变	软化率
1	1203	19.0	6.9	0.30	0	1
2	1192	17.0	7.4	0.27	0	1
3	1180	17.0	8.7	0.30	0	1
4	1165	20.0	10.8	0.34	0	1
5	1145	85.5	12.9	0.36	0	1
6	1062	3.2	14.8	0.74	0	1
7	1044	3.0	17.6	0.59	0	1
8	1016	2.5	21.7	0.55	0	1
9	979	2.0	23.0	0.40	0	0.999
10	931	1.0	24.9	0.34	0.101	0.669
11	880	1.2	23.4	0.24	0.336	0

表 7-13 X70 实验钢再结晶预测结果

轧制道次	温度/℃	轧制间隙时间/s	应变速率/s⁻¹	应变	残余应变	软化率
1	1176	23.0	6.8	0.28	0	1
2	1161	22.0	7.4	0.26	0	1
3	1143	22.0	8.5	0.28	0	1
4	1122	21.0	10.0	0.30	0	1
5	1097	172.5	12.1	0.33	0	1
6	1000	2.1	8.9	0.35	0.119	0.613
7	976	3.0	9.4	0.29	0.13	0.509
8	949	2.5	10.1	0.27	0.185	0.273
9	919	2.0	10.6	0.24	0.206	0.117
10	888	1.0	10.6	0.20	0.396	0.021
11	856	2.2	8.4	0.11	0.503	0

通常情况下，热轧生产的前几道次具有较高的变形温度和较低的应变速率，容易发生动态再结晶。在轧制道次间隙期间，可以发生亚动态再结晶和静态再结晶。随着轧制的进行，实验钢轧制温度降低，轧制速度逐渐增加，导致终轧后再结晶分数减小，产生少量的残余应变，且残余应变随着道次增加逐渐增加。在最后一机架轧制时，由于轧制温度较低，再结晶不能发生。Q235B 实验钢中不存在溶质拖曳元素，静态再结晶和亚动态再结晶可以迅速进行，道次间的软化率接近 1。X70 实验钢中含有微合金元素 Nb 和 Ti，微合金元素的碳氮化物对再结晶行为起阻碍作用，致使其相同道次软化率低于 Q235B 实验钢。在两块实验钢的粗轧阶段，基本都保持一定的应变。在精轧阶段，应变逐渐减小，且残余应变随着软化率的降低逐渐增加。

各道次再结晶晶粒尺寸变化的预测结果如图 7-14 所示。在粗轧阶段，再结晶发生得比较完全，晶粒尺寸得到不断细化。在粗轧机架和精轧机架之间，Q235B 实验钢的奥氏体晶粒尺寸约为 100 μm，X70 实验钢的奥氏体晶粒尺寸约为 90 μm。经过精轧后，Q235B 实验钢和 X70 实验钢的晶粒尺寸分别下降至约 31 μm 和 19 μm。

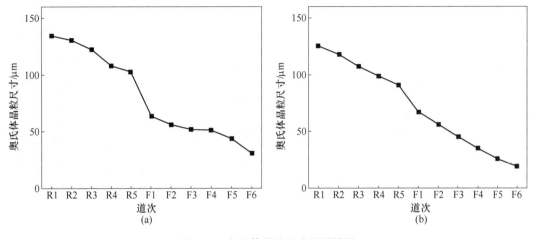

图 7-14　奥氏体晶粒尺寸预测结果

（a）Q235B；（b）X70

7.1.3.4　相变模型预测结果

采用模型对 Q235B 实验钢和 X70 实验钢的相变组成进行计算，计算结果显示 Q235B 实验钢相变组织主要由铁素体和珠光体组成，其中铁素体相百分数为 92.42%，珠光体相百分数为 7.58%；X70 实验钢相变组织主要由铁素体和贝氏体组成，其中铁素体相百分数为 13.29%，贝氏体相百分数为 86.71%。在实验钢板上取样、抛光、腐蚀，制备金相样品在光学显微镜下观察，相应的组织形貌如图 7-15 所示。对实验钢各相组成进行统计，结

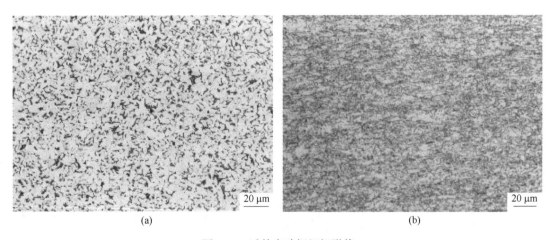

图 7-15　试轧实验钢组织形貌

（a）Q235B；（b）X70

果为 Q235B 实验钢由铁素体和珠光体组成，其中铁素体相百分数为 91.3%，珠光体相百分数为 8.7%；X70 实验钢由铁素体和贝氏体组成，其中铁素体相百分数为 13.8%，贝氏体相百分数为 86.2%。模型预测结果与实验统计结果对比如图 7-16 所示，可见模型预测结果与实验结果吻合良好。

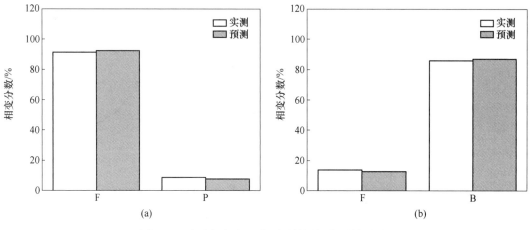

图 7-16 实验钢相变组成预测结果与实测结果对比
（a）Q235B；（b）X70

7.1.3.5 力学性能模型预测结果

图 7-17 示出了实验钢力学性能预测结果与实测结果对比。可以看出，两种实验钢力学性能预测结果和实测结果均吻合良好，取得了较高的精度。为了进一步验证该模型的实用性，本书采用传统物理冶金学模型和大数据驱动的物理冶金学模型分别对大批量的工业数据进行预测，其中 Q235B 钢种数据 908 组，X70 钢种数据 127 组。两个钢种力学性能批量预测的误差对比如图 7-18 所示。由于热轧产线生产状态不断变化，当采用传统物理冶

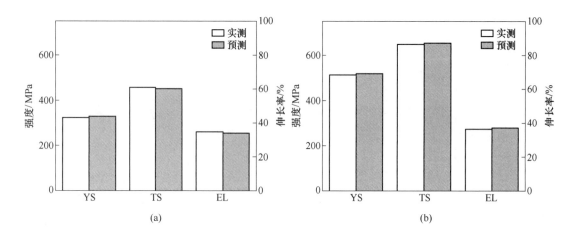

图 7-17 实验钢力学性能预测结果与实测结果对比
（a）Q235B；（b）X70

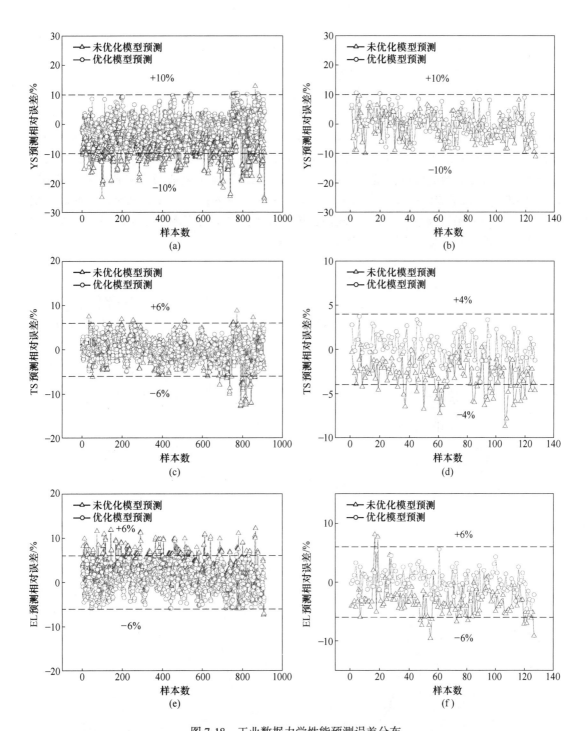

图 7-18　工业数据力学性能预测误差分布

(a) Q235B 屈服强度；(b) X70 屈服强度；(c) Q235B 抗拉强度；

(d) X70 抗拉强度；(e) Q235B 伸长率；(f) X70 伸长率

(扫描书前二维码查看彩图)

金学模型对工业数据进行批量预测时，其预测波动范围较大，如图 7-19（a）、（c）、（e）、（f）所示，且误差均呈现出正偏差或负偏差，如图 7-18（a）、（d）、（e）、（f）所示。而大数据驱动的物理冶金学模型具有参数自学习功能，当热轧生产线生产状态发生变化时模型可以自动做出修正，因此预测效果较好。采用两种模型对 Q235B 钢种和 X70 钢种的工业数据进行批量预测，预测值的频率分布如图 7-19 所示。可以看出，除了 Q235B 钢种的抗拉强度指标以外，其他预测结果中传统物理冶金学模型都出现了预测偏差，而大数据驱动的物理冶金学模型预测结果可以与实际数据的频率分布相吻合。当采用大数据驱动的物理冶金学模型对 Q235B 钢种和 X70 钢种的工业数据进行预测时，对于 Q235B 钢种，其屈服强度预测值与实测值相对误差在 ±10% 范围内，抗拉强度预测值与实测值相对误差在 ±6% 范围内，伸长率预测值与实测值绝对误差在 ±6% 范围内；对于 X70 钢种，其屈服强度预测值与实测值相对误差在 ±10% 范围内，抗拉强度预测值与实测值相对误差在 ±4% 范围内，伸长率预测值与实测值绝对误差在 ±6% 范围内。

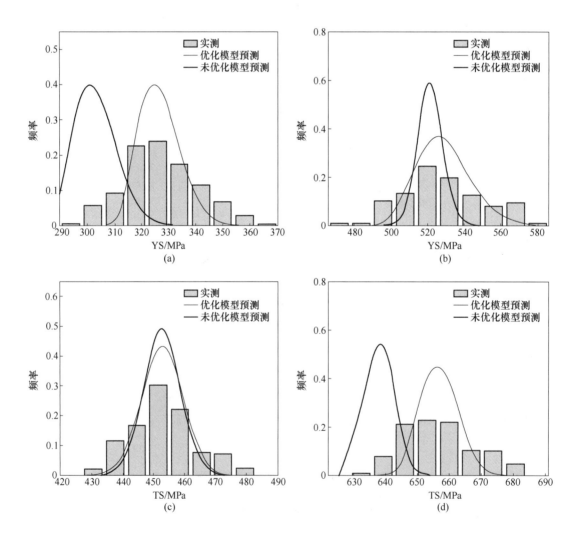

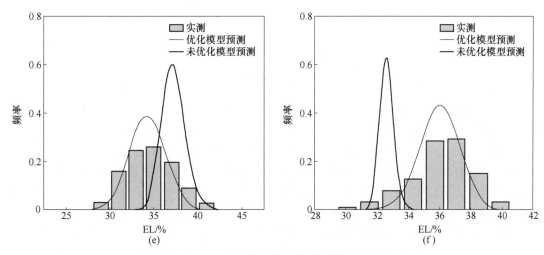

图 7-19 工业数据力学性能预测值频率分布

（a）Q235B 屈服强度；（b）X70 屈服强度；（c）Q235B 抗拉强度；

（d）X70 抗拉强度；（e）Q235B 伸长率；（f）X70 伸长率

7.2 基于深度学习的钢铁组织特征识别

深度学习是神经网络技术的一种。其最具变革性的一点是只要有足够的学习数据，神经网络自身就可以将数据群的特征自动提取出来。在此之前的图像和数据的解析，需根据各个数据和问题进行提取算法的操作。但是，深度学习则不需要人为操作，而是自动提取特征。

事实上，关于深度学习从 20 世纪 50 年代就开始研究。换句话说，深度学习并不是一个新概念，而是一项历史悠久的技术。各时期的主要特点如下：

20 世纪 50 年代出现的感知机可以说是人工神经网络的开端。此后，人工神经网络研究在 60 年代得到了积极的开展。然而，在 1969 年，一本名为《感知器》的书出版了，它揭示了感知器的致命局限性并包含了证明。然后，在 70 年代，我们进入了一个黑暗时代，人工神经网络被许多学者所忽视。

20 世纪 80 年代，人工神经网络研究再次开始受到关注。这可以归因于这样一个事实，即在 1986 年设计了一种通过应用误差反向传播来学习多层人工神经网络的方法。在这个时代，深度神经网络（DNN）、循环神经网络（RNN）和卷积神经网络（CNN）得到了发展。

20 世纪 90 年代，出现了高级形式的人工神经网络。1997 年发布了高级循环神经网络 LSTM，1998 年发布了高级卷积神经网络 LeNet-5。

人工神经网络以深度学习的名义开始受到关注。知名信息技术研究机构 Gartner 将深度学习列为十大战略技术。

21 世纪 10 年代，谷歌的 DeepMind 发布了著名的 AlphaGo。此后，深度学习受到了爆炸式的关注。

7.2.1　卷积神经网络

与常规神经网络不同，卷积神经网络各层中的神经元是三维排列的：宽度、高度和深度。其中的宽度和高度是很好理解的，因为本身卷积就是一个二维模板，但是在卷积神经网络中的深度指的是激活数据体的第三个维度，而不是整个网络的深度，整个网络的深度指的是网络的层数。举个例子来理解什么是宽度、高度和深度，假如使用 CIFAR-10 中的图像作为卷积神经网络的输入，该输入数据体的维度是 32×32×3（宽度×高度×深度）。我们将看到，层中的神经元将只与前一层中的一小块区域连接，而不是采取全连接方式。对于用来分类 CIFAR-10 中的图像的卷积网络，其最后的输出层的维度是 1×1×10，因为在卷积神经网络结构的最后部分将会把全尺寸的图像压缩为包含分类评分的一个向量，向量是在深度方向排列的。

卷积神经网络主要由这三类层构成：卷积层、池化层和全连接层（全连接层和常规神经网络中的一样）。通过将这些层叠加起来，就可以构建一个完整的卷积神经网络。在实际应用中往往将卷积层与 ReLU 层共同称为卷积层，所以卷积层经过卷积操作也是要经过激活函数的。具体说来，卷积层和全连接层（CONV/FC）对输入执行变换操作的时候，不仅会用到激活函数，还会用到很多参数，即神经元的权值 w 和偏差 b；而 ReLU 层和池化层则是进行一个固定不变的函数操作。卷积层和全连接层中的参数会随着梯度下降被训练，这样卷积神经网络计算出的分类评分就能和训练集中的每个图像的标签吻合了。

7.2.1.1　卷积层

卷积层由若干个卷积核 f 和偏置值 b 组成（这里的卷积核相当于权值矩阵），卷积核与输入图片进行点积和累加可以得到一张张特征图。

一个卷积层可以有若干个卷积核，卷积核的通道数等于输入图片的通道数，每一个卷积核的通道与图片的对应通道进行点积和累加的操作，可以得到 1 个特征图，假设有 3 个通道，那么可以得到 3 张特征图，然后把这 3 张特征图对应的位置相加，即可得到 1 张特征图，得到的这一张就是该卷积核与图片进行卷积操作的特征图。一般图片有 3 个通道，即红、绿、蓝，然后卷积核的通道数为 3，分别对应红、绿、蓝，然后这对应的 3 个通道分别点积和累加，得到 3 个特征图，最后再把这 3 个特征图相加，然后再加上偏移值 b，就可以得到 1 个特征图。卷积层计算过程如图 7-20 所示。

卷积层具有以下特点：

（1）局部连接。卷积核只与输入数据的局部区域进行连接，避免了全连接层中存在的参数冗余问题。

（2）参数共享。同一个卷积核在输入数据的不同位置进行共享，减少了模型的参数量，提高了模型的泛化能力。

（3）局部敏感。卷积核在滑动窗口的过程中能够捕捉到输入数据的空间信息，对局部区域内的变化敏感。

（4）参数可学习。卷积核的参数可以通过反向传播算法进行学习，以适应不同的输入数据。

卷积层在图像处理中有着广泛的应用，如图像分类、目标检测、图像生成等。在图像

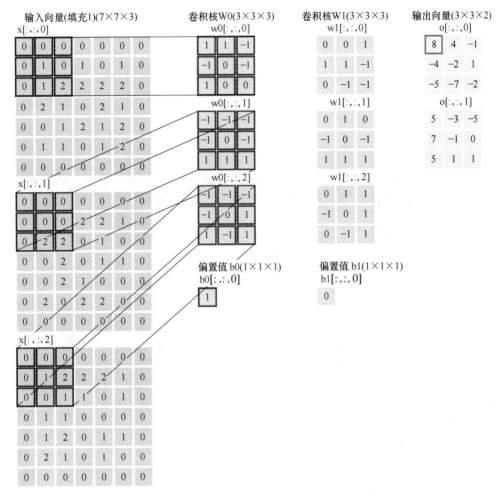

图 7-20 卷积层计算过程示例

分类中，卷积层可以通过对图像进行特征提取，将其转化为高层次的特征表示，从而实现对图像的分类。在目标检测中，卷积层可以用于提取目标的局部特征，结合区域提名器和分类器实现目标检测。在图像生成中，卷积层可以用于生成对抗网络（GAN）中的生成器部分，通过对输入数据进行特征提取和重构，生成逼真的图像。

7.2.1.2 池化层

池化操作是卷积神经网络中的一个特殊操作，主要就是在一定区域内提取出该区域的关键性信息，其操作往往出现在卷积层之后，其能起到减少卷积层输出特征量数目的作用，从而能减少模型参数，同时能改善过拟合现象。

池化操作通过池化模板和步长两个关键性变量构成，模板描述了提取信息区域的大小，一般是一个方形窗口，步长（Stride）描述了窗口在卷积层输出特征图上的移动步长，一般和模板边长相等（即模板移动前后不重叠）。

A 最大值池化（Max Pooling）

保留模板内信息的最大值，这是在提取纹理特征，保留更多的局部细节。最大值池化操作如图 7-21 所示。

B 平均池化（Average Pooling）

平均池化对池化模板进行均值化操作，这能够保留模板内数据的整体特征，平均池化操作如图 7-22 所示。

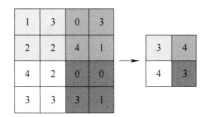

图 7-21　最大池化操作

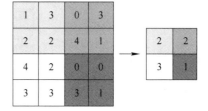

图 7-22　平均池化操作

7.2.1.3　全连接层

全连接层（Fully Connected Layers，FC）是神经网络中的一种常见的层类型，也称为密集连接层（Dense Layer）或者全连接层（Fully Connected Layer），如图 7-23 所示。全连接层可以将输入特征与每个神经元之间的连接权重进行矩阵乘法和偏置加法操作，从而得到输出结果。全连接层在整个卷积神经网络中起到"分类器"的作用。如果说卷积层、池化层和激活函数等操作是将原始数据映射到隐层特征空间的话，全连接层则起到将学到的"分布式特征表示"映射到样本标记空间的作用。在全连接层中，每个神经元都与上一层的所有神经元相连，每个输入特征都与每个神经元之间存在一定的连接权重。在训练过程中，

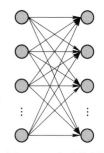

图 7-23　全连接层

神经网络通过反向传播算法来优化每个神经元的权重和偏置，从而使得输出结果能够更好地拟合训练数据。

7.2.1.4　常见的激活函数

A ReLU 激活函数

ReLU 激活函数是一个整流线性单元，当 $x \geq 0$ 时，$y = x$；当 $x < 0$ 时，$y = 0$。因此，其数学表达式被定义为

$$f(x) = \begin{cases} x & (x \geq 0) \\ 0 & (x < 0) \end{cases} \tag{7-17}$$

其对 x 求导后的公式如下。

$$f'(x) = \begin{cases} 1 & (x \geq 0) \\ 0 & (x < 0) \end{cases} \tag{7-18}$$

ReLU 激活函数对应的图像如图 7-24 所示。

由于 $x \geqslant 0$ 时，ReLU 激活函数的导数值为 1，因此 ReLU 函数在区间 $(0, +\infty)$ 上具有梯度不断衰减的特性，因而减小了在训练过程中梯度消失的可能性，其次 ReLU 激活函数只存在线性关系，因此加快了函数的收敛速度。但是，当 $x < 0$ 时，ReLU 激活函数的导数为 0，导致对应的权重无法更新，而且这个神经元有可能再也不会被任何数据激活，这种现象称为"神经元坏死"。

B Leaky ReLU 激活函数

Leaky ReLU 激活函数称为带泄露修正线性单元函数，是 ReLU 激活函数的一种变体。ReLU 激活函数是将所有的负值输入设置为 0；相反，Leaky ReLU 激活函数的输出对输入的负值赋予一个很小的非零值权重，其数学公式如下所示。

$$f(x) = \begin{cases} x & (x \geqslant 0) \\ ax & (x < 0) \end{cases} \tag{7-19}$$

其对 x 求导后对应公式如下所示。

$$f'(x) = \begin{cases} 1 & (x \geqslant 0) \\ a & (x < 0) \end{cases} \tag{7-20}$$

Leaky ReLU 激活函数对应的数学图像如图 7-25 所示。

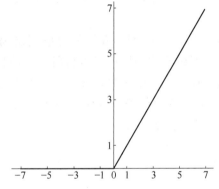

图 7-24 ReLU 激活函数曲线图

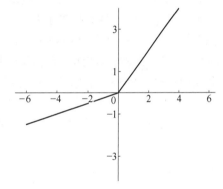

图 7-25 Leaky ReLU 激活函数曲线图

由图中可以看出，由于在负实数域区间其值不为 0，因此导数总是不为 0，这样能减少坏死神经元出现的数量，允许基于梯度的学习，解决了 ReLU 激活函数进入负区间后神经元不学习的问题。

C SeLU 函数

SeLU（Scaled Exponential Linear Units，SeLU）函数称为缩放指数线性单元，其数学表达式如下。

$$f(x) = \lambda \begin{cases} x & (x > 0) \\ \alpha e^x - \alpha & (x \leqslant 0) \end{cases} \tag{7-21}$$

式中，$\lambda = 1.050700$；$\alpha = 1.673263$。

对 x 进行求导后的数学表达式如下。

$$f'(x) = \lambda \begin{cases} 1 & (x > 0) \\ \alpha e^x & (x \leqslant 0) \end{cases} \tag{7-22}$$

对应的曲线图如图 7-26 所示。

由图 7-26 可以看出，在负半轴，SeLU 函数曲线坡度趋于平缓，当输入值的方差过大时可以减小其值，这样减小了发生梯度爆炸的可能性。而在正半轴，因缩放因子 λ 的存在，使得斜率值大于 1，这样当方差过小时可以让它增大，同时防止了梯度消失。

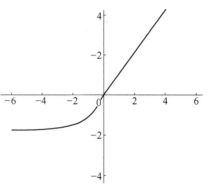

图 7-26　SeLU 函数曲线图

7.2.2　显微组织图像语义分割模型

语义分割是一种典型的计算机视觉问题，其涉及将一些原始数据（如平面图像）作为输入并将它们转换为具有突出显示的感兴趣区域的掩模。许多人使用术语全像素语义分割（Full-Pixel Semantic Segmentation），其中图像中的每个像素根据其所属的感兴趣对象被分配类别 ID。

早期的计算机视觉问题只发现边缘（线条和曲线）或渐变等元素，但它们从未完全按照人类感知的方式提供像素级别的图像理解。语义分割将属于同一目标的图像部分聚集在一起来解决这个问题，从而扩展了其应用领域。

图 7-27 显示了一种基于 ResNet35 的 U 形语义分割网络模型，其特征提取网络为 U-ResNet35，不仅将编码器前两个卷积块的特征信息与解码器的深层信息进行融合，而且使用卷积层对融合后的特征信息进行特征提取。此外，U-ResNet35 模型使用残差模块避免了因模型层数的增加而导致在训练过程中出现的梯度消失或梯度爆炸现象。图 7-27 示出的是 U-ResNet35 分割模型与常规 FCN-8 网络模型的结构示意图对比。

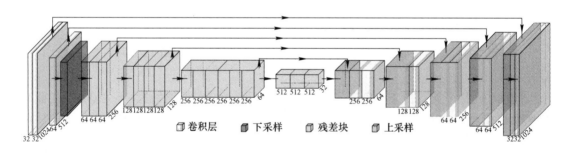

图 7-27　显微组织图像语义分割模型

（扫描书前二维码查看彩图）

7.2.3　显微组织特征量化

图 7-28 显示了语义分割模型对显微组织图像识别结果示例。可以看到，语义分割模型呈现了良好的显微组织识别结果。此外，利用 OpenCV 中的 cv2. findContours（）、cv2. arcLength（）及 cv2. contourArea（）等函数对显微组织识别结果进行特征量化，得到的计算结果如图 7-29~图 7-31 和表 7-14 所示。

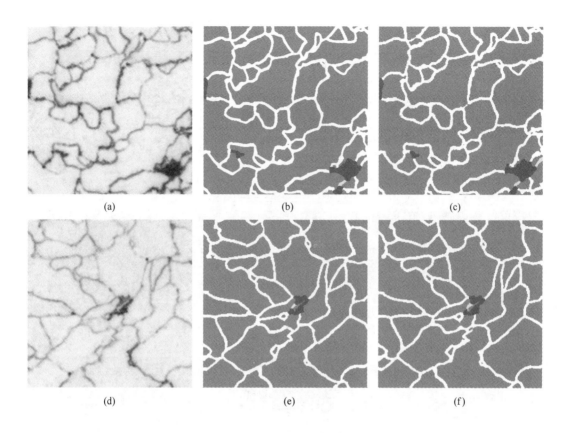

图 7-28　模型对显微组织图像识别结果示例

图片 1：（a）输入图像；（b）Ground truth；（c）语义分割模型识别结果

图片 2：（d）输入图像；（e）Ground truth；（f）语义分割模型识别结果

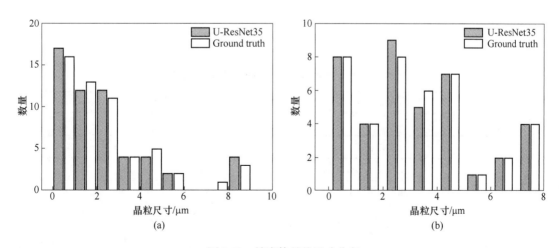

图 7-29　铁素体晶粒尺寸分布

（a）图片 1 中铁素体晶粒尺寸分布；（b）图片 2 中铁素体晶粒尺寸分布

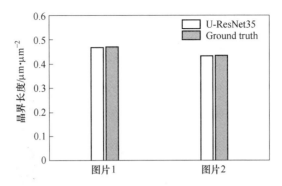

图 7-30 晶界长度量化结果

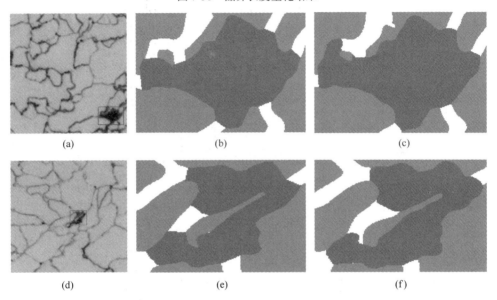

图 7-31 模型预测结果中珠光体局部放大示例

(a) 原始图像；(b) Ground truth 图像中珠光体局部放大区域；(c) 语义分割模型识别结果；
(d) 原始图像；(e) Ground truth 图像中珠光体局部放大区域；(f) 语义分割模型识别结果

表 7-14 图 7-30 中珠光体组织特征量化测量结果

序号	评价指标	U-ResNet35	Ground truth
图片 1	交并比	0.93	1.0
	面积/μm^2	8.46	8.12
	晶粒尺寸/μm	3.28	3.21
	相界长度/μm	15.67	14.69
图片 2	交并比	0.88	1.0
	面积/μm^2	4.63	4.6
	晶粒尺寸/μm	2.43	2.42
	相界长度/μm	14.99	15.98

7.3 多目标优化算法开发及热轧工艺智能优化

随着用户个性化需求日益增加，钢铁企业大规模生产的传统模式已经成为较大的阻碍。传统热轧产品生产过程中，成分和工艺是通过大量中试试验制定的，生产成本较高，且无法适应用户多样化的需求。因此实现快速热轧工艺优化设计成为解决这一问题的关键。

智能化热轧工艺优化设计是基于合理的化学成分-工艺参数-力学性能对应关系模型，结合多目标优化算法，对热轧带钢的化学成分和轧制工艺进行优化计算，得到在一定约束条件下的最优生产工艺。热轧带钢力学性能优化是一个具有挑战的多目标优化问题。强度和伸长率是一对相互矛盾的指标，屈服强度的升高通常伴随着伸长率的降低，这就需要采用多目标优化的手段来解决此类问题。高效的多目标优化算法是实现智能化热轧工艺优化设计的一个重要环节。热轧生产工艺参数优化的主要目的是能更好地开发新的钢种，并能生产出质量良好的产品，符合市场的应用需求。同时，为了保证生产的稳定进行以及达到产品的质量要求，选取参数必须合理。

传统的优化算法通常是针对单一变量进行优化，不适用于多目标函数、多变量同时优化等工艺参数优化的特点。因此，需要根据实际生产条件开发多目标优化算法，以满足实际生产要求。

7.3.1 粒子群优化算法

粒子群优化方法（Particle Swarm Optimization，PSO）是由 J. Kenned 和 C. Eberhart 在 1995 年提出的一种基于迭代的优化算法。它是模拟鸟集群（粒子群）飞行觅食的行为，通过个体间的相互作用在复杂的多维空间中寻找最小化目标函数的最优解。PSO 是一种演化算法，同遗传算法（Genetic Algorithm，GA）相比，它不具有选择和变异操作，因其易于理解和实现，鲁棒性好，近年来成为了求解优化问题中一个很有意义的研究方向，已在函数优化、神经网络训练、组合优化、路径规划等领域上取得了非常好的效果。

7.3.1.1 粒子群优化算法原理

在粒子群优化算法中，每一个粒子（Particle）表示问题的一个可行解，具有飞行速度和位置两个变量，并由优化目标函数决定其适应度值（Fitness）。每一个粒子经历过的最优位置称为个体最优（Pbest）；而整个群体经历过的最优位置称为全局最优（Gbest），粒子根据自身飞行惯性、个体最优位置和全局最优位置调整自己的飞行速度和位置，不断地寻找个性和社会性之间的平衡。

设 $x_i = (x_{i1}, x_{i2}, \cdots, x_{id})$ 为粒子 i 的当前位置，$v_i = (v_{i1}, v_{i2}, \cdots, v_{id})$ 为粒子 i 的当前速度，$i = 1, 2, \cdots, N$，其中 d 是优化问题的解的维数，N 是粒子个数。在进化过程中，记录每一个粒子到当前为止的历史最好位置为 $P_i = (p_{i1}, p_{i2}, \cdots, p_{id})$，所有粒子的全局最好位置为 $P_g = (p_{g1}, p_{g2}, \cdots, p_{gd})$，最初始的 PSO 算法的进化方程可描述为：

$$v_i(t) = v_i(t-1) + c_1 r_1 [p_i - x_i(t-1)] + c_2 r_2 [p_g - x_i(t-1)] \tag{7-23}$$

$$x_i(t) = v_i(t) + x_i(t-1) \tag{7-24}$$

式中　　c_1，c_2——正常数；

　　　　r_1，r_2——［0，1］间的随机数。

为了改善式（7-23）的收敛性能，Y. Shi 与 R. C. Eberhart 于 1998 年首次在速度进化方程中引入惯性权重（Inertia Weight），式（7-23）变为：

$$v_i(t) = wv_i(t-1) + c_1r_1(P_i - x_i(t-1)) + c_2r_2(P_g - x_i(t-1)) \qquad (7\text{-}25)$$

式中　　w——惯性权重，式（7-24）和式（7-25）构成了标准的 PSO 算法。

基本粒子群算法的流程如下：

（1）设定粒子群中粒子个数 N，学习因子 c_1、c_2 和最大迭代次数，随机初始化每一个粒子的位置和速度。

（2）根据优化目标函数，计算每一个粒子的适应度值。

（3）对于每一个粒子，根据粒子的适应度值与该粒子历史最好位置的适应度值比较，更新粒子的个体最优位置。

（4）将全局最好位置的适应度值与每一个粒子的历史最好位置的适应度值比较，更新全局最优位置。

（5）根据式（7-24）和式（7-25）更新每一个粒子的速度和位置。

（6）判断终止条件是否满足，如果不满足，返回至步骤（2），否则算法结束。

7.3.1.2　粒子群算法参数分析

从粒子的速度更新公式来看，第一部分表示了粒子当前速度对粒子飞行的影响；第二部分是"个体认知"部分，代表了粒子的个体经验，促使粒子朝着自身所经历的最好位置移动；第三部分是"群体认知"部分，代表了群体经验对粒子飞行轨迹的影响，促使粒子朝着整个群体发现的最好位置移动。这三部分经过加权构成粒子的飞行速度，因此其参数的选择对算法的性能很重要。

惯性权重 w 是用来实现全局搜索和局部开发能力之间的平衡，当 $w=0$ 时，由于速度本身没有记忆性，只取决于粒子当前位置、个体最优和全局最优位置，所以粒子群将收敛到当前的全局最好位置，更像一个局部搜索算法；当 $w \neq 0$ 时，粒子具有扩展搜索空间的趋势，即具有全局搜索能力。Y. Shi 与 R. C. Eberhart 通过试验表明，w 随迭代次数的增加而线性减少的取值可得较好的试验结果。

c_1、c_2 是加速系数（或称学习因子），该项系数分别用于调整粒子的自身经验与社会经验在其飞行中所起的作用，表示将每一个粒子推向个体最优和全局最优位置的统计加速项的权重。如果 $c_1=0$，则粒子没有个体认知能力，在粒子的相互作用下，能达到新的搜索空间，但也容易陷入局部极值点；如果 $c_2=0$，粒子间没有社会信息共享，其算法变成一个多起点的随机搜索；如果 $c_1=c_2=0$，粒子将一直以当前速度飞行，直到到达边界。通常 c_1、c_2 在 ［0，4］ 之间，一般取 $c_1=c_2=2$。

在粒子的飞行过程中，飞行速度应受到适当的限制，一方面保证粒子能够跳出局部极值，具有一定的全局搜索能力；另一方面又能够使粒子以一定的速度步长逼近全局最优解。算法中全局和局部搜索能力的平衡主要通过惯性权重来控制，但同时建议使用最大速度限制。

7.3.1.3 多目标粒子群优化算法

热轧工艺优化设计需要同时考虑屈服强度、抗拉强度、伸长率三个主要的性能指标，强度与塑性相互制约，强度的增加必然导致塑性的降低。在给定的化学成分和工艺约束条件下，通过优化计算寻找最佳的工艺参数从而满足预设的性能目标。因此，从数学特征上来说，热轧工艺优化设计是一个多目标优化问题（Multi-Objective Optimization Problem，MOOP）。

近年来多目标演化算法（Multi-Objective Evolutionary Algorithms，MOEAs）越来越多地应用于科学研究和工程实践中的多目标优化问题，其中提出的非支配排序遗传算法（Non-dominated Sorting Genetic Algorithm，NSGA），把非支配排序的概念引入多目标优化领域，取得了较好的效果。但 NSGA 本身存在许多不足之处，使得在处理高维度问题时，难以得到满意的结果，其主要问题是：

（1）计算复杂度高。计算量为 $O(mN^3)$，其中 m 表示目标函数个数；N 表示种群的规模。当 N 较大时，计算量相当大，尤其是在每一次迭代后种群都需要进行排序。

（2）缺乏精英策略。精英策略可以明显改善算法的收敛特性，同时可以避免丢失进化过程中找到的最优解。

（3）需要特别指定共享半径 σ_{share}。共享可以确保种群的多样性，但对于共享半径的取值仍然是一个很难确定的问题。

因此，基于以上研究，本节在自适应权值累加粒子群（Adaptive Weighted Particle Swarm Optimization，AWPSO）算法的基础上，采用 K. Deb 等人开发的一种快速非支配排序技术，同时在下一代粒子的挑选中引入拥挤度和精英策略保持解的多样性，并改善算法的收敛特性，形成一种改进的 AWPSO 算法。

A 问题的描述与帕累托最优解

关于多目标优化问题的数学描述，一般地，一个多目标优化问题可以定义如下：

$$\mathrm{Min}\, f(\boldsymbol{X}) = [f_1(\boldsymbol{X}),\, f_2(\boldsymbol{X}),\, \cdots,\, f_m(\boldsymbol{X})]^{\mathrm{T}} \tag{7-26}$$

$$\mathrm{s.\,t.}\, g_i(\boldsymbol{X}) \geqslant 0 \quad i = 1,\, 2,\, \cdots,\, k \tag{7-27}$$

$$h_j(\boldsymbol{X}) = 0 \quad j = 1,\, 2,\, \cdots,\, l \tag{7-28}$$

式中，决策变量 $\boldsymbol{X} = [X_1,\, X_2,\, \cdots,\, X_n]^{\mathrm{T}}$。

a 支配的概念

设 $p,\, q \in F$，其中 F 是满足式（7-27）和式（7-28）的可行解集（粒子群），即：

$$F = \{\boldsymbol{X} \in R^n\, |\, g_i(\boldsymbol{X}) \geqslant 0,\, i = 1,\, 2,\, \cdots,\, k;\, h_j(\boldsymbol{X}) = 0,\, j = 1,\, 2,\, \cdots,\, l\} \tag{7-29}$$

当满足以下两个条件时：

（1）对所有的优化目标，p 不比 q 差，即：$f_t(p) \leqslant f_t(q)$，$t = 1,\, 2,\, \cdots,\, m$；

（2）至少对于一个优化目标，使 p 比 q 好，即 $\exists t_0 \in t$，$f_{t_0}(p) < f_{t_0}(q)$，称作 p 支配 q，表示为 $p < q$。

b 帕累托最优解（Pareto Optimal Solution）

多目标优化问题中的最优解，是 Vilfredo Pareto 在 1896 年提出的，定义如下：

若 $X^* \in F$，且不存在 $X \in F$，使得

$$f_t(X) \leqslant f_t(X^*), \quad t = 1, 2, \cdots, m \tag{7-30}$$

成立，且其中至少一个是严格不等式，则称 X^* 是多目标问题的 Pareto 最优解。

通常情况下，最优解不止一个，而是一个最优解集（Pareto Optimal Solutions）。多目标粒子群优化算法的目标是，构造非支配集（Non-Dominated Solutions 或 Non-Inferior Solutions），并使非支配集不断逼近最优解集，最终达到最优。

以两个目标的优化问题为例，如图 7-32 所示，最优解落在搜索区域的边界线（面）上，粗线段表示两个优化目标的最优边界（Pareto Front）。对于三个优化目标，则是最优边界构成一个曲面，三个以上的最优边界则构成超曲面。实心点 A、B、C、D、E、F 均处在最优边界上，它们都是最优解（Pareto Points），是非支配的（Non-Dominated）；空心点 G、H、I、J、K、L 落在搜索区域内，但不在最优边界上，不是最优解，是被支配的（Dominated），它们直接或者间接受最优边界上的最优解支配。

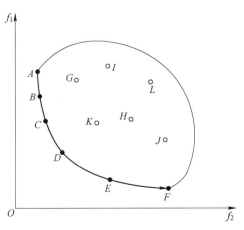

图 7-32 两个目标的 Pareto Front 示意图

B 快速非支配排序方法

根据非支配关系对一个包含 N 个个体的粒子群进行排序，需要将每一个粒子同其他粒子进行比较，其计算量为 $O(mN)$。因此，找到第一个非支配前沿的计算量为 $O(mN^2)$。重复该步骤，对剩下的粒子进行非支配排序，寻找下一个非支配前沿。在最坏的情况下，即每一个前沿中只有一个粒子，完成对 N 个粒子非支配排序的计算量为 $O(mN^3)$。以下介绍的这种快速非支配排序方法的计算量最高为 $O(mN^2)$。

对于每一个粒子需要计算两个参数，即：n_i，群体中支配粒子 i 的粒子的数量；S_i，被粒子 i 所支配的粒子的集合。首先，找到粒子群中所有 $n_i = 0$ 的粒子，将其存入列表 F_1 中，称为当前前沿（Current Front）；其次，对于当前前沿中的所有粒子，考察它所支配的粒子集合 S_i，将集合 S_i 中每个粒子 j 的 n_j 减 1，如果此后支配粒子 j 的粒子数量 $n_j = 0$，那么就将该粒子 j 存入另一个列表 H 中；最后，对当前前沿中的所有粒子都完成此操作后，就命名当前前沿为第一级前沿（First Front），继续对列表 H 进行分级操作，直到所有粒子均被分级为止。

这种快速非支配排序方法使计算的量得以降低，但却使最坏的情况下计算存储量由 $O(N)$ 增加为 $O(N^2)$。上述快速非支配排序的伪代码如下（P 为粒子群，F 为非支配个体集）。

函数 $Sort(P)$ 定义为：

对每一个 $p \in P$

对每一个 $q \in P$

  如果 $p < q$，则 $S_p = S_p \cup \{q\}$

  否则，如果 $q < p$，则 $n_p = n_p + 1$

如果 $n_p = 0$，则 $F_1 = F_1 \cup \{p\}$

$i = 1$

当 $F_i \neq \varnothing$，则

$H = \varnothing$

    对每一个 $p \in F_i$

    对每一个 $q \in S_p$

       $n_q = n_q - 1$

          如果 $n_q = 0$，则 $H = H \cup \{q\}$

$i = i + 1$

$F_i = H$

C   小生境技术

在 NSGA 算法中，为了保持种群的多样性采用的是 Niche Count 小生境技术，即计算与粒子 i 的距离在共享半径 σ_{share} 以内的粒子的数目。如图 7-33 中 A、B 两粒子位于同一个非支配前沿，但 A 同 B 相比 Niche Count 更小，因此在下一代粒子的选择中获得优先权。

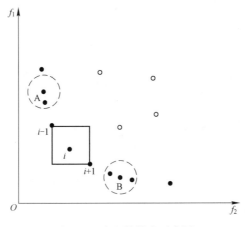

图 7-33　小生境技术示意图

这种小生境技术的一个重要的缺点就是需要人为地设定 σ_{share} 的值，并且算法的有效性很大程度上取决于 σ_{share} 的值。因此，在本书中采用基于拥挤度的小生境技术。

a   拥挤度计算

拥挤度（Distance）定义为位于给定粒子两侧的粒子在各个目标函数的方向上距离的总和。对于两个优化目标的问题，如图 7-32 所示，粒子 i 的拥挤度即是粒子 $i-1$ 和 $i+1$ 构成的长方形的周长的一半。

采用 Γ 表示某一前沿中粒子的集合，拥挤度计算的伪代码如下：

$l = |\Gamma|$

对于每一个粒子 i，设定 $\Gamma[i]_{distance} = 0$

对于每一个优化目标函数 m

    $\Gamma = \text{sort}(\Gamma, m)$

    $\Gamma[1]_{distance} = \Gamma[l]_{distance} = \infty$

    从 $i = 2$ 到 $l-1$ 循环

$$\Gamma[l]_{\text{distance}} = \Gamma[i]_{\text{distance}} + (\Gamma[i+1].m - \Gamma[i-1].m)$$

其中，sort(Γ，m) 表示根据第 m 个目标函数对前沿中的所有粒子进行非支配排序；$\Gamma[i+1].m$ 和 $\Gamma[i-1].m$ 分别表示第 $i+1$ 和第 $i-1$ 个例子的第 m 个目标函数值。算法的计算量取决于排序的复杂性，最坏的情况下计算量为 $O(mN\lg N)$。

b 拥挤度比较

拥挤度比较是确保算法能够收敛到一个均匀分布的帕累托曲面。经过非支配排序和拥挤度计算。

如果两个粒子属于不同前沿，取级数较低的粒子（分级排序时，先被分离出来的粒子）；如果两个粒子在同一级前沿，取拥挤度值较大的粒子。

D 精英策略

拥挤度概念的引入解决了每一个前沿粒子的多样性，与此同时，为了控制不同前沿间的粒子的多样性（前沿横向的多样性，如图7-34所示，将精英策略应用于多目标优化算法中。

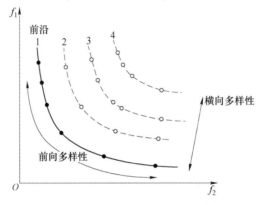

图7-34 帕累托前沿的多样性示意图

精英策略，即通过设定某一特定的分布来控制每一个前沿中粒子的数量。在本书中，采用以下分布：

$$n_i = rn_{i-1} \tag{7-31}$$

式中 n_i——第 i 个前沿允许存在的最大粒子数；

r——递减系数，$r<1$。

假设对于一个包含 $2N$ 个粒子的父辈群体，通过非支配排序后具有 K 个前沿，从中选择 N 个粒子构成子辈群体。根据式（7-31），在子辈群体的第 i 层前沿中，允许存在的最大粒子数为：

$$n_i = N\frac{1-r}{1-r^K}r^{i-1} \tag{7-32}$$

因为 $r<1$，所以在第一个前沿中允许存在的粒子数最多，而后呈现指数递减的规律。除式（7-31）之外，还可以采用其他分布形式以获得最好的侧向多样性，但只有一个原则——使粒子在所有的非支配前沿中同时存在。

在精英策略的实际应用中，有时会存在第 i 级前沿中粒子数目不足 n_i 的情况，因此需要采取以下措施解决。假设第 i 级前沿中的实际粒子数为 $n_i^!$，如果 $n_i^!>n_i$，则选择其中具有

较大拥挤度值的 n_i 个粒子；如果 $n_i^! < n_i$，则选择所有 $n_i^!$ 个粒子并计算空余的粒子数 $\rho = n_i - n_i^!$，同时下一级前沿允许存在的粒子数由 n_{i+1} 增加为 $n_{i+1} + \rho$。然后比较 $n_{i+1}^!$ 和 $n_{i+1} + \rho$，重复上述步骤直到所有 N 个粒子的选择完成。

子辈群体的大小是父辈群体的一半，因此通常能够顺利地完成 N 个粒子的选择。但当 r 设置为较大值时，从父辈群体中选择的粒子数可能小于 N。在这种情况下，需要将父辈群体中剩余的粒子按照精英策略填补从第一级前沿到最后一级前沿中剩余的空位。

E 改进的 AWPSO 算法

为了提高 PSO 算法应用于多目标优化问题时的搜索效率，M. Mahfouf 等学者将速度计算式（7-25）改进为：

$$v_i(t) = wv_i(t-1) + \alpha[r_1(p_i - x_i(t-1)) + r_2(p_g - x_i(t-1))] \qquad (7-33)$$

式中的第二项可以看作是加速项，取决于粒子当前位置与个体历史最优位置 p_i 和全局最优位置 p_g 间的距离。加速因子 α 定义如下：

$$\alpha = \alpha_0 + \frac{t}{N_t}, \quad t = 1, 2, \cdots, N_t \qquad (7-34)$$

式中　N_t——最大迭代次数；

　　　t——当前迭代次数；

　　　α_0——初始加速因子，$\alpha_0 \in [0.5, 1]$。

从式（7-34）可以看出，加速项随迭代次数的增加而增加，从而在搜索的后期提高在全局最优点附近区域的局部搜索能力。惯性系数 w 的计算式如下：

$$w = w_0 + (1 - w_0)r \qquad (7-35)$$

式中　w_0——初始步长，$w_0 \in [0, 1]$；

　　　r——[0, 1] 的随机数。

为了评价种群中单个粒子的性能，采用加权累加的方法定义评价函数如下：

$$\begin{cases} F = \sum_{i=1}^{m} \rho_i f_i \\ \sum_{i=1}^{m} \rho_i = 1 \end{cases} \qquad (7-36)$$

式中　m——优化目标的个数，$i = 1, 2, \cdots, m$；

　　　f_i——第 i 个优化目标函数值。

在每一次迭代过程中，系数 ρ_i 都根据以下公式改变。

$$\begin{cases} \rho_i = \lambda_i \Big/ \sum_{i=1}^{m} \lambda_i \\ \lambda_i = U(0, 1) \end{cases} \qquad (7-37)$$

采用动态的权值系数的目的是获得帕累托最优解。改进的 AWPSO 算法主要的计算步骤如下：

（1）设置粒子群大小 N 和最大迭代次数 N_t；根据约束条件初始化粒子群，并根据式（7-36）评价粒子和设置个体最优、全局最优；设置迭代计数器 $t = 0$。

（2）如果 $t \neq 0$，根据式（7-36）评价个体粒子，设置个体最优和全局最优。

（3）粒子飞翔产生新一代微粒。

（4）子辈和父辈个体形成 $2N$ 大小的微粒群，完成快速非支配性排序。

（5）计算粒子的拥挤度值。

（6）根据拥挤度值和精英策略，完成下一代粒子的挑选。

（7）如果挑选的所有粒子的速度 $v_i<0.1V_{\max}$，则执行以下步骤：1）从当前粒子群中随机选择 20% 的粒子，以 $10\%V_{\max}$ 改变它们的位置，存储在 X_{TEMP} 列表中；2）评价 X_{TEMP} 中的粒子，并同帕累托前沿中粒子进行非支配性比较，替换其中受支配的粒子；3）重复步骤 1）和 2）K 次（$K\in[1, 10]$）。

（8）如果 $t<N_t$，则 $t=t+1$，转至（2），否则跳出至（9）。

（9）输出帕累托前沿中粒子。

改进的 AWPSO 算法流程图如图 7-35 所示。

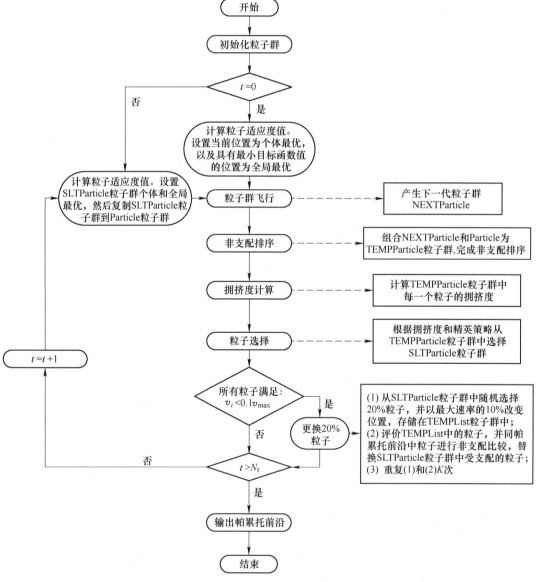

图 7-35 改进的 AWPSO 算法流程图

F 标准 ZDT 函数测试

标准的 ZDT 测试函数如式（7-38）~式（7-42）所示：

$$\text{ZDT1：}\begin{cases} \text{Min} f_1(x) = x_1 \\ \text{Min} f_2(x) = g(x)\left(1 - \sqrt{x_1/g(x)}\right) \\ g(x) = 1 + \dfrac{9}{29}\sum_{i=2}^{30} x_i \\ x_i \in [0, 1], \quad i = 1, \cdots, 30 \end{cases} \tag{7-38}$$

$$\text{ZDT2：}\begin{cases} \text{Min} f_1(x) = x_1 \\ \text{Min} f_2(x) = g(x)\left[1 - (x_1/g(x))^2\right] \\ g(x) = 1 + \dfrac{9}{29}\sum_{i=2}^{30} x_i \\ x_i \in [0, 1], \quad i = 1, \cdots, 30 \end{cases} \tag{7-39}$$

$$\text{ZDT3：}\begin{cases} \text{Min} f_1(x) = x_1 \\ \text{Min} f_2(x) = g(x)\left[1 - \sqrt{x_1/g(x)} - \dfrac{x_1}{g(x)}\sin(10\pi x_1)\right] \\ g(x) = 1 + \dfrac{9}{29}\sum_{i=2}^{30} x_i \\ x_i \in [0, 1], \quad i = 1, \cdots, 30 \end{cases} \tag{7-40}$$

$$\text{ZDT4：}\begin{cases} \text{Min} f_1(x) = x_1 \\ \text{Min} f_2(x) = g(x)\left(1 - \sqrt{x_1/g(x)}\right) \\ g(x) = 91 + \sum_{i=2}^{10}\left[x_i^2 - 10\cos(4\pi x_i)\right] \\ x_1 \in [0, 1], \quad x_i \in [-5, 5], \quad i = 2, \cdots, 10 \end{cases} \tag{7-41}$$

$$\text{ZDT6：}\begin{cases} \text{Min} f_1(x) = 1 - \exp(-4x_1)\sin^6(6\pi x_1) \\ \text{Min} f_2(x) = g(x)\left[1 - (x_1/g(x))^2\right] \\ g(x) = 1 + 9\left[\left(\sum_{i=2}^{10} x_i\right)/9\right]^{0.25} \\ x_1 \in [0, 1], \quad x_i \in [-5, 5], \quad i = 2, \cdots, 10 \end{cases} \tag{7-42}$$

采用改进的 AWPSO 算法优化 ZDT 函数，所得帕累托前沿如图 7-36 所示，充分验证了算法的有效性。

7.3.2 ε-ODICSA 算法

7.3.2.1 ε-ODICSA 算法概念

人工免疫系统是受生物免疫系统启发，根据免疫机理、特征开发的一套智能算法。它融合抗噪声、无监督学习、自组织等进化学习技术，保留了神经网络和分类器等系统的一

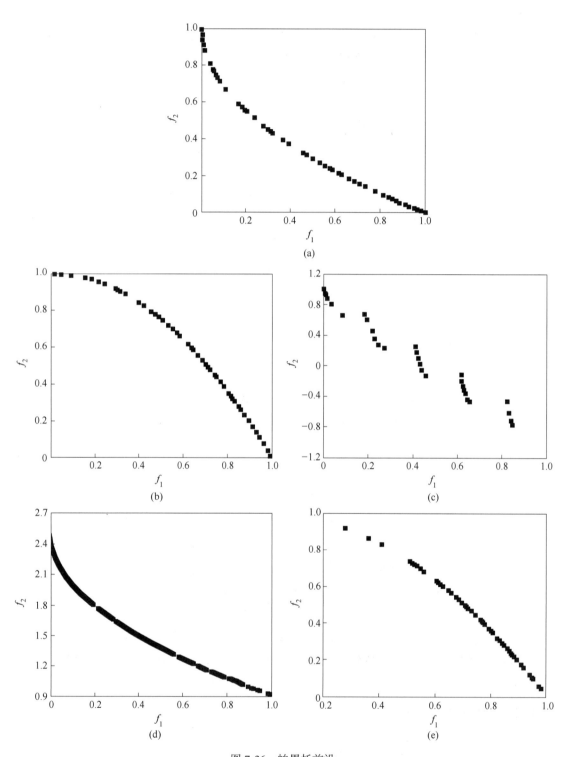

图 7-36 帕累托前沿

（a）ZDT1；（b）ZDT2；（c）ZDT3；（d）ZDT4；（e）ZDT6

些优点，引起了算法研究者们的大量关注。在人工免疫系统中，根据待优化问题和约束条件设定抗原来寻找抗体，通过免疫操作使抗体不断更新进化，按照亲和度选择抗体并调整抗体的分布和数量，直到寻找到最优抗体群。人工免疫系统主要借鉴生物免疫系统的信息处理机制，发展新的算法，为解决复杂问题提供新的思路，以下介绍基于 ε-ODICSA 算法的相关概念[3]。

（1）抗原。指待优化问题及其约束条件（类似于进化算法中的适应度函数）。在多目标优化问题中，抗原一般为目标函数。

（2）抗体。指待优化问题的可行解（类似于进化算法中的个体），抗体的集合称为抗体群（即可行解集合，类似于进化算法中的种群）。抗体是以编码方式出现的，常用的编码有二进制编码和十进制编码（类似于进化算法中的染色体）。

（3）抗体-抗原亲和度。指可行解所对应的目标函数值或可行解对问题的适应性度量，它反映了抗体与抗原之间的结合程度。

（4）抗体-抗体适应度。指可行解之间的距离，反映了抗体与抗体间的结合能力。对于二进制编码一般采用汉明距离，对于实数编码一般采用欧氏距离。

（5）克隆。指可行解的进化过程，在人工免疫系统中克隆算子是结合了选择、扩展、变异和交叉等操作的综合算子。

（6）ε 占优。给定两个可行解 x，$x^* \in X_f$ 以及 $\varepsilon > 0$，当且仅当满足下列条件时，称在 ε 占优定义下，x^* 占优 x，记作 $x^* < x$。

1）$\forall t \in \{1, 2, \cdots, m\}: f_t(x^*) - \varepsilon_t \leqslant f_t(x)$；

2）$\exists s \in \{1, 2, \cdots, m\}: f_s(x^*) - \varepsilon_s < f_s(x)$。 (7-43)

（7）盒子属性。为了方便判断两个个体之间的占优关系，研究者们定义了个体的盒子属性。在 ε 占优定义下，种群中每个个体都会有一个盒子属性，对于个体 x，它所处盒子的下标属性可表示为 $B = (B_1, B_2, \cdots, B_m)^T$。

利用个体所处盒子的下标属性 $B = (B_1, B_2, \cdots, B_m)^T$ 可以将整个目标空间分割成多个盒子。因此，ε 占优可以表示为以下形式，给定个体 x^* 和 x，如果满足式（7-44），则可以认定，在 ε 占优定义下，x^* 占优 x。

$$\begin{cases} B_t^{x^*} \leqslant B_t^x, \ \forall t \in \{1, 2, \cdots, m\} \\ B_s^{x^*} < B_s^x, \ \exists s \in \{1, 2, \cdots, m\} \end{cases} \tag{7-44}$$

（8）高斯变异算子。高斯变异（Gaussian Mutation，GM）[38]最初被应用于遗传算法中，常用来对某些重点搜索区域进行搜索。通过生成一个符合均值为 μ、方差为 σ^2 的正态分布的随机数，并将这个随机数替换掉变异位置的基因值，从而重点搜索原变异位置附近的可行解。当实现高斯变异时，符合 $N(\mu, \sigma^2)$ 正态分布的随机数 Q 可由一些符合均匀分布的随机数 $r_i(i = 1, 2, \cdots, 12)$ 求得。

$$Q = \mu + \sigma\Big(\sum_{i=1}^{12} r_i - 6\Big) \tag{7-45}$$

当变量 $x = x_1, x_2, \cdots, x_k, \cdots, x_f$ 向 $x' = x'_1, x'_2, \cdots, x'_k, \cdots, x'_f$ 进行高斯变异操作时，若变异点 x_k 处的基因值取值范围为 $[U_{\min}^k, U_{\max}^k]$，并假设均值 $\mu = \dfrac{U_{\min}^k + U_{\max}^k}{2}$，

方差 $\sigma = \dfrac{U_{max}^k - U_{min}^k}{6}$，则新的基因 x'_k 可以由式（7-46）确定。

$$x'_k = \frac{U_{min}^k + U_{max}^k}{2} + \frac{U_{max}^k - U_{min}^k}{6}\left(\sum_{i=1}^{12} r_i - 6\right) \tag{7-46}$$

7.3.2.2 ε-ODICSA 算法流程

本书基于免疫克隆选择多目标优化算法[37]进行研究，将正交试验设计理论和 ε 占优策略引入免疫克隆选择多目标优化算法，同时采用高斯变异代替非一致性变异，改善算法的收敛能力，开发高效的多目标优化算法。ε-ODICSA 算法的基本流程如图 7-37 所示。

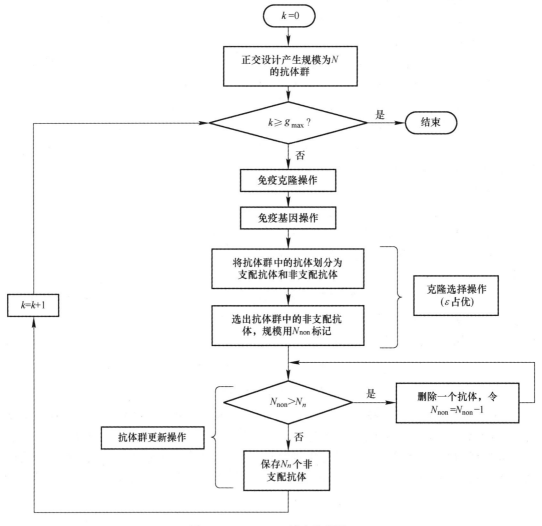

图 7-37 ε-ODICSA 算法流程图

A 正交试验设计初始化种群

正交试验设计是一种高效的多因素变量试验方法。在免疫算法的抗体种群初始化过程中，应用正交试验设计理论可以保证抗体在解空间内均匀分散，从而加快算法收敛。正交矩阵的规模可根据具体问题进行设计，假设生成正交数组的行数为 R，列数为 C，正交数组由 $\{1, 2, \cdots, Q\}$ 正整数元素组成（Q 为奇数），对于个体数为 N 的种群，它们之间存在如下关系：

$$\begin{cases} R = Q^J \geqslant N \\ C = \dfrac{Q^J - 1}{Q - 1} \geqslant n \end{cases} \tag{7-47}$$

式中，n 为每个个体包含变量的数目；指数 J 一般取 2。

假设连续变量 $x \in [l, u]$，可以通过式（7-48）将变量 x 离散化为 $x_1, x_2, \cdots, x_Q$：

$$x_i = l + (u - l) \frac{i - 1}{Q - 1} \quad i = 0, 1, \cdots, Q \tag{7-48}$$

根据待优化问题，利用式（7-48）产生合适的正交矩阵并对搜索空间量化后，结合式（7-47）生成初始化抗体群。设定初始化迭代次数 $k = 0$，则初始化抗体群为：$P^k = \{p_1^k, p_2^k, \cdots, p_{N^k}^k\}$，$N^k$ 为第 k 代种群个体数目，对于每一个抗体 p_i^k（$i = 1, 2, \cdots, N^k$）计算其对应的 m 个目标函数值，得到 N^k 个 m 维的矢量。由这 N^k 个 m 维的矢量组成的目标值矩阵表示如下：

$$\boldsymbol{F}(P^k) = [f(P^k)] = ([f_1(P^k)], [f_2(P^k)], \cdots, [f_m(P^k)]) \tag{7-49}$$

式中　k——当前代数。

B　免疫克隆操作

本书采用整体克隆的方式，对于任何一个抗体 p_i^k 采用相同的 m_C 值，并且令 $q_i = m_C$。

克隆操作可以实现搜索空间的扩张，为多种重组和变异提供了条件。通过对同一个抗体克隆出的不同克隆个体，按一定概率重组或者变异，实现抗体间信息交流，增加了抗体的多样性，为产生新的抗体种群和算法实现全局搜索提供了基础，有利于得到分布较广的帕累托前沿。

C　免疫基因操作

免疫基因操作主要包括克隆重组操作和克隆变异操作。在重组操作中，保留具有免疫优势的抗体，将具有免疫优势的抗体与随机产生的抗体进行重组，从而保证抗体群的多样性。具体过程如下，以概率 p_c 对克隆后的群体进行重组操作，即对 P^k 中的每个抗体 p_i^k 执行以下操作：

$$p_j^{k'} = R_r^c(p_i^k, a_i^k) = p_{i-r}^k + (a_i^k)_{r-c}, \quad p_i^k \in P_j^k, \ a_i \in P_{\text{initial}} \tag{7-50}$$

式中　c——抗体编码长度；

　　　　r——$1 \sim c$ 之间的随机整数；

　　　　n——抗体群抗体个数。

通过免疫基因操作得到重组后的抗体群 $P^{k'} = \{p_j^{k'}\}$（$j = 1, 2, \cdots, n$）。

对实数编码而言，可以采用均匀变异、高斯变异、非一致性变异和柯西变异等策略，经过实验比较后，本书采用高斯变异。以概率 p_m 对重组后的群体进行变异操作，即对 P_j^k 中的每个抗体 p_i^k 执行以下操作：

$$p_i^{k'} = R_m^c(p_i^k), \quad p_i^k \in P_j^k \tag{7-51}$$

D　自适应占优

采用 ε 占优策略可以增加算法的收敛性，同时调整非支配解的分布。然而，在迭代后期的计算中，非支配解的数目会急剧增加，导致松弛变量 ε 的效果减弱。因此，本书考虑与非支配解个数相关的 ε 占优策略。其主要思路是，对于每一次迭代后产生非支配解数 N_{non}，选定一个常数 M，按照式（7-52）求得随非支配解个数变化的参量 N_{box}，这里 M 取 100000。将 N_{box} 代入式（7-53）中，获得与非支配解个数相关的自适应松弛变量 ε。在每一次迭代后重新计算 ε，随着非支配解数目的增加，ε 变大，有助于筛选掉密集的非支配解，控制非支配解个数。

$$N_{\text{box}} = M/N_{\text{non}} \tag{7-52}$$

$$\varepsilon = (\max((f(P^k))(:,j)) - \min((f(P^k))(:,j)))/N_{\text{box}} \tag{7-53}$$

E　克隆选择操作

克隆选择操作是克隆增殖操作的逆操作。该操作是从抗体各自克隆增殖后的子代中选择优秀的个体，形成新的抗体群，是一个无性选择过程。一个抗体经过克隆增殖后形成一个亚抗体群，在经过亲和度成熟操作后通过克隆选择操作实现局部的亲和度升高。在采用克隆选择操作前，先将抗体分为支配抗体和非支配抗体，只有非支配抗体才能被选择进入下一代种群。

F　抗体群更新操作

随着克隆选择操作的进行，越来越多的非支配抗体会被选入优势抗体群。这样，具有免疫优势的抗体群规模会变得越来越大，给算法的计算效率带来了阻碍。为了限制种群规模，设定抗体群规模临界值 N，当抗体群规模大于临界值时，执行抗体群更新操作。通过计算抗体与抗体之间适应度将抗体群比较密集地方对应的抗体删除，从而在保证算法运算效率的同时又保证了求得解分布的均匀性。按照每一目标将亲和度由小到大排序，分别将具有最小和最大亲和度的抗体赋予最大值，其他抗体适应度值 C 可以通过式（7-54）计算：

$$\begin{cases} C_{1j} = C_{nj} = \inf \\ C_{ij} = \dfrac{(f(P^k))(i+1,j) - (f(P^k))(i-1,j)}{\delta + \max((f(P^k))(:,j)) - \min((f(P^k))(:,j))}, \ 1 < i < n, \ 1 < j < m \end{cases} \tag{7-54}$$

式中　m——待优化目标值个数；

　　　n——抗体个数；

　　　δ——任意小的非零正数。

本算法主要由正交试验设计、免疫克隆操作、免疫基因操作、克隆选择操作和抗体群更新操作组成。其中正交试验设计的作用是在有限范围内生成均匀的初始值，加快算法收敛速度；免疫克隆操作的作用是实现搜索空间的扩张，为产生新的抗体种群和算法实现全局搜索提供了基础，保证了算法能在全局择优，有利于得到分布较广的帕累托前沿；免疫基因操作将重组操作和变异操作融合起来，增加了抗体种群的多样性，避免算法陷入局部最优；克隆选择操作采用了自适应 ε 占优策略，加速了算法的收敛和改善抗体群的均匀性；抗体群更新操作针对优化计算过程中非支配抗体过多的情况，通过删除密集区域的非支配抗体, 改善所得帕累托最优解分布的均匀性, 同时由于抗体数目的减少, 提高了算法的收敛速度。在抗体重组和变异过程中, 克隆后的抗体通过组合其他多个父代抗体的部分信息产生新的抗体, 因此, 新的抗体继承了多个父代的部分基因。相比遗传算法的交叉变异操作只能实现单一方向的全局或者局部搜索, 本算法的克隆重组变异操作由于引入了克隆算子, 可以实现同时多个方向全局或者局部搜索, 具有更大的搜索范围, 图 7-38 示出了遗传算法的交叉变异操作与免疫算法重组变异操作在搜索时所表现的不同。

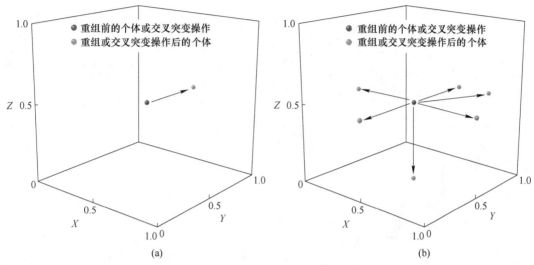

图 7-38　遗传算法的交叉变异操作与免疫算法重组变异操作比较
（a）交叉变异操作；（b）重组变异操作

7.3.2.3　ε-ODICSA 算法性能评价

为了评价 ε-ODICSA 算法的性能, 测试函数选用二维测试函数 ZDT1、ZDT2、ZDT3、ZDT4 和 ZDT6。免疫算法在 ZDT 测试函数上的计算结果如图 7-39 所示, 可见计算获得的帕累托最优解均和帕累托真实值相吻合, 且分布均匀。为了进一步评价 ε-ODICSA 算法的性能, 本书将 ε-ODICSA 算法与传统多目标优化算法 IBEA、NSGA2 和 SPEA2 进行对比。在比较实验中, 由于 4 种算法都与参数选择有关, 每一种算法选择不同的参数会有不同的结果。4 种算法的主要参数设置如下, 各算法的种群大小均设为 100, 最大进化代数为 300 代。交叉概率（克隆重组概率）为 0.9, 变异概率为 0.5, 免疫算法中克隆比例为 3。为了减小优化计算过程中随机因素的影响, 4 种算法在 5 个测试函数上均独立运行 30 次。本书采用定量化的度量指标评价算法。多目标优化算法的评价度量指标主要侧重于算法的收敛性和所得近似解集的多样性。算法的收敛性用于评价近似集与最优解集的接近程度; 多样性用于衡量近似解集中最优解的分布情况。本书采用以下 3 种指标对算法性能进行评价。

A　逼近性度量方法

多目标优化算法的求解过程是一个不断逼近最优帕累托前沿, 最终达到最优帕累托前沿的过程。在实际应用中, 多目标优化算法只能尽可能地逼近真实最优帕累托前沿, 而无

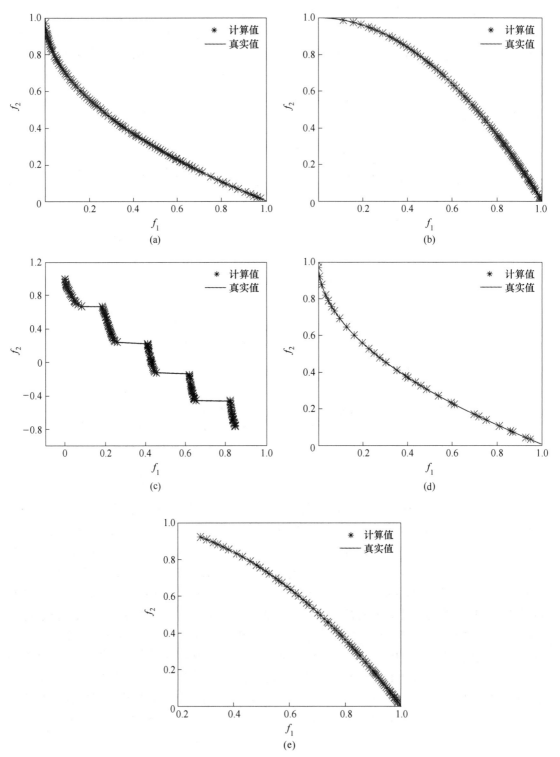

图 7-39 ε-ODICSA 算法在测试函数上计算结果

(a) ZDT1；(b) ZDT2；(c) ZDT3；(d) ZDT4；(e) ZDT6

法达到真实最优帕累托前沿。世代距离（Generational Distance，GD）是计算所得最优帕累托前沿与真实最优帕累托前沿的距离，反映了计算所得最优帕累托前沿对真实最优帕累托前沿的逼近程度，可以采用式（7-55）求得。

$$GD = \left(\frac{1}{n_{PF}} \sum_{i=1}^{n_{PF}} d_i^2 \right)^{\frac{1}{2}} \tag{7-55}$$

式中　n_{PF}——计算所得最优帕累托前沿中解的个数；

　　　d_i——目标空间上的第 i 个解与真实最优帕累托前沿中最近解间的欧氏距离。

若 GD=0，则表示计算所得最优帕累托前沿与真实最优帕累托前沿重合；若 GD≠0，则表示计算所得最优帕累托前沿偏离真实最优帕累托前沿的程度。该度量指标计算简单，实用性好，适用于多个算法之间相互比较。

B　均匀性度量方法

空间度量（Spacing，S）指标用于衡量计算所得最优帕累托前沿上解分布的均匀性，可采用下式计算：

$$S = \frac{\left[\frac{1}{n_{PF}} \sum_{i=1}^{n_{PF}} (d_i - \bar{d})^2 \right]^{\frac{1}{2}}}{\bar{d}'} \tag{7-56}$$

$$\bar{d} = \frac{1}{n_{PF}} \sum_{i=1}^{n_{PF}} d_i \tag{7-57}$$

式中　n_{PF}——计算所得最优帕累托前沿中解的个数；

　　　d_i——目标空间上的第 i 个解与真实最优帕累托前沿中最近解间的欧氏距离，可以写为式（7-58）。

$$d_i = \min \sqrt{[f_1^i(x) - f_1^j(x)]^2 + [f_2^i(x) - f_2^j(x)]^2 + \cdots + [f_m^i(x) - f_m^j(x)]^2} \tag{7-58}$$

式中，$j \neq i$；i，$j = 1$，2，$\cdots$，n_{PF}；m 为目标空间的维数。

如果 $S=0$，则表示计算所得最优帕累托前沿的所有解呈均匀分布。该方法可以提供所得解的分布信息，使得结果更为准确。

C　宽广性度量方法

最大展布（Maximum Spread，MS）反映了非支配解集在帕累托前沿上分布的宽广程度。它是用于衡量计算所得最优帕累托前沿对真实最优帕累托前沿的覆盖程度。通过由真实最优帕累托前沿和计算所得最优帕累托前沿上的函数极值形成的超方块体衡量。最大展布可以根据式（7-59）求得：

$$MS = \sqrt{\frac{1}{n} \sum_{i=1}^{n} \left(\frac{\min(f_i^{max}, F_i^{max}) - \min(f_i^{min}, F_i^{min})}{F_i^{max} - F_i^{min}} \right)^2} \tag{7-59}$$

式中　n——目标函数的数目；

　　　f_i^{max}，f_i^{min}——计算所得最优帕累托前沿上第 i 个目标函数的最大值和最小值；

　　　F_i^{max}，F_i^{min}——真实最优帕累托前沿上第 i 个目标函数的最大值和最小值。

图 7-40~图 7-44 示出了 4 种算法在测试问题 ZDT1~ZDT4 和 ZDT6 上得到的 3 种度量指标统计盒图。在测试函数中，IEBA 和 NSGA2 均在测试问题 ZDT2 和 ZDT4 上出现波动

较大的情况，这是由于随机值干扰导致优化陷入了局部最优，没能获得较好的最优帕累托前沿。例如，针对测试问题 ZDT2，某次优化获得的最优帕累托前沿中仅有（0，1）一点。在这种情况下，如果只评价多目标优化函数的逼近性能，则 GD＝0，在测试问题上获得很好的效果，这显然是不对的。因此，在评价多目标优化函数逼近度的同时还要考虑可行解的多样性和宽广性，通过计算 S 和 MS 可知，此时 S 为空白值，MS＝0。当同时采用 GD、S 和 MS 对优化算法进行评价时，得出其综合评价结果较差的结论，符合客观事实。

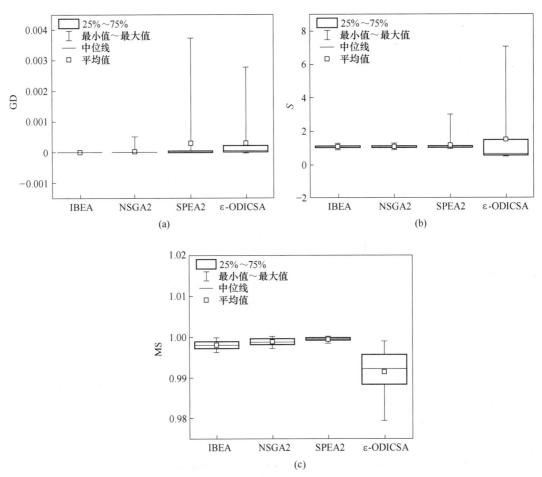

图7-40　4种算法在测试问题 ZDT1 上得到的3种度量指标的统计盒图

（a）GD；（b）S；（c）MS

为了综合评估各优化算法的性能，胡旺等[39]采用评分法评价不同多目标优化算法的综合得分。本研究将此方法进行简化，采用净得分来计算待评价优化算法的综合性能。净得分表示在每个测试问题的每个指标上选择一个最优的算法，记为 1 分，通过比较每种算法的累计得分，选择出得分最高的算法。基于图 7-39～图 7-43 的评估结果进行统计，4 种算法的净得分统计结果见表 7-15。由表可知，本研究算法在 9 个指标上取得最优，显著优于传统算法，表现出了优异的性能。

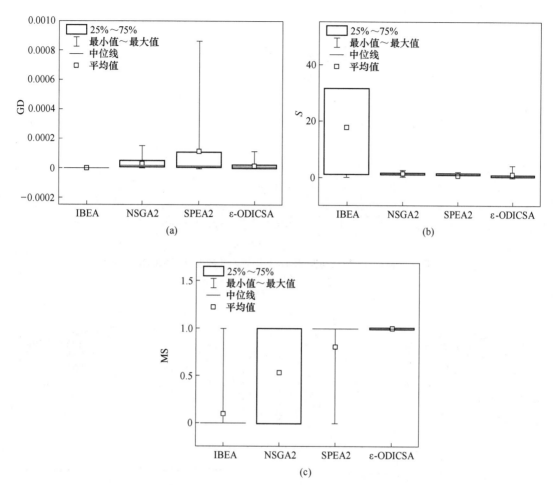

图 7-41 4 种算法在测试问题 ZDT2 上得到的 3 种度量指标的统计盒图

（a）GD；（b）S；（c）MS

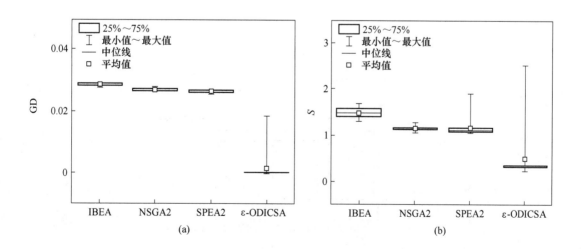

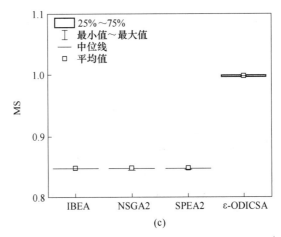

图7-42 4种算法在测试问题 ZDT3 上得到的 3 种度量指标的统计盒图

（a）GD；（b）S；（c）MS

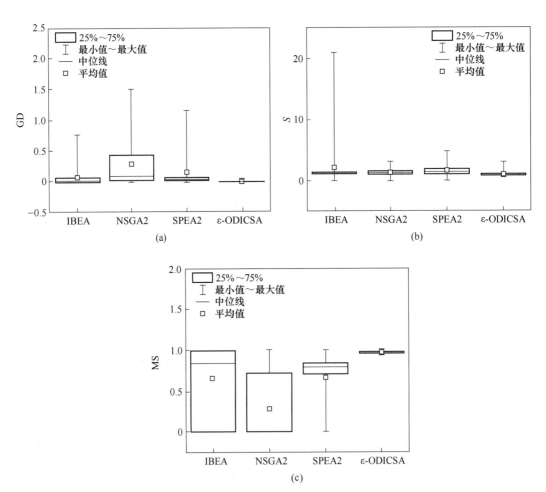

图7-43 4种算法在测试问题 ZDT4 上得到的 3 种度量指标的统计盒图

（a）GD；（b）S；（c）MS

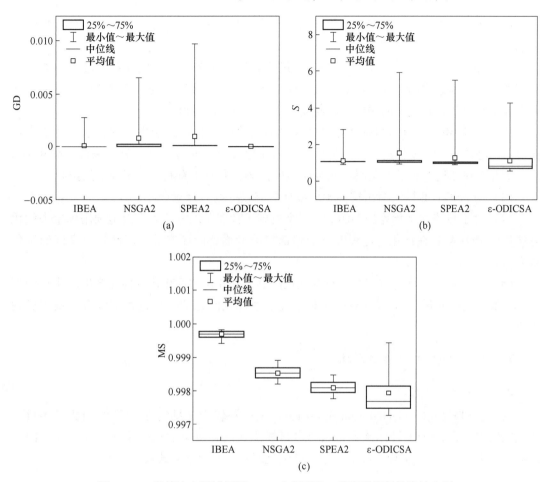

图 7-44 4 种算法在测试问题 ZDT6 上得到的 3 种度量指标的统计盒图

（a）GD；（b）S；（c）MS

表 7-15　4 种算法的净得分

算法	IBEA	NSGA2	SPEA2	ε-ODICSA
净得分	3	2	1	9

7.3.3　基于分解的多目标进化算法

基于分解的多目标进化算法（Multi-Objective Evolutionary Algorithm based on Decomposition，MOEA/D）是一种将多目标优化问题转换成单目标优化子问题的优化算法[41-43]，通过一系列的数学规划问题与进化算法（EA）结合求解多目标优化问题的最优解。但是每个子优化问题，是通过目标函数和各个子优化问题的权重向量将子问题连在一起，对于不同的子问题，权重向量也是不同的。针对每个单一优化问题在帕累托前沿上求解所对应的单一子问题的最优解，将多个子问题的最优解组合成多目标优化问题的最优解。

算法运行本身存在着多目标分解的方法，并通过对相邻问题的信息进行分析，以此实现对目标问题的优化，还能有效避免在优化的过程中陷入局部最优的情况。MOEA/D 的特点如下：

（1）MOEA/D 作为一种简单的多目标优化算法，在多目标优化计算的过程中能够将分解方法引入到进化的过程中。对于数学规划问题，常常被引用到分解优化的问题中，同时也能很好地并入到进化问题中，以此能有效地解决 MOP 问题。

（2）由于 MOEA/D 多目标优化算法是同时对多个子目标问题进行优化的，并不是将多目标问题作为一个整体进行求解最优解。因此相较于传统的 MOEA 算法来说，MOEA/D 算法的开发对于适配度的分配具有较为明显的优势，同时也有利于对多样性的控制。

（3）与 NSGA-II 算法相比较，MOEA/D 具有较低的运算复杂度。

（4）对于传统的优化算法 MOEA，很难找到一种简单的方法来有效地利用标量去优化算法，而 MOEA/D 在优化的过程中每个解都与标量优化问题有关，因此具有良好的优化效果。

（5）对于优化目标超过三个函数的优化问题，MOEA 的优化运算性能会出现明显的下降，降低优化的质量，而 MOEA/D 在对超过三个优化问题的优化过程中没有出现明显的下降。

7.3.3.1 MOEA/D 算法原理

A 权重求和方法

权重求和方法（Weighted Sum Approach）是一种较为常见的方法[40,44]，假设多目标优化问题中包含 m 个子目标函数，这个多目标优化问题可以通过一系列的非负权重向量 $\boldsymbol{\lambda} = (\lambda_1, \lambda_2, \cdots, \lambda_m)$ 转变成单目标约束优化问题，其数学公式可以表示为：

$$\begin{cases} \text{Min } g^{ws}(x \,|\, \boldsymbol{\lambda}) = \sum_{i=1}^{m} \lambda_i f_i(x) \\ \text{s. t. } x \in \Omega \end{cases} \tag{7-60}$$

式中，$\boldsymbol{\lambda} = (\lambda_1, \lambda_2, \cdots, \lambda_m)$ 为非负权重向量；$\lambda_i > 0$，$\sum_{i=1}^{m} \lambda_i = 1$；$x$ 为向量空间。

通过上述的描述定义可知，与已有的加权方法不同的是，加权求和聚合方法是在上述多目标优化的问题中通过生成不同的权重向量而产生不同的帕累托最优解。对于帕累托最优解集合不在凸面上的情况，所获得的解向量并不全是最优解，因此为了能更好的防止这种情况的出现，通常会引入 ε 约束。

B 切比雪夫方法

切比雪夫方法（Tchebycheff Approach）是在向量空间中构造 n 个单目标优化函数，其数学表达式为：

$$\begin{cases} \text{Min } g^{te}(x \,|\, \boldsymbol{\lambda}, z^*) = \underset{1 \leq i \leq m}{\text{Max}} \{\lambda_i \,|\, f_i(x) - z_i^* |\} \\ \text{s. t. } x \in \Omega \end{cases} \tag{7-61}$$

式中，$z^* = (z_1^*, z_2^*, \cdots, z_m^*)^T$ 为参考点，对于任意 $i \in [1, 2, \cdots, m]$，有 $z_i^* = \text{Min}\{f_i(x) \,|\, x \in \Omega\}$。

对于任意一个帕累托最优解，都会存在一个与之相对应的权重向量 $\boldsymbol{\lambda}$。

权重切比雪夫方法是在切比雪夫和权重的基础上进行改进，在该方法中加入了参数 ρ，将两方法融合在一起，然后通过调整 ρ 值的大小对两种方法的比例进行控制，以此实现权重求和的快速收敛以及切比雪夫的较好分布。

$$\text{Min } g^{\text{at}}(x|\boldsymbol{\lambda}, z^*) = \text{Max}\{\lambda_i|f_i(x) - z^*|\} + \rho \sum_{j=1}^{m} |f_j(x) - z_j^*| |i = 1, 2, \cdots, m$$

$$(7\text{-}62)$$

C 边界交叉方法

几种常见的 MOP 分解方法可以统一归类为边界交叉方法（Boundary Intersection Approach），如：标准边界交叉方法、规范化标准约束等方法，这些方法通常是用于解决向量空间中连续的多目标优化约束问题。在一定的条件下，向量空间中连续的多目标优化约束问题的帕累托最优解通常是在可行目标空间中的某一部分中，因此这些方法能很好地解决帕累托最优解是非凸面问题，从数学角度来说，需要考虑标量优化问题，其数学形式如下：

$$\begin{cases} \text{Min } g^{\text{bi}}(x|\boldsymbol{\lambda}, z^*) = d \\ \text{s.t. } z^* - F(x) = d\boldsymbol{\lambda} \\ x \in \Omega \end{cases} \tag{7-63}$$

式中，$\boldsymbol{\lambda} = (\lambda_1, \lambda_2, \cdots, \lambda_m)$ 为权重向量；$z^* = (z_1^*, z_2^*, \cdots, z_m^*)^{\text{T}}$ 为参考点。

$\boldsymbol{\lambda} = (\lambda_1, \lambda_2, \cdots, \lambda_m)$ 和 $z^* = (z_1^*, z_2^*, \cdots, z_m^*)^{\text{T}}$ 在可行目标空间中具有重要的作用，如图 7-45 所示，约束条件 $z^* - F(x) = d\boldsymbol{\lambda}$ 保证了 $F(x)$ 始终在一条直线上，而且直线的方向为 $\boldsymbol{\lambda}$ 并经过最优点 z^*。边界交叉方法的目的是在 $F(x)$ 尽可能远的可行目标空间中搜索最优解的边界。

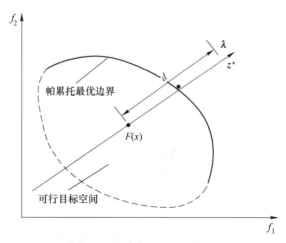

图 7-45 交叉边界方法示意图

上述方法的缺点之一是必须处理相等约束。本章采用式（7-64）所述惩罚方法来克服这一缺点。

$$\begin{cases} \text{Min } g^{\text{bi}}(x\,|\,\boldsymbol{\lambda},\,z^*) = d_1 + \theta d_2 \\[2mm] d_1 = \dfrac{|\,(z^* - F(x))^{\text{T}}\boldsymbol{\lambda}\,|}{|\,\boldsymbol{\lambda}\,|} \\[4mm] d_2 = |\,F(x) - (z^* - d_1\boldsymbol{\lambda})\,| \\[2mm] \text{s. t. } x \in \Omega \end{cases} \tag{7-64}$$

式中，$\theta > 0$ 是预设置的惩罚参数。

假设 y 在直线上投影，如图 7-46 所示，d_1 是 z^* 与 y 之间的距离，d_2 是 $F(x)$ 与直线之间的距离，如果存在一个 θ 参数约束，则称为基于惩罚参数的边界交叉方法。与切比雪夫方法相比较，基于惩罚参数的边界交叉法和传统边界交叉法具有如下优势：当目标函数超过两个时，虽然 PBI 和切比雪夫方法都具有分布较为均匀的权重向量，但是通过 PBI 优化的最优结果比切比雪夫优化的最优结果的分布更加均匀，尤其在目标函数较少的情况下，表现的更为明显。基于惩罚参数的边界交叉方法在优化的过程中必须要设定惩罚系数 θ，因此适当的惩罚系数才能获得更好的优化结果，如果惩罚系数设定过大或者过小都会影响优化过程的性能，降低优化效率。

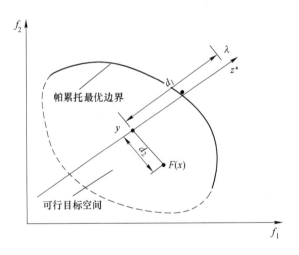

图 7-46　基于惩罚的交叉边界方法示意图

上述三种分解方法可以将一个多目标优化问题转换成多个单目标优化问题，通过一系列分布均匀的权重向量将单目标优化问题组合在一起，进行一定次数的迭代获得帕累托界面最优解。

D　实数编码的交叉操作

在优化的过程中，每经过一次迭代的优化计算，都需要在上代种群中生成新的种群。因此要对种群进行基因重组，也就是在原有的种群基础上将两个父代进行替换，生成新的个体，对实数进行编码的操作称之为重组，对二进制进行编码的操作称之为交叉。在优化的算法中，通常采用实数编码的交叉操作（SBX），下面将对实数编码的交叉操作（SBX）进行介绍[45]。SBX 作为一种二进制交叉方法进行模拟的交叉计算方法，并广泛的应用于多目标优化过程中的编码操作。假设存在父代个体 $x^1(x_1^1,\ x_2^1,\ \cdots,\ x_n^1)$ 和 $x^2(x_1^2,$ $x_2^2,\ \cdots,\ x_n^2)$，通过实数编码的交叉操作（SBX）可以产生两个新的后代 $c^1(c_1^1,\ c_2^1,\ \cdots,$ $c_n^1)$ 和 $c^2(c_1^2,\ c_2^2,\ \cdots,\ c_n^2)$，两个新生成的后代通过以下公式计算得到：

$$\begin{cases} c_i^1 = 0.5\big[(1+\beta)x_i^1 + (1-\beta)x_i^2\big] \\ c_i^2 = 0.5\big[(1-\beta)x_i^1 + (1+\beta)x_i^2\big] \end{cases} \tag{7-65}$$

式中　β——由分布因子 η 根据以下公式进行随即动态生成：

$$\beta = \begin{cases} (2\mathrm{rand})^{1/(\eta+1)} & \mathrm{rand} \leqslant 0.5 \\ \big[1/(2-2\,\mathrm{rand})\big]^{1/(\eta+1)} & \text{其他} \end{cases} \tag{7-66}$$

式中　η——自定义参数，η 的取值越大，所产生的后代个体与父代个体就越接近。

因此实数编码的交叉操作（SBX）在局部优化的过程中具有较好表现，在多目标优化算法中得到了应用。

E　多项式异变

多项式异变：

$$c_i^1 = c_i^1 + \Delta_i \tag{7-67}$$

式中

$$\Delta_i = \begin{cases} (2\mathrm{rand})^{1/(\eta+1)} - 1 & \mathrm{rand} < 0.5 \\ 1 - 2(1-\mathrm{rand})^{1/(\eta+1)} & \text{其他} \end{cases} \tag{7-68}$$

F　基于分解的多目标进化算法的流程

本节将对基于分解的多目标进化算法的运算流程进行介绍，对多目标优化问题进行正确性分解。以切比雪夫分解方法为例，MOEA/D 的运算可以分为三个过程，分别是：变量的初始化、交叉异变产生后代、选择优化过程中的最优解。假设种群的大小为 N，$\boldsymbol{\lambda}^1$，$\boldsymbol{\lambda}^2,\ \cdots,\ \boldsymbol{\lambda}^N$ 分别为均匀分布产生的一组权重向量，z^* 为参考点，MOEA/D 的基本流程如图 7-47 所示。在优化运行计算的过程中，MOEA/D 可以对所分解的子优化问题进行同时优化。假设通过切比雪夫分解方法将多目标优化问题分解为 N 标量化子问题，则每个子问题可以表示为：

$$\begin{cases} g^{\mathrm{te}}(x\,|\,\boldsymbol{\lambda}^j,\ z^*) = \underset{1 \leqslant i \leqslant m}{\mathrm{Max}}\ \{\lambda_i^j\,|\,f_i(x) - z_i^*\,|\} \\ \boldsymbol{\lambda}^j = (\lambda_1^j,\ \cdots,\ \lambda_m^j)^{\mathrm{T}} \end{cases} \tag{7-69}$$

式中　g^{te}——子问题函数。

在 MOEA/D 中，一个相邻近的权重向量 $\boldsymbol{\lambda}^i$ 被定义为是由一系列的权重向量 $\boldsymbol{\lambda}^1$，$\boldsymbol{\lambda}^2,\ \cdots,\ \boldsymbol{\lambda}^N$ 组成的，与第 i 个子优化问题相邻近的是由一系列的带有 $\boldsymbol{\lambda}^i$ 权重向量的其他子问题组成。并在每次迭代计算的过程中，在优化的种群中选择最优解作为最优解集合，然后通过相邻的子问题对其他子问题进行彼此优化。

在 MOEA/D 中，一个权重向量的邻域被定义为它的几个最近的权重向量的集合。第 i 个子问题的邻域包括来自 $\boldsymbol{\lambda}^i$ 邻域的所有的子问题的权向量。种群是由迄今为止每个子问题找到的最好的解决方案组成的。只有当前对其相邻子问题的解决方案被利用来优化 MOEA/D 中的子问题。在每代中，MOEA/D 以 Tchebycheff 方法保持，在第 t 次迭代优化过程中，基于切比雪夫分解方法的 MOEA/D 初始化条件如下：

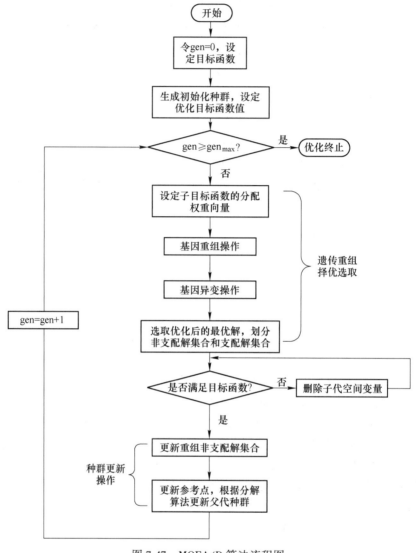

图 7-47　MOEA/D 算法流程图

（1）对于种群大小为 N 的种群，假设 x^1，x^2，…，$x^N \in \Omega$，x^i 是第 i 个子优化问题的当前最优解。

（2）FV^1，FV^2，…，FV^i，FV^i 为当可行解是 x^i 所对应的目标函数值，$FV^i = F(x^i)$。

（3）$z = (z_1, z_2, …, z_m)^T$，其中 z^i 为当前优化的目标函数的最佳值。

（4）生成一个新的种群，对比筛选优化目标中的非支配解。

基于分解的多目标进化在计算过的过程中首先是对确定目标函数，然后对第一代种群进行初始化，在设定种群数的条件下，在待优化的变量空间中随机生成新的变量。利用生成的变量对目标函数进行第一次计算，从结果中选取符合规划约束的变量作为基因重组、基因异变的父代，通过交叉、异变生成新的子代种群。在最大迭代次数内不断进行优化，最终得到最优解。

7.3.3.2 多目标优化评价指标

A 覆盖率 （C-metric）

覆盖率评价方法的作用主要是对两个相近的最优解的支配关系进行评价，因此可以对一个 MOP 的性能进行测定。假设 A 和 B 分别是多目标优化函数中两个邻近的帕累托前沿最优解集合，则覆盖率指标可以定义为：

$$C(A,\ B) = \frac{|\{u \in B \mid \exists v \in A: v < u\}|}{|B|} \tag{7-70}$$

式中　$|B|$——集合 B 中元素的数量。

通常情况下 $C(A,\ B) \ne C(B,\ A)$，所以在利用覆盖率指标进行分析的过程中，要分别对 $C(A,\ B)$ 和 $C(B,\ A)$ 进行计算，当存在 $C(A,\ B) = 1$ 时，则表明 A 能够对 B 中所有的解支配；当存在 $C(A,\ B) = 0$ 时，则表明 A 不能够对 B 中所有的解支配；如果存在 $C(A,\ B) > C(B,\ A)$ 的关系，则说明多目标优化后 A 的帕累托前沿优于 B。

B 距离度量 （D-metric）

假设 P^* 为分布较为均匀的帕累托前沿解集合，对于与帕累托前沿相接近的集合 A，P^* 到 A 的平均距离可以被定义为：

$$D(A,\ P^*) = \frac{\sum\limits_{v \in P^*} d(v,\ A)}{|P^*|} \tag{7-71}$$

式中　$d(v,\ A)$——v 和 A 之间的最小欧氏距离。

当 P^* 充分大时，则说明能代表帕累托前沿最优解集合。从某种意义上来说，$D(A,\ P^*)$ 可以评价 A 的收敛性与多样性。因此为了能很好的确保 $D(A,\ P^*)$ 的值处于较低的状态，则保证 A 与帕累托前沿相接近，而且对于帕累托前沿分布较为均匀。

7.3.3.3 MOEA/D 多目标优化算法性能测试结果

为了能更好地了解基于分解的多目标进化算法 （MOEA/D） 的优化性能，本节将利用 ZDT 系列测试函数 （包括：ZDT1、ZDT2、ZDT3、ZDT4 和 ZDT6） 对 MOEA/D 的优化性能进行测试，测试函数表达公式见表 7-16。

表 7-16　多目标优化函数的 ZDT 测试函数

测试函数	函数方程	变量维度	帕累托前沿特征
ZDT1	$\begin{cases} \text{Min} f_1(x_1) = x_1 \\ \text{Min} f_2(x) = g[1 - \sqrt{(f_1/g)}\,] \\ g(x) = 1 + 9\sum\limits_{i=2}^{n} x_i/(n-1) \\ \text{s.t.}\ 0 \le x_i \le 1,\ i = 1,\ 2,\ \cdots,\ 30 \end{cases}$	30	连续的凸曲线

测试函数	函数方程	变量维度	帕累托前沿特征
ZDT2	$\begin{cases} \mathrm{Min}f_1(x_1) = x_1 \\ \mathrm{Min}f_2(x) = g[1 - (f_1/g)^2] \\ g(x) = 1 + 9\sum_{i=2}^{n} x_i/(n-1) \\ \mathrm{s.t.}\ 0 \leq x_i \leq 1,\ i = 1, 2, \cdots, 30 \end{cases}$	30	连续的非凸曲线
ZDT3	$\begin{cases} \mathrm{Min}f_1(x_1) = x_1 \\ \mathrm{Min}f_2(x) = g[1 - \sqrt{f_1/g} - (f_1/g)\sin(10\pi f_1)] \\ g(x) = 1 + 9\sum_{i=2}^{n} x_i/(n-1) \\ \mathrm{s.t.}\ 0 \leq x_i \leq 1,\ i = 1, 2, \cdots, 30 \end{cases}$	30	非连续的凸曲线
ZDT4	$\begin{cases} \mathrm{Min}f_1(x_1) = x_1 \\ \mathrm{Min}f_2(x) = g[1 - \sqrt{(f_1/g)}] \\ g(x) = 1 + 10(n-1) + \sum_{i=2}^{n}[x_i^2 - 10\cos(4\pi x_i)] \\ \mathrm{s.t.}\ 0 \leq x_1 \leq 1,\ -5 \leq x_i \leq 5,\ i = 1, 2, \cdots, 30 \end{cases}$	30	非连续的非凸曲线
ZDT6	$\begin{cases} \mathrm{Min}f_1(x_1) = 1 - \exp(-4x_1)\sin^6(6\pi x_1) \\ \mathrm{Min}f_2(x) = g[1 - (f_1/g)^2] \\ g(x) = 1 + 9\left[\sum_{i=2}^{n} x_i/(n-1)\right]^{0.25} \\ \mathrm{s.t.}\ 0 \leq x_i \leq 1,\ i = 1, 2, \cdots, 10 \end{cases}$	30	在帕累托前沿分布不均匀较为稀疏

　　基于分解的多目标进化算法（MOEA/D）在 ZDT 系列测试函数上的优化结果如图7-48 所示，结果表明：优化后的帕累托最优结果与帕累托真实计算结果具有较高的吻合度，呈现均匀分布状态。ZDT1、ZDT2、ZDT4 和 ZDT6 的帕累托前沿最优解的吻合度最好，ZDT3 的帕累托前沿最优解在 f_1 为 0.85 时出现局部偏差。

　　为了能进一步了解到 MOEA/D 的优化性能，本节将 MOEA/D 算法与 NSGA-Ⅱ算法在运行时间、覆盖率（C-metric）和距离度量（D-metric）三个指标方面进行平均价分析。对于两个待优化目标函数的测试问题，基于分解的多目标进化算法的种群设置为 100，最大迭代次数设置为 250，在运算的过程中采用实数编码的方法，基因重组和基因异变采用模拟二进制方法进行交叉和多项式异变。交叉概率设定为 $P_c = 1$，异变概率设定为 $P_m = 1/n$，$\eta_c = 2$，$\eta_m = 5$。通过图 7-49 可知，在运行时间、平均覆盖率和平均距离度量三个方面 MOEA/D 具有优于 NSGA-Ⅱ的性能，统计结果见表 7-17~表 7-19。

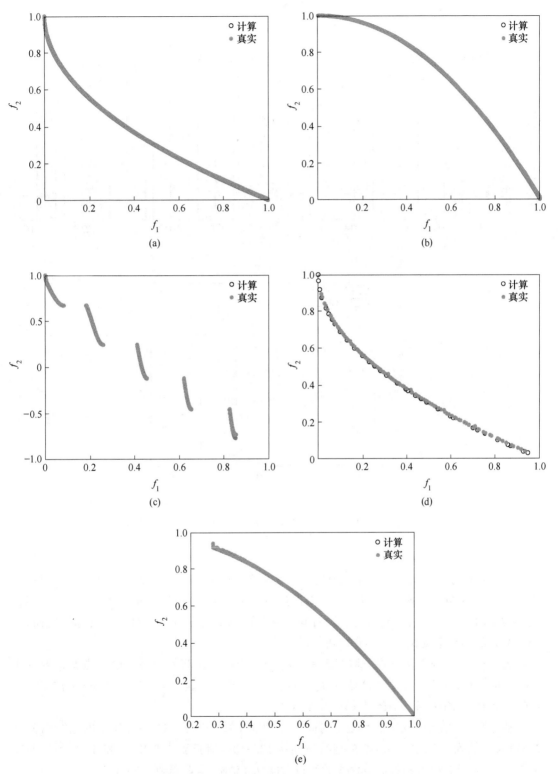

图 7-48 MOEA/D 算法在测试函数上计算结果

（a）ZDT1；（b）ZDT2；（c）ZDT3；（d）ZDT4；（e）ZDT6
（扫描书前二维码查看彩图）

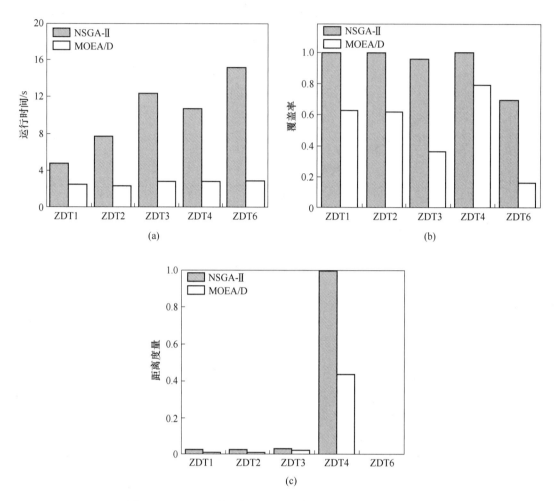

图 7-49 NSGA-Ⅱ算法与 MOEA/D 算法在测试函数结果比较

（a）运算时间；（b）覆盖率；（c）距离度量

对于两目标问题而言，优化的最优解几乎全部是帕累托前端上的点，并且解在目标空间上分布十分均匀。该算法对于非凸非均匀的多目标函数最优解的寻找是十分有效的。表 7-17 显示了每个算法所使用的平均时间，从中可以清楚地看出，对于两目标问题而言，MOEA/D 的运行速度比 NSGA-Ⅱ快两倍以上。

表 7-18 显示每个算法的平均覆盖率。易得，MOEA/D 获得的最终解决方案都要好于 NSGA-Ⅱ。表 7-19 显示每个算法距离度量的平均值，从表中可知，MOEA/D 在 ZDT1、ZDT2、ZDT3、ZDT4 和 ZDT6 上都要好于 NSGA-Ⅱ。

从运行时间来看，ZDT1 的运行时间从 4.783/s 降低到 2.483/s；ZDT2 的运行时间从 7.614/s 降低到 2.325/s；ZDT3 的运行时间从 12.340/s 降低到 2.818/s；ZDT4 的运行时间从 10.652/s 降低到 2.817/s；ZDT6 的运行时间从 15.161/s 降低到 2.960/s。

从优化过程的平均覆盖率来看。ZDT1 优化结果的平均覆盖率从 1.000 减少到 0.626；ZDT2 优化结果的平均覆盖率从 1.000 减少到 0.618；ZDT3 优化结果的平均覆盖率从 0.961

减少到 0.361；ZDT4 优化结果的平均覆盖率从 1.000 减少到 0.791；ZDT6 优化结果的平均覆盖率从 0.695 减少到 0.164。

从优化过程的平均距离度量结果进行分析可知，ZDT1 平均距离度量从 0.680 减小到 0.265；ZDT2 平均距离度量从 0.631 减小到 0.295；ZDT3 平均距离度量从 0.875 减小到 0.612；ZDT4 平均距离度量从 28.564 减小到 12.355；ZDT6 平均距离度量从 0.004 减小到 0.003。

表 7-17　NSGA-Ⅱ和 MOEA/D 优化过程的平均运行时间

时间/s	ZDT1	ZDT2	ZDT3	ZDT4	ZDT6
NSGA-Ⅱ	4.783	7.614	12.340	10.652	15.161
MOEA/D	2.483	2.325	2.818	2.817	2.960

表 7-18　NSGA-Ⅱ和 MOEA/D 优化过程的平均覆盖率

覆盖率	ZDT1	ZDT2	ZDT3	ZDT4	ZDT6
NSGA-Ⅱ	1.000	1.000	0.961	1.000	0.695
MOEA/D	0.626	0.618	0.361	0.791	0.164

表 7-19　NSGA-Ⅱ和 MOEA/D 优化过程的平均距离度量

距离度量	ZDT1	ZDT2	ZDT3	ZDT4	ZDT6
NSGA-Ⅱ	0.680	0.631	0.875	28.564	0.004
MOEA/D	0.265	0.295	0.612	12.355	0.003

7.3.4　基于贝叶斯神经网络的工艺优化设计

7.3.4.1　优化目标函数的设置

表 7-20 为 B480GNQR（SPA-H）热轧板带的产品标准，可以看出标准仅对力学性能的下限有要求。因此，优化目标函数中单个优化目标定义如下：

$$f_{MP}^i = \begin{cases} 10^{10} & MP_i < MP_i^t \\ MP_i - MP_i^t & MP_i^t \leqslant MP_i < pMP_i^t \\ \mu |MP_i - MP_i^t| & pMP_i^t \leqslant MP_i \end{cases} \qquad (7-72)$$

式中，MP_i 和 MP_i^t 分别为第 i 类力学性能的预测值和目标值；$i=1$，2，3，分别对应于屈服强度、抗拉强度和伸长率；μ 和 p 为系数，其物理意义是避免产品力学性能过高而造成浪费，对于屈服强度和抗拉强度，$\mu=10$，$p=1.06$；对于伸长率，$\mu=100$，$p=1.2$。贝叶斯神经网络输出的误差条，作为对网络预测值置信区间的一个估计，也应当考虑在目标函数中。因此，参照式（7-72），在工艺优化设计模型中目标函数定义为：

表 7-20　热轧 B480GNQR 钢板产品标准

牌号	取样方向	拉伸试验 $L_0 = 5.65\sqrt{S_0}$		
		屈服强度/MPa	抗拉强度/MPa	断后伸长率/%
B480GNQR	纵向	≥350	≥480	≥22

$$F = \rho_1 f_1 + \rho_2 f_2 + \rho_3 f_3 \tag{7-73}$$

其中：

$$\begin{cases} f_1 = f_{MP}^1 + 0.15 f_{std}^1 \\ f_2 = f_{MP}^2 + 0.15 f_{std}^2 \\ f_3 = f_{MP}^3 + f_{std}^2 \end{cases} \tag{7-74}$$

7.3.4.2 热轧工艺约束条件

待定工艺参数即为工艺优化设计所要解决的问题。其中，关键是确定这些参数的约束条件，这就取决于热轧生产线设备能力及相关生产实践经验。

精轧开轧温度、终轧温度、中间坯以及成品厚度共同决定了精轧道次的压下分配，其中成品厚度起决定性的作用；在设定终轧温度与卷取温度的条件下，根据精轧最后一道次的轧制速度可以计算出层流冷却的平均冷速；而影响精轧最后一道次轧制速度的主要因素是精轧开轧温度和终轧温度。因此，在工艺优化设计的过程中，成品厚度、精轧开轧温度、终轧温度和卷取温度是主要参数，而 F4~F6 压下率和层流平均冷却速度是关联因素（次要因素）。通过与精轧过程机模型、层流冷却过程机模型的集成，可以对精轧开轧温度、终轧温度和卷取温度进行优化计算，并将其结果直接作用于生产过程，实现热轧工艺优化设计的在线应用。

在当前阶段，热轧工艺约束的条件主要是通过对历史生产数据的统计分析和相关生产实践经验进行设定的。在本实例中，设定成品厚度 $h = 6$ mm，热轧工艺约束条件设置见表 7-21。

表 7-21 优化工艺参数约束条件

工艺参数	F4~F6 压下率/%	精轧开轧温度/℃	终轧温度/℃	卷取温度/℃	冷却速度/℃·s⁻¹
上限	0.5	1040	890	650	14
下限	0.4	1010	860	590	9.5

7.3.4.3 热轧工艺优化计算

根据现场实际情况，选择熔炼号为 2052523 的连铸坯，化学成分见表 7-22。成品厚度 $h = 6$ mm 的 SPA-H 热轧板力学性能数据的统计结果如图 7-50 所示，可以看出屈服强度、抗拉强度和伸长率分别集中在 390~410 MPa、490~530 MPa 和 34.5%~40.5%，设定目标力学性能为：$MP_1^t = 390$ MPa，$MP_2^t = 490$ MPa，$MP_3^t = 35\%$。AWPSO 算法中的参数设定见表 7-23。

表 7-22 热轧工艺优化实例的化学成分

化学成分	C	Si	Mn	P	S	Cu	Ni	Cr
质量分数/%	0.0683	0.367	0.373	0.088	0.0135	0.347	0.25	0.49

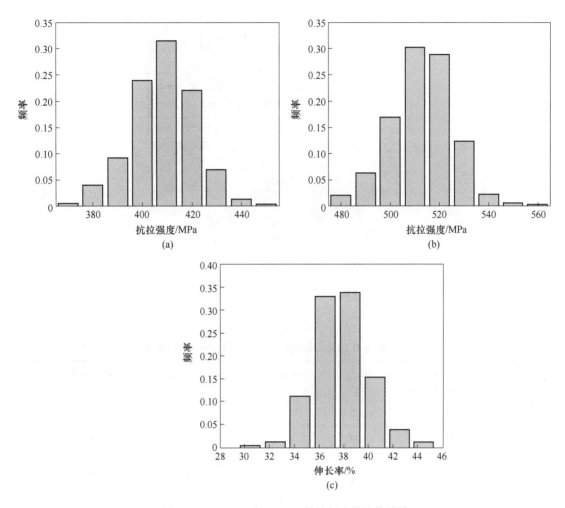

图 7-50 $h=6$ mm 的 SPA-H 热轧板力学性能统计

表 7-23 **AWPSO 算法中的参数设置**

参　　数	数　　值
粒子数目	50
最大迭代次数	20
初始加速因子 α_0	0.9
初始惯性因子 w_0	0.1

图 7-51 为热轧工艺优化计算所得的帕累托前沿，强度和伸长率在优化计算过程中相互妥协，最终获得目标函数 f_1、f_2 和 f_3 的最优组合。表 7-24 为位于帕累托前沿中的最优解，可以看出它们具有很好的一致性。

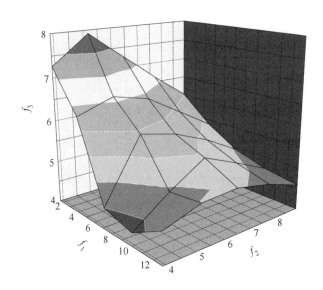

图 7-51 SPA-H 工艺优化计算的帕累托前沿

（扫描书前二维码查看彩图）

表 7-24 SPA-H 热轧工艺优化计算结果及对应的力学性能

序号	F4~F6 压下率/%	精轧开轧 温度/℃	终轧温度 /℃	卷取温度 /℃	平均冷却速率 /℃·s⁻¹	屈服强度 /MPa	抗拉强度 /MPa	伸长率 /%
1	0.466	1013	862	591	10.272	401	496	36
2	0.472	1019	890	602	9.500	390	493	36.9
3	0.430	1011	890	600	9.500	393	492	37.2
4	0.425	1022	887	610	11.511	390	495	38.5
5	0.492	1019	886	599	9.660	390	494	36.5
6	0.416	1012	889	623	10.394	390	494	39.1
7	0.488	1027	872	594	12.400	391	497	36.8

7.3.4.4 工业试验

根据表 7-24 的热轧工艺优化计算结果，制定工业试验工艺制度见表 7-25。

表 7-25 SPA-H 工业试验工艺制度

成品厚度 /mm	精轧开轧温度 /℃	终轧温度 /℃	卷取温度 /℃	参考冷却速率 /℃·s⁻¹
6	1020	880	600	10~12

根据表 7-25 的工业试验工艺制度，一共进行了三次热轧试验，实际工艺参数及力学性能检测结果见表 7-26 和表 7-27。

表 7-26　SPA-H 工业试验实际工艺制度

钢卷号	成品厚度 /mm	F4~F6 压下率/%	精轧开轧 温度/℃	终轧温度 /℃	卷取温度 /℃	计算冷却速率 /℃·s⁻¹
50509110400	5.84	0.411	1037	891	600	11.377
50509130200	5.89	0.416	1026	885	592	11.672
50513152300	5.88	0.423	1021	866	604	10.383

表 7-27　SPA-H 工业试验钢卷的力学性能检测结果

钢卷号	订货厚度/mm	屈服强度/MPa	抗拉强度/MPa	伸长率/%
50509110400	6	400	505	34.5
50509130200	6	395	495	39
50513152300	6	400	495	39

由表 7-26 和表 7-27 可知，工业试验的实际工艺基本符合制定的试验工艺制度；除了钢卷号为 50509110400 的伸长率偏低之外，其他力学性能均已达到预设的目标性能值。

参 考 文 献

[1] Kwon O. A technology for the prediction and control of microstructural changes and mechanical properties in steel [J]. Transactions of the Iron & Steel Institute of Japan, 1992, 32 (3): 350-358.

[2] Dyja H, Korczak P. The thermal-mechanical and microstructural model for the FEM simulation of hot plate rolling [J]. Journal of Materials Processing Technology, 1999, s92-93 (9): 463-467.

[3] Manohar P A, Lim K, Rollett A D, et al. Computational exploration of microstructural evolution in a medium C-Mn steel and applications to rod mill [J]. ISIJ International, 2007, 43 (9): 1421-1430.

[4] Dimitriu R C, Bhadeshia H K D H, Fillon C, et al. Strength of ferritic steels: neural networks and genetic programming [J]. Advanced Manufacturing Processes, 2008, 24 (1): 10-15.

[5] Botlani E M, Reza T M, Abbasi S. Artificial neural network modeling the tensile strength of hot strip mill products [J]. ISIJ International, 2009, 49 (10): 1583-1587.

[6] 周晓光, 吴迪, 赵忠, 等. 中厚板热轧过程中的温度场模拟 [J]. 东北大学学报 (自然科学版), 2005, 26 (12): 1161-1163.

[7] 刘振宇, 许云波, 王国栋. 热轧钢材组织-性能演变的模拟和预测 [M]. 沈阳: 东北大学出版社, 2004: 56-57.

[8] 谭文. 碳锰钢中厚板 TMCP 组织性能预测与工艺优化 [D]. 沈阳: 东北大学, 2007.

[9] Yanagimoto J. Numerical analysis for the prediction of microstructure after hot forming of structural metals [J]. Materials Transactions, 2009, 50 (7): 1620-1625.

[10] 姜明昊. 非调质钢空心轴三辊楔横轧理论与试验研究 [D]. 秦皇岛: 燕山大学, 2009.

[11] 杜林秀. 低碳钢变形过程及冷却过程的组织演变与控制 [D]. 沈阳: 东北大学, 2003.

[12] Sun W P, Hawbolt E B. Comparison between static and metadynamic recrystallization: An application to the hot rolling of steels [J]. ISIJ International, 1997, 37 (10): 1000-1009.

[13] Sakai T, Belyakov A, Kaibyshev R, et al. Dynamic and post-dynamic recrystallization under hot, cold and severe plastic deformation conditions [J]. Progress in Materials Science, 2014, 60 (1): 130-207.

［14］ Subramanian S V, Rehman M K, Zurob H, et al. Process modeling of niobium microalloyed line pipe steels ［J］. International Journal of Metallurgical Engineering, 2013, 2 (1): 18-26.

［15］ Militzer M. Computer simulation of microstructure evolution in low carbon sheet steels ［J］. Transactions of the Iron and Steel Institute of Japan, 2007, 47 (1): 1-15.

［16］ Militzer M, Hawbolt E B, Meadowcroft T R. Microstructural model for hot strip rolling of high-strength low-alloy steels ［J］. Metallurgical and Materials Transactions A, 2000, 31 (4): 1247-1259.

［17］ Brimacombe J K, Samaraseker I V, Hawbolt E B, et al. Microstructure engineering in hot strip mills, part 1 of 2: integrated mathematical model ［J］. Office of Scientific and Technical Information Technical Reports, 1998: 48-53.

［18］ Mehtedi M E, Pegorin F, Lainati A, et al. Prediction models of the final properties of steel rods obtained by thermomechanical rolling process ［J］. La Metallurgia Italiana, 2013, 105 (3): 31-37.

［19］ Colla V, Desanctis M, Dimatteo A, et al. Prediction of continuous cooling transformation diagrams for dual-phase steels from the intercritical region ［J］. Metallurgical and Materials Transactions A, 2011, 42 (9): 2781-2793.

［20］ Hodgson P D, Gibbs R K. A mathematical model to predict the mechanical properties of hot rolled C-Mn and microalloyed steels ［J］. Transactions of the Iron and Steel Institute of Japan, 1992, 32 (12): 1329-1338.

［21］ 张良哲. HSLA 钢热轧板材组织性能预测析出模型 ［D］. 沈阳: 东北大学, 2004.

［22］ Holland J H. Adaptation in natural and artificial systems ［M］. Adaptation in natural and artificial systems MIT Press, JH Holland 1992, 6 (2): 126-137.

［23］ 杨景明, 顾佳琪, 闫晓莹, 等. 基于改进遗传算法优化 BP 网络的轧制力预测研究 ［J］. 矿冶工程, 2015, 35 (1): 111-115.

［24］ 余滨杉, 王社良, 杨涛, 等. 基于遗传算法优化的 SMABP 神经网络本构模型 ［J］. 金属学报, 2017, 53 (2): 248-256.

［25］ Mahanty S, Mahanty B, Mohapatra P K J. Optimization of hot rolled coil widths using a genetic algorithm ［J］. Advanced Manufacturing Processes, 2003, 18 (3): 447-462.

［26］ Dimatteo A, Vannucci M, Colla V. Prediction of mean flow stress during hot strip rolling using genetic algorithms ［J］. Transactions of the Iron and Steel Institute of Japan, 2014, 54 (1): 171-178.

［27］ Dimatteo A, Vannucci M, Colla V. Prediction of hot deformation resistance during processing of microalloyed steels in plate rolling process ［J］. International Journal of Advanced Manufacturing Technology, 2013, 66 (9/10/11/12): 1511-1521.

［28］ Udayakumar T, Raja K, Husain T M A, et al. Prediction and optimization of friction welding parameters for super duplex stainless steel (UNS S32760) joints ［J］. Materials and Design, 2014, 53 (1): 226-235.

［29］ Vannucci M, Colla V, Dettori S. Fuzzy adaptive genetic algorithm for improving the solution of industrial optimization problems ［J］. IFAC Papersonline, 2016, 49 (12): 1128-1133.

［30］ 雷明杰. 神经网络和遗传算法在中厚板轧机中的应用研究 ［D］. 郑州: 郑州大学, 2010.

［31］ 孙鹤旭, 李晓婷, 花季伟, 等. 基于改进型遗传算法的热轧生产计划调度系统 ［J］. 自动化与仪表, 2013, 28 (1): 1-5.

［32］ 姜万录, 张生. 改进的量子遗传算法在冷连轧机负荷分配中的应用研究 ［J］. 燕山大学学报, 2013, 37 (1): 8-14.

［33］ 居龙, 李洪波, 张杰, 等. 基于多目标遗传算法的工作辊温度场计算与分析 ［J］. 北京科技大学学报, 2014 (9): 1255-1259.

［34］ 吴和生. 云计算环境中多核多进程负载均衡技术的研究与应用［D］. 南京：南京大学，2013.

［35］ 焦李成，尚荣华，马文萍，等. 多目标优化免疫算法、理论和应用［M］. 北京：科学出版社，2010：74-78.

［36］ 黄卫华，许小勇，范建坤. 实数编码遗传算法中常用变异算子的 MATLAB 实现及应用［J］. 轻工科技，2007，23（1）：77-78.

［37］ 胡旺，Gary G，张鑫. 基于 Pareto 熵的多目标粒子群优化算法［J］. 软件学报，2014（5）：1025-1050.

［38］ 丁欧. 基于分解的混合多目标进化算法及其应用研究［D］. 长沙：湖南大学，2017.

［39］ Jiang Q Y，Wang L，Hei X H，et al. MOEA/D-ARA+SBX：A new multi-objective evolutionary algorithm based on decomposition with artificial raindrop algorithm and simulated binary crossover［J］. Knowledge-Based Systems，2016，107（9）：197-218.

［40］ Ho-Huu V，Hartjes S，Geijselaers L H，et al. Optimization of noise abatement aircraft terminal routes using a multi-objective evolutionary algorithm based on decomposition［J］. Transportation Research Procedia，2018，29：157-168.

［41］ Dai C，Lei X. An improvement decomposition-based multi-objective evolutionary algorithm with uniform design［J］. Knowledge-Based Systems，2017，125（6）：108-115.

［42］ Zhang Q F，Hui L. MOEA/D：A multiobjective evolutionary algorithm based on decomposition［J］. IEEE Transactions on Evolutionary Computation，2007，11（6）：712-731.

［43］ 黄晓峰，潘立登，陈标华，等. 实数编码遗传算法中交叉操作的效率分析［J］. 控制与决策，1998，13（1）：3-5.

8 板带产品组织性能预测及工艺优化系统的开发及应用

基于工业大数据挖掘技术、高精度力学性能预测技术和智能化热轧工艺优化设计技术，在 64 位 Windows 平台下开发基于大数据的智能化热轧工艺优化设计系统。本系统在国内多条热轧生产线取得了多项应用效果，如新型钢板桩用钢开发、低碳铝镇静钢合金含量优化、低碳钢"一钢多能"轧制工艺设计、高强钢性能稳定性控制、高表面质量免酸洗高强钢开发、基于力学性能预测的超边界报警、钢卷通长力学性能预测等。

8.1 系统介绍

基于大数据的智能化热轧工艺优化设计系统框架如图 8-1 所示。软件采用 C#语言进行程序界面设计，核心算法采用 C++编写。采用 PLSQL 数据库存储计算过程中产生的数据和生产过程数据。软件主要分为四个模块，数据查询筛选模块、数据挖掘模块、力学性能在线预测模块和智能化热轧工艺优化设计模块。

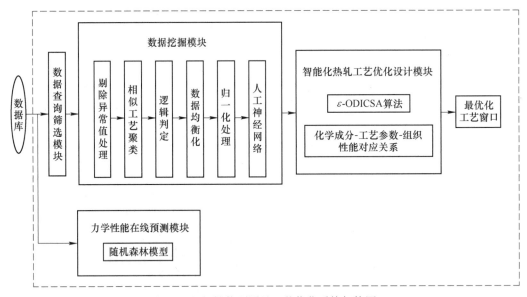

图 8-1　组织性能预测及工艺优化系统架构图

数据查询筛选模块主要实现对数据库中数据的查询和筛选，根据用户需求实现按照钢卷号查询单个钢卷数据；按照"钢种+产品规格+轧制时间"批量查询数据。数据挖掘模块主要实现对工业数据中隐含的物理冶金学规律进行挖掘。针对工业数据中信噪比低、冗余数据多和分布不均衡的问题，采用剔除异常值处理、相似工艺聚类、逻辑判定和数据均衡化等方法对数据的规律性进行处理，使数据呈现出显著的规律性。结合归一化处理和人工神经网络挖掘数据中隐含的化学成分-工艺参数-力学性能对应关系。力学性能在线预测模块主要实现钢种的力学性能在线建模和钢卷数据的在线预测，并将预测结果存入数据库。智能化热轧工艺优化设计模块基于从数据中挖掘的化学成分-工艺参数-力学性能对应关系，考虑现场生产条件的限制，根据用户对力学性能的需求设定目标值和约束条件，采用软件对最优轧制工艺进行计算，为用户提供最优工艺窗口，供用户选择合适的工艺进行试轧。下面对基于大数据的智能化热轧工艺优化系统的主要界面进行简要介绍。

图 8-2 示出了基于大数据的智能化热轧工艺优化设计系统主界面。在登录界面，用户可以登录自己的账号。系统会根据账号信息，给不同的用户赋予不同的权限，提供不同的功能，供工艺研发人员进行使用。

图 8-2 基于大数据的智能化热轧工艺优化设计系统主界面示意图
(扫描书前二维码查看彩图)

图 8-3 示出了数据查询界面。在数据查询界面中，用户可以通过两种方式选择数据文件，一种是直接从数据库中按照条件查询过程数据，另一种可以采用 Excel 文件的方式导入数据。数据查询分为两种方式进行，用户可以输入钢卷号来查询每卷钢的过程数据，也可以在界面上输入钢种、时间和规格来筛选数据。在数据显示窗口可以对数据按列排序。

图 8-4 示出了数据读取之后的数据处理界面。在数据处理界面，数据处理程序被设置为后台自动运行。用户从数据库或数据文件中加载数据之后，后台会对原始数据进行处理。根据选择的钢种数据，在下拉菜单中选择需要处理的变量，根据需要勾选数据处理方法。针对力学性能检测波动较小的钢种数据，可以选择一般数据处理方法。如果某些钢种

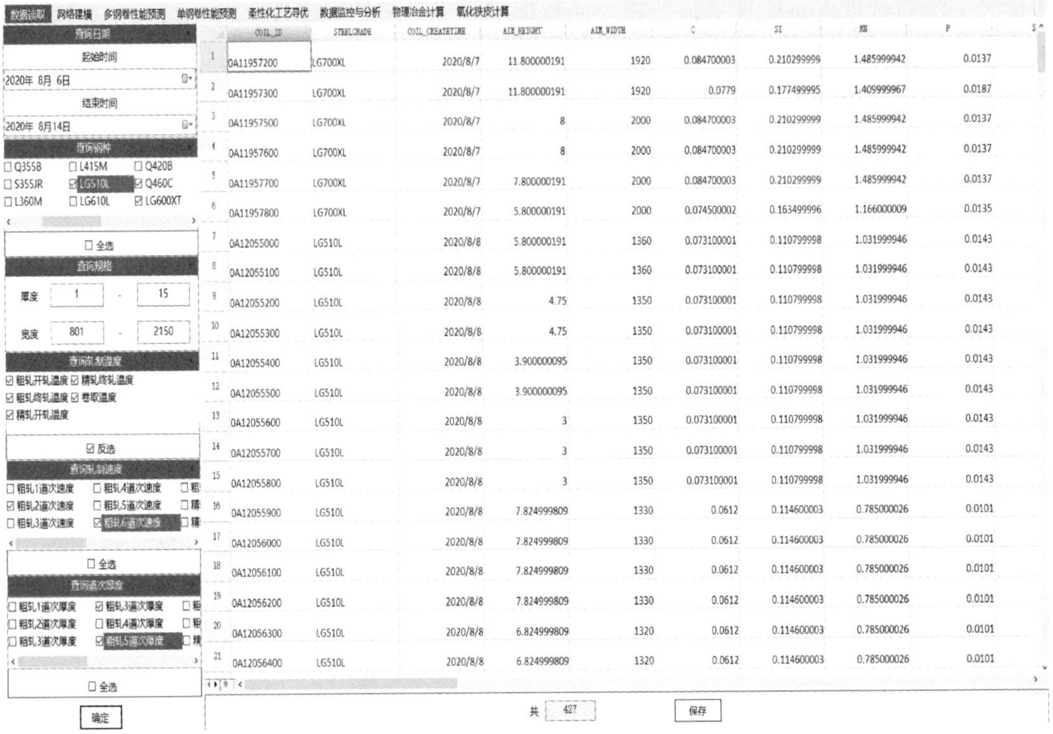

图 8-3 数据查询界面示意图
(扫描书前二维码查看彩图)

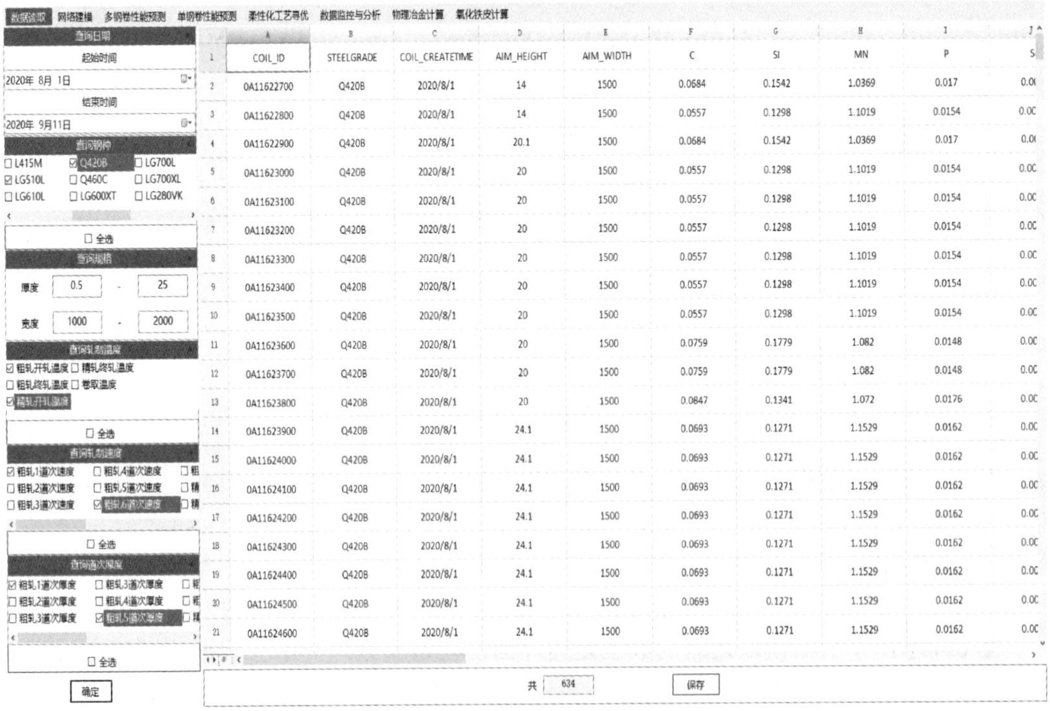

图 8-4 数据处理界面示意图
(扫描书前二维码查看彩图)

的力学性能检测波动较大，可以选择高级数据处理方法。在一般数据处理界面，首先选择对该变量变化范围分割的区间数，一般为 2~9。在数据处理后，表格中会显示数据处理前和数据处理后的统计信息。在高级数据处理界面，需要对待处理的主要工艺参数（如 C、Si、Mn、厚度和卷取温度等）进行确定，设定各个变量的工艺波动区间和工艺参数聚类数目。在数据处理后，表格中会显示数据处理前和数据处理后的统计信息。在数据处理后，用户可以点击保存按钮对数据处理结果进行保存。

图 8-5 示出了热轧带钢力学性能建模界面。在热轧带钢力学性能在线建模界面，主要提供钢卷卷号、规格、主要成分、轧制工艺以及模型预测的力学性能值。所有力学性能预测模型通过基于大数据的周期性自学习来矫正。对每一周期的数据按照钢种分类，当每一钢种钢卷数目达到训练数据数目设定值时，软件调用算法开始建模，建立的模型存储在指定位置，并对上一周期训练的模型进行备份，模型可以供用户自行选择，用于后续力学性能在线预测及工艺参数优化。

图 8-5　热轧带钢力学性能建模界面示意图

（扫描书前二维码查看彩图）

图 8-6 示出了热轧带钢力学预测界面。用户可以根据数据筛选条件选择满足条件的数据，之后根据所选的钢种，加载所训练的模型。点击开始预测按钮之后，软件会预测当前所有数据的力学性能，并对力学性能不合的数据用红色进行预警，用户点击预警数据，可以从生产工艺参数上追溯性能不合格的原因。

图 8-7 示出了智能化热轧工艺优化设计模块参数设定界面和最优工艺窗口界面。根据用户需求设定待优化工艺参数范围、力学性能目标值和其他预设参数，其中工艺参数范围可以根据读入软件的数据自动检测数值范围，也可以通过人工设定的方式实现。点击"开始搜索"开始优化计算，最终得到最优工艺窗口，按照用户所需选择合适的工艺进行工业试轧。

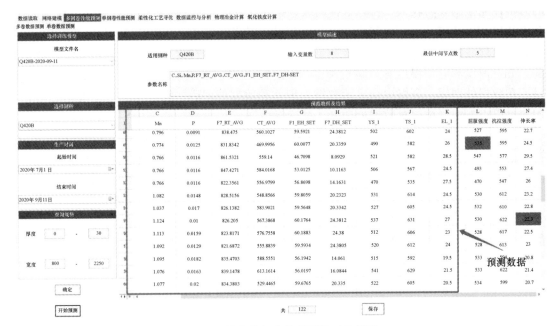

图 8-6 热轧带钢力学预测界面示意图
（扫描书前二维码查看彩图）

图 8-7 工艺参数反向优化界面示意图
（扫描书前二维码查看彩图）

图 8-8 示出了温度场计算界面。用户输入所要预测的钢卷卷号，从数据库中读取该卷号对应钢卷的全流程生产数据，就可以对该钢卷轧制全流程的温度场演变过程进行计算。计算结果以温度时间曲线以及不同轧制阶段温度分布云图的形式呈现，用户可以很便捷地读取任意时刻钢坯的温度信息，此界面为组织演变提供所必需的热履历信息。

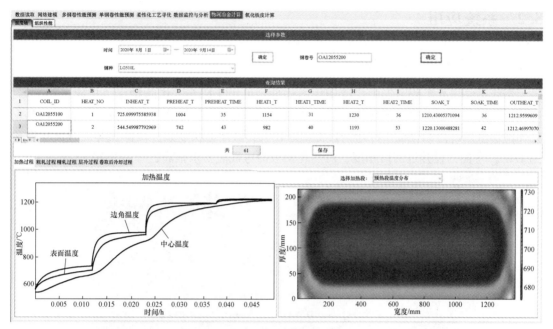

图 8-8　温度场计算界面示意图

（扫描书前二维码查看彩图）

　　图 8-9 示出了热轧过程组织演变信息计算界面。根据前述温度演变信息，加载所选钢种对应的物理冶金学信息，就可以计算出目标钢卷加热过程晶粒长大，轧制过程再结晶信息，冷却过程的相变以及析出信息，计算出钢卷的组织信息之后，根据组织性能对应关系，计算出该钢卷的力学性能。

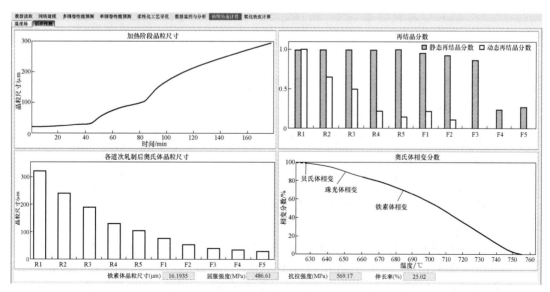

图 8-9　热轧组织演变行为计算界面示意图

（扫描书前二维码查看彩图）

8.2 系统应用

8.2.1 新型钢板桩用钢开发

钢板桩是土木工程施工中广泛使用的构件，可用于码头、堤防护岸、护墙、挡土墙、防波堤、隧道、船坞等土木水利工程。目前国内的钢板桩以热轧型钢为主，只有少数几家公司能够生产冷弯钢板桩。冷弯钢板桩壁厚较大，截面形状复杂，两侧锁耳的弯曲角度达到180°，弯曲内径接近两倍厚度，对热轧钢板冷弯性能要求很高，如图8-10所示。

图8-10 冷弯钢板桩实物照片

2010年前国内还没有专门用于钢板桩生产的钢板，钢板桩用钢MDB350的性能指标要优于Q345的水平，但是要保证弯曲加工不开裂。要求满足强度要求的前提下，具有优良的冷弯性能。其在冷弯成型加工时，条件苛刻。要求钢种纯净度高，S、P元素含量低，夹杂物含量低，成分偏析和带状组织程度轻。钢种的成分和工艺原则是适当降低易偏聚元素C、Mn的含量，通过低温控轧控冷和微合金元素细化晶粒，提高强度，保证良好塑性和冷弯性能。

8.2.1.1 MDB350产品设计

采用多元回归分析，根据相近产品（汽车大梁板510L）和理论经验公式得到MDB350的主要性能指标的回归公式：

屈服强度 $= 366 + 65.2 \times w(Mn) + 4450 \times w(S) + 3173 \times w(Ti) - 5.66 \times$ 产品厚度

抗拉强度 $= 415 + 108 \times w(Mn) + 6158 \times w(S) + 2465 \times w(Ti) - 2.74 \times$ 产品厚度 $- 1614 \times w(P)$

伸长率 $= 35.3 - 443 \times w(S) - 0.75 \times$ 产品厚度

屈强比 $= 0.807 + 3.33 \times w(Ti) - 0.00558 \times$ 产品厚度

根据回归公式和相近产品的成分范围，初步设计MDB350的成分范围见表8-1。

表 8-1　MDB350 初步设计的成分范围

元　　素	C	Si	Mn	Nb	Ti	P	S
熔炼成分(质量分数)/%	0.095~0.145	0.15~0.30	0.70~0.9	0.020~0.035	0.010~0.030	≤0.020	≤0.010
目标成分(质量分数)/%	0.12	0.20	0.80	0.025	0.020	≤0.018	≤0.008

初步设计热轧主要工艺参数见表 8-2。

表 8-2　MDB350 初步设计工艺制度　　　　　　　　　　　　（℃）

工艺参数	出炉温度	粗轧结束温度	精轧终轧温度	卷取温度
设定值	1180	1130	850	580

采用表 8-1 中各元素的目标值和国内某钢厂炼钢实际各元素生产时的标准差，生成各元素正态分布的系列数据；利用开发的力学性能预测软件，建立汽车大梁板（510L）的力学性能预测模型；输入化学成分与表 8-2 中的设定工艺参数，得到力学性能的预测结果见表 8-3。

表 8-3　根据设计成分与工艺的力学性能预测值

序号	抗拉强度/MPa	屈服强度/MPa	伸长率/%	屈强比
1	577.652	445.157	28.8	0.83
2	569.788	436.761	29.859	0.84
3	575.456	429.25	29.442	0.833
4	570.818	407.078	28.826	0.829
5	570.032	409.707	28.95	0.832
6	573.113	404.177	28.648	0.827
7	571.767	421.165	28.706	0.835
8	572.956	399.117	28.72	0.826
9	571.528	395.892	28.836	0.825
10	575.271	408.951	28.48	0.826
11	575.444	403.554	28.484	0.824
12	574.943	386.349	28.092	0.824
13	572.048	398.544	28.466	0.833
14	533.751	360.297	30.722	0.82
15	535.541	358.545	30.668	0.818
16	558.154	380.525	29.525	0.825
17	570.397	414.527	29.039	0.829
18	567.26	428.641	29.175	0.837
19	570.593	418.118	28.988	0.83
20	569.585	418.346	29.05	0.832
21	570.373	403.199	29.095	0.827
22	567.022	421.554	29.244	0.836
23	566.553	446.242	29.27	0.838

序号	抗拉强度/MPa	屈服强度/MPa	伸长率/%	屈强比
24	568.121	421.633	29.76	0.828
25	569.761	423.906	28.976	0.83
26	570.545	422.712	28.913	0.829
27	568.405	433.525	28.978	0.834
28	566.72	437.516	29.56	0.834
29	565.384	431.535	29.815	0.834
30	548.731	380.722	29.91	0.819
31	566.421	397.101	28.907	0.823
32	566.171	402.702	28.921	0.825
33	560.046	408.633	29.439	0.831
34	559.725	395.873	29.475	0.827

利用上述预测数据，可以初步判断设计的成分和工艺能够满足 MDB350 的各项性能指标要求，可以进行工业生产。

8.2.1.2 MDB350 的工业试制

工业试制的 MDB350 产品力学性能见表 8-4。基于所开发的组织性能预测与工艺优化系统，3 年内试制工作并生产 MDB350 共计 6 万余吨，具体产品规格为厚度 4.5~10.0 mm×宽度 940~1290 mm。产品在南京万泽冷弯型钢公司、沪崇苏大桥工程、长沙万征车架公司、河南浏阳英杰车架厂使用，能够满足包括冷弯钢板桩加工、汽车车架加工、大桥护栏管加工等对冷弯成型性能、高强度、高冲击性能、良好焊接性能、优异抗疲劳性能的要求。制作的冷弯钢板桩用于欧洲高速铁路、爱尔兰河道护堤、广深港高速铁路等工程上，已成为部分业主指定的冷弯钢板桩材料。

表 8-4 工业生产的 MDB350 力学性能

质量特性	设计上限~下限	目标值	实际平均值	C_p	C_{pk}
屈服强度/MPa	380~500	420	435	1.84	1.80
抗拉强度/MPa	490~610	530	527	1.61	1.20
屈强比	上限 0.87	0.84	0.83	—	1.11
伸长率/%	下限 22	27	28	—	1.27
20 ℃冲击功/J	下限 34	60	117	—	1.32
冷弯性能	冷弯性能检验首次合格率为 99.6%，复检合格率为 100%				
焊接性能	较小线能量（4.1 kJ/cm）和较大线能量（23 kJ/cm）焊接试验，热影响区冲击功无明显差别，-20 ℃、-40 ℃时，3/4 夏比试样平均冲击功分别高达 100 J 和 70 J 以上，对不同线能量焊接工艺有很强适应性，并具有优异的低温冲击性能				
抗疲劳性能	应力比 $R=0.1$ 时，存活率 50%，疲劳极限为 450 MPa，子样标准差为 16.3 MPa；存活率 99.9%，疲劳极限为 397 MPa				

8.2.2 低碳铝镇静钢合金含量优化

8.2.2.1 Al 含量对 SPHC 成型性的影响

随着 Al 含量的增加，SPHC 钢板的屈服强度降低比较明显，抗拉强度变化不大。当 Al 含量在 0.008% 时，存在比较明显的屈服现象，Al 含量越低，屈服平台越长；当 Al 含量在 0.012% 时，没有屈服现象。其主要原因是随着 Al 含量的增加，钢中钉扎位错 C、N 间隙原子减少，形成 Al(CN)，使基体能够连续变形，同时降低了屈服强度。随着 Al 含量的增加，r 平均值逐渐增强，如图 8-11 所示。

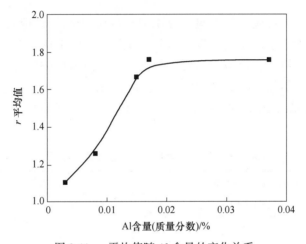

图 8-11　r 平均值随 Al 含量的变化关系

不同 Al 含量 SPHC 都具有相对较强的 γ 纤维织构和较弱的 α 纤维织构，Al 含量较低时，γ 纤维织构的强度也比较低。Al 含量较高时，γ 纤维织构的强度有增高的趋势，强度在 6~7 级。控制好 AlN 的析出是获得强 γ 纤维织构的关键。Al 含量的增加有利于提高 SPHC 成型性能，当 Al 含量超过 0.012%，即可以满足成型要求。

8.2.2.2 Al 含量对钢中气体含量的影响

图 8-12 为不同 Al 含量和钢板中 [N]、T[O] 含量之间的关系。在试验进行的 Al 含

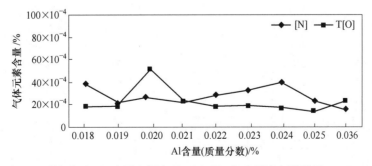

图 8-12　Al 含量和钢中 [N]、T[O] 含量之间的关系

量范围内，钢中的气体含量 [N]、T[O] 和成品板中的铝含量之间没有明显的对应关系，并且 [N]、T[O] 含量均低于 $6×10^{-5}$。表明当钢中 Al 含量达到一定程度后，对钢中气体含量的影响不再明显。

8.2.2.3 Al 含量对 SPHC 力学性能的影响

目前 SPHC 的 Al 含量的内控成分控制范围为 0.020%~0.050%，根据现场实际控制水平，考虑可以将 Al 含量的内控成分控制范围调整为 0.015%~0.045%。因此，采用组织性能预测软件研究 Al 含量降低后力学性能是否有明显变化。经过对 SPHC 的历史成分数据进行分析，当 Al 含量的成分控制范围为 0.020%~0.050%时，其均值为 0.036%，标准差为 0.005744。

考虑将 Al 含量的内控成分范围调整为 0.015%~0.045%，设定其均值为 0.030%。为了研究 Al 含量是否对力学性能具有显著影响，采用 MINTAB 软件生成"均值为 0.030%，标准差为 0.005744"的一组 Al 含量较低的数据和"均值为 0.036%，标准差为 0.005744"的一组 Al 含量较高的数据；建立 SPHC 力学性能预测模型，在工业生产数据中随机选择 20 组，替换其 Al 含量，输入组织性能预测软件进行力学性能预测，其力学性能预测结果见表 8-5。

表 8-5 不同 Al 含量的力学性能预测结果

序号	Al 含量均值为 0.036%			Al 含量均值为 0.030%		
	抗拉强度/MPa	屈服强度/MPa	伸长率/%	抗拉强度/MPa	屈服强度/MPa	伸长率/%
1	350.738	257.694	45.118	351.474	258.234	45.051
2	352.737	257.04	44.666	352.995	257.229	44.642
3	369.651	271.545	44.716	369.749	271.611	44.706
4	372.153	269.595	45.496	372.589	269.905	45.454
5	370.675	267.314	45.484	371.592	267.973	45.396
6	368.114	267.029	44.984	367.625	266.683	45.031
7	348.795	258.13	45.129	349.191	258.422	45.092
8	363.908	267.326	45.926	365.011	268.083	45.83
9	366.776	266.387	44.36	367.086	266.605	44.329
10	355.037	249.485	44.995	355.054	249.498	44.994
11	348.564	251.969	44.337	348.635	252.023	44.33
12	347.385	249.909	44.434	347.582	250.062	44.415
13	355.616	258.706	44.485	356.02	258.999	44.447
14	352.245	255.599	44.991	353.009	256.166	44.92
15	360.553	258.555	45.448	360.73	258.685	45.432
16	346.444	251.332	45.183	346.863	251.658	45.144
17	336.339	237.173	44.674	336.625	237.425	44.644
18	353.101	254.369	45.272	353.851	254.93	45.204
19	341.925	248.294	44.937	342.362	248.648	44.894
20	358.307	258.482	43.167	358.811	258.849	43.119

对表 8-5 中的力学性能的预测值进行统计分析，其均值和标准差见表 8-6。

表 8-6 不同 Al 含量的力学性能预测值统计结果

统计结果	Al 含量均值为 0.036%			Al 含量均值为 0.030%		
	抗拉强度/MPa	屈服强度/MPa	伸长率/%	抗拉强度/MPa	屈服强度/MPa	伸长率/%
均值	356.1	257.8	44.89	356.3	258.1	44.85
标准差	10.09	8.616	0.5864	10.09	8.631	0.5770

运用 MINTAB 软件对两组预测数据进行假设性检验，验证两组数据之间是否有显著性差异，结果表明，两组不同均值 Al 含量的 SPHC 力学性能预测值没有差异，因此 SPHC 中的 Al 含量可以适当降低。

8.2.2.4 SPHC 降铝的工业实施

将 SPHC 的 Al 含量的内控成分控制范围由 0.020%~0.050%降低为 0.015%~0.045%，在现场应用实施，得到抗拉强度实测值范围是 360~380 MPa，伸长率为 36%~46%。改进后 Al 含量的过程能力指数为 0.67，较改进前过程能力控制指数及合格率有所提高；抗拉强度的过程能力充足并较改进前有显著提高；伸长率的过程能力仍然能够满足生产要求。改进后 Al 含量的实际值明显下降，铝的加入量也相应明显降低。

8.2.3 低碳钢—钢多能轧制工艺设计

8.2.3.1 数据建模

本研究建模选取多种 C-Mn 钢数据建模，采用数据处理方法对数据进行处理。神经网络建模采用基于贝叶斯正则化方法的三层 BP 神经网络：一个输入层、一个隐藏层和一个输出层。其中，隐藏层节点激活函数选择双曲正切函数，输出层节点激活函数选择线性函数。分别选取 C 含量、Si 含量、Mn 含量、粗轧出口温度、中间坯厚度、终轧温度、终轧厚度和卷取温度作为模型的输入变量，屈服强度、抗拉强度和伸长率作为模型的输出变量。针对屈服强度、抗拉强度和伸长率分别建立力学性能预测模型。为了避免不同维度变量对神经网络训练造成影响，将数据归一化到 [−0.5, 0.5]。神经网络模型的隐藏层节点数是模型训练中一个关键参数。如果隐藏层节点数过多，会导致模型的过训练。如果隐藏层的节点数过少，会导致模型的欠训练，均无法取得满意的预测效果。本研究采用试错法，比较不同隐藏层节点数的神经网络模型在测试数据集上的预测效果，最终确定最优的隐藏层节点数为：屈服强度预测模型包含 5 个隐藏层节点，抗拉强度预测模型包含 5 个隐藏层节点，伸长率预测模型包含 5 个隐藏层节点。图 8-13 示出了基于模型计算的力学性能预测值与实测值的对比。结果表明，有 93.62%的数据的屈服强度预测值与实测值的相对误差在±8%以内，最大绝对误差不超过±30 MPa 的数据为 91.09%；有 96.65%的数据的抗拉强度预测值与实测值的相对误差在±8%以内，最大绝对误差不超过±30MPa 的数据为 95.85%；有 91.85%的数据的伸长率预测值与实测值的绝对误差在±4%以内，模型取得了较好的精度。

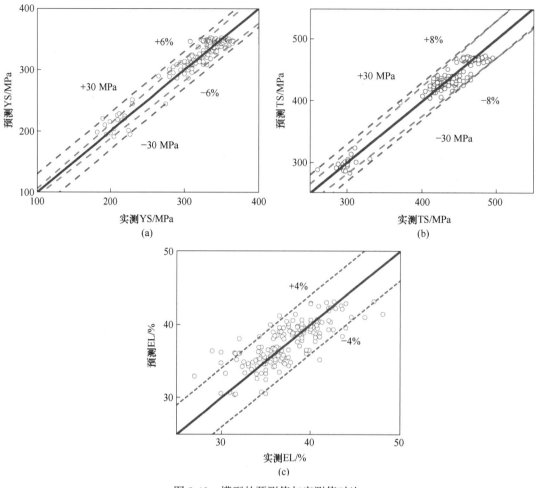

图 8-13　模型的预测值与实测值对比

（a）屈服强度；（b）抗拉强度；（c）伸长率

8.2.3.2　热轧工艺优化设计

A　Q390B 轧制工艺设计

针对归并后的成分 $(w(\mathrm{C}) = 0.165\%,\ w(\mathrm{Si}) = 0.25\%,\ w(\mathrm{Mn}) = 0.85\%)$，结合 Q390B 的力学性能标准，设定力学性能目标值，待设计产品厚度规格为 9.75 mm。为了使优化出的工艺符合产品标准要求，考虑模型预测误差和内控工艺对应的力学性能分布等因素，设定预测目标值区间分别为 YS = 405~420 MPa，TS = 530~560 MPa，EL = 21%~27%。结合模型的适用范围及产品标准要求确定工艺参数上下限以及待优化板坯成分，生产工艺参数约束条件见表 8-7。

表 8-7　优化工艺参数约束条件

参数	FEH/mm	FDT/℃	CT/℃
上限	48	900	600
下限	48	800	520

采用最优化算法对力学性能进行多目标优化，算法的工艺参数见表 8-8。

表 8-8 最优化算法中的参数设置

参　数	数　值
基因数目	100
最大迭代次数	100
交叉概率	0.9
变异概率	0.2
帕累托前沿百分数	30%

表 8-9 为优化工艺计算结果。根据 Q390B 的力学性能标准要求，选择对应的工艺进行试轧。采用第 1 组工艺进行 Q345B 升级轧制 Q390B，相比于 Q345B 原工艺，CT 由 580 ℃降低至 560 ℃，具体工艺见表 8-10。对试轧后的产品力学性能进行检测，力学性能分布如图 8-14 所示。经统计，对于屈服强度、抗拉强度和伸长率，全部 19 组试轧数据均满足 Q390B 的要求，合格率为 100%。其中部分试轧工艺及力学性能数据见表 8-11，可以看出优化计算结果和热轧生产实测数据吻合良好。

表 8-9 优化工艺计算结果

序号	FEH/mm	FDT/℃	CT/℃	YS/MPa	TS/MPa	EL/%
1	48	850	560	409.3	536	23.6
2	48	835.9	559.9	409.6	536.6	23.6
3	48	834.1	559.9	411.1	538.7	23.1
4	48	847.9	560	411.9	538.1	23.3
5	48	834.4	560	411.5	538.7	23.1

表 8-10 Q345B 升级轧制 Q390B 试轧工艺

项　目	厚度/mm	FEH/mm	FDT/℃	CT/℃
Q345B 工艺	9	48	860	580
	−12	±0.1	±30	±30
Q390B 工艺	9	48	850	560
	−12	±0.1	±30	±30

B　Q420 轧制工艺设计

针对归并后的成分（$w(\mathrm{C}) = 0.165\%$，$w(\mathrm{Si}) = 0.25\%$，$w(\mathrm{Mn}) = 0.85\%$），考虑 Q420B 的力学性能标准，设定力学性能目标值，待设计产品厚度规格为 9.75 mm。为了使优化出的工艺符合产品标准要求，考虑模型预测误差和内控工艺对应的力学性能分布等因素，设定预测目标值区间分别为 YS = 430~450 MPa，TS = 530~560 MPa，EL = 20%~26%。结合模型的适用范围及产品标准要求确定工艺参数上下限，生产工艺参数约束条件见表 8-12。

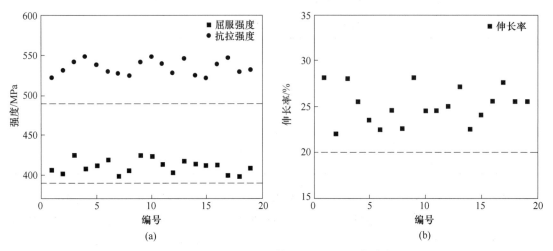

图 8-14 Q345B 升级轧制 Q390B 力学性能分布

（a）屈服强度和抗拉强度；（b）伸长率

表 8-11 Q345B 升级轧制 Q390B 试轧部分结果

序号	化学成分（质量分数）/%			FEH/mm	FDT/℃	CT/℃	YS/MPa	TS/MPa	EL/%
	C	Si	Mn						
1	0.159	0.25	0.84	48	869	567	406	522	28
2	0.15	0.24	0.83	48	857	566	414	525	22.5
3	0.151	0.24	0.83	48	858	552	402	528	25
4	0.151	0.24	0.83	48	872	535	407	549	25.5

表 8-12 优化工艺参数约束条件

参数	FEH/mm	FDT/℃	CT/℃
上限	48	900	600
下限	48	800	520

采用最优化算法对力学性能进行多目标优化，算法的工艺参数见表 8-13。

表 8-13 最优化算法中的参数设置

参 数	数 值
基因数目	100
最大迭代次数	100
交叉概率	0.9
变异概率	0.2
帕累托前沿百分数	30%

表 8-14 为优化工艺计算结果。根据 Q420B 的力学性能标准要求，选择对应的工艺进行试轧。采用第 1 组工艺进行 Q345B 升级轧制 Q420B，相比于 Q345B 原工艺，CT 由 580 ℃降低至 530.5 ℃，具体工艺见表 8-15。对试轧后的产品力学性能进行检测，力学性能分布如图 8-15 所示。经统计，对于屈服强度、抗拉强度和伸长率，全部 12 组试轧数据均满足 Q420B 的要求，合格率为 100%。其中部分试轧工艺及力学性能数据见表 8-16，可以看出优化计算结果和热轧生产实测数据吻合良好。

表 8-14 优化工艺计算结果

项目	FEH/mm	FDT/℃	CT/℃	YS/MPa	TS/MPa	EL/%
1	48	838.6	530.5	430.6	532.6	29.7
2	48	839.9	530.7	435.1	531.0	24.7
3	48	839.0	531.3	430.5	530.4	29.2
4	48	838.0	539.6	431.1	530.1	27.7
5	48	840.0	530.1	430.1	530.2	28.6

表 8-15 Q345B 升级轧制 Q420B 试轧工艺与原工艺对比

项 目	厚度/mm	FEH/mm	FDT/℃	CT/℃
Q345B 工艺	9	48	860	580
	−12	±0.1	±30	±30
Q420B 工艺	9	48	838.6	530.5
	−12	±0.1	±30	±30

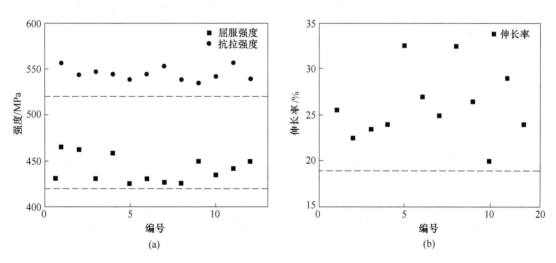

图 8-15 Q345B 升级轧制 Q420B 力学性能分布

(a) 屈服强度和抗拉强度；(b) 伸长率

表 8-16 **Q345B 升级轧制 Q420B 试轧部分结果**

序号	化学成分(质量分数)/%			FEH/mm	FDT/℃	CT/℃	YS/MPa	TS/MPa	EL/%
	C	Si	Mn						
1	0.154	0.23	0.84	48	856	546	427	553	25
2	0.165	0.25	0.86	48	844	551	431	544	27
3	0.161	0.23	0.86	48	854	544	426	538	32.5
4	0.152	0.23	0.82	48	867	531	431	547	23.5

8.2.4 高强钢性能稳定性控制

8.2.4.1 400 MPa 级高强钢热轧工艺优化设计

400 MPa 级高强钢的力学性能标准见表 8-17。

表 8-17 **400 MPa 级高强钢力学性能标准要求**

牌号	拉伸试验		
	屈服强度 $R_{t0.5}$/MPa	抗拉强度 R_m/MPa	伸长率 A/%
SCX400	≥400	≥490	≥23

为了使优化出的工艺符合产品标准要求，考虑模型预测误差和内控工艺对应的力学性能分布等因素，设定预测目标值区间分别为 YS = 430~460 MPa，TS = 500~550 MPa，EL = 24%~30%。

图 8-16 比较了 400 MPa 级高强钢在传统工艺下和优化工艺（试轧）下力学性能波动情况。由于生产过程中工艺参数控制水平较高，不易造成力学性能大幅波动。热轧工艺优化设计可以根据铸坯的成分波动快速给出合适的工艺达到用户预定的性能指标，从而实现柔性轧制。因此，优化工艺下力学性能波动相比于传统工艺下力学性能波动有了大幅减小。

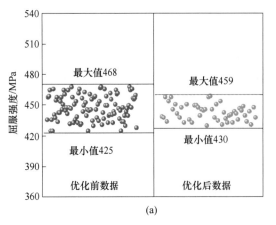

(a)

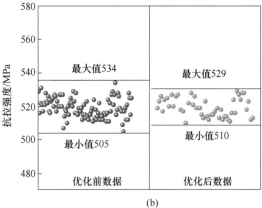

(b)

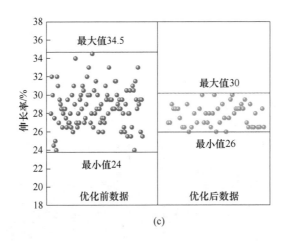

(c)

图 8-16　400 MPa 级高强钢传统工艺下和优化工艺（试轧）下力学性能波动对比
(a) 屈服强度；(b) 抗拉强度；(c) 伸长率

8.2.4.2　500 MPa 级高强钢热轧工艺优化设计

500 MPa 级高强钢的力学性能标准见表 8-18。

表 8-18　500 MPa 级高强钢力学性能标准要求

牌号	拉 伸 试 验		
	屈服强度 $R_{t0.5}$/MPa	抗拉强度 R_m/MPa	伸长率 A/%
590CL	≥420	≥590~710	≥20

为了使优化出的工艺符合产品标准要求，考虑模型预测误差和内控工艺对应的力学性能分布等因素，设定预测目标值区间分别为 YS = 525~565 MPa，TS = 600~640 MPa，EL = 20%~26%。

图 8-17 比较了 500 MPa 级高强钢在传统工艺下和优化工艺（试轧）下力学性能波动

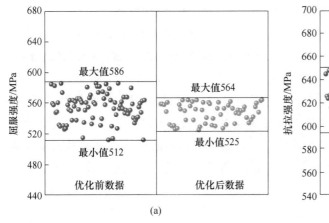

(a)

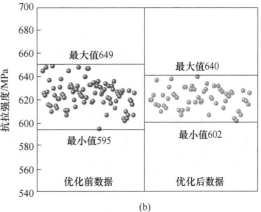

(b)

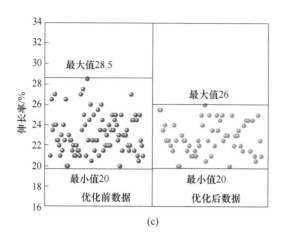

图 8-17 500 MPa 级高强钢传统工艺下和优化工艺（试轧）下力学性能波动对比
(a) 屈服强度；(b) 抗拉强度；(c) 伸长率

情况。由于生产过程中工艺参数控制水平较高，不易造成力学性能大幅波动。热轧工艺优化设计可以根据铸坯的成分波动快速给出合适的工艺达到用户预定的性能指标，从而实现柔性轧制。因此，优化工艺下力学性能波动相比于传统工艺下力学性能波动有了大幅减小。

8.2.4.3 600 MPa 级高强钢热轧工艺优化设计

600 MPa 级高强钢的力学性能标准见表 8-19。

表 8-19 600 MPa 级高强钢力学性能标准要求

牌号	拉 伸 试 验		
	屈服强度 $R_{t0.5}$/MPa	抗拉强度 R_m/MPa	伸长率 A/%
SFB700	≥600	≥700	≥12

为了使优化出的工艺符合产品标准要求，考虑模型预测误差和内控工艺对应的力学性能分布等因素，设定预测目标值区间分别为 YS = 690~750 MPa，TS = 760~820 MPa，EL = 16%~22%。

图 8-18 比较了 SFB700 钢在传统工艺下和优化工艺（试轧）下力学性能波动情况。由于生产过程中工艺参数控制水平较高，不易造成力学性能大幅波动。热轧工艺优化设计可以根据铸坯的成分波动快速给出合适的工艺达到用户预定的性能指标，从而实现柔性轧制。因此，优化工艺下力学性能波动相比于传统工艺下力学性能波动有了大幅减小。

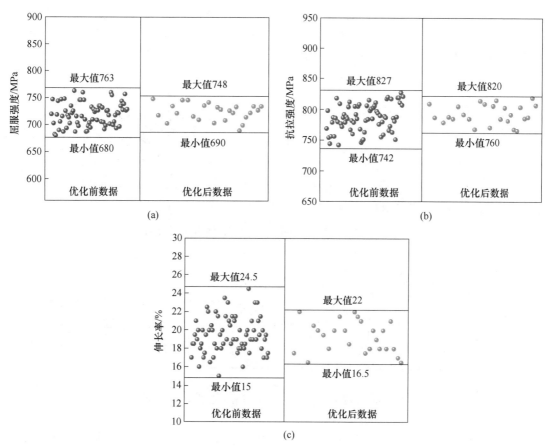

图 8-18 600 MPa 级高强钢传统工艺下和优化工艺（试轧）下力学性能波动对比
（a）屈服强度；（b）抗拉强度；（c）伸长率

8.2.5 高表面质量免酸洗高强钢开发

8.2.5.1 常见表面缺陷成因及其控制方法

A 红色氧化铁皮缺陷

热轧板卷的表面通常呈蓝灰色，表面光滑且具有一定的光泽。但由于钢种化学成分或轧制工艺的不同，带钢表面有时会出现红色氧化铁皮，它不仅降低了带钢的美观性，还经常会造成氧化铁皮压入等缺陷。对于酸洗产品而言，红色氧化铁皮会增加酸的用量，延长酸洗时间，严重降低酸洗效率。目前，造成热轧钢材表面红色氧化铁皮缺陷的原因可以分为两个方面：一是热轧工艺设定不合理；二是钢基体表面形成较多高黏附性的 $FeSi_2O_4$。下面将分别详细阐述这两种红色氧化铁皮缺陷的成因。首先，在热轧过程中钢板表面长期处于高温阶段，不可避免地会生成以 FeO 为主的氧化铁皮。在高温阶段，FeO 具有优良的塑性，可随基体发生一定的变形而不破裂。然而，随着钢板表面温度降低，氧化铁皮的高温塑性也随之变差，图 8-19 示出了除鳞或低温轧制阶段，FeO 发生破碎，并在氧气或水蒸气的作用下被氧化成高价氧化物 Fe_2O_3，从而引发红色氧化铁皮缺陷。其次，在加热过程中钢基体中 Si 元素发生选择性氧化在氧化铁皮层与钢基体之间形成 $FeSi_2O_4$，图 8-20 示出了 $FeSi_2O_4$ 沿钢基体晶界分布从而对氧化铁皮产生钉扎作用，使带钢表面除鳞后产生大量的 FeO 残留，并在后续轧制过程中生成 Fe_2O_3。

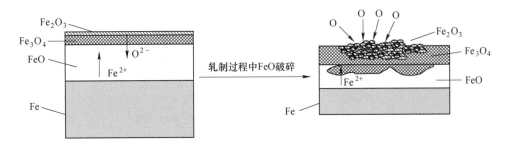

图 8-19　热轧过程造成的红色氧化铁皮缺陷产生机理

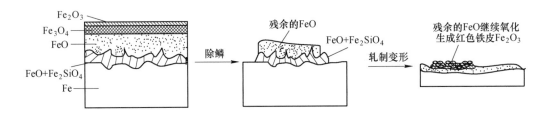

图 8-20　Fe_2SiO_4 造成的红色氧化铁皮缺陷产生机理

通过了解红色氧化铁皮的形成原理可知，优化钢中 Si 含量、优化除鳞工艺和热轧温度制度以防止热轧过程中 FeO 破碎或减弱 $FeSi_2O_4$ 的对氧化铁皮的钉扎作用是消除带钢表面形成红色氧化铁皮的关键。因此可以采用以下措施防止红色氧化铁皮的生成：（1）保证板坯出炉高压水除鳞时，板坯表面温度在 $FeSi_2O_4$ 的熔融温度（1140 ℃）以上，通过除鳞除掉 $FeSi_2O_4$，降低氧化铁皮与基体间的黏附性；（2）增加粗轧除鳞道次，保证 FeO 完全除净，防止后续轧制过程中产生红色氧化铁皮；（3）提高轧制节奏，优化轧制温度制度，确保热变形温度均命中氧化铁皮高温塑性区，减少带钢在高温段的停留时间，防止 FeO 发生充分氧化[1-5]。

B　"花斑"缺陷

"花斑"缺陷的宏观形貌如图 8-21 所示，缺陷出现在抛丸后的基体表面上，通常呈现长条状。根据检测结果，存在剥落的氧化铁皮附着在完整的氧化铁皮表面，而起泡、除鳞不净、粘辊等都可能使氧化铁皮发生堆叠。经过分析，"花斑"缺陷主要成因是轧制工艺、冷却工艺以及矫直制度设定不合理使得氧化铁皮与基体协同变形性变差，受到外力时表面氧化铁皮容易被压入基体，造成氧化铁皮与基体的界面产生上下波动，影响热轧钢材的表面状态。这种界面的严重波动是造成中厚板"花斑"缺陷的主要原因。据此，可以从以下方面对"花斑"缺陷进行控制：（1）高温终轧，提高轧制节奏，减薄氧化铁皮，防止氧化铁皮破碎；（2）适当提高终冷温度，降低氧化铁皮中热应力，减少铁皮裂纹密度，提高氧化铁皮界面平直度；（3）基于板坯厚度和力学性能，适当提高矫直温度，防止矫直过程中氧化铁皮发生破裂，被压入到钢板表面[6-7]。

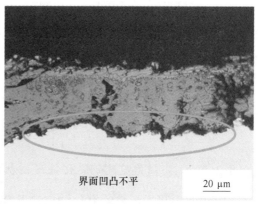

图 8-21 "花斑"缺陷的宏观形貌及界面特征

C 氧化铁皮压入缺陷

氧化铁皮压入缺陷如图 8-22 所示，缺陷通常出现在带钢或中厚板表面，呈"柳叶状"或"小舟状"，氧化铁皮压入缺陷严重时会引起钢板质量降级，造成经济损失。研究发现，压入式氧化铁皮可以分为浅层压入式氧化铁皮和嵌入式氧化铁皮。浅层压入式氧化铁皮由保护渣和氧化铁皮包覆组成，其形成机理如图 8-23 所示，黏附在钢坯表面的保护渣团，经粗轧压碎后，与一次氧化铁皮一起经过粗轧的可逆轧制压入到钢板表面，形成"柳叶状"或"小舟状"的缺陷。嵌入式氧化铁皮的形成机理是黏附在钢坯表面的保护渣与一次氧化铁皮粘连在一起，粗轧除鳞未除净后，经粗轧的可逆轧制压入到钢板内部，形成嵌入式氧化铁皮。此外，轧辊不合理的使用制度引起的轧辊表面氧化膜脱落、轧机共振也是造成氧化铁皮压入缺陷的原因。针对以上分析，可以通过采取以下措施来抑制氧化铁皮压入缺陷：（1）改善除鳞工艺，增加除鳞效率，减少氧化铁皮以及保护渣残留；（2）优化轧辊使用制度，并采用辊缝水，减少轧辊表面磨损，抑制轧辊表面保护膜剥落[8-10]。

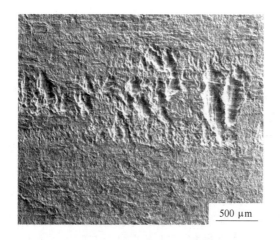

图 8-22 氧化铁皮压入缺陷

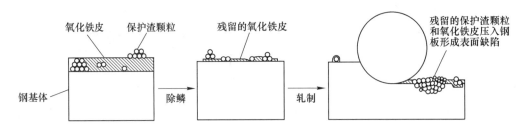

图 8-23 氧化铁皮压入缺陷产生机理

8.2.5.2 高强免酸洗钢氧化铁皮控制技术

对于热轧过程中形成的氧化铁皮，下游用户在深加工前一般会采用酸洗工序将其去除，防止氧化铁皮对后续涂装及成型过程中产生不利影响。但是，酸洗工序产生的废酸以及酸雾等不仅会造成严重的环境污染，而且威胁着操作人员的身心健康；此外，如果酸洗过程控制不当，极易引发"欠酸洗"和"过酸洗"等表面质量缺陷。迫于环保与经济效益的双重压力，"免酸洗"的钢材产品应运而生。

"黑皮钢"的概念起源于日本 Sumitomo Metal Corporation 提出的"Tight Scale"钢板，是指钢板表面存在一层黑色的氧化铁皮，该技术最先应用于生产中低强度级别汽车冲压用钢。开发原理是通过优化热轧钢板表面氧化铁皮的厚度和结构，形成以 Fe_3O_4 为主的黑色氧化铁皮，该类型的氧化铁皮与基体间具有较强的结合力，能承受一定的变形且不发生脱落，钢板可以不经过酸洗工序直接使用。此外，"黑皮钢"还需满足下游客户焊接和涂装的使用要求。焊接后要求焊缝性能与外观形貌和酸洗或者抛丸工艺无明显差异。涂装后要求漆膜附着力、耐盐雾腐蚀性能与酸洗或抛丸大梁钢相当。

该技术的优势是无须去除热轧产生的氧化铁皮，生产出的热轧产品可直接使用，从而省去酸洗工艺，明显降低废酸排放，减少环境污染。相比于传统的酸洗技术，这项技术只是工艺上的创新，不需要额外增加成本。随着国内运输业的快速发展，使得载重汽车的使用量激增，大梁钢又是载重汽车的主要部件，这就为免酸洗大梁钢板的发展提供了有利的契机，让企业看到了增效空间。图 8-24 示出了热轧过程"黑皮钢"氧化铁皮的控制策略，即在保证钢材力学性能的前提

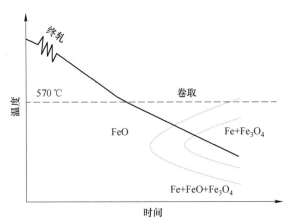

图 8-24 "黑皮钢"氧化铁皮控制示意图

下，通过调整轧制工艺制度，抑制红色氧化铁皮的出现，降低氧化铁皮厚度，合理地控制卷取工艺，促进 FeO 共析反应的进程，促使带钢表面形成以共析 Fe_3O_4 为主的氧化铁皮。根据这一控制思路，可以采用以下工艺来实现"黑皮钢"的生产：

（1）在精轧前，通过加热工艺、粗轧除鳞等工艺参数的控制，保证除鳞后氧化铁皮完全除净，避免出现红色氧化铁皮，使精轧前的板坯具有良好的表面质量。

（2）在精轧及层流冷却过程中，通过控制板坯轧制温度、轧制速度、机架间冷却、层流冷却方式、卷取温度等控制氧化铁皮厚度。

（3）在热轧板带材卷取后，通过调整冷却路径来控制氧化铁皮的结构，获得"免酸洗"钢所需的氧化铁皮结构。

8.2.5.3 高强免酸洗钢工艺优化计算

510L是抗拉强度下限为510 MPa的汽车大梁板，其力学性能标准和现行热轧工艺制度见表8-20和表8-21。在开发"黑皮钢"过程中，为了避免低温轧制造成钢板表面氧化铁皮的破碎以及促进$FeO \rightarrow Fe_3O_4 + Fe$的共析反应，需要提高精轧终轧温度，降低卷取温度。由于510L对伸长率要求较高，在"提高终轧温度、降低卷取温度"同时，如何调整其他工艺参数从而确保力学性能满足标准的要求是一个迫切需要解决的问题。

表8-20 510L热轧板力学性能标准

牌号	取样方向	拉 伸 试 验		
		屈服强度/MPa	抗拉强度/MPa	断后伸长率/%
510L	横向	≥355	510~610	≥24

表8-21 510L现行热轧工艺制度

成品厚度/mm	粗轧出口/℃	终轧温度/℃	卷取温度/℃
6.0	1060	860	580

A 热轧工艺约束条件的设置

依照生产计划，选择成品厚度$h = 6$ mm的热轧510L钢板进行工艺优化设计；根据"黑皮钢"热轧工艺要求，需要将终轧温度控制在870~880 ℃范围内，而卷取温度在540~600 ℃范围，并且较低的卷取温度有利于共析反应的进行；通过对历史生产数据的统计分析和相关生产实践经验，其他工艺参数的约束条件设置见表8-22。

表8-22 优化工艺参数约束条件

参数	F4~F6压下率/%	精轧开轧温度/℃	终轧温度/℃	卷取温度/℃	冷却速度/℃·s⁻¹
上限	0.35	970	880	600	40
下限	0.3	940	870	540	20

B 热轧工艺优化计算

根据现场情况，选择510L连铸坯成分见表8-23。第一次"黑皮钢"试验目的在于"在提高终轧温度的条件下，通过合理地调整轧制速度和卷取温度确保力学性能满足表8-20的要求"。因此，设定$MP_1^t = 380$ MPa，$MP_2^t = 550$ MPa，$MP_3^t = 24\%$，即在保证抗拉强度水平基本不变的情况下，屈服强度和伸长率满足标准的下限要求。

表 8-23　热轧工艺优化实例的化学成分

化学成分	C	Si	Mn	P	S	Nb	Ti
质量分数/%	0.0824	0.203	1.158	0.018	0.0044	0.0188	0.0121

经设定参数后，采用组织性能预测软件选择 AWPSO 算法进行计算。工艺优化计算得到的帕累托前沿如图 8-25 所示，强度和伸长率在优化计算过程中相互妥协，最终获得目标函数 f_1、f_2 和 f_3 的最优组合；由于目标函数值 f_1 较大，可知屈服强度远远超过设定的目标值。

表 8-24 为位于帕累托前沿中的最优解，可以看出工艺优化计算的结果分为两类：

（1）"低温卷取、快速冷却"（卷取温度≤555 ℃、冷却速率>23 ℃/s）。

（2）"高温卷取、慢速冷却"（卷取温度>555~585 ℃、冷却速率≤20 ℃/s）。

两种热轧工艺路线均能满足目标力学性能的要求，第一种工艺路线更有利于"黑皮钢"试验，但对应的伸长率预测值也较第二种工艺路线低。

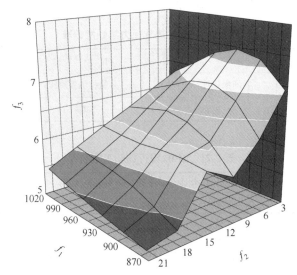

图 8-25　510L 工艺优化计算的帕累托前沿

（扫描书前二维码查看彩图）

表 8-24　510L 工艺优化计算结果及对应的力学性能

序号	精轧开轧温度/℃	终轧温度/℃	F4~F6 压下率/%	平均冷速/℃·s⁻¹	卷取温度/℃	屈服强度/MPa	抗拉强度/MPa	伸长率/%
1	963	876	0.303	27.409	542	481	570	27.3
2	941	879	0.323	20.246	585	467	551	29.0
3	940	880	0.314	20.000	580	466	551	28.7
4	951	880	0.317	20.000	559	471	561	28.0
5	945	872	0.307	36.665	555	480	563	27.8
6	957	878	0.307	23.193	547	476	566	27.5
7	945	873	0.325	27.429	550	474	562	27.9
8	945	880	0.308	20.000	565	468	557	28.1

8.2.5.4 工业试验验证

A 工业试验

根据表 8-24 的热轧工艺优化计算结果，制定工业试验工艺制度，见表 8-25。

表 8-25　510L 工业试验工艺制度

成品厚度/mm	精轧开轧温度/℃	终轧温度/℃	卷取温度/℃	参考冷却速率/℃·s⁻¹
6	950	875	550	28~35

根据表 8-25 的工业试验工艺制度，采用表 8-23 成分的连铸坯一共进行了两次热轧试验，并采用了相近成分的连铸坯也进行了一次热轧试验。实际工艺参数及力学性能检测结果见表 8-26 和表 8-27。

表 8-26　510L 工业试验实际工艺制度

钢卷号	成品厚度/mm	精轧开轧温度/℃	终轧温度/℃	F4~F6压下率/%	计算冷却速率/℃·s⁻¹	卷取温度/℃
90231050100	5.93	950	874	0.315	31.188	551
90231050200	5.93	948	874	0.316	31.812	543
90231050300	5.92	942	872	0.322	30.187	559

表 8-27　510L 工业试验钢卷的力学性能检测结果

钢卷号	订货厚度/mm	屈服强度/MPa	抗拉强度/MPa	伸长率/%
90231050100	6	485	575	24
90231050200	6	485	570	25
90231050300	6	485	570	25

由表 8-26 和表 8-27 可知，工业试验的实际工艺基本符合制定的试验工艺制度；试验钢卷的伸长率同表 8-24 的计算值相比低 2%~3%，但在伸长率预测模型的误差范围内。因此，在进行工艺优化计算时，有必要将力学性能预测模型的误差考虑在内。

B 同常规热轧工艺钢卷的对比分析

在此之后，于 2009 年 2 月又进行了两批次相同厚度规格（6 mm）510L 的生产，钢卷化学成分、工艺参数及力学性能见表 8-28~表 8-30。

表 8-28　510L 钢卷的化学成分

钢卷号	化学成分（质量分数）/%						
	C	Si	Mn	P	S	Nb	Ti
90903040100	0.0575	0.204	1.191	0.012	0.0071	0.0185	0.014
90903040200	0.0575	0.204	1.191	0.012	0.0071	0.0185	0.014
90903040300	0.0575	0.204	1.191	0.012	0.0071	0.0185	0.014
90903040400	0.0628	0.197	1.133	0.012	0.008	0.0267	0.0133

钢卷号	化学成分（质量分数)/%						
	C	Si	Mn	P	S	Nb	Ti
90962180100	0.086	0.233	1.195	0.017	0.0041	0.0186	0.0139
90962180200	0.086	0.233	1.195	0.017	0.0041	0.0186	0.0139
90962180300	0.086	0.233	1.195	0.017	0.0041	0.0186	0.0139
90962180400	0.086	0.233	1.195	0.017	0.0041	0.0186	0.0139

表 8-29 510L 钢卷的工艺参数实测值

钢卷号	成品厚度/mm	精轧开轧温度/℃	终轧温度/℃	F4~F6 压下率/%	计算冷却速率/℃·s⁻¹	卷取温度/℃
90903040100	5.93	900	856	0.324	25.560	590
90903040200	5.92	927	848	0.320	25.909	584
90903040300	5.91	918	841	0.322	23.290	596
90903040400	5.92	929	844	0.321	24.005	580
90962180100	5.86	909	853	0.339	24.963	578
90962180200	5.87	899	845	0.332	21.697	586
90962180300	5.86	899	849	0.333	22.408	582
90962180400	5.86	900	851	0.330	22.542	582

表 8-30 510L 钢卷的力学性能实测值

钢卷号	订货厚度/mm	屈服强度/MPa	抗拉强度/MPa	伸长率/%
90903040100	6	450	520	33
90903040200	6	450	520	33
90903040300	6	450	520	33
90903040400	6	480	555	26
90962180100	6	480	555	27
90962180200	6	455	535	29.5
90962180300	6	455	535	29.5
90962180400	6	455	535	29.5

对比表 8-29 和表 8-28 可以看出，通过"提高终轧温度（约 30 ℃）、降低卷取温度（约 40 ℃）、增大冷却速率（约 10 ℃/s）"使屈服强度和抗拉强度都有一定的提高，而屈强比降低，但伸长率也下降了 3%~4%。因此，需要适当地降低工艺调整的幅度确保伸长率保持一定的富余量。

C 氧化铁皮结构分析

从图 8-26 可以看出，氧化铁皮层与基体结合紧密且厚度均匀，其厚度在 10~12 mm，氧化铁皮中 FeO 层转变完全，只有极少数的位置处有少量的残留存在。整个铁皮层中 Fe_3O_4 的含量已达到"黑皮钢"的标准。

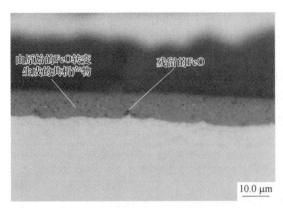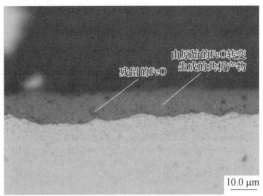

图 8-26 工业试验钢卷的典型氧化铁皮结构

8.2.6 基于力学性能预测的超边界报警

带钢产品力学性能是最关键的一项质量指标，然而轧制过程中成分和工艺微小的变化都会对最终产品的力学性能产生较大影响，为了对产品的力学性能进行严格的管理，钢铁企业一般都采用随机取样，实验室完成性能测试，返回性能指标的方式进行管理。从实际效果来看，主要存在这种随机抽检针对性不强，容易造成问题钢卷流到用户手中。另外，取样过程中产生大量人力成本、样品检测成本以及时间成本。针对此类问题本项目开发了基于力学性能在线预测系统的力学性能超边界报警系统，对预测合格的钢卷采取不取样或少取样，对预测出的问题钢卷有针对性的取样，从而实现对产品力学性能精准管理，降低取样频次，指导现场取样的目的。

8.2.6.1 力学性能异常钢卷报警

利用改进过的拉依达准则，将参与建模的力学性能分别为屈服强度、抗拉强度以及伸长率参数划分出置信区间，判定预测力学性能值落在置信区间外的钢卷为可能存在问题的钢卷，并通过改进后的层次聚类算法，对与报警钢卷成分工艺同簇钢卷的历史检测力学性能相差较大的卷号显示在报警界面上。

8.2.6.2 原因反查

利用改进后的层次聚类算法将判定为力学性能存在异常的钢卷的成分、工艺参数与历史同种钢牌号取样钢卷的成分工艺进行聚类，匹配出与力学性能超边界报警钢卷成分和工艺相接近的聚类簇，对此聚类簇中存在实测力学性能的钢卷逐个力学性能与事先利用改进过的拉依达法则划分好的力学性能置信区间进行比对。判定力学性能落在置信区间外的钢卷成分、工艺体系导致力学性能异常，并记录卷号及力学性能显示在报警界面中。

8.2.7 钢卷通长力学性能预测

选取 QSTE420TM、SAPH440 等钢种预测各卷通卷力学性能，如图 8-27 所示，以卷号22IA13851200 数据为例分别对屈服强度、抗拉强度、伸长率进行钢卷通长的性能预测。图 8-27（a）中，钢卷头部的卷取温度都相对高于钢卷中间的温度，因此头部的屈服强度也相应的降低，其预测数据结果符合物理冶金学规律。钢卷中间部分的卷取温度没有产生明显的波动，故其屈服强度较为稳定。同样，在图8-27（b）中，钢卷头部的卷取温度也都相对高于钢卷中间的温度，头部的抗拉强度出现了一定的降低，由物理冶金学规律可知，随着温度的降低抗拉强度会相应的增加。钢卷中间部分的卷取温度没有明显的波动情况，故其抗拉强度相对稳定。在图8-27（c）中，钢卷头部的伸长率随着卷取温度的降低而降低，随着屈服强度和抗拉强度的增加，伸长率会出现降低的情况，钢卷中间部分的卷取温度较为稳定，故其伸长率没有出现明显的异常情况。

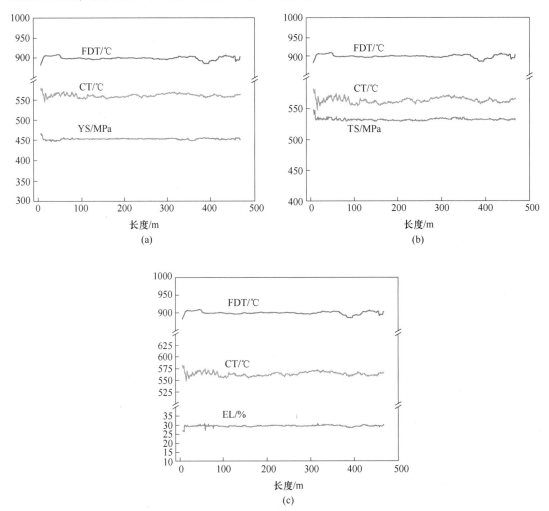

图 8-27 钢卷 22IA13851200 通长性能预测值
（a）屈服强度；（b）抗拉强度；（c）伸长率

8.3 智能化热轧工艺优化设计系统工业应用

基于生产线采集的化学成分和轧制工艺参数数据，采用化学成分-工艺参数-力学性能对应关系模型对力学性能进行预测，通过这种方式能够获得任意工艺参数下的力学性能计算值，结合多目标优化算法，可以逆向求解预设力学性能下需要的化学成分和工艺参数数值。在化学成分-工艺参数-力学性能对应关系模型基础上，分析关键性工艺参数对力学性能的影响，通过工艺优化，在最优工艺窗口控制范围内减少力学性能波动。

待定工艺参数即为工艺优化设计所要解决的问题。其中，关键是确定这些参数的约束条件，这就取决于热轧生产线设备能力及相关生产实践经验。精轧开轧温度、终轧温度、中间坯以及成品厚度共同决定了精轧道次的压下分配，其中成品厚度起决定性的作用；在设定终轧温度与卷取温度的条件下，根据精轧最后一道次的轧制速度可以计算出层流冷却的平均冷速；而影响精轧最后一道次轧制速度的主要因素是精轧开轧温度和终轧温度。因此，在工艺优化设计的过程中，出炉温度、终轧穿带速度、成品厚度、精轧开轧温度、终轧温度和卷取温度是主要参数。

根据 SCX400 实际生产情况，化学成分见表 8-31。结合传统生产经验，对终轧温度和卷取温度进行优化计算，设定终轧温度优化区间为 840～870 ℃，卷取温度区间设定为560～590 ℃。将其结果直接用于生产过程，实现热轧工艺优化设计的应用，计算结果见表8-32。

表 8-31　热轧工艺优化实例的化学成分

钢卷号	化学成分（质量分数）/%					
	C	Si	Mn	P	S	Nb
202B07307D0400	0.1356	0.0384	1.0084	0.0099	0.0026	0.0155

表 8-32　工艺优化计算结果

序号	FDT/℃	CT/℃	YS/MPa	TS/MPa	EL/%
1	849	575	450	532	28.7
2	845	585	448	525	28.3
3	846	573	450	534	29.1
4	855	579	452	525	28.5

8.3.1　SCX400 热轧工艺优化设计

结合模型的适用范围及产品标准要求，确定工艺参数上下限以及待优化板坯成分，生产工艺参数约束条件见表 8-33。

表 8-33　SCX400 力学性能标准要求

牌号	拉伸试验		
	屈服强度 $R_{t0.5}$/MPa	抗拉强度 R_m/MPa	伸长率 A/%
SCX400	≥400	≥490	≥23

为了使优化出的工艺符合产品标准要求，考虑模型预测误差和内控工艺对应的力学性能分布等因素，设定预测目标值区间分别为 YS＝430～460 MPa，TS＝500～550 MPa，EL＝24%～30%。

　　图 8-28 比较了 SCX400 钢在传统工艺下和优化工艺（试轧）下力学性能波动情况。由于生产过程中工艺参数控制水平较高，不易造成力学性能大幅波动。热轧工艺优化设计可以根据铸坯的成分波动快速给出合适的工艺达到用户预定的性能指标，从而实现柔性轧制。因此，优化工艺下力学性能波动相比于传统工艺下力学性能波动有了大幅减小。

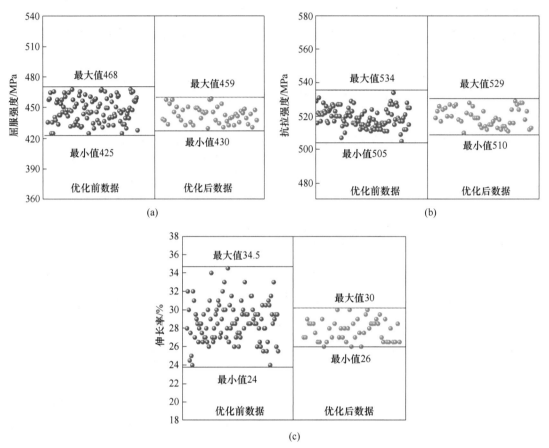

图 8-28　SCX400 钢传统工艺下和优化工艺（试轧）下力学性能波动对比
(a) 屈服强度；(b) 抗拉强度；(c) 伸长率

8.3.2　590CL 热轧工艺优化设计

　　结合模型的适用范围及产品标准要求，确定工艺参数上下限以及待优化板坯成分，生产工艺参数约束条件见表 8-34。

表 8-34　590CL 力学性能标准要求

牌号	拉 伸 试 验		
	屈服强度 $R_{t0.5}$/MPa	抗拉强度 R_m/MPa	伸长率 A/%
590CL	≥420	≥590~710	≥20

　　为了使优化出的工艺符合产品标准要求，考虑模型预测误差和内控工艺对应的力学性能分布等因素，设定预测目标值区间分别为 YS = 525~565 MPa，TS = 600~640 MPa，EL =

20%~26%。

图 8-29 比较了 590CL 钢在传统工艺和优化工艺（试轧）下力学性能波动情况。由于生产过程中工艺参数控制水平较高，不易造成力学性能大幅波动。热轧工艺优化设计可以根据铸坯的成分波动快速给出合适的工艺达到用户预定的性能指标，从而实现柔性轧制。因此，优化工艺下力学性能波动相比于传统工艺下力学性能波动有了大幅减小。

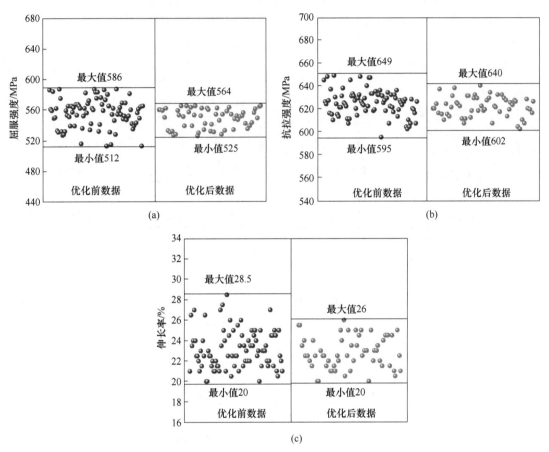

图 8-29 590CL 钢传统工艺下和优化工艺（试轧）下力学性能波动对比
（a）屈服强度；（b）抗拉强度；（c）伸长率

8.3.3 SFB700 热轧工艺优化设计

结合模型的适用范围及产品标准要求，确定工艺参数上下限以及待优化板坯成分，生产工艺参数约束条件见表 8-35。

表 8-35 SFB700 力学性能标准要求

牌号	拉 伸 试 验		
	屈服强度 $R_{t0.5}$/MPa	抗拉强度 R_m/MPa	伸长率 A/%
SFB700	≥600	≥700	≥12

为了使优化出的工艺符合产品标准要求，考虑模型预测误差和内控工艺对应的力学性能分布等因素，设定预测目标值区间分别为 YS＝690～750 MPa，TS＝760～820 MPa，EL＝16%～22%。

图 8-30 比较了 SFB700 钢在传统工艺和优化工艺（试轧）下力学性能波动情况。由于生产过程中工艺参数控制水平较高，不易造成力学性能大幅波动。热轧工艺优化设计可以根据铸坯的成分波动快速给出合适的工艺达到用户预定的性能指标，从而实现柔性轧制。因此，优化工艺下力学性能波动相比于传统工艺下力学性能波动有了大幅减小。

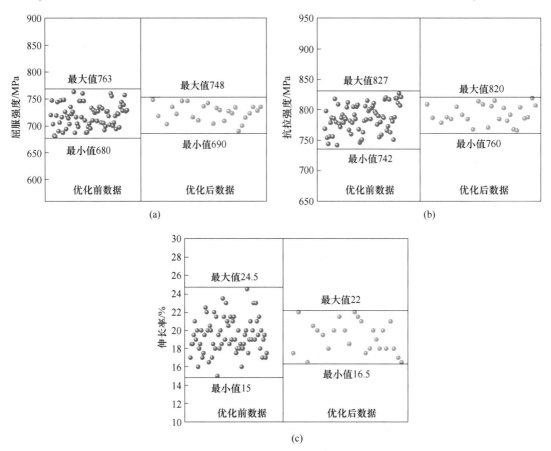

图 8-30 SFB700 钢传统工艺下和优化工艺（试轧）下力学性能波动对比

(a) 屈服强度；(b) 抗拉强度；(c) 伸长率

参 考 文 献

[1] 王健. 热轧钢板表面红色氧化铁皮缺陷成因分析 [J]. 河南冶金，2017，25（4）：22-23，56.

[2] 毕国喜. 热轧板卷红色氧化铁皮的成因及对策 [J]. 金属世界，2012（4）：8-13.

[3] 王松涛，李敏，朱立新，等. Si 含量对热轧板卷表面红色氧化铁皮的影响 [J]. 热加工工艺，2011，40（16）：50-52.

[4] 薛宪营. 热轧 Q235B 钢板表面红色氧化铁皮检测分析 [J]. 新疆钢铁，2010（1）：5-7.

[5] 于洋，唐帅，郭晓波，等. 热轧卷板氧化铁皮形成机理及控制策略的研究 [J]. 钢铁，2006（11）：50-52.

［6］ 陈兆勇. SAE6150 盘条表面花斑缺陷原因分析及改进措施［J］. 轧钢，2020，37（6）：100-104.

［7］ 孙彬，郝明欣，齐建军，等. 我国钢材氧化铁皮控制技术的研究进展［J］. 中国材料进展，2019，38（7）：689-695，716.

［8］ 董文扬. 氧化铁皮导致的热轧钢板表面缺陷及改进措施［J］. 天津冶金，2019（S1）：25-28.

［9］ 詹光曹. 中厚板氧化铁皮压入缺陷形成原因及控制策略［J］. 轧钢，2019，36（2）：26-30.

［10］ 吴建国，王俊，刘宝喜，等. 中厚板表面氧化铁皮缺陷分析与研究［J］. 宽厚板，2019，25（1）：34-38.

索 引